21世纪高职高专规划教材

高等职业教育规划教材编委会专家审定

高等数学

（第2版）

王广明　孙琦　龙芳　主编

陆建秀　韩晓毅　余翔　副主编

俞文辉　邓涛　古君风　参编

北京邮电大学出版社

·北京·

内 容 简 介

本书按照教育部最新制定的高职高专《高等数学课程教学基本要求》，结合编者多年的教学实践编写而成，反映了当前高职高专教育培养高素质实用型人才数学课程设置的教学理念。

本书具有针对性强、强调数学理论在实际中的应用、重视数学文化功能的特点。适应三年制高职理工类和经管类专业，也可作为高职高专其他各专业教学的参考资料。

本书内容包括函数、极限与连续，导数与微分，中值定理与导数的应用，不定积分，定积分及其应用，微分方程，多元函数微积分，无穷级数。附录包括常用数学公式、简单积分表、数学实验和希腊字母表。每章节后都配有一定数量的习题，书后附有习题参考答案与提示。

图书在版编目(CIP)数据

高等数学/王广明等主编. --2 版. --北京：北京邮电大学出版社，2012.7(2014.8 重印)

ISBN 978-7-5635-2941-4

Ⅰ.①高… Ⅱ.①王… Ⅲ.高等数学—高等职业教育—教材 Ⅳ.①O13

中国版本图书馆 CIP 数据核字(2012)第 043797 号

书　　名：高等数学(第 2 版)

主　　编：王广明　孙　琦　龙　芳

责任编辑：王晓丹

出版发行：北京邮电大学出版社

社　　址：北京市海淀区西土城路 10 号(邮编：100876)

发 行 部：电话：010-62282185　传真：010-62283578

E-mail：publish@bupt.edu.cn

经　　销：各地新华书店

印　　刷：北京联兴华印刷厂

开　　本：787 mm×1 092 mm　1/16

印　　张：21

字　　数：548 千字

版　　次：2009 年 6 月第 1 版　2012 年 7 月第 2 版　2014 年 8 月第 3 次印刷

ISBN 978-7-5635-2941-4　　定　价：42.00 元

前　言

本书是按照新形势下高职高专高等数学教学改革的精神，针对高职高专学生学习的特点，结合编者多年教学实践编写而成的。该教材力求反映高职课程和教学内容体系改革方向，以应用为目的，必需够用为尺度，在充分考虑数学课程的工具功能的前提下，注重发挥其文化功能的作用，既为高职学生学习专业课程服务，又为学生的可持续发展打下良好的基础。本教材具有以下几个方面的特点。

1. 针对性强

教材从高职学生的实际出发，注重高等数学与初等数学的衔接，遵循理论与实际相结合的原则，按照“特殊——一般—特殊”的认识规律，尽可能借助客观实例及几何直观图形来阐述数学基本概念和定理，力求使抽象的数学概念形象化，复杂的理论过程简单化，便于高职学生的理解和掌握。

2. 注重数学应用能力的培养

为了提高学生应用数学知识解决实际问题的意识和能力，在编写过程中，加强了数学知识在工程技术及经济管理等方面的应用，力图体现高职教育实践性、应用性强的特点。

3. 体现以人为本的教育理念

编写教材时，根据教学的基本要求，按照“服务专业，够用为度”的原则确定教材基本内容，在每章末都给出本章小结，这样既为教师提供教学参考，又可方便学生自学。

4. 例题、习题数量充足

在编写过程中，列举了大量的典型例题，例题解答思路清晰，过程简明扼要，有利于学生开拓思路。习题题型丰富，难易比例适当，以满足不同层次学生学习的需要。

本书由王广明、孙琦、龙芳担任主编，陆建秀、韩晓毅、余翔担任副主编，俞文辉、邓涛、古君风参与本书的编写。全书由王广明统稿。限于编者水平有限，错漏之处在所难免，恳请广大读者批评指正。

《高等数学》编写组

目　　录

第1章 函数、极限与连续

函数是数学中最重要的基本概念之一，是现实世界中量与量之间的依存关系在数学中的反映，也是高等数学的主要研究对象. 极限概念是微积分的重要基本概念之一，极限理论是高等数学的基础. 本章将介绍函数、极限和函数连续性等基本概念以及它们的一些性质.

1.1 函 数

1.1.1 常量与变量

自然界现象无一不在变化之中，在观察自然现象、研究某些实际问题或从事生产的过程中，总会遇到许多量，如面积、体积、长度、时间、速度、温度等. 遇到的量，一般可以分为两种，一种是在过程中不断变化的量，这种量称为变量. 变量常用 x,y,z,u,v 等字母表示. 另一种量是在过程进行中保持不变的量，这种量称为常量. 常量往往用 a,b,c,α,β 等字母来表示. 例如，用一根长度为 a 的铁丝围成一个矩形的框架，用 x 表示矩形的长，则矩形的宽为 $y=\frac{a}{2}-x$，矩形面积为 $S=x\left(\frac{a}{2}-x\right)$. 在这个问题中，$a$ 为常量，x,y,S 都是变量. 又如，用一根铁丝围成一个面积为 S 的框形架，若它的周长记为 a，长记为 x，宽记为 y，则 $y=\frac{S}{x}$，那么 $a=2x+\frac{2S}{x}$. 在这个问题中，S 为常量，x,y,a 都是变量. 这里可以看出，一个量是常量还是变量都是相对某一具体问题而言的.

初等数学中主要研究的是常量，而高等数学中主要研究的是变量，着重研究的是变量与变量之间的关系.

对于某个问题来说，一个变量只能在一定范围内取值. 变量的取值范围常用区间表示.

数集 $\{x\mid a\leqslant x\leqslant b\}$ 称为闭区间，记做 $[a,b]$，即

$$[a,b]=\{x\mid a\leqslant x\leqslant b\}$$

类似地，$[a,b)=\{x\mid a\leqslant x<b\}$，$(a,b]=\{x\mid a<x\leqslant b\}$ 都称为半开区间，$(a,b)=\{x\mid a<x<b\}$ 称为开区间. 以上这些区间称为有限区间.

另外，还有无限区间，例如

$$[a,+\infty)=\{x\mid x\geqslant a\}$$

$$(-\infty,b)=\{x\mid x<b\}$$

全体实数集合也可记为 $(-\infty,+\infty)$，它也是无限区间.

1.1.2 函数的概念

在研究某一自然现象或实际问题的过程中，总会发现问题中变量并不都是独立变化的，它们之间往往存在着依存关系，下面先考查几个具体例子.

例 1.1.1 上述用一根长为 a 的铁丝围成一个矩形框架的问题中，所涉及变量有 x（长），y（宽），S（面积），它们之间的关系为 $y=\frac{a}{2}-x$，$S=x\left(\frac{a}{2}-x\right)$. 显然 y 和 S 是由 x 所确定的，只要 x 的值确定后，y 和 S 的值就随之确定，x 的变化范围是 $0<x<\frac{a}{2}$，而 y 和 S 的变化范围是由 x 的变化范围所确定的. 本例中，变量之间的依存关系都是由一个确定公式表示的. 但应当指出，有无这种确定的表达式，对问题中变量之间有无依存关系存在是无关紧要的.

例 1.1.2 表 1.1.1 是一台发电机启动它一小时内每分钟的转速记录.

表 1.1.1

t/分	1	2	3	4	…	60
n/转·分$^{-1}$	2 011	2 981	2 998	3 001	…	3 002

表 1.1.1 给出了时间 t（分）与转速 n（转/分）之间的依存关系，从它可以查出当 t 取 1，2，…，60 等正整数时，转速 n 的对应值.

例 1.1.3 图 1.1.1 是气温自动记录仪描出的某一天气温变化曲线，它给出了时间 t 与气温 T 之间的依存关系.

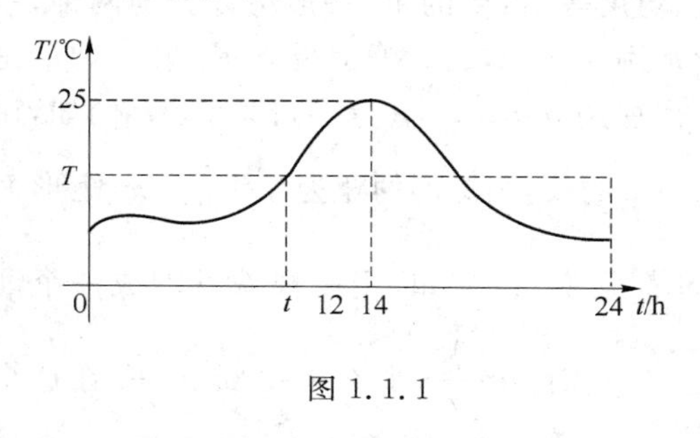

图 1.1.1

时间 t(h)的变化范围是 $0\leqslant t\leqslant 24$，当 t 在这个范围内取一值时，从图 1.1.1 中的曲线可找出气温的对应值. 例如，当 $t=14$ h 时，$T=25$℃，为一天中的最高温度.

很明显，例 1.1.2 与例 1.1.3 中的依存关系都没有一个简明表达公式，而代之以一表格与一条曲线.

从以上的例子可以看到，它们描述的问题虽各不相同，但都有共同特征：

(1) 每个问题中都有两个变量，它们之间不是彼此孤立的，而是相互联系，相互制约的；

(2) 当一个变量在它的变化范围中任意取一定值时，另一个变量依一定法则就有一个确定的值与这一取定的值相对应.

具有这两个特征的变量的依存关系称为函数关系. 下面给出函数的定义.

定义 1.1.1 设 x，y 是两个变量，x 的变化范围是实数集 D，如果对于任何的 $x\in D$，按照一定的法则 f，变量 y 都有唯一确定值与之对应，则称变量 y 是变量 x 的函数，记为 $y=f(x)$，称 D 是函数的定义域，x 为自变量，y 为因变量.

对于一个确定的 $x_0\in D$，与之对应的 $y_0=f(x_0)$ 称为函数 y 在点 x_0 处的函数值，全体函数值的集合 M 称为函数 y 的值域，记为 $f(D)$，即

$$M=f(D)=\{y\,|\,y=f(x),x\in D\}$$

由定义 1.1.1 可知，一个函数 $y=f(x)(x\in D)$ 是由它的定义域 D 和对应法则所确定的. 所以，定义域和对应法则称为函数的两要素，说两个函数相同（或相等），即两个函数定义域相同，对应法则也相同.

将平面点集

$$G=\{(x,y)\,|\,y=f(x),x\in D\}$$

描绘在直角坐标系 Oxy 内，得到的图形称为函数 $y=f(x)$ 的图形或图像，如图 1.1.2 所示.

常用函数表示法有 3 种：①公式法（或解析法），如例 1.1.1，因变量 y 与自变量 x 之间对应法则用数学公式表示；②表格法，如例 1.1.2；③图像法，如例 1.1.3.

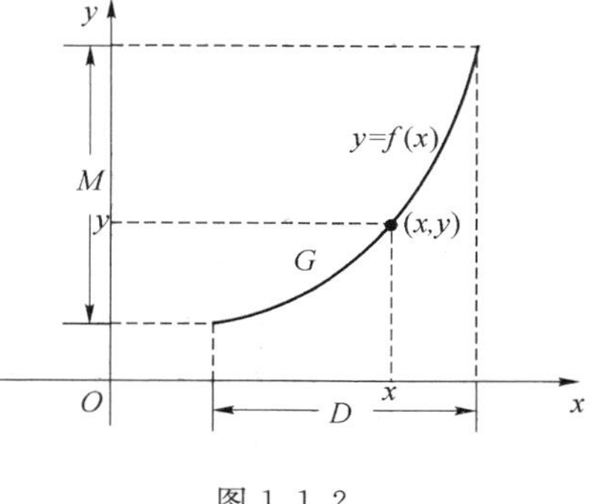

图 1.1.2

下面举几个函数的例子.

例 1.1.4 函数

$$y=2$$

的定义域 $D=(-\infty,+\infty)$，值域 $M=\{2\}$，它的图形是一条平行于 x 轴的直线，如图1.1.3 所示.

例 1.1.5 函数

$$y=|x|=\begin{cases} x, & x\geqslant 0 \\ -x, & x<0 \end{cases}$$

的定义域 $D=(-\infty,+\infty)$，值域 $M=[0,+\infty)$，它的图形如图 1.1.4 所示，此函数称为绝对值函数.

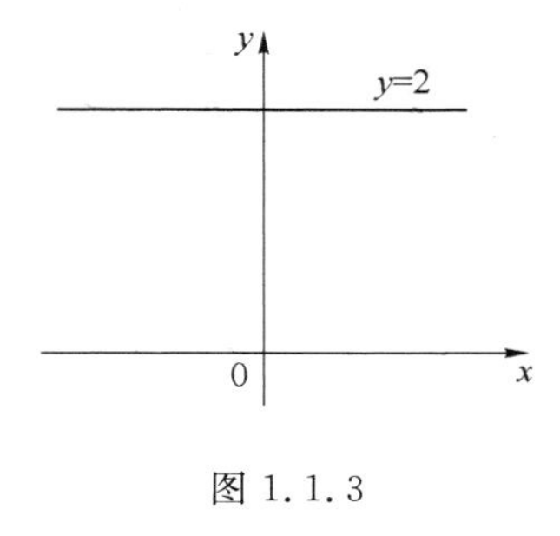

图 1.1.3

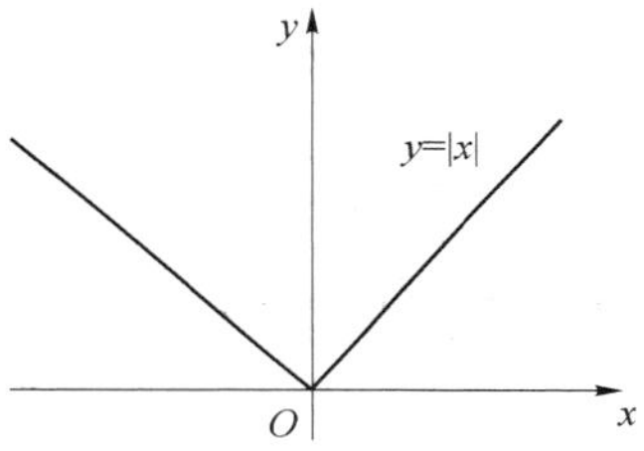

图 1.1.4

例 1.1.6 函数

$$y=\operatorname{sgn} x=\begin{cases} 1, & x>0 \\ 0, & x=0 \\ -1, & x<0 \end{cases}$$

称为符号函数，它的定义域 $D=(-\infty,+\infty)$，值域 $M=\{-1,0,1\}$，它的图形如图 1.1.5 所示.

例 1.1.7 设 x 为任一实数，不超过 x 的最大整数为 x 的整数部分，记做 $[x]$. 例如，$\left[\frac{5}{7}\right]=0$，$[\sqrt{2}]=1$，$[\pi]=3$，$[-0.8]=-1$，$[-3.5]=-4$，把 x 看做变量，则函数

$$y=[x]$$

的定义域 $D=(-\infty,+\infty)$，值域 $M=\mathbf{Z}$，它的图形如图 1.1.6 所示，此图形称为阶梯曲线，在 x 为整数值处发生跳跃，跳跃度为 1，此函数称为取整函数.

从例 1.1.6 和例 1.1.7 中可以看到，有时一个函数要用几个式子表示，这种在自变量不同变化范围中，对应法则用不同式子来表示的函数，通常称为分段函数，在自然科学和工程技术中，经常会遇到分段函数的情形.

注意 分段函数是定义域上的一个函数，不要理解为多个函数，分段函数是要分段求值，分段作图.

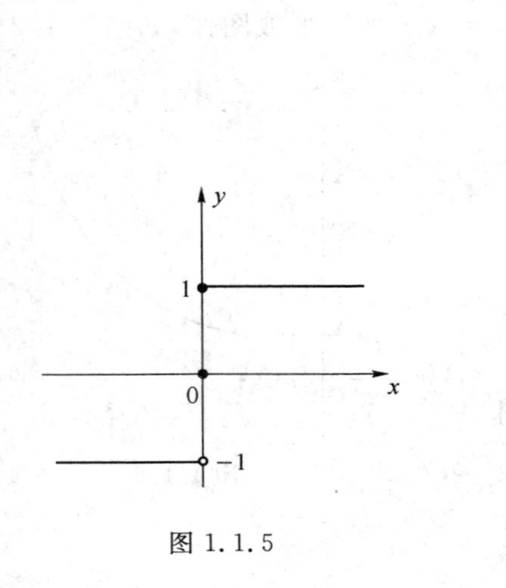

图 1.1.5

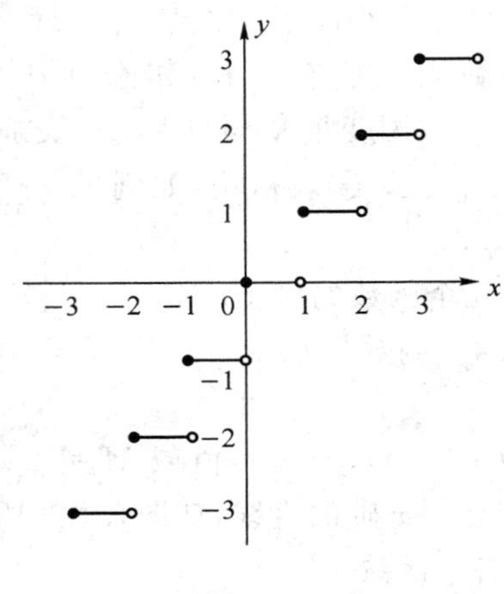

图 1.1.6

例 1.1.8 旅客乘飞机时若行李的重量不超过 20 kg 时不收费用;若超过了 20 kg,每超过 1 kg 收运费 a 元,试建立运费 y 与行李重量 x 的函数关系.

解 由题意知,当 $0 \leqslant x \leqslant 20$ 时,$y=0$;当 $x>20$ 时,所超过的部分的重量为 $x-20$,按每千克收运费 a 元,则有 $y=a(x-20)$,于是函数 y 与 x 的对应关系是

$$y=\begin{cases} 0, & 0 \leqslant x \leqslant 20 \\ a(x-20), & x>20 \end{cases}$$

例 1.1.9 设函数

$$y=f(x)=\begin{cases} 1-2x, & |x| \leqslant 1 \\ x^2+1, & |x|>1 \end{cases}$$

求 $f(0)$,$f(1)$,$f(1.5)$,$f(1+K)$.

解 (1) 当 $|x| \leqslant 1$,即 $-1 \leqslant x \leqslant 1$ 时:

$$f(x)=1-2x$$

所以 $f(0)=1-0=1$,$f(1)=1-2=-1$.

(2) 当 $|x|>1$,即 $x<-1$ 或 $x>1$ 时:

$$f(x)=x^2+1$$

所以 $f(1.5)=1.5^2+1=3.25$.

(3) 当 $-1 \leqslant 1+K \leqslant 1$,即 $-2 \leqslant K \leqslant 0$ 时:

$$f(1+K)=1-2(1+K)=-1-2K$$

当 $|1+K|>1$,即 $K>0$ 或 $K<-2$ 时:

$$f(1+K)=(1+K)^2+1=K^2+2K+2$$

习题 1.1

1.1.1 下列各题中,函数 $f(x)$ 和 $g(x)$ 是否相同?为什么?

(1) $f(x)=\lg x^2$,$g(x)=2\lg x$

(2) $f(x)=x$,$g(x)=\sqrt{x^2}$

(3) $f(x)=\sqrt[3]{x^4-x^3}$,$g(x)=x\sqrt[3]{x-1}$

(4) $f(x)=1, g(x)=\sin^2 x+\cos^2 x$

1.1.2 求下列函数的定义域.

(1) $y=\sqrt{3x+2}$　　(2) $y=\dfrac{1}{1-x^2}$

(3) $y=\dfrac{1}{x}-\sqrt{1-x^2}$　　(4) $y=\dfrac{1}{4-x^2}+\sqrt{x+2}$

(5) $y=\dfrac{1}{x}+\ln(1+x)$　　(6) $y=\dfrac{1}{x-1}+\sin(x+1)$

1.1.3 设

$$\varphi(x)=\begin{cases}|\sin x|, & |x|<\dfrac{\pi}{3}\\ 0, & |x|\geqslant\dfrac{\pi}{3}\end{cases}$$

求 $\varphi\left(\dfrac{\pi}{6}\right), \varphi\left(\dfrac{\pi}{4}\right), \varphi\left(-\dfrac{\pi}{4}\right), \varphi(-2)$，并作出函数 $y=\varphi(x)$ 的图形.

1.1.4 设 $y=\begin{cases}0, & -2<x\leqslant 0\\ x^2, & 0<x\leqslant 1\\ 2-x, & 1<x\leqslant 2\end{cases}$，求函数定义域及函数值 $f(-1), f(0), f\left(\dfrac{\sqrt{2}}{2}\right)$，$f(\sqrt{2})$，并作出函数的图像.

1.1.5 求函数 $y=\begin{cases}\sin\dfrac{1}{x}, & x\neq 0\\ 0, & x=0\end{cases}$ 的定义域和值域.

1.1.6 某城市居民在购房时，面积不超过 120 m^2 时，按购房总价的 1.5%向政府缴税；面积超过 120 m^2 时，除 120 m^2 要执行前述的税收政策外，超过部分按 3%向政府缴税. 已知房屋单价是 5 000 元/m^2，则购买 125 m^2 的房屋应向政府缴税多少元？

1.2 函数的几种特性

1.2.1 有界性

定义 1.2.1 设函数 $f(x)$ 的定义域为 D，数集 $X\subset D$，若存在实数 M，使得对任何$x\in X$ 都有

$$|f(x)|\leqslant M$$

成立，则称 $f(x)$在 X 内有界，称 M 为 $f(x)$的一个界. 若这样的 M 不存在，则称 $f(x)$在 X 内无界.

定义 1.2.2 设函数 $f(x)$的定义域为 D，数集 $X\subset D$ 都存在实数 M(或 m)，使得对任何 $x\in X$，都有

$$f(x)\leqslant M \quad 〔或\ f(x)\geqslant m〕$$

成立，则称 $f(x)$在 X 内有上界(或下界)，称 M(或 m)为 $f(x)$的一个上界(或下界).

显然，按照定义 1.2.2，有界函数必有上界和下界；反之，既有上界又有下界的函数必定是有界函数.

由定义 1.2.2 可知，若函数存在一个界 M，则任何比 M 大的实数都可作为该函数的界. 例如，$y=\sin x$ 在$(-\infty,+\infty)$内有 $|\sin x|\leqslant 1$，1 是它的界，2 也是它的界，因为有 $|\sin x|\leqslant 2$ 成立.

应该注意的是，函数有界性如何定与考虑的自变量 x 的范围有关.

例 1.2.1 证明 $f(x)=\dfrac{1}{x}$在区间$[1,2]$上是有界函数，但它在$(0,1)$内是无界的.

证明 当 $1\leqslant x\leqslant 2$ 时，有$\dfrac{1}{2}\leqslant\dfrac{1}{x}\leqslant 1$，所以 $f(x)=\dfrac{1}{x}$在$[1,2]$上既有下界又有上界，故是有界函数.

再来证明 $f(x)=\dfrac{1}{x}$在区间$(0,1)$内无界. 若任意 $f(x)=\dfrac{1}{x}$在$(0,1)$内有界，由定义1.2.2知存在 $M>0$，对任何 $x\in(0,1)$，都有 $|f(x)|=\dfrac{1}{x}<M$，即有 $x>\dfrac{1}{M}$，这是不可能的，显然在区间$(0,1)$内有小于$\dfrac{1}{M}$的数存在，所以 $f(x)=\dfrac{1}{x}$在$(0,1)$内无界.

1.2.2 单调性

定义 1.2.3 设函数 $f(x)$的定义域为 D，区间 $I\subset D$. 如果对于区间 I 上任意两点 x_1 及 x_2，当 $x_1<x_2$ 时恒有

$$f(x_1)<f(x_2)$$

则称函数 $f(x)$在区间 I 上是单调增加的；如果对于区间 I 上任意两点 x_1 及 x_2，当 $x_1<x_2$ 时恒有

$$f(x_1)>f(x_2)$$

则称函数 $f(x)$在区间 I 上是单调减小的.

单调增加和单调减小的函数统称单调函数，其对应区间为单调区间.

单调增加的函数的图像是一条沿着 x 轴正向上升的曲线(如图 1.2.1 所示)；单调减少的函数的图像是一条沿着 x 轴正向下降的曲线(如图 1.2.2 所示).

例 1.2.2 证明 $f(x)=x^3$ 在$(-\infty,+\infty)$内是单调增加函数(如图 1.2.3 所示).

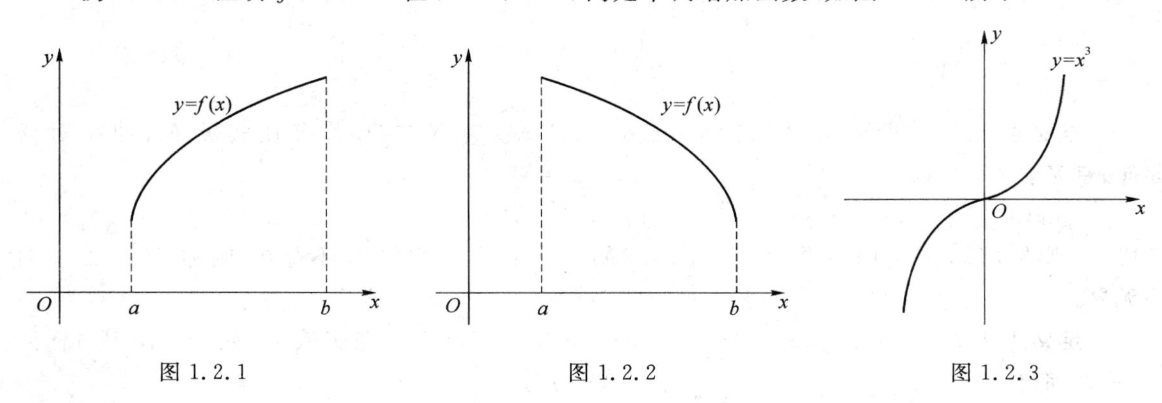

图 1.2.1　　图 1.2.2　　图 1.2.3

证明 任取两数 $x_1,x_2\in(-\infty,+\infty)$，且 $x_1<x_2$，考查

$$\begin{aligned}f(x_2)-f(x_1)&=x_2^3-x_1^3=(x_2-x_1)(x_2^2+x_2x_1+x_1^2)\\&=(x_2-x_1)\left[\left(x_2+\frac{x_1}{2}\right)^2+\frac{3}{4}x_1^2\right]\end{aligned}$$

由于 $x_2-x_1>0$，$\left(x_2+\frac{x_1}{2}\right)^2+\frac{3}{4}x_1^2>0$

$$f(x_2)-f(x_1)>0$$

即

$$f(x_2)>f(x_1)$$

符合函数单调增加定义，故 $f(x)=x^3$ 在 $(-\infty,+\infty)$ 内是单调增加的.

可以证明 $f(x)=x^4$ 在 $(-\infty,0)$ 内是单调减少的，在 $(0,+\infty)$ 内是单调增加的.

1.2.3 奇偶性

定义 1.2.4 设函数 $f(x)$ 的定义域 D 是关于原点对称的，即 $x\in D$，则 $-x\in D$，若对于任何 $x\in D$，有

$$f(-x)=f(x)$$

成立，则称 $f(x)$ 为偶函数；若对任何 $x\in D$，有

$$f(-x)=-f(x)$$

成立，则称 $f(x)$ 为奇函数.

由定义 1.2.4 可知，偶函数图像是关于 y 轴对称的，而奇函数图像是关于坐标原点中心对称的，如图 1.2.4 所示.

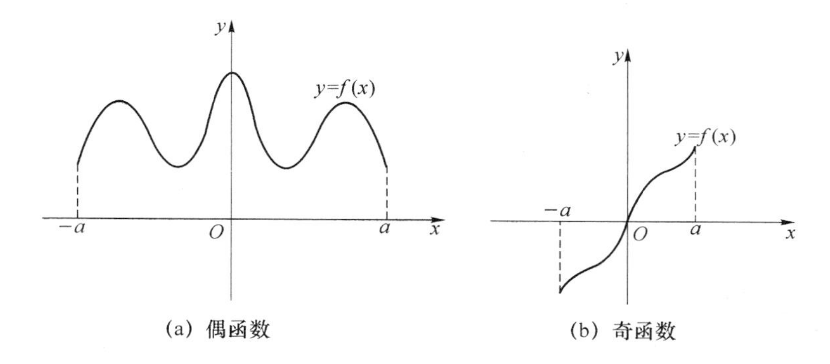

图 1.2.4

例 1.2.3 讨论下列函数奇偶性.

(1) $f(x)=x|x|$　　(2) $f(x)=x+|x|$

(3) $f(x)=x^2+x^4$　　(4) $f(x)=x^2-3x+4$

(5) $f(x)=\lg(x+\sqrt{1+x^2})$　　(6) $f(x)=x^2, x\in[-2,4]$

解 (1) 由于 $f(-x)=(-x)|-x|=-x|x|=-f(x)$，故 $f(x)$ 为奇函数；

(2) 由于 $f(-x)=-x+|-x|=-x+|x|\neq\pm f(x)$，故 $f(x)$ 为非奇非偶函数；

(3) 由于 $f(-x)=(-x)^2+(-x)^4=x^2+x^4=f(x)$，故 $f(x)$ 为偶函数；

(4) 由于 $f(-x)=(-x)^2-3(-x)+4=x^2+3x+4\neq\pm f(x)$，故 $f(x)$ 为非奇非偶函数；

(5) 由于 $f(-x)=\lg\left[-x+\sqrt{1+(-x)^2}\right]=\lg(-x+\sqrt{1+x^2})=\lg\dfrac{1}{x+\sqrt{1+x^2}}=-\lg(x+\sqrt{1+x^2})=-f(x)$，故 $f(x)$ 为奇函数；

(6) 由于区间 $[-2,4]$ 关于原点不对称，故 $f(x)$ 为非奇非偶函数.

1.2.4 周期性

定义 1.2.5 设函数 $f(x)$ 的定义域是 D，若存在非零常数 T，对于任何 $x\in D$，都有

$$f(x+T)=f(x)$$

成立，则称 $f(x)$ 为周期函数；称满足上式的最小的正数 T 为 $f(x)$ 的周期.

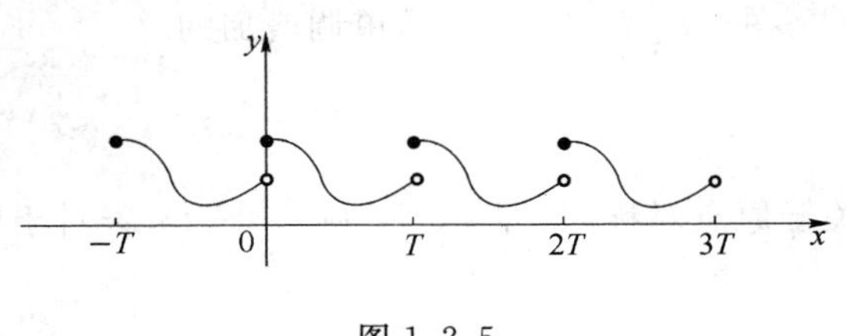

图 1.2.5

周期函数的图像是周期状，即在其定义域上任意长度为 T 的区间 $(x+nT,x+(n+1)T)$ $(n=0,\pm1,\pm2,\pm3,\cdots)$ 上，函数的图像有相同的形状，如图 1.2.5 所示.

例如，$y=\sin x$，$y=\cos x$ 都是周期为 2π 的函数；$y=\tan x$，$y=\cot x$ 都是周期为 π 的函数.

例 1.2.4 求函数 $f(x)=A\sin(\omega x+\varphi)$ 的周期，其中 A,ω,φ 为常数.

分析 要求 $f(x)$ 的周期，依定义 1.2.5 是要求 T，使得

$$f(x+T)=f(x)$$

且 T 是满足这个等式的最小正数.

解 由于 $f(x+T)=A\sin[\omega(x+T)+\varphi]=A\sin(\omega x+\varphi+\omega T)$，要使 $f(x+T)=f(x)$，只有

$$A\sin(\omega x+\varphi+\omega T)=A\sin(\omega x+\varphi)$$

注意到 $\sin x$ 的周期为 2π，所以只要 $|\omega T|=2\pi$，即可解得 $T=\dfrac{2\pi}{|\omega|}$，故 $f(x)=A\sin(\omega x+\varphi)$ 的周期是 $T=\dfrac{2\pi}{|\omega|}$.

例 1.2.5 求函数 $f(x)=-\dfrac{1}{2}+\cos^2 x$ 的周期.

解 由于 $f(x)=-\dfrac{1}{2}+\dfrac{1}{2}(1+\cos 2x)=\dfrac{1}{2}\cos 2x$，所以 $f(x)$ 的周期 $T=\dfrac{2\pi}{2}=\pi$.

习题 1.2

1.2.1 判断下列函数在所给定的区间上的有界性，并说明理由.

(1) $y=2\sin x,x\in(-\infty,+\infty)$

(2) $y(x)=\tan x,x\in\left(0,\dfrac{\pi}{2}\right)$

(3) $y=\arcsin x,x\in[-1,1]$

(4) $y=\dfrac{1}{x+1},x\in[0,1]$

(5) $y=5\cos^2 x,x\in(-\infty,+\infty)$

1.2.2 判断下列函数的单调性.

(1) $y=2x+1$

(2) $y=3^{-x}$

(3) $y=\sqrt{x}$

(4) $y=(x-1)^2$

(5) $y=\begin{cases}\ln x, & x>0\\ 1-x, & x\leqslant 0\end{cases}$

1.2.3 判断下列函数的奇偶性.

(1) $f(x)=x^3|x|$　　(2) $f(x)=x^2\sin x$

(3) $y=\dfrac{e^x-e^{-x}}{2}$　　(4) $f(x)=\ln|x|-\sec x$

(5) $f(x)=\begin{cases}1-x, & x<0\\ 1+x, & x\geqslant 0\end{cases}$

1.2.4 判断下列函数是否是周期函数,若是则求其周期.

(1) $f(x)=\cos 2x$　　(2) $f(x)=\tan\left(x+\dfrac{\pi}{4}\right)$

(3) $f(x)=\left|\sin\dfrac{x}{2}\right|$　　(4) $f(x)=\sin x+\dfrac{1}{2}\sin 2x$

(5) $f(x)=2\sin\left(\dfrac{3}{4}x+1\right)$　　(6) $f(x)=x\sin x$

1.2.5 证明:设 $f(x)$,$g(x)$都是$[-a,a]$上的偶函数,则 $f(x)+g(x)$,$f(x)\cdot g(x)$也是$[-a,a]$上的偶函数.

1.3 反函数和复合函数

1.3.1 反函数

在研究两个变量之间的依赖关系时,根据具体问题的实际情况,需要选定其中一个为自变量,那么另一个变量就是因变量(或函数).

例如,自由落体运动,选定时间 t 为自变量,则物体下落的路程 h 便是因变量(即时间 t 的函数).h 与 t 的依赖关系是由公式

$$h=\frac{1}{2}gt^2 \quad (t\geqslant 0)$$

给定,其中 g 为常数;反过来,如果要求由物体下落的路程来计算所需的时间,那么就应该把路程 h 作为自变量,而把时间 t 作为因变量(或路程 h 的函数),记为 $t=t(h)$,t 与 h 的依赖关系由公式

$$h=\frac{1}{2}gt^2 \quad (t\geqslant 0)$$

解出为

$$t=\sqrt{\frac{2h}{g}}$$

称函数 $t=t(h)$为函数 $h=h(t)$的反函数,而 $h=h(t)$为直接函数.

定义 1.3.1 设函数 $y=f(x)$的定义域为 D,值域为 M.如果对于 M 中的每一个 y 值,都可以由关系式 $y=f(x)$确定唯一的值 x 与之对应,这样就确定了一个以 y 为自变量、x 为因变量的新函数 $x=\varphi(y)$,这个函数称之为函数 $y=f(x)$的反函数,常记做 $x=f^{-1}(y)$,这个函数的定义域为 M,值域为 D.相对于反函数 $x=\varphi(y)$来说,原来的函数$y=f(x)$称做直接函数.

显然,直接函数 $y=f(x)$与反函数 $x=f^{-1}(y)$的图像是同一个,如图 1.3.1 所示.

习惯上,用 x 表示自变量,用 y 表示因变量,所以也称 $y=f^{-1}(x)$是 $y=f(x)$的反函数.函

数 $y=f^{-1}(x)$是 $x=f^{-1}(y)$将 y 换为 x,x 换为 y 所形成的函数.

要注意的是,$y=f^{-1}(x)$是由 $x=f^{-1}(y)$中将 x,y 互换而得到的,因此 $x=f^{-1}(y)$和 $y=f^{-1}(x)$的图形关系自然也相当于把 x 轴和 y 轴互换一下,也就是说把曲线 $x=f^{-1}(y)$以直线 $y=x$ 为轴翻转 180°后所得到的曲线就是反函数 $y=f(x)$的图形,它与直接函数 $y=f(x)$所表示的曲线关于直线 $y=x$ 是对称的,即如图 1.3.2 所示,点 $P(a,b)$在 $y=f(x)$的曲线上,当 $b=f(a)$时就有 $a=f^{-1}(b)$,这说明 $P'(b,a)$在 $y=f^{-1}(x)$图形上,反过来也如此.点 $P(a,b)$与点 $P'(b,a)$是关于直线 $y=x$ 对称的(即直线 $y=x$ 是线段 PP'的垂直平分线,读者自证).

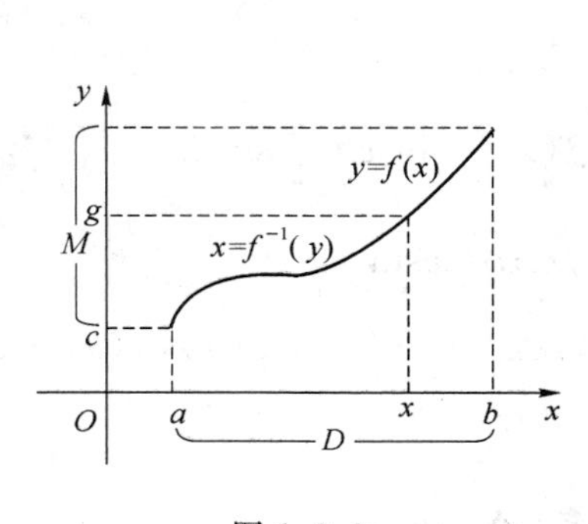

图 1.3.1

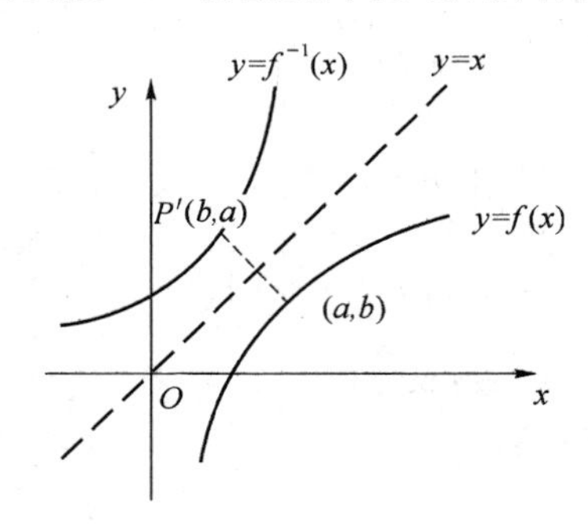

图 1.3.2

例 1.3.1 求函数 $y=2x-3$ 的反函数,并在同一平面直角坐标系中作出它们的图形.

分析 只要能从 $y=2x-3$ 中解出 x,表示成 y 的函数,再交换变量记号就可得出 $y=2x-3$ 的反函数.

解 由 $y=2x-3$ 解得

$$x=\frac{y}{2}+\frac{3}{2}$$

于是,所求的反函数为

$$y=\frac{x}{2}+\frac{3}{2}$$

它的图形如图 1.3.3(a)所示.

值得注意的是,并不是所有函数 $y=f(x)$在其定义域内都存在反函数,例如 $y=x^2$ 的定义域为$(-\infty,+\infty)$,值域为$[0,+\infty)$,在$[0,+\infty]$上任取一个 $y\neq0$,适合关系式 $x^2=y$ 的 x 有两个,一个在区间$(0,+\infty)$内,另一个在区间$(-\infty,0)$内,不是唯一对应,所以它没有反函数.但如果把函数 $y=x^2$ 定义域分解成$(-\infty,0]$与$[0,+\infty)$两个部分区间,即在$[0,+\infty)$上,$y=x^2$ 有反函数 $x=\sqrt{y}$,即

$$y=\sqrt{x},x\in[0,+\infty)$$

在区间$(-\infty,0]$上,$y=x^2$ 有反函数 $x=-\sqrt{y}$,即

$$y=-\sqrt{x},x\in[0,+\infty)$$

根据反函数的定义,如果函数 $y=f(x)$有反函数,那么 x 与 y 取值必定是一一对应的.因为 $y=f(x)$作为直接函数,所以对于每一个 $x\in D$,必有唯一的 $y\in M$ 与之对应,同样反函数 $x=f^{-1}(y)$,对于每一个 $y\in M$,必有唯一的 $x\in D$ 与之对应.由于单调函数的自变量与因变量取值一一对应,因此单调函数一定有反函数,一般地给出反函数存在定理 1.3.1.

定理 1.3.1 如果直接函数 $y=f(x)$,$x\in D$ 是单调增加(或减少)的,则存在反函数

$y=f^{-1}(x)$, $x\in M$,且该反函数也是单调增加(或减少)的.

例 1.3.2 函数 $y=x^3$ 在 $(-\infty,+\infty)$ 上是单调增加函数,因此根据定理 1.3.1 可知它的反函数 $y=\sqrt[3]{x}$ 在 $(-\infty,+\infty)$ 上存在,且也是单调增加的,如图 1.3.3(b)所示.

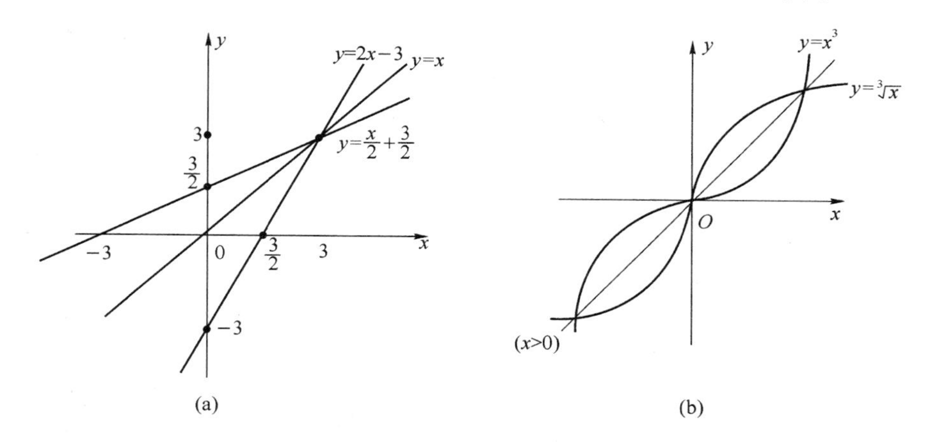

图 1.3.3

例 1.3.3 求函数 $y=10^{x+1}$ 的反函数.

解 由 $y=10^{x+1}$ 解得

$$x+1=\lg y$$

而

$$x=\lg y-1$$

所求反函数为

$$y=\lg x-1 \quad (x>0)$$

例 1.3.4 求下列函数的反函数.

(1) $y=\dfrac{e^x-e^{-x}}{2}$ (2) $y=\dfrac{2x-1}{x+1}$

解 (1) 由 $y=\dfrac{e^x-e^{-x}}{2}$,得 $e^x-e^{-x}=2y$,等式两边乘以 e^x,整理得 $(e^x)^2-2ye^x-1=0$,这是关于 e^x 的二次方程,解得

$$e^x=y\pm\sqrt{y^2+1}$$

由于 $e^x\geqslant 0$,解得 $e^x=y+\sqrt{y^2+1}$,而舍去 $e^x=y-\sqrt{y^2+1}$,从而

$$x=\ln\left(y+\sqrt{y^2+1}\right)$$

故得到 $y=\dfrac{e^x-e^{-x}}{2}$ 的反函数

$$y=\ln\left(x+\sqrt{x^2+1}\right) \quad (-\infty<x<+\infty)$$

(2) 由 $y=\dfrac{2x-1}{x+1}$,得 $xy+y=2x-1$,解出 x,得

$$x=\frac{y+1}{2-y}$$

故解得 $y=\dfrac{2x+1}{x+1}$ 的反函数

$$y=\frac{x+1}{2-x} \quad (x\neq 2)$$

1.3.2 复合函数

在同一现象中，两个变量的关系不是直接的，而是通过另一个变量间接联系起来的.例如，设 $y=\sqrt{u}$，$u=1-x^2$，用 $1-x^2$ 代替 $y=\sqrt{u}$ 中的 u，得到 $y=\sqrt{1-x^2}$. 这就是说，函数 $y=\sqrt{1-x^2}$ 是由 $y=\sqrt{u}$ 经过中间变量 $u=\varphi(x)$ 复合而成的关于 x 的函数. 但函数 $y=\sqrt{1-x^2}$ 的定义域 $[-1,1]$ 是 $u=1-x^2$ 的定义域 $(-\infty,+\infty)$ 的子集.

如果函数 $u=\varphi(x)$ 的定义域是 D_x，D_1 为 D_x 的非空子集，函数 $y=f(u)$ 的定义域是 D_u，若对于每个 $x\in D_1$，对应的函数值 $u=\varphi(x)\in D_u$. 这时，通过函数 $y=f(u)$，数值 $u=\varphi(x)$ 又对应了一个确定的 y，于是对于每个 $x\in D_1$，就有确定的 y 值与其对应，从而得到以 x 为自变量、y 为因变量的新的函数——复合函数. 下面给出复合函数的定义.

定义 1.3.2 设函数 $y=f(u)$，$u\in D_u$，$u=\varphi(x)$，$x\in D_x$，$D_1\subseteq D_x$，如果函数 $u=\varphi(x)$ 的值域 $\varphi(D_1)\subseteq D_u$，那么对任何 $x\in D_1\subseteq D_x$，有 $u=\varphi(x)$ 与之对应，又有 $y=f(u)$ 与 u 对应，从而对任何 $x\in D_1$，有确定的 y 与之对应，形成 y 是 x 的函数，记为 $y=f[\varphi(x)]$ $(x\in D_1)$，称之为是由 $y=f(u)$ 和 $u=\varphi(x)$ 复合而成的复合函数，y 是因变量，x 是自变量，称 u 为中间变量，复合函数定义域是 $D_1\subseteq D_x$（M_y 为 y 的值域），$u=\varphi(x)$ 叫内层函数，$y=f(u)$ 叫外层函数. 如图 1.3.4 所示.

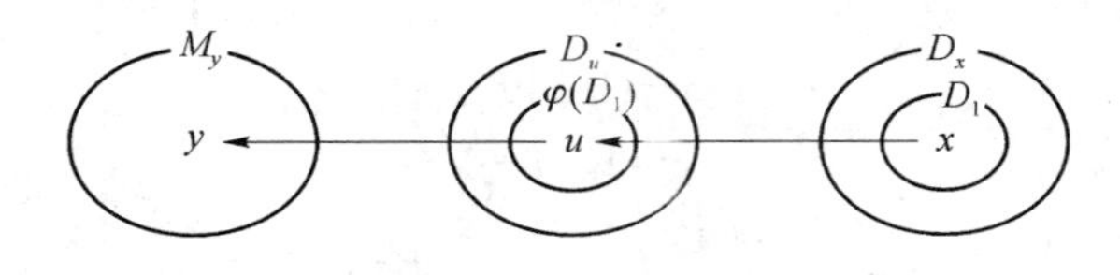

图 1.3.4

注意 函数 $y=\arcsin x^2$ 是由反正弦函数 $y=\arcsin u$ 经过 $u=x^2$ 复合而成的复合函数.

由于中间变量 $u=x^2$ 的定义域为 $(-\infty,+\infty)$，则其值域 $M_{1u}=[0,+\infty)$ 没有完全包含在 $y=\arcsin u$ 的定义域 $[-1,1]$ 中. 这时，两个函数复合是没有什么意义的，只有限制 $u=x^2$ 的值域 $[0,1]$ 时，即限制 $x\in[-1,1]$ 时，$y=\arcsin u$ 和 $u=x^2$ 复合而成的函数有意义. 因此两个函数复合时，一定要注意条件，不是任何两个函数都可以复合成一个函数的，否则形式上的复合函数 $f[\varphi(x)]$ 是没有意义的.

例如，$y=\arcsin u$，$u=2+x^2$，无论 x 在 $(-\infty,+\infty)$ 任何子区间内取值时，$u\geqslant 2$，全部落在 $y=\arcsin u$ 的定义域 $[-1,1]$ 之外，使 $y=\arcsin(2+x^2)$ 没有意义.

例 1.3.5 问 $y=e^u$ 和 $u=x^2$ 复合而成的复合函数需要对自变量 x 作什么限制吗？

解 复合函数 $y=e^{x^2}$，因为无论 $x\in(-\infty,+\infty)$ 取什么值，$u=x^2$ 的值都在 $y=e^u$ 的定义域内. 所以，复合函数 $y=e^{x^2}$ 总有意义，而对 x 没有限制，即 $x\in(-\infty,+\infty)$.

例 1.3.6 求由 $y=\sqrt{u}$，$u=2x-1$ 复合而成的函数，求复合函数的定义域.

解 由于 $y=\sqrt{u}$ 的定义域是 $[0,+\infty]$，所以要使复合函数 $y=\sqrt{2x-1}$ 有意义，必须要限制 x 值

$$u=2x-1,\quad u\in[0,+\infty)$$

即

$$2x-1\geqslant 0$$

也即 $x\geqslant\frac{1}{2}$. 所以，所求复合函数的定义域为 $\left[\frac{1}{2},+\infty\right)$.

例 1.3.7 写出下列函数的复合函数,并写出其定义域.

(1) $y=u^2, u=\sin x$

(2) $y=\arccos u, u=2x+1$

解 (1) $y=(\sin x)^2, x\in(-\infty,+\infty)$

(2) $y=\arccos(2x+1), -1\leqslant x\leqslant 0$

关于复合函数,不但需要将两个函数按照指定方式(哪个函数在内层,哪个函数在外层)复合成一个函数,还要将一个已经复合好的函数分解成几个简单的函数.

例 1.3.8 指出下列复合函数的复合过程.

(1) $y=\sin 2^x$ (2) $y=\sqrt{1+x^2}$ (3) $y=\ln\cos 3x$

解 (1) $y=\sin 2^x$ 的复合过程是

$y=\sin u, u=2^x$

(2) $y=\sqrt{1+x^2}$的复合过程是

$y=\sqrt{u}, u=1+x^2$

(3) $y=\ln\cos 3x$ 的复合过程是

$y=\ln u, u=\cos v, v=3x$

一般情况下,复合函数 $f\{\varphi[\psi(x)]\}$由外往里,$y=f(u), u=\varphi(v), v=\psi(x)$,这里 u,v 为中间变量.

例 1.3.9 设 $f(x)=x^3, g(x)=2^x$,求 $f[g(x)]$和 $g[f(x)]$.

解 $f[g(x)]=[g(x)]^3=[2^x]^3=2^{3x}$

$g[f(x)]=2^{f(x)}=2^{x^3}$

例 1.3.10 设 $f(x)=\dfrac{1}{1-x}(x\neq 0, x\neq 1)$,求 $f[f(x)]$和 $f\{f[f(x)]\}$.

解
$$f[f(x)]=\frac{1}{1-f(x)}=\frac{1}{1-\dfrac{1}{1-x}}=\frac{1-x}{1-x-1}=\frac{1-x}{-x}=\frac{x-1}{x}$$

$$f\{f[f(x)]\}=\frac{1}{1-f[f(x)]}=\frac{1}{1-\dfrac{x-1}{x}}=x$$

例 1.3.11 设 $f\left(\dfrac{1-x}{x}\right)=\dfrac{1}{x}+\dfrac{x^2}{2x^2-2x+1}-1 \quad (x\neq 0)$,求 $f(x)$.

解
$$f\left(\frac{1-x}{x}\right)=f\left(\frac{1}{x}-1\right)=\left(\frac{1}{x}-1\right)+\frac{1}{\dfrac{1}{x^2}-\dfrac{2}{x}+2}$$

$$=\left(\frac{1}{x}-1\right)+\frac{1}{\left(\dfrac{1}{x}-1\right)^2+1}$$

所以
$$f(x)=x+\frac{1}{x^2+1}$$

习题 1.3

1.3.1 求下列函数的反函数及反函数的定义域.

(1) $y=\ln(1-2x), x\in(-\infty,0]$

(2) $y=\sqrt[3]{x+2}, x\in(-\infty,+\infty)$

(3) $y=\dfrac{1-x}{2+x}, x\neq -2$

(4) $y=\log_3(x-2), x\in(2,+\infty)$

1.3.2 设 $f(x)=\dfrac{1-3x}{x-2}$ 与 $g(x)$ 的图形关于直线 $y=x$ 对称，求 $g(x)$.

1.3.3 求函数 $f(x)=\begin{cases} x, & -\infty<x<1 \\ x^2, & 1\leqslant x\leqslant 4 \\ 2^x, & 4<x<+\infty \end{cases}$ 的反函数 $g(x)$ 及其定义域.

1.3.4 下列各组函数能否组成复合函数?

(1) $y=\lg u, u=1-x^3, x\in(-\infty,1)$

(2) $y=\sqrt{u}, u=\cos x, x\in\left(\dfrac{\pi}{2},\dfrac{3\pi}{2}\right)$

(3) $y=\arcsin u, u=\sqrt{1-x^2}, x\in[-1,+1]$

1.3.5 在下列各题中，求由所给定的函数形成的复合函数，并求复合函数的定义域.

(1) $y=u^2, u=\ln x$

(2) $y=\sin u, u=2x$

(3) $y=\arcsin u, u=\mathrm{e}^x$

(4) $y=\ln u, u=3v, v=\dfrac{1}{x}$

1.3.6 指出下列复合函数的复合过程.

(1) $y=\arccos\sqrt{x}$

(2) $y=(2x+1)^5$

(3) $y=\ln(x^2-4)$

(4) $y=\cos(3x+1)$

(5) $y=\cos^2(1+2x)$

(6) $y=3\operatorname{arccot}(1-2x)$

1.3.7 求下列函数的定义域.

(1) $y=\ln(\mathrm{e}^x-1)$

(2) $y=\sqrt{2x^2-x}$

(3) $y=\sqrt{\dfrac{x-2}{x+2}}$

(4) $y=\arccos(x^2-1)$

1.3.8 设 $f(x)$ 的定义域是 $x\in[0,1]$，求下列函数的定义域.

(1) $y=f(x^2)$

(2) $y=f(\ln x)$

(3) $y=f(\mathrm{e}^x-1)$

(4) $y=f(x-a)+f(x+a)(a>0)$

1.3.9 求函数 $y=\sqrt{\lg(x^2-3)}$ 的定义域.

1.4 幂函数、指数函数与对数函数

1.4.1 幂函数

定义 1.4.1 函数

$$y=x^\mu \quad (\mu \text{ 为常实数})$$

称为幂函数. 其定义域随着 μ 的不同而不同，图形也随着 μ 的不同而有不同形状.

当 $\mu=1$ 时，幂函数 $y=x$ 的定义域为 $(-\infty,+\infty)$，图形是一条直线.

当 $\mu=\dfrac{1}{2}$ 时，幂函数 $y=\sqrt{x}$ 的定义域为 $[0,+\infty)$，图形是一条抛物线，$y=\sqrt{x}$ 是 $y=$

$x^2, x\in[0,+\infty)$的反函数.

当 $\mu=-1$ 时,幂函数 $y=\dfrac{1}{x}$ 的定义域为$(-\infty,0)\cup(0,+\infty)$,图形是双曲线.

当 $\mu=2$ 时,幂函数 $y=x^2$ 的定义域为$(-\infty,+\infty)$,图形是二次抛物线.

当 $\mu=3$ 时,幂函数 $y=x^3$ 的定义域为$(-\infty,+\infty)$,图形是三次抛物线.幂函数 $y=\sqrt[3]{x}$ 是 $y=x^3$ 的反函数.

可以看到,幂函数 $y=x^\mu$ 的图形都经过点(1,1),且当 $\mu>0$ 时,幂函数 $y=x^\mu$ 在区间$(0,+\infty)$内单调增加;当 $\mu<0$ 时,幂函数 $y=x^\mu$ 在区间$(0,+\infty)$内单调减少,如图 1.4.1 所示.

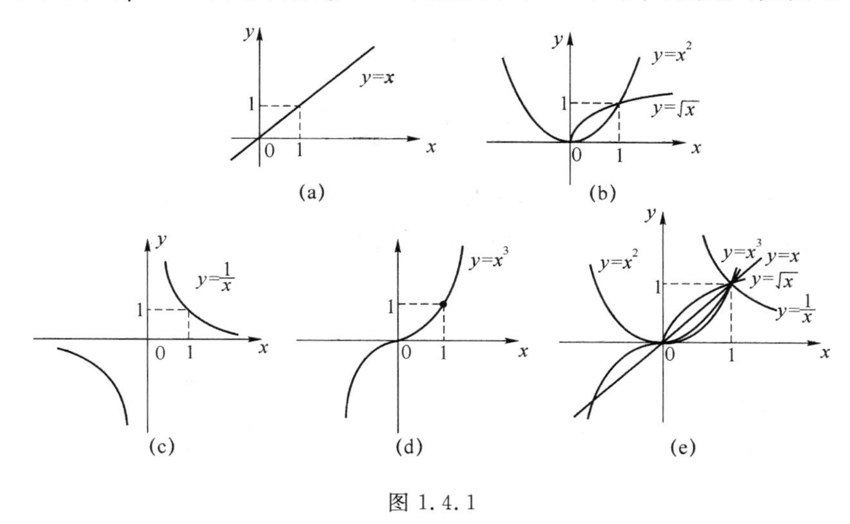

图 1.4.1

1.4.2　指数函数

定义 1.4.2　函数

$$y=a^x \quad (a\text{ 为常数,且 } a>0, a\neq 1)$$

称为指数函数,定义域为$(-\infty,+\infty)$,值域为$(0,+\infty)$.

当 $a>1$ 时,函数单调增加;当 $0<a<1$ 时,函数单调减少.如图 1.4.2(a)所示,$y=a^x$ 的图形与 $y=a^{-x}$ 的图形关于 y 轴对称,并且它们的图形都经过点(0,1).

要注意的是,把指数函数(a 为常数)与幂函数 $y=x^\mu$(μ 为常数)区别开来.

常用的指数函数有 $y=\mathrm{e}^x$($\mathrm{e}=2.718\,28\cdots$是无理数),$y=2^x$,$y=10^x$,它们都是单调增加的函数,如图 1.4.2(b)所示.

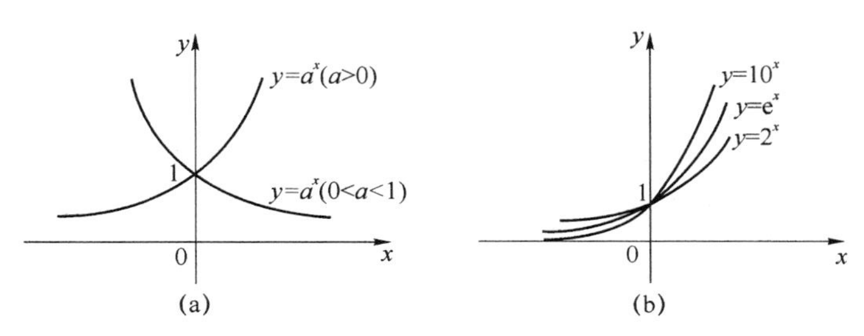

图 1.4.2

1.4.3 对数函数

定义 1.4.3 函数

$$y=\log_a x \quad (a>0 \text{ 且 } a\neq 1)$$

称为对数函数，它是指数函数 $y=a^x$ 的反函数，它的定义域是$(0,+\infty)$.

对数函数的图形，可由其对应的指数函数 $y=a^x$ 的图形关于直线 $y=x$ 翻转 180°得到，即关于直线 $y=x$ 作对称于 $y=a^x$ 的图形，便得到 $y=\log_a x$ 的曲线，如图 1.4.3 所示.

$y=\log_a x$ 的图形总在 y 轴右侧，且通过点$(1,0)$.

当 $a>1$ 时，$y=\log_a x$ 是单调增加的，在区间$(0,1)$内，函数值为负，在区间$(1,+\infty)$内，函数值为正.

当 $0<a<1$ 时，$y=\log_a x$ 是单调减少的，在区间$(0,1)$内，函数值为正，在区间$(1,+\infty)$内，函数值为负.

以常数 e 为低的对数函数称为自然对数函数，记为 $y=\ln x$，以 10 为底的对数函数记为 $y=\lg x$，以 2 为底的对数函数记为 $\log_2 x$，它们都是单调增加的函数，如图 1.4.3 所示.

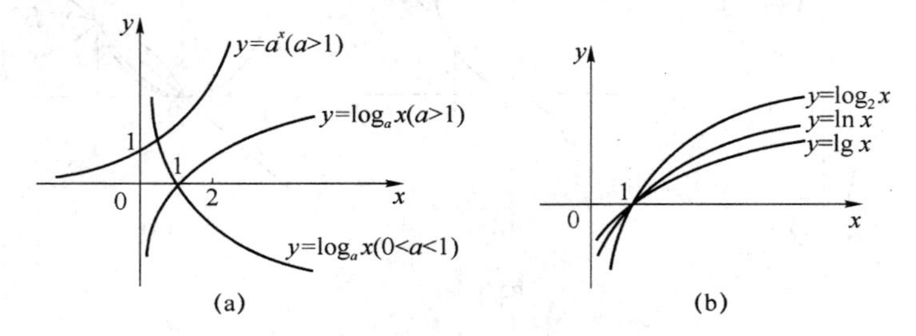

图 1.4.3

习题 1.4

1.4.1 下列函数在给出的哪个区间上是单调增加的？

(1) $y=x^2$, $[0,+\infty)$, $(-\infty,0]$

(2) $y=\sqrt{x}$, $[0,+\infty)$, $(-\infty,+\infty)$

(3) $y=\dfrac{1}{x^2}$, $(-\infty,0)$, $(0,+\infty)$

(4) $y=\sqrt{x^2}$, $(-\infty,0)$, $(0,+\infty)$

(5) $y=\log_3 x$, $(0,+\infty)$, $(-\infty,+\infty)$

(6) $y=2^x$, $(0,+\infty)$, $(-\infty,+\infty)$

1.4.2 画出下列函数图形.

(1) $y=3^x$　　(2) $y=\sqrt{x}$　　(3) $y=\left(\dfrac{1}{2}\right)^x$

(4) $y=\log_2 x$　　(5) $y=\log_{\frac{1}{3}} x$　　(6) $y=\dfrac{1}{x^2}$

1.4.3 解下列不等式.

(1) $5^{x^2-2}>5^x$　　(2) $\left(\frac{1}{2}\right)^{3x}<\left(\frac{1}{2}\right)^{x^2-4}$　　(3) $\log_{\frac{1}{2}}(x-1)>\log_{\frac{1}{2}}(3x-4)$

1.4.4　由 $y=e^x$ 的图形作出下列函数图形.

(1) $y=4e^x$　　(2) $y=4+e^x$　　(3) $y=-e^x$　　(4) $y=e^{-x}$

1.5　三角函数与反三角函数

1.5.1　三角函数

定义 1.5.1　函数 $y=\sin x, y=\cos x, y=\tan x, y=\cot x, y=\sec x, y=\csc x$ 依次叫做正弦函数、余弦函数、正切函数、余切函数、正割函数、余割函数. 这些函数统称为三角函数.

1. 正弦函数

$y=\sin x$，定义域为 $(-\infty,+\infty)$，值域为 $[-1,1]$，是以 2π 为周期的有界的奇函数，图 1.5.1 是它的图形.

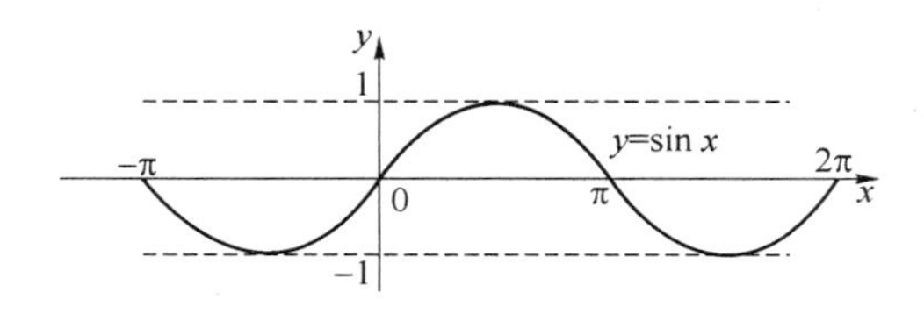

图 1.5.1

2. 余弦函数

$y=\cos x$，定义域为 $(-\infty,+\infty)$，值域为 $[-1,1]$，是以 2π 为周期的有界的偶函数，图 1.5.2 是它的图形.

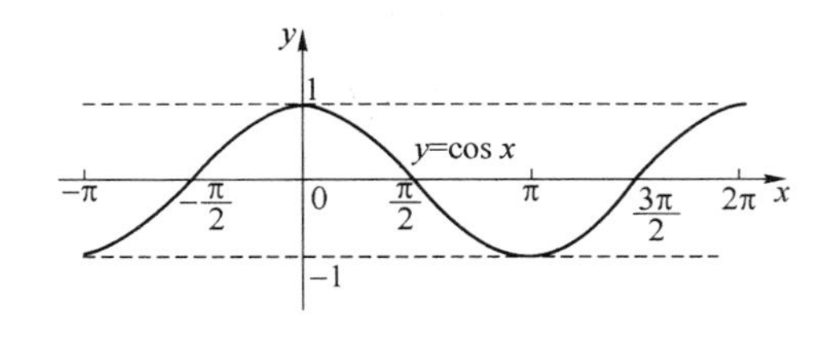

图 1.5.2

3. 正切函数

$y=\tan x$，定义域为 $\left\{x \middle| x\neq k\pi+\frac{\pi}{2}, k\in\mathbf{Z}\right\}$，值域为 $(-\infty,+\infty)$，是周期为 π 的奇函数，图 1.5.3 是它的图形.

4. 余切函数

$y=\cot x$，定义域为 $\{x \mid x\neq k\pi, k\in\mathbf{Z}\}$，值域为 $(-\infty,+\infty)$，也是周期为 π 的奇函数，图 1.5.4 是它的图形.

此外，三角函数还有正割函数 $y=\sec x=\frac{1}{\cos x}$ 和余割函数 $y=\csc x=\frac{1}{\sin x}$，它们都是以 2π 为周期的周期函数.

在高等数学中，三角函数的自变量 x 是以弧度为单位的，弧度与角度之间的换算关系是

$360°=2\pi$ 弧度、$1°=\frac{\pi}{180}$弧度或 1 弧度$=\frac{180°}{\pi}$.

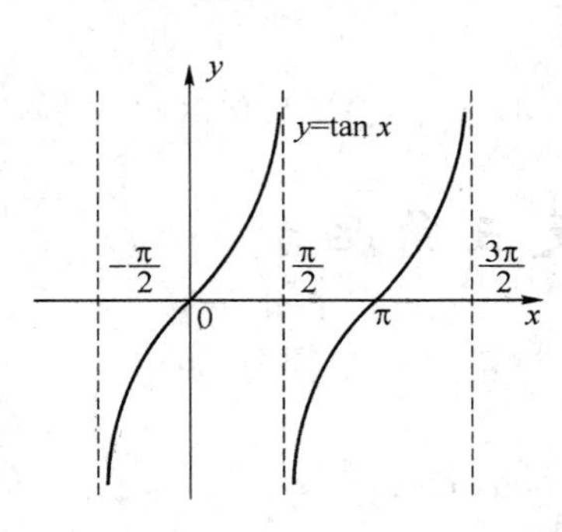

图 1.5.3

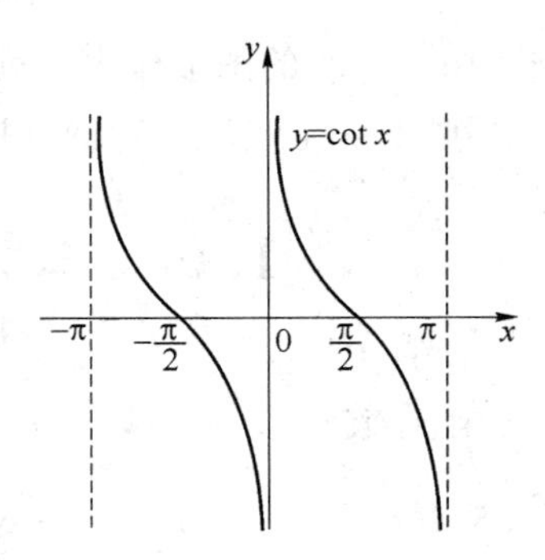

图 1.5.4

例 1.5.1 试比较下列三角函数值的大小.

(1) $\sin\left(-\frac{\pi}{18}\right)$与 $\sin\left(-\frac{\pi}{10}\right)$;

(2) $\cos\left(-\frac{23\pi}{5}\right)$与 $\cos\left(-\frac{17\pi}{4}\right)$;

(3) $\tan\frac{15\pi}{4}$与 $\tan\frac{19\pi}{5}$.

解 (1) 在$\left[-\frac{\pi}{2},\frac{\pi}{2}\right]$上 $y=\sin x$ 是单调增加的,而

$$-\frac{\pi}{18}\in\left[-\frac{\pi}{2},\frac{\pi}{2}\right],-\frac{\pi}{10}\in\left[-\frac{\pi}{2},\frac{\pi}{2}\right],-\frac{\pi}{18}>-\frac{\pi}{10}$$

故

$$\sin\left(-\frac{\pi}{18}\right)>\sin\left(-\frac{\pi}{10}\right)$$

(2) 在$[-5\pi,-4\pi]$上 $y=\cos x$ 是单调增加的,而

$$-\frac{23\pi}{5}\in[-5\pi,-4\pi],-\frac{17\pi}{4}\in[-5\pi,-4\pi]$$

且

$$-\frac{23\pi}{5}<-\frac{17\pi}{4}$$

故

$$\cos\left(-\frac{23\pi}{5}\right)<\cos\left(-\frac{17\pi}{4}\right)$$

(3) 在$\left(4\pi-\frac{\pi}{2},4\pi+\frac{\pi}{2}\right)$上 $y=\tan x$ 是单调增加的,而

$$\frac{15\pi}{4}\in\left(4\pi-\frac{\pi}{2},4\pi+\frac{\pi}{2}\right),\quad \frac{19\pi}{5}\in\left(4\pi-\frac{\pi}{2},4\pi+\frac{\pi}{2}\right),\frac{15\pi}{4}<\frac{19\pi}{5}$$

故

$$\tan\frac{15\pi}{4}<\tan\frac{19\pi}{5}$$

例 1.5.2 已知 $\cos x=-0.6$,且 $x\in\left(\pi,\frac{3\pi}{2}\right)$,求 $\sin 2x$,$\cos 2x$ 和 $\tan 2x$ 的值.

解 已知 $x\in\left(\pi,\frac{3\pi}{2}\right)$，$\cos x=-0.6$.

则

$$\sin x=-\sqrt{1-\cos^2 x}=\sqrt{1-(0.6)^2}=-0.8$$

于是

$$\sin 2x=2\sin x\cos x=2\times(-0.8)\times(-0.6)=0.96$$

$$\cos 2x=\cos^2 x-\sin^2 x=(-0.6)^2-(-0.8)^2=-0.28$$

$$\tan 2x=\frac{\sin 2x}{\cos 2x}=\frac{0.96}{-0.28}\approx-3.43$$

1.5.2 反三角函数

三角函数 $y=\sin x$，$y=\cos x$，$y=\tan x$，$y=\cot x$ 都是周期函数，因此对于三角函数，一个函数值 y 会有无穷多个自变量 x 的值与之对应；按照定义，x 不是 y 的函数，即三角函数在其定义域内不存在反函数. 但是，如果将定义域限制在一定范围内，使三角函数为单调函数，则在这个限制的范围内，三角函数就存在反函数，这就是反三角函数，下面分别给予介绍.

1. 反正弦函数

如果将 $y=\sin x$ 的定义域限制在 $x\in\left[-\frac{\pi}{2},\frac{\pi}{2}\right]$，此时这是一个单调增加的函数，故它存在反函数.

定义 1.5.2 正弦函数 $y=\sin x$ 在$\left[-\frac{\pi}{2},\frac{\pi}{2}\right]$上的反函数叫做反正弦函数，记做 $y=\arcsin x$.

反正弦函数 $y=\arcsin x$ 的定义域是$[-1,1]$，值域是$\left[-\frac{\pi}{2},\frac{\pi}{2}\right]$，图形如图 1.5.5 所示，可以看出它在区间$[-1,1]$上单调增加，图形关于原点对称，所以 $y=\sin x$ 是奇函数，又由于 $-\frac{\pi}{2}\leqslant\arcsin x\leqslant\frac{\pi}{2}$，所以 $y=\arcsin x$ 在其定义域上是有界函数.

一般地，由反正弦函数定义 1.5.2 可以得到

$$\sin(\arcsin x)=x\qquad(-1\leqslant x\leqslant 1)$$

2. 反余弦函数

如果将 $y=\cos x$ 的定义域限制在 $x\in[0,\pi]$，此时这是一个单调减少的函数，故它存在反函数.

定义 1.5.3 余弦函数 $y=\cos x$ 在区间$[0,\pi]$上的反函数叫做反余弦函数，记做 $y=\arccos x$.

反余弦函数 $y=\arccos x$ 的定义域是$[-1,1]$，值域是$[0,\pi]$，图形如图 1.5.6 所示，可以看出它在区间$[-1,1]$上单调减少. 由于它的图形既不关于原点对称，又不关于 y 轴对称，所以 $y=\arccos x$ 既不是奇函数又不是偶函数. 又由于 $0\leqslant\arccos x\leqslant\pi$，即 $y=\arccos x$ 在其定义域上是有界函数.

一般地，由反余弦函数定义 1.5.3 可以得到

$$\cos(\arccos x)=x\qquad(-1\leqslant x\leqslant 1)$$

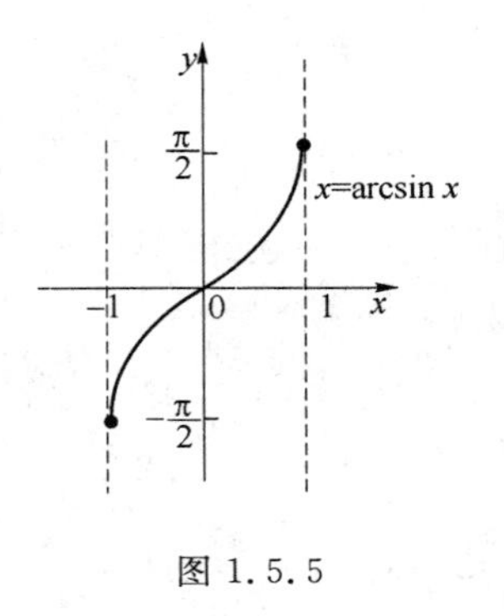

图 1.5.5

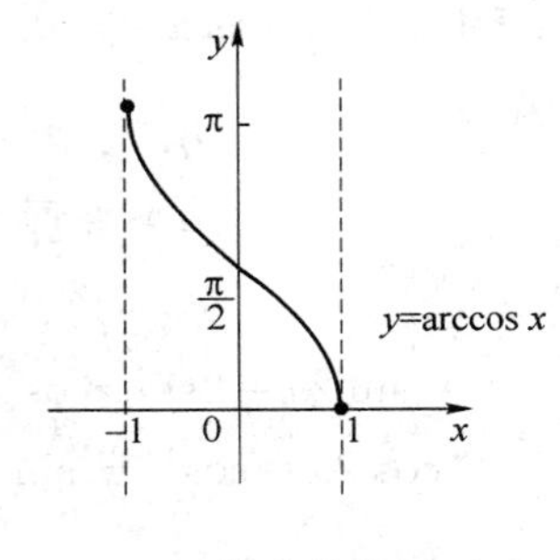

图 1.5.6

3. 反正切函数

如果将正切函数 $y=\tan x$ 的定义域限制在 $x\in\left(-\frac{\pi}{2},\frac{\pi}{2}\right)$，此时这是一个单调增加的函数，故它存在反函数.

定义 1.5.4 正切函数 $y=\tan x$ 在 $\left(-\frac{\pi}{2},\frac{\pi}{2}\right)$ 内的反函数叫做反正切函数，记做 $y=\arctan x$.

反正切函数 $y=\arctan x$ 的定义域是 $(-\infty,+\infty)$，值域是 $\left(-\frac{\pi}{2},\frac{\pi}{2}\right)$，图形如图 1.5.7 所示，可以看出它在区间 $\left(-\frac{\pi}{2},\frac{\pi}{2}\right)$ 内是单调增加的. 由于它的图形关于坐标原点对称，所以 $y=\arctan x$ 是奇函数，又由于 $-\frac{\pi}{2}<\arctan x<\frac{\pi}{2}$，所以 $y=\arctan x$ 是有界函数.

4. 反余切函数

如果将余切函数 $y=\cot x$ 的定义域限制在 $x\in(0,\pi)$，此时这是一个单调减少的函数，故它存在反函数.

定义 1.5.5 余切函数 $y=\cot x$ 在 $(0,\pi)$ 内的反函数叫做反余切函数，记做 $y=\operatorname{arccot} x$.

反余切函数 $y=\operatorname{arccot} x$ 的定义域是 $(-\infty,+\infty)$，值域是 $(0,\pi)$，图形如图 1.5.8 所示，可以看出它在区间 $(-\infty,+\infty)$ 内是单调减少的. 由于它的图像不关于原点对称，又不关于 y 轴对称，所以 $y=\operatorname{arccot} x$ 既不是奇函数，又不是偶函数，又由于 $0<\operatorname{arccot} x<\pi$，所以 $y=\operatorname{arccot} x$ 是有界函数.

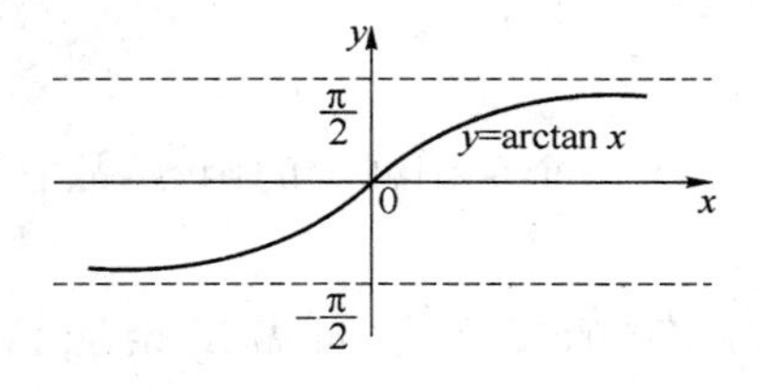

图 1.5.7

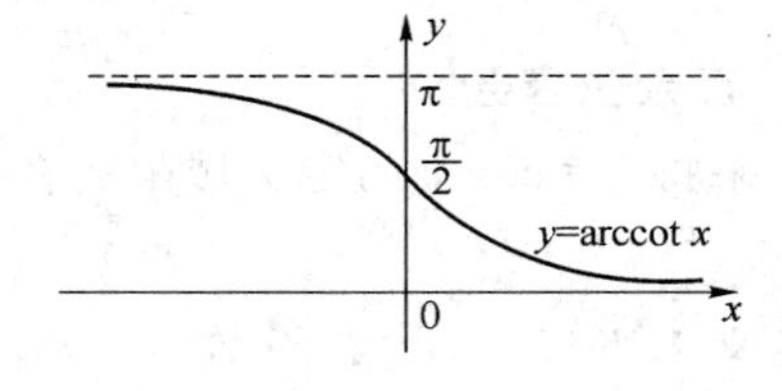

图 1.5.8

定义 1.5.6 反正弦函数、反余弦函数、反正切函数与反余切函数统称为反三角函数.

例 1.5.3 求下列各式的值.

(1) $\arcsin\frac{\sqrt{2}}{2}$　　(2) $\arcsin\left(-\frac{\sqrt{3}}{2}\right)$

(3) $\arccos\frac{1}{2}$　　(4) $\arccos\left(-\frac{\sqrt{2}}{2}\right)$

(5) $\arctan 1$　　　　(6) $\arctan(-\sqrt{3})$

(7) $\operatorname{arccot}\frac{\sqrt{3}}{3}$　　　　(8) $\operatorname{arccot}(-1)$

解　(1) 因为$\frac{\pi}{4}\in\left[-\frac{\pi}{2},\frac{\pi}{2}\right]$,且 $\sin\frac{\pi}{4}=\frac{\sqrt{2}}{2}$,所以

$$\arcsin\frac{\sqrt{2}}{2}=\frac{\pi}{4}$$

(2) 因为$-\frac{\pi}{3}\in\left[-\frac{\pi}{2},\frac{\pi}{2}\right]$,且 $\sin\left(-\frac{\pi}{3}\right)=-\frac{\sqrt{3}}{2}$,所以

$$\arcsin\left(-\frac{\sqrt{3}}{2}\right)=-\frac{\pi}{3}$$

(3) 因为$\frac{\pi}{3}\in[0,\pi]$,且 $\cos\frac{\pi}{3}=\frac{1}{2}$,所以

$$\arccos\frac{1}{2}=\frac{\pi}{3}$$

(4) 因为$\frac{3\pi}{4}\in[0,\pi]$,且 $\cos\frac{3\pi}{4}=\cos\left(\pi-\frac{\pi}{4}\right)=-\frac{\sqrt{2}}{2}$,所以

$$\arccos\left(-\frac{\sqrt{2}}{2}\right)=\frac{3\pi}{4}$$

(5) 因为$\frac{\pi}{4}\in\left(-\frac{\pi}{2},\frac{\pi}{2}\right)$,且 $\tan\frac{\pi}{4}=1$,所以

$$\arctan 1=\frac{\pi}{4}$$

(6) 因为$-\frac{\pi}{3}\in\left(-\frac{\pi}{2},\frac{\pi}{2}\right)$,且 $\tan\left(-\frac{\pi}{3}\right)=-\sqrt{3}$,所以

$$\arctan(-\sqrt{3})=-\frac{\pi}{3}$$

(7) 因为$\frac{\pi}{3}\in(0,\pi)$,且 $\cot\frac{\pi}{3}=\frac{\sqrt{3}}{3}$,所以

$$\operatorname{arccot}\frac{\sqrt{3}}{3}=\frac{\pi}{3}$$

(8) 因为$\frac{3\pi}{4}\in(0,\pi)$,且 $\cot\frac{3\pi}{4}=-1$,所以

$$\operatorname{arccot}(-1)=\frac{3\pi}{4}$$

应熟记表 1.5.1 和表 1.5.2 中常用的反三角函数值.

表 1.5.1

x	-1	$-\frac{\sqrt{3}}{2}$	$-\frac{\sqrt{2}}{2}$	$-\frac{1}{2}$	0	$\frac{1}{2}$	$\frac{\sqrt{2}}{2}$	$\frac{\sqrt{3}}{2}$	1
$y=\arcsin x$	$-\frac{\pi}{2}$	$-\frac{\pi}{3}$	$-\frac{\pi}{4}$	$-\frac{\pi}{6}$	0	$\frac{\pi}{6}$	$\frac{\pi}{4}$	$\frac{\pi}{3}$	$\frac{\pi}{2}$

表 1.5.2

x	1	$\frac{\sqrt{3}}{2}$	$\frac{\sqrt{2}}{2}$	$\frac{1}{2}$	0	$-\frac{1}{2}$	$-\frac{\sqrt{2}}{2}$	$-\frac{\sqrt{3}}{2}$	-1
$y=\arccos x$	0	$\frac{\pi}{6}$	$\frac{\pi}{4}$	$\frac{\pi}{3}$	$\frac{\pi}{2}$	$\frac{2\pi}{3}$	$\frac{3\pi}{4}$	$\frac{5\pi}{6}$	π

例 1.5.4 求下列各式的值.

(1) $\sin\left(\arcsin\frac{2}{3}\right)$ (2) $\sin\left[\arcsin\left(-\frac{1}{4}\right)\right]$

(3) $\tan\left(\arcsin\frac{3}{5}\right)$ (4) $\sin(2\arcsin x)\quad(|x|\leqslant 1)$

解 (1) 因为$\frac{2}{3}\in[-1,1]$,所以 $\arcsin\frac{2}{3}$有意义.

令
$$\alpha=\arcsin\frac{2}{3}$$
得
$$\sin\alpha=\frac{2}{3}$$
故
$$\sin\left(\arcsin\frac{2}{3}\right)=\sin\alpha=\frac{2}{3}$$

(2) 因为$-\frac{1}{4}\in[-1,1]$,所以 $\arcsin\left(-\frac{1}{4}\right)$有意义.

令
$$\alpha=\arcsin\left(-\frac{1}{4}\right)$$
得
$$\sin\alpha=-\frac{1}{4}$$
故
$$\sin\left[\arcsin\left(-\frac{1}{4}\right)\right]=-\frac{1}{4}$$

(3) 设 $\alpha=\arcsin\frac{3}{5}$,所以 $\sin\alpha=\frac{3}{5}$,且 $\alpha\in\left[0,\frac{\pi}{2}\right]$

所以
$$\cos\alpha=\sqrt{1-\sin^2\alpha}=\sqrt{1-\left(\frac{3}{5}\right)^2}=\frac{4}{5}$$
于是
$$\tan\alpha=\frac{\sin\alpha}{\cos\alpha}=\frac{\frac{3}{5}}{\frac{4}{5}}=\frac{3}{4}$$
即
$$\tan\left(\arcsin\frac{3}{5}\right)=\frac{3}{4}$$

(4) 设 $\alpha=\arcsin x$,$|x|\leqslant 1$,所以 $\sin\alpha=x$

且
$$\alpha\in\left[-\frac{\pi}{2},\frac{\pi}{2}\right]$$
$$\cos\alpha=\sqrt{1-\sin^2\alpha}=\sqrt{1-x^2}$$
于是
$$\sin(2\arcsin x)=\sin 2\alpha=2\sin\alpha\cos\alpha=2\cdot x\cdot\sqrt{1-x^2}\quad(|x|\leqslant 1)$$

例 1.5.5 求下列各式的值.

(1) $\tan\left[\arccos\left(-\frac{4}{5}\right)\right]$　　　　(2) $\cos\left(2\arccos\frac{1}{3}\right)$

解　(1) 设 $\alpha=\arccos\left(-\frac{4}{5}\right)$

得
$$\cos\alpha=-\frac{4}{5}$$
且
$$\alpha\in[0,\pi]$$
所以
$$\sin\alpha=\sqrt{1-\cos^2\alpha}=\sqrt{1-\left(-\frac{4}{5}\right)^2}=\frac{3}{5}$$
故
$$\tan\left[\arccos\left(-\frac{4}{5}\right)\right]=\frac{\sin\left[\arccos\left(-\frac{4}{5}\right)\right]}{\cos\left[\arccos\left(-\frac{4}{5}\right)\right]}=\frac{\sin\alpha}{\cos\alpha}=\frac{\frac{3}{5}}{-\frac{4}{5}}=-\frac{3}{4}$$

(2) 设 $\alpha=\arccos\frac{1}{3}$，得
$$\cos\alpha=\frac{1}{3}$$
且
$$\alpha\in[0,\pi]$$
所以
$$\cos\left(2\arccos\frac{1}{3}\right)=\cos 2\alpha=2\cos^2\alpha-1=2\times\left(\frac{1}{3}\right)^2-1=-\frac{7}{9}$$

习题 1.5

1.5.1　试作下列函数的图形.

(1) $y=2\sin x$　　　　(2) $y=|\sin x|$

(3) $y=\cos x-1$　　　　(4) $y=1-\sin x$

1.5.2　试求下列函数的最大值与最小值.

(1) $y=2\sin\left(x-\frac{\pi}{6}\right)$　　　　(2) $y=3+\cos x$

(3) $y=1-\sin x$　　　　(4) $y=\sin\frac{x}{2}$

1.5.3　试求下列三角函数的周期.

(1) $y=3\sin\frac{x}{4}$　　　　(2) $y=\cos\left(2x-\frac{\pi}{6}\right)$

(3) $y=\tan 2x$

1.5.4　试比较下列每组三角函数值的大小.

(1) $\sin 250^\circ$与 $\sin 260^\circ$；　　　　(2) $\cos\frac{15\pi}{8}$与 $\cos\frac{17\pi}{9}$；

(3) $\tan 515^\circ$与 $\tan 530^\circ$；　　　　(4) $\cot\frac{11\pi}{5}$与 $\cot\frac{7\pi}{3}$.

1.5.5　写出下列函数的定义域和值域.

(1) $y=\arcsin 2x$　　　　(2) $y=\frac{1}{2}\arcsin(1-x)$

(3) $y=2\arccos\dfrac{x}{4}$

(4) $y=\dfrac{1}{3}\arccos(2-3x)$

(5) $y=\arctan\dfrac{x}{2}$

(6) $y=\text{arccot}(1+2x)$

1.5.6 计算下列各式.

(1) $\tan\left(2\arcsin\dfrac{\sqrt{3}}{2}\right)$

(2) $\sin\left[\arcsin\dfrac{\sqrt{3}}{2}-\arccos\left(-\dfrac{1}{2}\right)\right]$

(3) $\cos\left[\arcsin 1+\arccos\left(-\dfrac{\sqrt{2}}{2}\right)\right]$

1.5.7 求下列各式的值.

(1) $\sin\left[\arcsin\left(-\dfrac{3}{4}\right)\right]$

(2) $\sin\left(\arccos\dfrac{3}{5}\right)$

(3) $\cos\left(\arcsin\dfrac{3}{5}\right)$

(4) $\sin(\arctan 2)$

1.6 初等函数

1.6.1 基本初等函数

前面学习了幂函数、指数函数、对数函数、三角函数与反三角函数，把这5类函数和常值函数统称为基本初等函数.

1.6.2 初等函数

由基本初等函数经过有限次四则运算和复合运算构成，并且在其定义域内具有统一的解析式表达的函数，称为初等函数.

例如，$y=\ln(x+\sqrt{1+x^2})$，$y=e^{\sin x}$，$y=\dfrac{x-1}{x+1}$，$y=\arctan e^x$，$y=x^x$ 等都是初等函数.

值得指出的是，形如$[f(x)]^{g(x)}$（$f(x)$，$g(x)$是初等函数，且 $f(x)>0$）的函数也是初等函数，因为它可以表示为

$$[f(x)]^{g(x)}=e^{g(x)\ln f(x)}$$

这个函数称为幂指函数.

1.6.3 非初等函数的例子

在高等数学中，常见的非初等函数就是分段函数，例如

$$y=\text{sgn}\,x=\begin{cases}-1, & x<0\\ 0, & x=0\\ 1, & x>0\end{cases}$$

就是非初等函数，因为它在定义域的不同部分存在不同的解析式，又如

$$y=\begin{cases}\dfrac{\sin x}{x}, & x\neq 0\\ 1, & x=0\end{cases}$$

也是非初等函数，因为它在 $x=0$ 和 $x\neq 0$ 时的表达式不能用一个解析式表示.

但要注意分段函数不都是非初等函数，例如

$$y=\begin{cases} x, & x\geqslant 0 \\ -x, & x<0 \end{cases}$$

是分段函数，但它可以表示为 $y=\sqrt{x^2}$，看做 $y=\sqrt{u}$ 和 $u=x^2$ 复合而成的复合函数，它是初等函数.

1.6.4 初等函数定义域求法

如果所研究的函数来自某个实际问题，那么其定义域应符合实际意义. 例如，在自由落体运动中下落距离 $h=\frac{1}{2}gt^2$ 的定义域是 $[0,T]$，其中 T 为物体落地的时刻. 如果抛开实际背景，仅把 $h=\frac{1}{2}gt^2$ 看成 t 的二次函数，则它的定义域是 $(-\infty,+\infty)$.

一般地，一个初等函数 $y=f(x)$ 的定义域是指使该函数表达式有意义的自变量的全体，这种定义域称做函数的自然定义域.

下面举几个例子.

例 1.6.1 求函数 $f(x)=\ln(x-1)+\frac{1}{\sqrt{x^2-1}}$ 的定义域.

解 要使 $\ln(x-1)$ 有意义，必须 $x-1>0$，从而 $x>1$，即 $x\in(1,+\infty)$.

要使 $\frac{1}{\sqrt{x^2-1}}$ 有意义，必须 $x^2-1>0$，从而 $|x|>1$，即 $x\in(-\infty,1)\cup(1,+\infty)$.

要使 $f(x)$ 有意义，必须 $\ln(x-1)$，$\frac{1}{\sqrt{x^2-1}}$ 都有意义，即

$$\begin{cases} x\in(1,+\infty) \\ x\in(-\infty,1)\cup(1,+\infty) \end{cases}$$

得

$$x\in(1,+\infty)$$

所以，$f(x)$ 的定义域是 $(1,+\infty)$.

例 1.6.2 求函数 $y=\sqrt{\lg(x^2-3)}$ 的定义域.

解 可给函数 $y=\sqrt{\lg(x^2-3)}$ 是由 $y=\sqrt{u}$，$u=\lg v$，$v=x^2-3$ 复合而成的函数，必须 $u\geqslant 0$，则 $\lg v\geqslant 0$，则 $v=x^2-3\geqslant 1$，故当 $|x|\geqslant 2$ 时，$\lg(x^2-3)\geqslant 0$，因此函数 $y=\sqrt{\lg(x^2-3)}$ 的定义域为

$$(-\infty,-2]\cup[2,+\infty)$$

1.6.5 建立函数关系举例

例 1.6.3 将直径为 d 的圆木料锯成截面为矩形的木材（图 1.6.1），试建立矩形截面的两条边长之间的函数关系.

解 设矩形截面一边长为 x，另一边长为 y，由勾股定理，得

$$x^2+y^2=d^2$$

解出

$$y=\pm\sqrt{d^2-x^2}$$

因为 y 只能取正值，所以

$$y=\sqrt{d^2-x^2}$$

例 1.6.4 长为 l 的弦两端固定，点 $A(a,0)$ 处将弦向上拉直到点 $B(a,h)$ 处至图 1.6.2 中的形状. 假定当弦向上拉起过程中，弦上各点只是沿着垂直于两端连线方向移动，以 x 表示弦上各点位置，y 表示点 x 上升的高度. 试建立 x 与 y 的函数关系式.

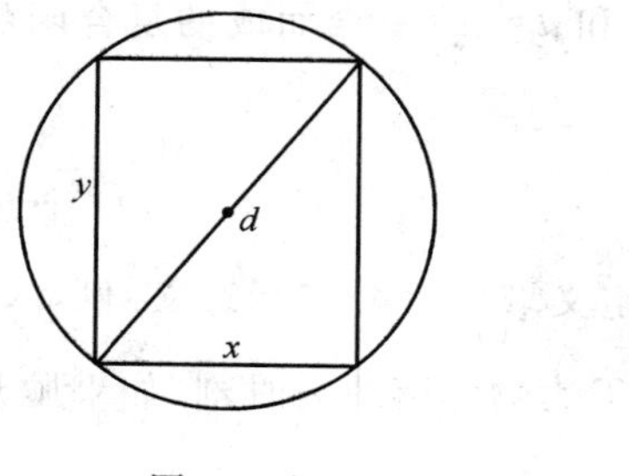

图 1.6.1

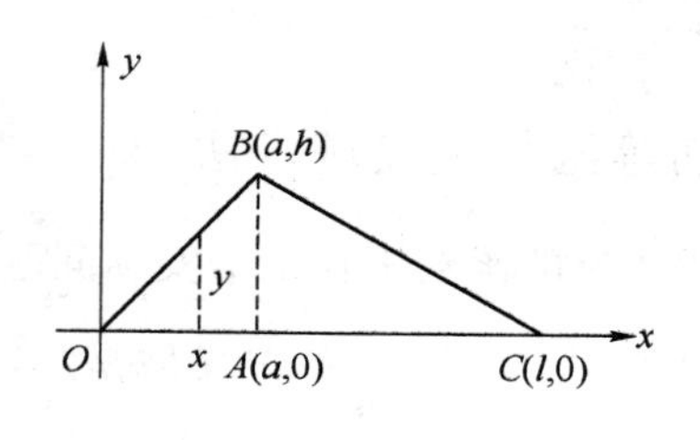

图 1.6.2

解 因为线段 OB 的斜率为 $k_{OB}=\dfrac{h}{a}$，所以线段 OB 的方程为

$$y=\frac{h}{a}x \quad (0\leqslant x<a)$$

又因为线段 BC 的斜率为 $k_{BC}=\dfrac{h}{a-l}$，所以线段 BC 的方程为

$$y=\frac{h}{a-l}(x-l) \quad (a\leqslant x\leqslant l)$$

所以，所求函数关系为

$$y=\begin{cases}\dfrac{h}{a}x, & 0\leqslant x<a \\ \dfrac{h}{a-l}(x-l), & a\leqslant x\leqslant l\end{cases}$$

例 1.6.5 曲柄连杆机构(图 1.6.3)是利用曲柄 OC 的旋转运动，通过连杆 CB 使滑块 B 作往复直线运动，反过来，利用滑块 B 的往复直线运动，通过连杆使曲柄作旋转运动. 设 $OC=r$, $BC=l$，曲柄以等角速度 ω 绕 O 旋转，求滑块 B 和 O 点的距离 S 与时间 t 之间的函数关系.

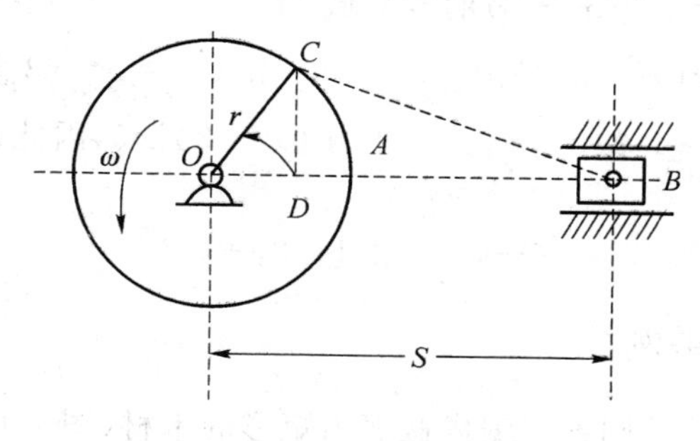

图 1.6.3

解 如图 1.6.3 可知 $S=OD+DB$，又 $OD=r\cos\theta$, $CD=r\sin\theta$，而 $\theta=\omega t$(假定曲柄 OC 开始作旋转运动时，C 在 A 处)，所以 $OD=r\cos\omega t$, $CD=r\sin\omega t$，在直角三角形 CDB 中，$DB=\sqrt{CB^2-CD^2}=\sqrt{l^2-r^2\sin^2\omega t}$，从而有

$$S=r\cos\omega t+\sqrt{l^2-r^2\sin^2\omega t} \qquad (0\leqslant t<+\infty)$$

这就是所求的 S 与 t 之间的函数关系.

习题 1.6

1.6.1　已知一有盖的圆柱形铁容器容积为 V，试建立圆柱形铁容器的表面积 S 与底面半径之间的函数关系式.

1.6.2　已知水渠的横断面为等腰梯形，如图 1.6.4 所示，斜角 $\varphi=40°$，当水断面 $ABCD$ 的面积为定值 S_0 时，求周长 $L(L=AB+BC+CD)$ 与水深 h 之间的函数关系.

1.6.3　有等腰梯形如图 1.6.5 所示，当垂直于 x 轴的直线扫过梯形时，若直线与 x 轴交点的坐标为 $(x,0)$，求直线扫过面积 S 与 x 之间的函数关系，并求 $S(1)$，$S(3)$，$S(4)$，$S(6)$ 的值.

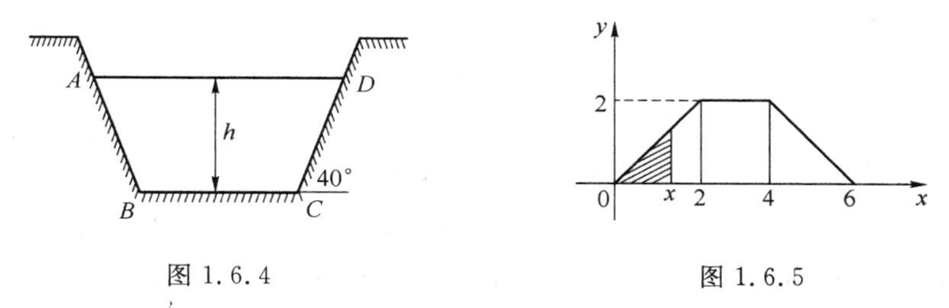

图 1.6.4　　　　图 1.6.5

1.6.4　要设计一个容积为 $V=20\pi$ 米^3 的有盖圆柱形储油桶，已知桶盖单位面积造价是侧面的一半，而侧面单位面积造价又是底面的一半. 设桶盖造价为 a 元/米^2，试把储油桶总造价 P 表示为储油桶半径 r 的函数.

1.7　经济中常用的函数

在经济活动中，常用到一些函数来表达某些经济变量之间的关系. 下面介绍经济学中常用的几种函数.

1.7.1　需求函数与供给函数

1. 需求函数

“需求”指在一定价格条件下，消费者愿意购买并且有条件有能力购买的商品量.

消费者对某种商品的需求是多种因素决定的，商品价格是影响需求的一个主要因素，但还有许多其他因素，如消费者收入的增减、其他代用品的价格等都会影响需求. 现在不考虑价格以外的其他因素，只看需求与价格的关系.

设 P 表示商品价格，Q 表示需求量，那么有

$$Q=f(P)\quad (P\text{ 为自变量},Q\text{ 为因变量})$$

称为需求函数.

一般来说，商品价格低，需求大；商品价格高，需求小. 因此，一般需求函数 $Q=f(P)$ 是单调减少函数. 用 D 表示需求曲线，如图 1.7.1 所示.

常见的需求函数有线性函数 $Q=b-aP(a,b>0)$；反比函数 $Q=\dfrac{K}{P}(K>0,P\neq0)$；幂函数 $Q=KP^{-a}(a,K>0,P\neq0)$；指数函数 $Q=a\mathrm{e}^{-bP}(a,b>0)$.

2. 供给函数

"供给"指在一定价格下，生产者愿意出售并且有可供出售的商品量.

供给也是多种因素决定的，这里略去价格以外的其他因素，只讨论供给与价格的关系.

设 P 表示商品价格，Q 表示供给量，那么有

$$Q=\varphi(P)\quad (P\text{ 为自变量},Q\text{ 为因变量})$$

称为供给函数.

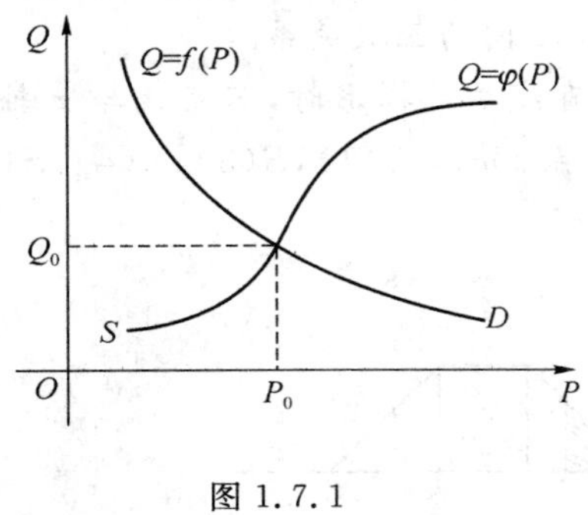

图 1.7.1

一般来说，商品价格低，生产者不想生产了，供给少；商品价格高，供给多. 因此，一般供给函数为单调增加函数. 用 S 表示供给曲线，如图 1.7.1 所示.

常见的供给函数有线性函数 $Q=aP-b(a,b>0)$；幂函数 $Q=KPa(K,a>0)$；指数函数 $Q=ab^{kP}(a,b>0)$.

3. 市场平衡价格

如果将某种商品的需求函数的图形(称为需求曲线)与供给函数的图形(称为供给曲线)画在图一坐标中，通常会交于一点(P_0,Q_0)，称为该商品的市场平衡点，在交点处，需求量恰好等于供给量，该商品在社会上处于平衡状态(这时价格 P_0 称为平衡价格(如图 1.7.1 所示)).

例 1.7.1 设某商品的需求函数为 $Q=b-aP(a,b>0)$，供给函数为 $Q=cP-d(c,d>0)$，求平衡价格 P_0.

解 由 $b-aP=cP-d$，得

$$(a+c)P=b+d$$

可得
$$P=\frac{b+d}{a+c}$$

因此，平衡价格为
$$P_0=\frac{b+d}{a+c}$$

1.7.2 成本函数、收入函数与利润函数

总成本是生产一种产品所需的全部费用. 通常分为两大部分：一部分是在短期内不发生变化或变化很少的部分，如厂房、设备、保险、管理人员的工资、广告费等，称为固定成本，常用 C_1 表示. 另一部分是随产品数量变化而直接变化的部分，如原材料费、能源消耗费、生产工人工资、包装费等，称为可变成本，常用 C_2 表示，它是产品数量 Q 的函数，即

$$C_2=C_2(Q)$$

因此，生产 Q 个单位时，某商品的总成本 C 等于固定成本 C_1 与可变成本 C_2 之和，即

$$C=C(Q)=C_1+C_2(Q)$$

总成本函数是一个单调增加的函数，它的图形称为总成本曲线，如图 1.7.2 所示.

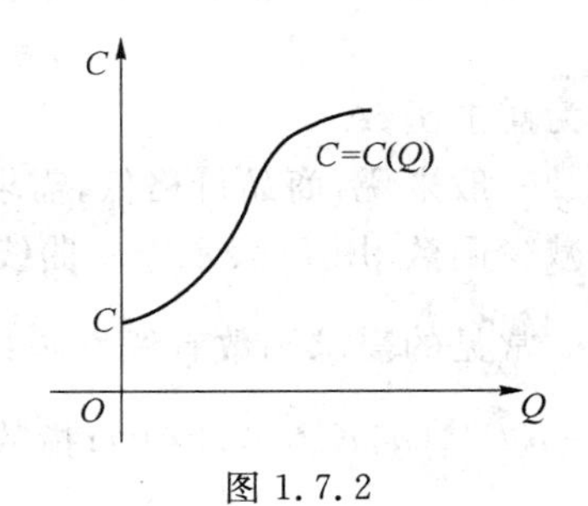

图 1.7.2

总成本函数有线性函数 $C(Q)=a+bQ(a>b>0)$，二次函数 $C(Q)=a+bQ+CQ^2$ 等.

总收入是销售者售出一定数量商品所得的全部收入，若商品的数量为 Q，价格为 P，则总收入 R 为

$$R=PQ$$

称为总收入函数.

例 1.7.2 设某商品的需求关系是

$$6Q+3P=120$$

其中,Q 是商品量,P 是商品价格,求销售 10 件的总收入.

解 由已知得商品价格

$$P=40-2Q$$

于是,所求总收入函数为

$$R=PQ=(40-2Q)Q=40Q-2Q^2$$

所以

$$R(10)=(40Q-2Q^2)\Big|_{Q=10}=200$$

生产一定数量的产品总收入与总成本之差就是它的总利润,记做 L,即

$$L=L(Q)=R(Q)-C(Q)$$

其中,Q 是产品数量,总利润是产品数量 Q 的函数,称为利润函数.

例 1.7.3 已知某产品的需求函数为 $P=10-\dfrac{Q}{5}$,成本函数为 $C=50+2Q$,求 $Q=5,10$ 时的总利润.

解 已知 $P(Q)=10-\dfrac{Q}{5}$,$C(Q)=50+2Q$,则有

$$R(Q)=PQ=Q\left(10-\frac{Q}{5}\right)=10Q-\frac{Q^2}{5}$$

总利润函数 $$L(Q)=R(Q)-C(Q)=8Q-\frac{Q^2}{5}-50$$

当 $Q=5$ 时,$L(5)=-15<0$,利润为负值,生产处于亏损状态;当 $Q=10$ 时,$L(10)=10>0$,利润为正值,生产处于盈余状态.

1.7.3 库存函数

先看一例.

例 1.7.4 某商店常年经营一种洗涤剂,年销量 100 箱.每箱进价 75 元,粗略地可以认为按平均库存量占用资金,此项资金为每年应付贷款利息 8%,为了保证供应,要有计划地进货,又假定销售量是均匀的,卖完一批再进一批货,因此每批进货量相同.已知进一批货需手续费 10 元,而库存保管费每箱每年 5 元,试求库存费用 C 与进货批量(即每批进货数量)x(箱)之间的函数关系.

解 设进货批量为 x(箱),则全年进货的批数为

$$n=\frac{100}{x}$$

按题意,进货手续费为

$$C_1=10\cdot n=\frac{1\,000}{x}$$

平均库存量为

$$\frac{x+0}{2}=\frac{x}{2}$$

从而,库存保管费为

$$C_2=\frac{x}{2}\cdot 5=\frac{5x}{2}$$

按这样的平均库存量,某商店常年占用资金大体为

$$\frac{x}{2}\cdot 75$$

为此,支付贷款利息

$$C_3=\frac{x}{2}\cdot 75\cdot 8\%=3x$$

综上所述,库存总费用

$$C=C_1+C_2+C_3=\frac{1\,000}{x}+\frac{5x}{2}+3x$$

则

$$C=\frac{1\,000}{x}+\frac{11}{2}x$$

这就是所求的库存费用与进货批量的函数关系,这个函数称为库存函数.

习题 1.7

1.7.1 某商品的需求函数为 $P+\frac{Q}{3}=75$,供给函数为 $Q=2P+15$,求市场平衡价格.

1.7.2 某商品供给量 Q 对价格 P 的关系为

$$Q=Q(P)=a+b\cdot c^P$$

已知当 $P=2$ 时,$Q=30$;当 $P=3$ 时,$Q=50$;当 $P=4$ 时,$Q=90$. 求供给量 Q 对价格 P 的函数关系.

1.7.3 某厂每批生产某种商品 x 的单位费用为 $C(x)=(5x+200)$元,得到的收益为

$$R(x)=(10x-0.1x^2)\text{元}$$

求其每批的利润函数.

1.7.4 某工厂生产某产品,日总成本为 C(元),其中固定成本为 100 元,每多生产一单位产品,成本增加 10 元.

该商品的需求函数为 $Q=50-2P$,求工厂每日的利润函数 $L(Q)$,且求出$L(10)$,$L(15)$.

1.8 数列的极限

定义 1.8.1 按照一定顺序排成的一列数,叫做数列,组成数列的每个数都叫做这个数列的项,第一个数叫做数列的第一项,记做 a_1;第二个数叫做数列的第二项,记做 a_2;…;第 n 个数叫做数列的第 n 项,也称一般项,记做 a_n. 数列一般可以写成如下形式:

$$a_1,a_2,a_3,\cdots,a_n,\cdots$$

并记做$\{a_n\}$,有时也记做 a_n.

例如数列

$1,\frac{1}{2},\frac{1}{3},\cdots,\frac{1}{n},\cdots$　　一般项 $a_n=\frac{1}{n}$　　(1.8.1)

$3,6,12,24,\cdots,3\times 2^{n-1},\cdots$　　一般项 $a_n=3\times 2^{n-1}$　　(1.8.2)

$1,\frac{5}{2},\frac{5}{3},\frac{9}{4},\cdots,\frac{2n+(-1)^n}{n},\cdots$　　一般项 $a_n=\frac{2n+(-1)^n}{n}$　　(1.8.3)

$\frac{1}{2},\frac{2}{3},\frac{3}{4},\cdots,\frac{n}{n+1},\cdots$　　一般项 $a_n=\frac{n}{n+1}$　　(1.8.4)

$1,-1,1,-1,\cdots,(-1)^{n+1},\cdots$　　一般项 $a_n=(-1)^{n+1}$　　(1.8.5)

从以上各个数列可以看到,随着 n 的逐渐增大,它们有其各自的变化趋势,在此先对 n 个数列的变化趋势进行分析,再引出数列极限的概念.

数列$\left\{\frac{1}{n}\right\}$,当 n 无限增大时,它的一般项 $a_n=\frac{1}{n}$,无限接近于 0;

数列$\left\{\frac{2n+(-1)^n}{n}\right\}$,当 n 无限增大时,它的一般项 $a_n=\frac{2n+(-1)^n}{n}=2+\left(\frac{-1}{n}\right)^n$,无限接近于 2;

数列$\left\{\frac{n}{n+1}\right\}$,当 n 无限增大时,它的一般项 $a_n=\frac{n}{n+1}=1-\frac{1}{n+1}$,无限接近于 1;

数列$\{3\times 2^{n-1}\}$,当 n 无限增大时,它的一般项无限增大,不接近于任何确定的常数;

数列$\{(-1)^{n+1}\}$,当 n 无限增大时,它的一般项 $a_n=(-1)^{n+1}$,有时等于 1(n 为奇数),有时等于-1(n 为偶数),因此一般项不接近于任何确定的常数.

通过以上研究,给出函数数列极限的定义.

定义 1.8.2　如果数列$\{a_n\}$的项数 n 无限增大时,它的一般项 a_n 无限接近于某个确定的常数 a,则 a 称做数列$\{a_n\}$的极限,此时也称数列$\{a_n\}$收敛于 a,记做 $\lim\limits_{n\to\infty}a_n=a$ 或 $a_n\to a(n\to\infty)$.

如

$$\lim_{n\to\infty}\frac{1}{n}=0 \quad 或 \quad \frac{1}{n}\to 0 \quad (n\to\infty)$$

$$\lim_{n\to\infty}\frac{2n+(-1)^n}{n}=2 \quad 或 \quad \frac{2n+(-1)^n}{n}\to 2 \quad (n\to\infty)$$

例 1.8.1　观察下列数列的变化趋势,写出它们的极限.

(1) $a_n=\frac{1}{n+2}$　　(2) $a_n=2-\frac{1}{n^2}$

(3) $a_n=\left(-\frac{1}{3}\right)^n$　　(4) $a_n=5$

解　计算数列的前 a 项,考查当 $a\to\infty$时数列的变化趋势,如表 1.8.1 所示.

表 1.8.1

n	1	2	3	4	5	…	$\to\infty$
(1) $a_n=\frac{1}{n+2}$	$\frac{1}{3}$	$\frac{1}{4}$	$\frac{1}{5}$	$\frac{1}{6}$	$\frac{1}{7}$	…	$\to 0$
(2) $a_n=2-\frac{1}{n^2}$	$2-\frac{1}{1}$	$2-\frac{1}{4}$	$2-\frac{1}{9}$	$2-\frac{1}{16}$	$2-\frac{1}{25}$	…	$\to 2$
(3) $a_n=\left(-\frac{1}{3}\right)^n$	$-\frac{1}{3}$	$\frac{1}{9}$	$-\frac{1}{27}$	$\frac{1}{81}$	$-\frac{1}{243}$	…	$\to 0$
(4) $a_n=5$	5	5	5	5	5	…	$\to 5$

不难看出，它们的极限分别是

(1) $\lim\limits_{n\to\infty}\dfrac{1}{n+2}=0$　　(2) $\lim\limits_{n\to\infty}\left(2-\dfrac{1}{n^2}\right)=2$

(3) $\lim\limits_{n\to\infty}\left(-\dfrac{1}{3}\right)^n=0$　　(4) $\lim\limits_{n\to\infty}5=5$

一般地，有下列结论

(1) $\lim\limits_{n\to\infty}\dfrac{1}{n^\alpha}=0\quad(\alpha>0)$　　(2) $\lim\limits_{n\to\infty}q^n=0\quad(|q|<1)$

(3) $\lim\limits_{n\to\infty}c=c\quad$（$c$ 为常数）

例 1.8.2　数列无限接近于极限值的方式是多种多样的，如 $n\to\infty$，数列

$$1,\frac{1}{2},\frac{1}{3},\frac{1}{4},\frac{1}{5},\frac{1}{6},\cdots,\frac{1}{n},\cdots \tag{1.8.6}$$

$$0.3,0.33,0.333,0.3333,\cdots,0.33\cdots3,\cdots \tag{1.8.7}$$

$$0,\frac{3}{2},\frac{2}{3},\frac{5}{4},\cdots,\frac{n+(-1)^n}{n},\cdots \tag{1.8.8}$$

都有极限，极限值分别是 $0,\dfrac{1}{3},1$，数列(1.8.6)是从右侧（大于 0 的部分）无限接近于极限值 0；数列(1.8.7)是从左侧（小于$\dfrac{1}{3}$的部分）无限接近于极限值$\dfrac{1}{3}$，数列(1.8.8)是从左、右两侧无限接近于极限值 1.

例 1.8.3　并不是任何数列都有极限. 例如，$-\dfrac{1}{2},\dfrac{2}{3},-\dfrac{3}{4},\dfrac{4}{5},\cdots,(-1)^n\dfrac{n}{n+1},\cdots$，当 n 无限增大时，不接近于任何一个确定常数；数列 $-1,2,-3,4,\cdots,(-1)^n n,\cdots$，随着 n 增大其绝对值 $|(-1)^n n|$ 无限增大，也不接近于任何确定常数.

定义 1.8.3　如果数列 $\{a_n\}$ 的项 n 无限增大时，它的一般项不接近于任何确定常数，则称数列 $\{a_n\}$ 没有极限，或数列 $\{a_n\}$ 发散，记做 $\lim\limits_{n\to\infty}a_n$ 不存在.

当 n 无限增大，如果 $|a_n|$ 无限增大，则数列 $\{a_n\}$ 没有极限，习惯上也称数列 $\{a_n\}$ 的极限是无穷大，记做 $\lim\limits_{n\to\infty}a_n=\infty$.

如 $\lim\limits_{n\to\infty}(-1)^{n+1}$ 和 $\lim\limits_{n\to\infty}(-1)^n\cdot n$ 都不存在，但后者可以记做 $\lim\limits_{n\to\infty}(-1)^n\cdot n=\infty$.

可以证明，收敛数列具有以下性质.

定理 1.8.1（唯一性）　如果数列 $\{a_n\}$ 收敛，则数列 $\{a_n\}$ 的极限是唯一的.

定义 1.8.4　对于数列 $\{a_n\}$，如果存在正数 M，使得一切 a_n 都满足不等式

$$|a_n|\leqslant M$$

则称数列 $\{a_n\}$ 是有界的，如果这样的 M 不存在，就称数列 $\{a_n\}$ 是无界的.

定理 1.8.2（有界性）　如果数列 $\{a_n\}$ 收敛，则数列 $\{a_n\}$ 一定有界.

由定理 1.8.2 可知，如果数列 $\{a_n\}$ 无界，则数列一定发散. 例如，数列 $a=3^n$ 无界，所以发散，而 $\lim\limits_{n\to\infty}3^n=\infty$，但是要注意，如果数列 $\{a_n\}$ 有界，也不能断定数列 $\{a_n\}$ 收敛. 例如，$\{(-1)^n\}$ 有界，但是它是发散的，这就是说，数列有界是数列收敛的必要条件但不是充分条件.

习题 1.8

1.8.1　观察一般项 a_n 的数列 $\{a_n\}$ 的变化趋势，写出下列极限.

(1) $a_n=\frac{1}{2^n}$

(2) $a_n=(-1)^n\frac{1}{n}$

(3) $a_n=3+\frac{1}{n^2}$

(4) $a_n=\frac{n-1}{n+1}$

(5) $a_n=(-1)^n n^2$

1.8.2 观察并求下列极限.

(1) $\lim\limits_{n\to\infty}\frac{1}{n^2}$

(2) $\lim\limits_{n\to\infty}\frac{5n-1}{n+1}$

(3) $\lim\limits_{n\to\infty}0.\underbrace{999\cdots9}_{n\text{个}}$

(4) $\lim\limits_{n\to\infty}\frac{\sqrt{n^2+a^2}}{2n}$

1.8.3 选择题

(1) 下列数列收敛的有(　　).

A. $5,-5,5,-5,\cdots,(-5)^{n-1},\cdots$

B. $\frac{1}{3},\frac{3}{5},\frac{5}{7},\frac{7}{9},\cdots,\frac{2n-1}{2n+1},\cdots$

C. $\frac{1}{3},-\frac{3}{5},\frac{5}{7},-\frac{7}{9},\cdots,(-1)^{n+1}\frac{2n-1}{2n+1},\cdots$

D. $-\frac{1}{2},\frac{2}{3},-\frac{3}{4},\frac{4}{5},\cdots,(-1)^n\frac{n}{n+1},\cdots$

(2) 下列数列发散的有(　　).

A. $a_n=\begin{cases}1, & n\text{ 为奇数}\\ \frac{1}{2^n}, & n\text{ 为偶数}\end{cases}$

B. $1,\frac{1}{3},\frac{1}{2},\frac{1}{4},\frac{1}{3},\frac{1}{5},\cdots,\frac{1}{n},\frac{1}{n+3},\cdots$

C. $-1,\frac{1}{2},-\frac{1}{3},\frac{1}{4},-\frac{1}{5},\frac{1}{6},\cdots,(-1)^n\frac{1}{n},\cdots$

D. $1,\frac{1}{3},\frac{1}{5},\frac{1}{7},\cdots,\frac{1}{2n-1},\cdots$

(3) 若数列$\{x_n\}$与数列$\{y_n\}$的极限分别为 a 和 b,且 $a\neq b$,则数列 $x_1y_1,x_2y_2,x_3y_3,\cdots$的极限为(　　).

A. a　　B. b　　C. $a+b$　　D. ab

1.9 函数的极限

前面讨论的数列$\{a_n\}$的极限实际上是一种特殊函数的极限,因为按照函数定义,a_n 是正整数自变量 n 的函数:$a_n=f(n)$. 这样,对函数 $y=f(x)$来说,若知道了当 $n\to\infty$时$f(n)$的极限,也就知道了函数 $f(x)$定义“跳跃地”取正整数 n 时的变化趋势. 显然,n 只是取了 x 的部分值,所以函数值 $f(n)$的变化趋势一般不能代替 $f(x)$. 当 x 连续取实数趋于无穷大的变化趋势,这就引进了当 $x\to\infty$时函数极限的概念.

1.9.1 自变量趋于无穷大时函数 $f(x)$的极限

定义 1.9.1 设 $f(x)$在$[a,+\infty)$的区间内有定义,A 是一个常数,当 x 无限趋于正无穷大($+\infty$)时，$f(x)$无限接近于A，则称A为$f(x)$当$x\to+\infty$时的极限，记做

$$\lim_{x\to+\infty} f(x)=A \quad 或 \quad f(x)\to A \quad (x\to+\infty)$$

例 1.9.1 根据函数图形，求下列函数当$x\to+\infty$时的极限.

(1) $y=e^{-x}$　　　　(2) $y=\frac{1}{\sqrt{x}}+1$

解 (1) 函数$y=e^{-x}$的图形如图 1.9.1 所示，由于当$x\to+\infty$时，$y=e^{-x}$无限接近于0，所以$\lim\limits_{x\to+\infty} e^{-x}=0$.

(2) $y=\frac{1}{\sqrt{x}}+1$的图形如图 1.9.2 所示，由于当$x\to+\infty$时，$y=\frac{1}{\sqrt{x}}+1$无限接近于1，所以$\lim\limits_{x\to+\infty}\left(\frac{1}{\sqrt{x}}+1\right)=1$.

从几何上看，极限式$\lim\limits_{x\to+\infty} f(x)=A$表示，随$x$无限增大，曲线$y=f(x)$上对应点与直线$y=A$的距离无限变小(如图 1.9.3 所示).

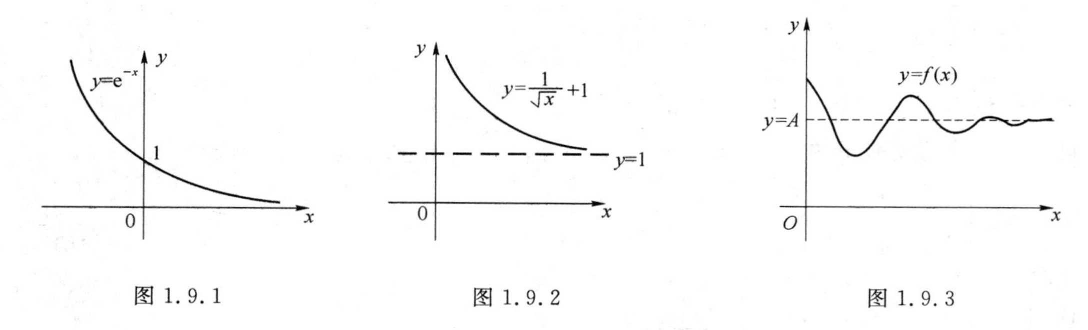

图 1.9.1　　图 1.9.2　　图 1.9.3

类似地，可以定义函数极限

$$\lim_{x\to-\infty} f(x)=A \quad 或 \quad f(x)\to A \quad (x\to-\infty)$$

定义 1.9.2 设函数$f(x)$在$(-\infty,b]$的区间内有定义，A是一个常数，若当x无限趋于负无穷大($-\infty$)时，$f(x)$无限接近于A，则称A是$f(x)$当$x\to-\infty$时的极限，记做

$$\lim_{x\to-\infty} f(x)=A \quad 或 \quad f(x)\to A \quad (x\to-\infty)$$

例 1.9.2 根据函数图形，求下列函数当$x\to-\infty$时的极限.

(1) $y=e^{x}$　　　　(2) $y=\arctan x$

解 (1) 函数$y=e^{x}$的图形如图 1.9.4 所示，由于当$x\to-\infty$时，$y=e^{x}$无限接近于0，所以$\lim\limits_{x\to-\infty} e^{x}=0$.

(2) 函数$y=\arctan x$的图形如图 1.9.5 所示，由于当$x\to-\infty$时，$y=\arctan x$无限接近于$-\frac{\pi}{2}$，所以$\lim\limits_{x\to-\infty}\arctan x=-\frac{\pi}{2}$.

从几何上看，极限式$\lim\limits_{x\to-\infty} f(x)=A$表示，随着$x\to-\infty$，曲线$y=f(x)$与直线$A$的距离无限变小(如图 1.9.6 所示).

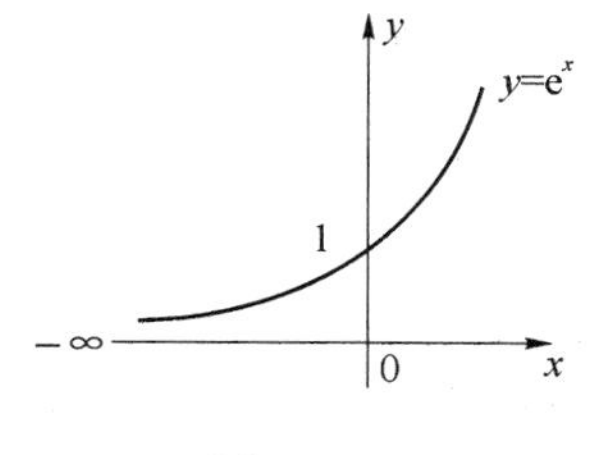

图 1.9.4

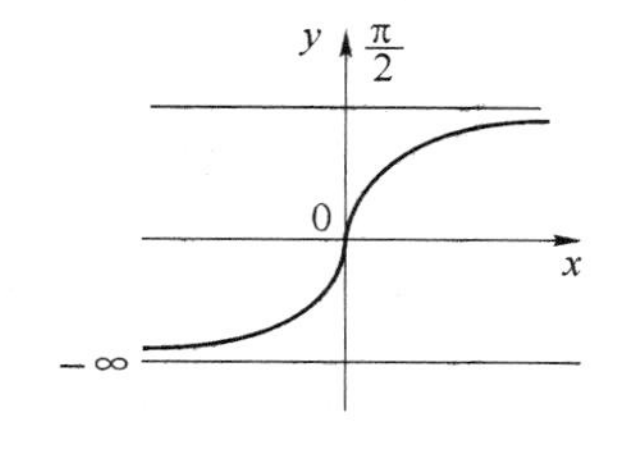

图 1.9.5

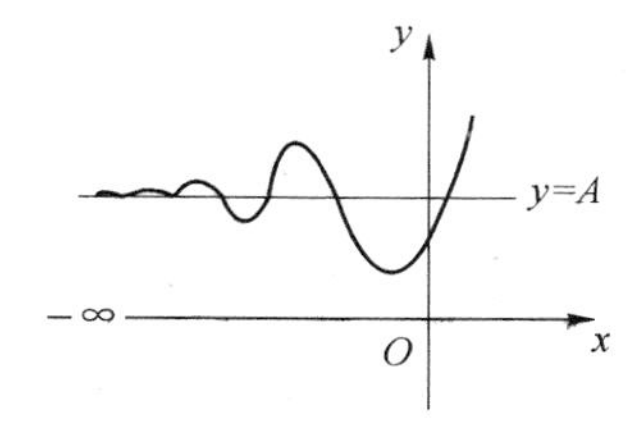

图 1.9.6

有时候，需要同时考虑 $x\to+\infty$ 和 $x\to-\infty$ 时，函数 $f(x)$ 的变化趋势，于是有定义 1.9.3.

定义 1.9.3 设函数 $f(x)$ 在 $(-\infty,b]\cup[a,+\infty)$ 上有定义，A 是一个常数，若同时有

$$\lim_{x\to+\infty} f(x)=A \quad 和 \quad \lim_{x\to-\infty} f(x)=A$$

成立，则称 A 是 $f(x)$ 当 $x\to\infty$ 时的极限，记做

$$\lim_{x\to\infty} f(x)=A \quad 或 \quad f(x)\to A \quad (x\to\infty)$$

由定义 1.9.3 可知，记号"$x\to\infty$"意即"$|x|\to\infty$"，且 $\lim\limits_{x\to\infty} f(x)=A$ 的充分必要条件是

$$\lim_{x\to+\infty} f(x)=\lim_{x\to-\infty} f(x)=A$$

与极限 $\lim\limits_{x\to+\infty} f(x)=A$，$\lim\limits_{x\to-\infty} f(x)=A$ 的几何定义类似的有极限 $\lim\limits_{x\to\infty} f(x)$ 的几何意义. 请读者自行写出相应的描述.

例 1.9.3 根据下列函数图形，求函数 $f(x)$ 当 $x\to\infty$ 时的极限.

(1) $f(x)=\dfrac{1}{x}$　　　　(2) $f(x)=\dfrac{1}{x^2}+1$

解 (1) 函数 $f(x)=\dfrac{1}{x}$ 的图形如图 1.9.7 所示，当 $|x|\to\infty$ 时，$f(x)=\dfrac{1}{x}$ 无限接近于 0，所以 $\lim\limits_{x\to\infty}\dfrac{1}{x}=0$.

(2) 函数 $f(x)=\dfrac{1}{x^2}+1$ 图形如图 1.9.8 所示，当 $|x|\to\infty$ 时，$f(x)=\dfrac{1}{x^2}+1$ 无限接近于 1，所以 $\lim\limits_{x\to\infty}\left(\dfrac{1}{x^2}+1\right)=1$.

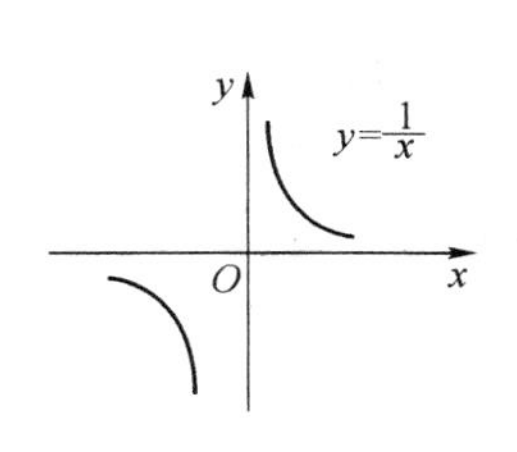

图 1.9.7

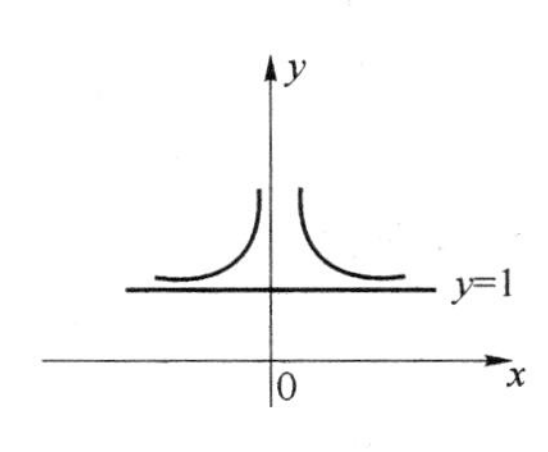

图 1.9.8

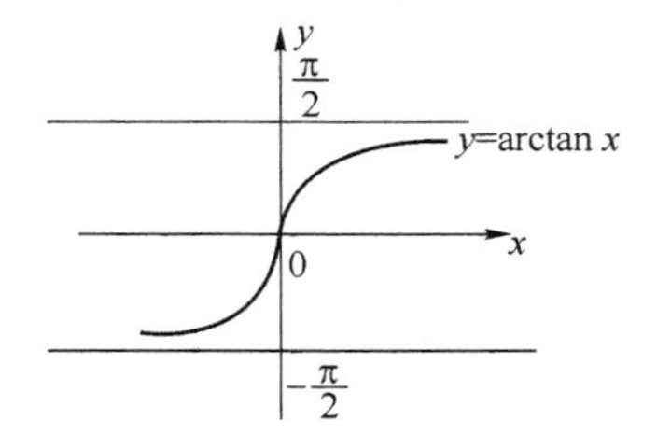

图 1.9.9

观察 $y=\arctan x$ 的图形，不难得到

$$\lim_{x\to+\infty} \arctan x=\frac{\pi}{2}, \quad \lim_{x\to-\infty} \arctan x=-\frac{\pi}{2}$$

即

$$\lim_{x\to+\infty} \arctan x\neq \lim_{x\to-\infty} \arctan x$$

故 $\lim\limits_{x\to\infty}\arctan x$ 不存在.

下面研究 x 无限接近于有限值 x_0 时函数 $f(x)$ 的极限.

1.9.2 自变量趋于有限值 x_0 时函数的极限

定义 1.9.4 设函数 $f(x)$ 在 x_0 的某个去心邻域内*有定义，A 是一个常数，若当 x 无限趋近于 x_0 时，$f(x)$ 无限趋近于 A，则称 A 为 $f(x)$ 当 $x\to x_0$ 时的极限，记做

$$\lim_{x\to x_0} f(x)=A \quad 或 \quad f(x)\to A \quad (x\to x_0)$$

例 1.9.4 通过观察函数图形可求出下列函数的极限(读者自行作图观察).

(1) $\lim\limits_{x\to x_0} c$(c 为常数)$=c$

(2) $\lim\limits_{x\to x_0} x=x_0$

(3) $\lim\limits_{x\to\frac{\pi}{2}} \sin x=1$

(4) $\lim\limits_{x\to 1} \arctan x=\dfrac{\pi}{4}$

(5) $\lim\limits_{x\to x_0} \sqrt{x}=\sqrt{x_0}\ (x_0>0)$

(6) $\lim\limits_{x\to x_0} a^x\ (a>0$ 且 $a\neq 1)=a^{x_0}$

对于极限 $\lim\limits_{x\to x_0} f(x)=A$ 有以下两点需要特别注意.

(1) $x\to x_0$ 表示 x 无限趋近于 x_0，但不达到 x_0. 所以，$\lim\limits_{x\to x_0} f(x)$ 的存在与否、值为多少都与 $f(x)$ 在 x_0 处有无定义以及有定义时函数值 $f(x_0)$ 都无关系.

(2) $x\to x_0$ 的方式是任意的.

例 1.9.5 由表达式

$$f(x)=\begin{cases}1+x, & x\neq 0\\ 0, & x=0\end{cases}$$

所确定的函数，如图 1.9.10 所示，其图形是"挖掉"点(0,1)的直线 $y=1+x$ 再加点 $O(0,0)$，当 $x\neq 0$ 时，$f(x)=1+x$，则

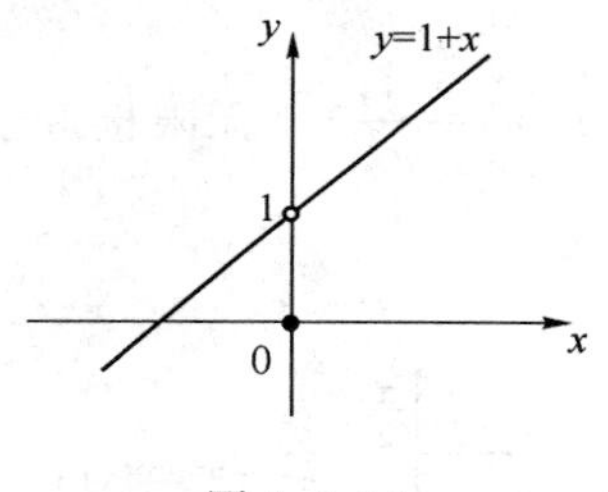

图 1.9.10

$$\lim_{x\to 0} f(x)=\lim_{x\to 0}(1+x)=1$$

极限存在，但与 $f(0)=0$ 无关.

在 $x\to x_0$ 时函数 $f(x)$ 的极限的概念中，自变量可以是 x_0 左侧的点(即 $x<x_0$)，也可以是 x_0 右侧的点(即 $x>x_0$)，下面引进单侧极限的定义.

定义 1.9.5 设函数 $f(x)$ 在 x_0 的右侧邻域内有定义，A 是一个常数. 当 x 以大于 x_0 的方向无限趋近于 x_0 时，$f(x)$ 无限趋近于 A，则称 A 为 $f(x)$ 在 x_0 处的右极限，记为

$$\lim_{x\to x_0^+} f(x)=A \quad 或 \quad f(x)\to A \quad (x\to x_0^+)，也可记为\ f(x_0+0)=A$$

类似地，可以定义 $f(x)$ 在 x_0 处的左极限，记为

$$\lim_{x\to x_0^-} f(x)=A \quad 或 \quad f(x)\to A \quad (x\to x_0^-)，也可记为\ f(x_0-0)=A$$

根据 $x\to x_0$ 时函数 $f(x)$ 的极限定义和左、右极限定义，容易证明.

$f(x)$ 当 $x\to x_0$ 时的极限存在的充分必要条件是左极限 $f(x_0-0)$ 和右极限 $f(x_0+0)$ 存在

---

* 开区间$(a-\delta,a+\delta)(\delta>0)$叫做 a 的邻域，a 叫邻域中心，δ 叫邻域半径，记为 $U(a)$. 在点 a 的 δ 邻域中去掉 a，所得集合$(a-\delta,a)\cup(a,a+\delta)$称为点 a 的去心邻域，记为 $U^\circ(a)$.

且完全相等，即

$$\lim_{x\to x_0} f(x)=A \Leftrightarrow \lim_{x\to x_0^-} f(x)=\lim_{x\to x_0^+} f(x)=A \quad 或 \quad f(x_0-0)=f(x_0+0)=A$$

例 1.9.6 设函数

$$f(x)=\begin{cases} x-1, & x<0 \\ 0, & x=0 \\ x^2+1, & x>0 \end{cases}$$

证明当 $x\to 0$ 时，$f(x)$ 的极限不存在.

证明 如图 1.9.11 所示，函数的左极限

$$f(0-0)=\lim_{x\to 0^-} f(x)=\lim_{x\to 0^-}(x-1)=-1$$

右极限
$$f(0+0)=\lim_{x\to 0^+} f(x)=\lim_{x\to 0^+}(x^2+1)=1$$

因为 $f(0-0)\neq f(0+0)$，所以 $\lim\limits_{x\to 0} f(x)$ 不存在.

例 1.9.7 设函数

$$f(x)=\begin{cases} -x^3+2, & x\leqslant 1 \\ 2x-1, & x>1 \end{cases}$$，求函数在 $x=1$ 处的极限.

解 如图 1.9.12 所示，

$$f(1-0)=\lim_{x\to 1^-} f(x)=\lim_{x\to 1^-}(-x^3+2)=1$$

$$f(1+0)=\lim_{x\to 1^+} f(x)=\lim_{x\to 1^+}(2x-1)=1$$

因为
$$f(1-0)=f(1+0)$$

所以
$$\lim_{x\to 1} f(x)=1$$

与数列极限的性质相类似，函数极限也有相应性质.

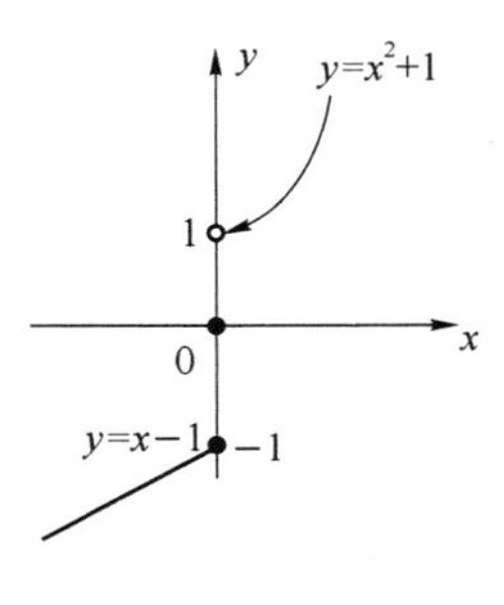

图 1.9.11

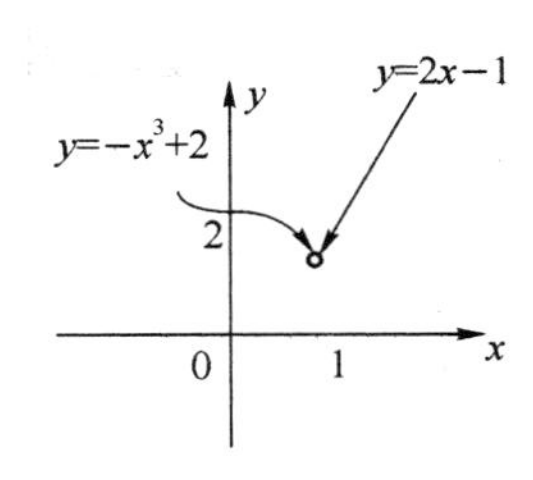

图 1.9.12

1.9.3 函数极限性质

性质 1.9.1（唯一性） 若 $\lim\limits_{x\to x_0} f(x)=A$ 存在，则极限唯一.

性质 1.9.2（局部有界性） 若 $\lim\limits_{x\to x_0} f(x)=A$，则存在常数 $M>0$ 和 x_0 的某一去心邻域，使得当 x 在该邻域内取值时，$|f(x)|\leqslant M$.

性质 1.9.3（保号性） 如果 $\lim\limits_{x\to x_0} f(x)=A>0$（或 $A<0$），则存在 x_0 的某一去心邻域，在该去心邻域内 $f(x)>0$（或 $f(x)<0$）.

推论 如果在 x_0 的某一去心邻域内 $f(x)\geqslant 0$（或 $f(x)\leqslant 0$），且 $\lim\limits_{x\to x_0} f(x)=A$，则$A\geqslant 0$（或 $A\leqslant 0$）.

习题 1.9

1.9.1 利用函数图形，求下列极限.

(1) $\lim\limits_{x\to 1} 4x$ (2) $\lim\limits_{x\to 2}\sqrt{x}$

(3) $\lim\limits_{x\to 0}(e^x+1)$ (4) $\lim\limits_{x\to 1}\arcsin x$

1.9.2 求函数 $f(x)=\dfrac{|x|}{x}$，当 $x\to 0$ 时的左、右极限，并说明 $x\to 0$ 时极限是否存在.

1.9.3 设 $f(x)=\begin{cases}\sin x, & x\geqslant\dfrac{\pi}{2}\\ \dfrac{2}{\pi}x, & x<\dfrac{\pi}{2}\end{cases}$，试判断极限 $\lim\limits_{x\to\frac{\pi}{2}} f(x)$是否存在.

1.9.4 求函数 $f(x)=\begin{cases}-1, & x<0\\ 0, & x=0\\ 1, & x>0\end{cases}$，当 $x\to 0$ 时的左、右极限，并讨论 $\lim\limits_{x\to 0} f(x)$是否存在.

1.9.5 设 $f(x)=\begin{cases}1+2x, & x<0\\ 1, & x=0\\ 1-x, & x>0\end{cases}$，求 $f(0-0)$，$f(0+0)$及 $\lim\limits_{x\to 0} f(x)$.

1.9.6 考查函数 $f(x)=\operatorname{arccot} x$ 的图形，求出 $\lim\limits_{x\to-\infty} f(x)$，$\lim\limits_{x\to+\infty} f(x)$，从而说明当 $x\to\infty$ 时，函数极限是否存在.

1.10 无穷小与无穷大

1.10.1 无穷小

1. 无穷小的定义

如果函数 $f(x)$，当 $x\to x_0$（或 $x\to\infty$）时的极限为 0，那么称函数 $f(x)$为当 $x\to x_0$（或 $x\to\infty$）时的无穷小量，简称无穷小.

特别地，以 0 为极限的数列$\{a_n\}$称为 $n\to\infty$时的无穷小，如数列$\left\{\dfrac{1}{n}\right\}$就是 $n\to\infty$时的无穷小.

因为 $\lim\limits_{x\to\infty}\dfrac{1}{x}=0$，所以$\dfrac{1}{x}$是 $x\to\infty$时的无穷小量；因为 $\lim\limits_{x\to 1}(1-x)=0$，所以 $1-x$ 是$x\to 1$时的无穷小量.

注意 (1) 说一个函数是无穷小，必须指明自变量的变化趋势，如函数 $x+3$ 是当$x\to -3$ 时的无穷小，但当 $x\to 1$ 时 $x+3$ 就不是无穷小.

(2) 不要把一个绝对值很小的常数(如 0.000 000 1)说成无穷小，因为这个常数的极限不是 0.

(3) 常数中,只有数"0"可以看做无穷小,因为 $\lim\limits_{x\to x_0} 0=0$.

例 1.10.1 下列函数在自变量作怎样的变化时是无穷小?

(1) $y=x-2$ (2) $y=\dfrac{1}{x+3}$ (3) $y=e^x$

解 (1) 因为 $\lim\limits_{x\to 2}(x-2)=0$,所以当 $x\to 2$ 时,$y=x-2$ 为无穷小量;

(2) 因为 $\lim\limits_{x\to\infty}\dfrac{1}{x+3}=0$,所以$\dfrac{1}{x+3}$是 $x\to\infty$时的无穷小量;

(3) 因为 $\lim\limits_{x\to-\infty} e^x=0$,所以 e^x 是 $x\to-\infty$时的无穷小量.

2. 无穷小量运算性质

性质 1.10.1 有限个无穷小量之和是无穷小量.例如,当 $x\to 0$ 时,$\sin x$,$\ln(1-x)$都是无穷小量,故 $\sin x+\ln(1-x)$,当 $x\to 0$ 时,也是无穷小量.

性质 1.10.2 有限多个无穷小量之积也是无穷小量.例如,当 $x\to 0$ 时,$x^2\cdot\sin x$ 是无穷小量.

性质 1.10.3 常数与无穷小量之积是无穷小量.例如,当 $x\to 0$ 时,$3\sin x$ 是无穷小量.

性质 1.10.4 有界函数与无穷小量之积是无穷小量.例如,$x\to\infty$时,$\dfrac{1}{x}\to 0$,$\sin x$ 不存在极限,但$|\sin x|\leqslant 1$,它是有界函数,故 $x\to\infty$时,$\dfrac{1}{x}\sin x$ 是无穷小量,即 $\lim\limits_{x\to\infty}\dfrac{1}{x}\sin x=0$.

例 1.10.2 用无穷小的性质,说明下列函数是否是无穷小.

(1) $y=4x^3-2x^2+x\quad(x\to 0)$ (2) $y=\dfrac{\sin 2x}{x^2}\quad(x\to\infty)$

解 (1) 当 $x\to 0$ 时,x 是无穷小量,从而 $4x^3$,$-2x^2$ 也是无穷小. 再根据性质 1.10.1 知,$y=4x^3-2x^2+x$ 是无穷小($x\to 0$).

(2) 因为函数可化为

$$y=\frac{\sin 2x}{x^2}=\frac{1}{x^2}\cdot\sin 2x$$

而 $\lim\limits_{x\to\infty}\dfrac{1}{x^2}=0$,则$\dfrac{1}{x^2}$是 $x\to\infty$时的无穷小量. 又$|\sin 2x|\leqslant 1$,而当 $x\to\infty$时,$\sin 2x$ 是有界函数,所以根据性质 1.10.4 知,$y=\dfrac{\sin 2x}{x^2}$是当 $x\to\infty$时的无穷小量.

3. 无穷小与函数的极限之间的关系

如果 $\lim\limits_{x\to x_0} f(x)=A$,则可以看出 $\lim\limits_{x\to x_0}[f(x)-A]=0$,设 $\alpha=f(x)-A$,则 α 是 $x\to x_0$ 时的无穷小量. 于是 $f(x)=A+\alpha$,则函数 $f(x)$可以表示为它的极限与一个无穷小量之和.

反之,如果函数 $f(x)$可以表示为一个常数 A 与一个无穷小量之和,而 $f(x)=A+\alpha$,其中 $\lim\limits_{x\to x_0}\alpha=0$,则 $\lim\limits_{x\to x_0} f(x)=\lim\limits_{x\to x_0}(A+\alpha)=A$.

综上所述,得如下定理.

定理 1.10.1 具有极限的函数等于它的极限与无穷小之和,反之,如果函数可表示为常数与无穷小之和,那么常数就是函数的极限,即

$$\lim_{x\to x_0} f(x)=A\Leftrightarrow f(x)=A+\alpha$$

其中

$$\lim_{x\to x_0}\alpha=0$$

例 1.10.3 当 $x\to\infty$ 时,将函数 $f(x)=\dfrac{2x-3}{x}$ 表示成其极限值与一个无穷小之和的形式.

解 因为 $f(x)=\dfrac{2x-3}{x}=2-\dfrac{3}{x}$,而 $\lim\limits_{x\to\infty}\left(-\dfrac{3}{x}\right)=0$,即 $-\dfrac{3}{x}$ 是 $x\to\infty$ 的无穷小,所以常数 α 必是 $f(x)=\dfrac{2x-3}{x}=2-\dfrac{3}{x}$,当 $x\to\infty$ 时的极限,故所求表示式为 $f(x)=2-\dfrac{3}{x}$.

1.10.2 无穷大

观察图 1.10.1 可知,当 $x\to 0$ 时,函数 $f(x)=\dfrac{1}{x}$ 的绝对值无限增大.

观察图 1.10.2 可知,当 $x\to+\infty$ 时,函数 $f(x)=e^x$ 的绝对值无限增大.

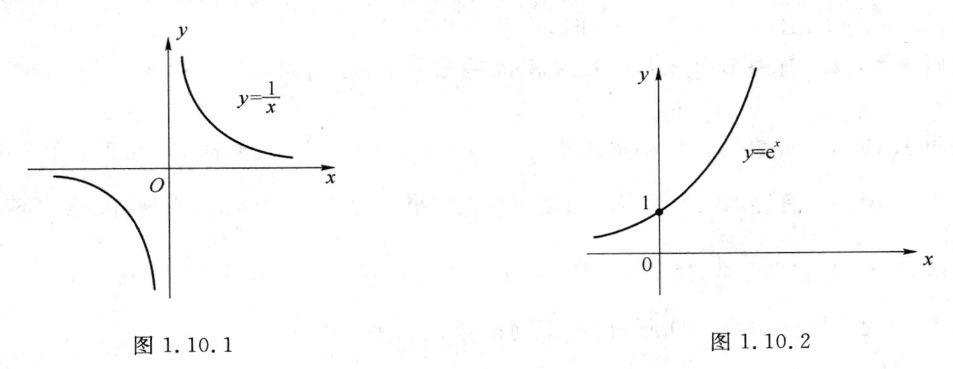

图 1.10.1　　　　图 1.10.2

这类函数的共同特点是,虽然不趋于某个确定的常数,但在各自变化过程中绝对值都是无限增大的,称为无穷大.

1. 无穷大的定义

如果当 $x\to x_0$(或 $x\to\infty$)时,函数 $f(x)$ 的绝对值无限增大,那么称函数 $f(x)$ 为当 $x\to x_0$(或 $x\to\infty$)时的无穷大.

如果函数 $f(x)$ 当 $x\to x_0$(或 $x\to\infty$)时是无穷大,则它的极限是不存在的,但为了便于描述函数的这种变化趋势,也说"函数的极限是无穷大",并记做

$$\lim_{x\to x_0} f(x)=\infty \quad 或 \quad \lim_{x\to\infty} f(x)=\infty$$

例如,$f(x)=\dfrac{1}{x}$ 当 $x\to 0$ 时的无穷大,记做

$$\lim_{x\to 0}\frac{1}{x}=\infty$$

$f(x)=e^x$ 是 $x\to+\infty$ 时的无穷大,记做

$$\lim_{x\to+\infty} e^x=\infty$$

如果函数 $f(x)$ 当 $x\to x_0$(或 $x\to\infty$)时是无穷大,且当 x 充分接近 x_0(或 x 的绝对值充分大)时,对应的函数值都是正的或负的,则分别记做

$$\lim_{\substack{x\to x_0\\(x\to\infty)}} f(x)=+\infty \quad 或 \quad \lim_{\substack{x\to x_0\\(x\to\infty)}} f(x)=-\infty$$

由图 1.9.7 可知
$$\lim_{x\to 0^+}\frac{1}{x}=+\infty,\ \lim_{x\to 0^-}\frac{1}{x}=-\infty$$

由图 1.9.4 可知
$$\lim_{x\to+\infty} e^x=+\infty$$

又如，当 $x>0$ 且充分接近 0 时，$\lg x$ 取负值而绝对值无限增大，所以 $\lg x$ 是当$x\to 0^+$ 时的负无穷大，记为

$$\lim_{x\to 0^+}\lg x=-\infty$$

注意 (1) 说一个函数 $f(x)$是无穷大，必须指明自变量的变化趋势，如函数$\frac{1}{x}$是 $x\to 0$ 时的无穷大，但当 $x\to 1$ 时，就不是无穷大.

(2) 不要把一个绝对值很大的常数（如 1 000 000）说成是无穷大，因为这个常数当$x\to x_0$（或 $x\to\infty$）时，其绝对值不能无限制地增大.

2. 无穷小与无穷大的关系

当 $x\to 0$ 时，$f(x)=\frac{1}{x}$是无穷大，但它的倒数$\frac{1}{f(x)}=x$ 是无穷小，反之亦然. 一般地，有如下定理.

定理 1.10.2 在自变量的同一变化过程中，如果 $f(x)$是无穷大，则$\frac{1}{f(x)}$是无穷小；反之，如果$f(x)$是无穷小，且 $f(x)\neq 0$，则$\frac{1}{f(x)}$是无穷大.

例 1.10.4 下列函数在自变量怎样变化时成为无穷大？

(1) $y=\frac{1}{x-2}$ (2) $y=2x+3$ (3) $y=\ln x$

解 (1) 因为 $\lim\limits_{x\to 2}(x-2)=0$，所以 $x-2$ 是 $x\to 2$ 时的无穷小，故 $y=\frac{1}{x-2}$是 $x\to 2$ 时的无穷大.

(2) 因为 $\lim\limits_{x\to\infty}\frac{1}{2x+3}=0$，所以$\frac{1}{2x+3}$是 $x\to\infty$时的无穷小，故 $y=2x+3$ 是 $x\to\infty$时的无穷大.

(3) 当 $x>0$ 且充分接近 0 时，函数 $y=\ln x$ 取负值，且绝对值无限增大，所以 $y=\ln x$ 是 $x\to 0^+$ 时的负无穷大. 因为 $\lim\limits_{x\to+\infty}\ln x=+\infty$，所以 $\ln x$ 是 $x\to+\infty$时的正无穷大.

习题 1.10

1.10.1 判断下列函数在自变量指定的变化过程中哪些是无穷小量，哪些是无穷大量.

(1) $y=\ln x, x\to 1$

(2) $y=e^x, x\to 0$

(3) $y=e^x, x\to -\infty$

(4) $y=e^{\frac{1}{x}}, x\to 0$

(5) $y=2^{-x}-1, x\to 0$

(6) $y=\frac{1+2x}{x^2}, x\to 0$

(7) $y=\ln(1+x), x\to 0$

(8) $y=\frac{1}{x-\sin x}, x\to 0$

(9) $y=\frac{x^2+3}{x-3}, x\to 3$

(10) $y=x^2\sin\frac{1}{x}, x\to 0$

1.10.2 下列函数在自变量怎样变化时是无穷小？是无穷大？

(1) $y=\frac{1}{x^2-4}$

(2) $y=\frac{x}{x-3}$

(3) $y=\tan x, x\in\left(-\frac{\pi}{2},\frac{\pi}{2}\right)$

(4) $y=\ln x$

1.10.3 用无穷小性质说明下列函数是无穷小.

(1) $y=2x^2+3\sin x \quad (x\to 0)$

(2) $y=x^2\cos\frac{1}{x} \quad (x\to 0)$

(3) $y=\frac{\sin x}{x^2} \quad (x\to\infty)$

(4) $y=\frac{\arctan x}{x} \quad (x\to\infty)$

1.11 极限的运算法则

下面来研究极限的加法、减法、乘法与除法法则.

定理 1.11.1 如果 $\lim\limits_{x\to x_0} f(x)=A, \lim\limits_{x\to x_0} g(x)=B$,则

(1) $\lim\limits_{x\to x_0}[f(x)\pm g(x)]=\lim\limits_{x\to x_0} f(x)\pm\lim\limits_{x\to x_0} g(x)=A\pm B$

(2) $\lim\limits_{x\to x_0}[f(x)\cdot g(x)]=\lim\limits_{x\to x_0} f(x)\cdot\lim\limits_{x\to x_0} g(x)=AB$

推论 1 $\lim\limits_{x\to x_0}[C\cdot f(x)]=C\cdot\lim\limits_{x\to x_0} f(x)=C\cdot A$ (C 为常数)

(3) $\lim\limits_{x\to x_0}\frac{f(x)}{g(x)}=\frac{\lim\limits_{x\to x_0} f(x)}{\lim\limits_{x\to x_0} g(x)}=\frac{A}{B} \quad (B\neq 0)$

证明 先证(2).

因为 $\lim\limits_{x\to x_0} f(x)=A, \lim\limits_{x\to x_0} g(x)=B$,可以由定理 1.10.1 知

$$f(x)=A+\alpha, \quad g(x)=B+\beta$$

其中,α,β 为 $x\to x_0$ 时的无穷小,于是

$$f(x)\cdot g(x)=(A+\alpha)\cdot(B+\beta)=AB+(A\beta+B\alpha+\alpha\beta)$$

由无穷小性质知 $A\beta+B\alpha+\alpha\beta$ 是 $x\to x_0$ 时的无穷小.

再由定理 1.10.2 得

$$\lim_{x\to x_0}[f(x)\cdot g(x)]=A\cdot B=\lim_{x\to x_0} f(x)\cdot\lim_{x\to x_0} g(x)$$

类似地,可以证明(1)和(3).

定理 1.11.2 可推广到有限个函数的情形. 例如,如果 $\lim\limits_{x\to x_0} f(x), \lim\limits_{x\to x_0} g(x), \lim\limits_{x\to x_0} h(x)$ 都存在,则有

$$\lim_{x\to x_0}[f(x)+g(x)+h(x)]=\lim_{x\to x_0} f(x)+\lim_{x\to x_0} g(x)+\lim_{x\to x_0} h(x)$$

$$\lim_{x\to x_0}[f(x)\cdot g(x)\cdot h(x)]=\lim_{x\to x_0} f(x)\cdot\lim_{x\to x_0} g(x)\cdot\lim_{x\to x_0} h(x)$$

推论 2 若 $\lim\limits_{x\to x_0} f(x)=A$,$K$ 是任意正整数,则 $\lim\limits_{x\to x_0}[f(x)]^K=[\lim\limits_{x\to x_0} f(x)]^K=A^K$.

当 $x\to\infty, x\to x_0^+, x_0^-$ 时,也有本定理和推论类似的结论成立.

例 1.11.1 求极限 $\lim\limits_{x\to 2}(x^2+3x+5)$.

解

$$\begin{aligned}\lim_{x\to 2}(x^2+3x+2)&=\lim_{x\to 2} x^2+\lim_{x\to 2} 3x+\lim_{x\to 2} 5\\&=(\lim_{x\to 2} x)^2+3\lim_{x\to 2} x+5\\&=2^2+3\times 2+5=4+6+5=15\end{aligned}$$

例 1.11.2 求极限 $\lim\limits_{x\to 1}\frac{x^2+x+1}{x^2-3x+1}$.

解 $\lim\limits_{x \to 1} \dfrac{x^2+x+1}{x^2-3x+1} = \dfrac{\lim\limits_{x \to 1}(x^2+x+1)}{\lim\limits_{x \to 1}(x^2-3x+1)} = \dfrac{1^2+1+1}{1-3\times 1+1} = \dfrac{3}{-1} = -3$

例 1.11.3 求极限 $\lim\limits_{x \to 1} \dfrac{x^2-1}{x-1}$.

解 $x \to 1$ 时，分母极限为 0，这时不能直接应用商的极限运算法则. 但发现，它的分子的极限也是 0，即分子、分母都有个公因式$(x-1)$.

因为 $x \to 1$，所以 $x \neq 1$，即 $x-1 \neq 0$，因此可以分子、分母先约去公因式$(x-1)$，再去求极限，于是有

$$\lim_{x \to 1} \frac{x^2-1}{x-1} = \lim_{x \to 1} \frac{(x+1)(x-1)}{x-1} = \lim_{x \to 1}(x+1) = 2$$

例 1.11.4 求极限 $\lim\limits_{x \to 1} \dfrac{x+3}{x-1}$.

解 因为 $x \to 1$ 时，分母的极限是 0，所以不能直接应用商的极限运算法则，但与例1.11.3不同的是，其分子极限不是 0，从而不能用例 1.11.3 的方法求解. 考虑原来函数的倒数的极限，有

$$\lim_{x \to 1} \frac{x-1}{x+3} = \frac{0}{4}$$

所以，当 $x \to 1$ 时，函数$\dfrac{x-1}{x+3}$是无穷小，由无穷小与无穷大关系知，当 $x \to 1$ 时 $\dfrac{x+3}{x-1}$ 是无穷大，于是有

$$\lim_{x \to 1} \frac{x+3}{x-1} = \infty$$

例 1.11.5 求极限 $\lim\limits_{x \to \infty} \dfrac{3x^3-2x+1}{5x^3+x-5}$.

解 因为分子、分母极限都不存在，不能直接应用商的极限运算法则，先用 x^3 同除分子、分母，再求极限，得

$$\lim_{x \to \infty} \frac{3x^3-2x+1}{5x^3+x-5} = \lim_{x \to \infty} \frac{3-\dfrac{1}{x^2}+\dfrac{1}{x^3}}{5+\dfrac{1}{x^2}-\dfrac{5}{x^3}} = \frac{3-0+0}{5+0-0} = \frac{3}{5}$$

例 1.11.6 求极限 $\lim\limits_{x \to \infty} \dfrac{3x^2-2x+1}{x^3-x-3}$.

解 先用 x^3 同除分子、分母，再求极限，得

$$\lim_{x \to \infty} \frac{3x^2-2x+1}{x^3-x+3} = \lim_{x \to \infty} \frac{\dfrac{3}{x}-\dfrac{2}{x^2}+\dfrac{1}{x^3}}{1-\dfrac{1}{x^2}+\dfrac{3}{x^3}} = \frac{0-0+0}{1-0+0} = \frac{0}{1} = 0$$

例 1.11.7 求极限 $\lim\limits_{x \to \infty} \dfrac{5x^3+2x^2+3}{x^2-2}$.

解 由于分子 x 的次数比分母 x 的次数高，如果用 x^3 同除分子及分母，则得

$$\lim_{x \to \infty} \frac{5+\dfrac{2}{x}+\dfrac{3}{x^3}}{\dfrac{1}{x}-\dfrac{2}{x^3}}$$

其分母极限为 0,不能直接运用商的运算法则. 但是

$$\lim_{x\to\infty}\frac{x^2-2}{5x^3+2x^2+3}=\lim_{x\to\infty}\frac{\frac{1}{x}-\frac{2}{x^3}}{5+\frac{2}{x}+\frac{3}{x^3}}=0$$

所以 $$\lim_{x\to\infty}\frac{5x^3+2x^2+3}{x^2-2}=\infty$$

归纳例 1.11.5、例 1.11.6、例 1.11.7,可以得以下一般结论

$$\lim_{x\to\infty}\frac{a_0x^m+a_1x^{m-1}+\cdots+a_m}{b_0x^n+b_1x^{n-1}+\cdots+b_n}=\begin{cases}0, & \text{当 } m<n\\ \frac{a_0}{b_0}, & \text{当 } m=n\\ \infty, & \text{当 } m>n\end{cases}\qquad (a_0\neq 0,b_0\neq 0)$$

上述结论对求数列极限同样适用.

例 1.11.8 求极限 $\lim\limits_{n\to\infty}\left(\frac{1}{n^2}+\frac{2}{n^2}+\cdots+\frac{n+1}{n^2}\right)$.

解 $$\lim_{n\to\infty}\left(\frac{1}{n^2}+\frac{2}{n^2}+\cdots+\frac{n+1}{n^2}\right)=\lim_{n\to\infty}\frac{1+2+\cdots+(n+1)}{n^2}$$

$$=\lim_{n\to\infty}\frac{\frac{1}{2}(n+1)(n+2)}{n^2}=\frac{1}{2}\lim_{n\to\infty}\frac{n^2+3n+2}{n^2}$$

$$=\frac{1}{2}\lim_{n\to\infty}\frac{1+\frac{3}{n}+\frac{n}{n^2}}{1}=\frac{1}{2}\times 1=\frac{1}{2}$$

例 1.11.9 求极限 $\lim\limits_{x\to\infty}\frac{\sin x}{x}$.

解 当 $x\to\infty$ 时,分子、分母的极限都不存在,不能直接应用商的极限法则. 如果把 $\frac{\sin x}{x}$ 看做 $\sin x$ 与 $\frac{1}{x}$ 的乘积,由于 $\frac{1}{x}$ 当 $x\to\infty$ 时为无穷小,而 $\sin x$ 是有界函数,则根据无穷小性质,$\frac{1}{x}\cdot\sin x$ 当 $x\to\infty$ 时是无穷小量,则有

$$\lim_{x\to\infty}\frac{\sin x}{x}=0$$

例 1.11.10 求极限 $\lim\limits_{x\to 1}\left(\frac{1}{x-1}-\frac{3}{x^3-1}\right)$.

解 当 $x\to 1$ 时,右端的二项极限均不存在,不能应用运算法则,可以先进行分式减法运算,后求极限.

$$\lim_{x\to 1}\left(\frac{1}{x-1}-\frac{3}{x^3-1}\right)=\lim_{x\to 1}\frac{(x^2+x+1)-3}{(x-1)(x^2+x+1)}$$

$$=\lim_{x\to 1}\frac{x^2+x-2}{(x-1)(x^2+x+1)}=\lim_{x\to 1}\frac{(x-1)(x+2)}{(x-1)(x^2+x+1)}$$

$$=\lim_{x\to 1}\frac{x+2}{x^2+x+1}=1$$

例 1.11.11 求极限 $\lim\limits_{x\to 0}\frac{\sqrt{1+x}-\sqrt{1-x}}{x}$.

解 当 $x\to 0$ 时,分母极限为 0,不能直接应用商的极限运算法则,但可以用 $\sqrt{1+x}+\sqrt{1-x}$ 同乘分子、分母,再求极限.

$$\begin{aligned}\lim_{x\to 0}\frac{\sqrt{1+x}-\sqrt{1-x}}{x}&=\lim_{x\to 0}\frac{(\sqrt{1+x}-\sqrt{1-x})(\sqrt{1+x}+\sqrt{1-x})}{x(\sqrt{1+x}-\sqrt{1-x})}\\&=\lim_{x\to 0}\frac{(1+x)-(1-x)}{x(\sqrt{1+x}+\sqrt{1-x})}\\&=\lim_{x\to 0}\frac{2x}{x(\sqrt{1+x}+\sqrt{1-x})}\\&=\lim_{x\to 0}\frac{2}{\sqrt{1+x}+\sqrt{1-x}}=1\end{aligned}$$

习题 1.11

1.11.1 计算下列极限.

(1) $\lim\limits_{x\to 1}(5x^2-3x+4)$

(2) $\lim\limits_{x\to 1}\dfrac{3x^2-4x+5}{x^2+2}$

(3) $\lim\limits_{x\to 1}\dfrac{x^2-2x+1}{x-1}$

(4) $\lim\limits_{x\to 0}\dfrac{4x^3-2x^2+7x}{2x^2+3x}$

(5) $\lim\limits_{x\to\infty}\dfrac{2x^3-3x^2+4}{5x^3+4x^2-2x+1}$

(6) $\lim\limits_{x\to\infty}\dfrac{3x^2-4x+2}{4x^3+5x^2+x+1}$

(7) $\lim\limits_{x\to\infty}\dfrac{2x^4-3x^2+1}{3x^3-2x^2+4x+1}$

(8) $\lim\limits_{x\to\infty}\dfrac{5x^3-5x+1}{4x^3+6x^2-3x+2}$

(9) $\lim\limits_{x\to\infty}\dfrac{(x+1)(x+2)(x+3)}{5x^2+1}$

(10) $\lim\limits_{n\to\infty}\left(1+\dfrac{1}{2}+\dfrac{1}{2^2}+\cdots+\dfrac{1}{2^n}\right)$

1.11.2 计算下列极限.

(1) $\lim\limits_{x\to 2}\dfrac{x^2+1}{(x-2)^2}$

(2) $\lim\limits_{x\to\infty}(3x^2-4x+5)$

1.11.3 利用无穷小性质,计算下列极限.

(1) $\lim\limits_{x\to\infty}\dfrac{\sin x}{x}$

(2) $\lim\limits_{x\to\infty}\dfrac{\arctan x}{2x}$

(3) $\lim\limits_{x\to\infty}\left(\dfrac{1}{x^2}\cos x\right)$

(4) $\lim\limits_{x\to 0}\left(x\sin\dfrac{1}{x}\right)$

(5) $\lim\limits_{x\to\infty}\dfrac{x^2+1}{x^3+x}(3+\cos x)$

1.11.4 求下列极限.

(1) $\lim\limits_{n\to\infty}\dfrac{2^n-3^n}{(-2)^{n+1}+3^{n+1}}$

(2) $\lim\limits_{x\to\infty}\dfrac{(2x-1)^{10}(3x+2)^{20}}{(2x+1)^{30}}$

(3) $\lim\limits_{x\to 3}\dfrac{\sqrt{1+x}-2}{x-3}$

(4) $\lim\limits_{x\to\infty}\left(\dfrac{x^3}{1-x^2}+\dfrac{x^2}{1+x}\right)$

(5) $\lim\limits_{x\to 2}\left(\dfrac{1}{x-2}-\dfrac{12}{x^3-8}\right)$

1.11.5 已知 $f(x)=\begin{cases} x-1, & x<0 \\ \dfrac{x^2+3x-1}{x^3+1}, & x\geqslant 0 \end{cases}$，求 $\lim\limits_{x\to 0}f(x)$，$\lim\limits_{x\to +\infty}f(x)$，$\lim\limits_{x\to -\infty}f(x)$.

1.11.6 若 $\lim\limits_{x\to 3}\dfrac{x^2-2x+K}{x-3}=4$，求 K 的值.

1.12 极限存在准则 两个重要极限

1.12.1 极限存在准则

准则Ⅰ 如果 $g(x)$，$f(x)$，$h(x)$ 对于点 x_0 某一邻域内的一切 x（点 x_0 可以除外）都有不等式

$$g(x)\leqslant f(x)\leqslant h(x)$$

成立，且 $\lim\limits_{x\to x_0}g(x)=A$，$\lim\limits_{x\to x_0}h(x)=A$，则

$$\lim_{x\to x_0}f(x)=A$$

当 $x\to\infty$，$x\to x_0^-$，$x\to x_0^+$ 时，也有类似结论成立.

准则Ⅰ又称夹逼定理.

准则Ⅱ 单调有界数列必有极限.

作为准则的应用，下面研究两个重要极限.

$$\lim_{x\to 0}\frac{\sin x}{x}=1 \qquad \lim_{x\to\infty}\left(1+\frac{1}{x}\right)^x=\mathrm{e}$$

1.12.2 两个重要极限

重要极限Ⅰ

$$\lim_{x\to 0}\frac{\sin x}{x}=1$$

下面观察当 $x\to 0$ 时，函数 $\dfrac{\sin x}{x}$ 的取值分别如表 1.12.1 所示.

表 1.12.1

x	± 0.5	± 0.1	± 0.05	± 0.01	…	→	0
$\dfrac{\sin x}{x}$	0.958 85	0.998 33	0.999 58	0.999 8	…	→	1

从表 1.12.1 可以看出，当 $x\to 0$ 时，函数 $\dfrac{\sin x}{x}$ 的值→1，即

$$\lim_{x\to 0}\frac{\sin x}{x}=1$$

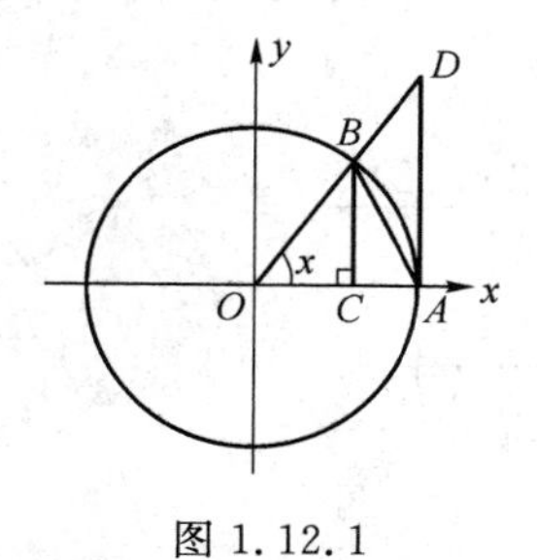

图 1.12.1

证明 在如图 1.12.1 所示的单位圆中，设 $\angle AOB=x$ $\left(0<x<\dfrac{\pi}{2}\right)$，点 A 处的切线与 OB 的延长线相交于 D，又 $BC\perp OA$，则

$$\overline{BC}=\sin x,\quad \overset{\frown}{AB}=x,\quad \overline{AD}=\tan x$$

考查三角形 OAB、扇形 OAB 和三角形 OAD 的面积之间的关系，显然有

$$S_{\triangle OAB}<S_{扇形OAB}<S_{\triangle OAD}$$

即
$$\frac{1}{2}\sin x<\frac{1}{2}x<\frac{1}{2}\tan x$$

所以
$$\sin x<x<\tan x$$

两边同除以 $\sin x$，得

$$1<\frac{x}{\sin x}<\frac{1}{\cos x}$$

即

$$\cos x<\frac{\sin x}{x}<1$$

因为用 $-x$ 代替 x 时，$\cos x$ 与 $\frac{\sin x}{x}$ 都不变，所以当 $-\frac{\pi}{2}<x<0$ 时，上述不等式仍然成立.

又因为 $\lim\limits_{x\to 0}\cos x=1$，$\lim\limits_{x\to 0}1=1$，所以根据准则Ⅰ，得 $\lim\limits_{x\to 0^+}\frac{\sin x}{x}=1$ 及 $\lim\limits_{x\to 0^-}\frac{\sin x}{x}=1$，故

$$\lim_{x\to 0}\frac{\sin x}{x}=1$$

例 1.12.1 求极限 $\lim\limits_{x\to 0}\frac{\tan x}{x}$.

解
$$\lim_{x\to 0}\frac{\tan x}{x}=\lim_{x\to 0}\left(\frac{\sin x}{x}\cdot\frac{1}{\cos x}\right)$$
$$=\lim_{x\to 0}\frac{\sin x}{x}\cdot\lim_{x\to 0}\frac{1}{\cos x}=1\times 1=1$$

例 1.12.2 求极限 $\lim\limits_{x\to 0}\frac{\sin 3x}{x}$.

解 因为

$$\lim_{x\to 0}\frac{\sin 3x}{x}=\lim_{x\to 0}\left(\frac{\sin 3x}{3x}\cdot 3\right)=3\lim_{x\to 0}\frac{\sin 3x}{3x}$$

设 $t=3x$，则当 $x\to 0$ 时，$t\to 0$，所以

$$\lim_{x\to 0}\frac{\sin 3x}{x}=3\lim_{t\to 0}\frac{\sin t}{t}=3\times 1=3$$

解题过程可简写为

$$\lim_{x\to 0}\frac{\sin 3x}{x}=\lim_{x\to 0}\frac{\sin 3x}{3x}\cdot 3=3\times 1=3$$

例 1.12.3 求极限 $\lim\limits_{x\to 0}\frac{\sin 2x}{\tan 3x}$.

解
$$\lim_{x\to 0}\frac{\sin 2x}{\tan 3x}=\lim_{x\to 0}\frac{\frac{\sin 2x}{x}}{\frac{\tan 3x}{x}}=\lim_{x\to 0}\frac{\frac{\sin 2x}{2x}\cdot 2}{\frac{\tan 3x}{3x}\cdot 3}=\frac{2}{3}$$

例 1.12.4 求极限 $\lim\limits_{x\to 0}\frac{1-\cos x}{x^2}$.

解 因为
$$1-\cos x=2\sin^2\frac{x}{2}$$

所以

$$\lim_{x\to 0}\frac{1-\cos x}{x^2}=\lim_{x\to 0}\frac{2\sin^2\frac{x}{2}}{x^2}=\lim_{x\to 0}\frac{1}{2}\frac{\sin^2\frac{x}{2}}{\left(\frac{x}{2}\right)^2}=\frac{1}{2}\lim_{x\to 0}\left(\frac{\sin\frac{x}{2}}{\frac{x}{2}}\right)^2=\frac{1}{2}\times 1^2=\frac{1}{2}$$

重要极限Ⅱ

$$\lim_{x\to\infty}\left(1+\frac{1}{x}\right)^x=\mathrm{e}$$

先考虑 x 取正整数 n，而趋于无穷大的情形，即考虑数列的极限 $\lim\limits_{n\to\infty}\left(1+\frac{1}{n}\right)^n$.

用计算器计算出当 $n\to\infty$ 时，数列 $\left(1+\frac{1}{n}\right)^n$ 的一系列取值，如表 1.12.2 所示.

表 1.12.2

n	10	100	1 000	10 000	100 000	…	→	∞
$a_n=\left(1+\frac{1}{n}\right)^n$	2.59	2.705	2.717	2.718	2.718 27	…	→	

可以看出，数列 $a_n=\left(1+\frac{1}{n}\right)^n$ 是单调增加的，并且可以证明数列有界($a_n<3$)，根据准则Ⅱ知，极限 $\lim\limits_{n\to\infty}\left(1+\frac{1}{n}\right)^n$ 必然存在，通常用字母 e 表示，即

$$\lim_{n\to\infty}\left(1+\frac{1}{n}\right)^n=\mathrm{e}$$

可以证明，e 是一个无理数，它的值是

$$\mathrm{e}=2.718\ 281\ 828\ 459\ 045\cdots$$

还可以证明，当 x 取实数，而趋于 $+\infty$ 或 $-\infty$ 时，函数 $\left(1+\frac{1}{x}\right)^x$ 的极限都存在，且都等于 e，因此

$$\lim_{x\to\infty}\left(1+\frac{1}{x}\right)^x=\mathrm{e}$$

在上式中，设 $t=\frac{1}{x}$，则 $x=\frac{1}{t}$，且当 $x\to\infty$ 时，$t\to 0$，于是上式又可写成

$$\lim_{t\to 0}(1+t)^{\frac{1}{t}}=\mathrm{e}$$

或

$$\lim_{x\to 0}(1+x)^{\frac{1}{x}}=\mathrm{e}$$

例 1.12.5 求极限 $\lim\limits_{x\to\infty}\left(1+\frac{4}{x}\right)^x$.

解

$$\lim_{x\to\infty}\left(1+\frac{4}{x}\right)^x=\lim_{x\to\infty}\left[\left(1+\frac{1}{\frac{x}{4}}\right)^{\frac{x}{4}}\right]^4$$

设 $t=\frac{x}{4}$，则当 $x\to\infty$ 时，$t\to\infty$，于是

$$\lim_{x\to\infty}\left(1+\frac{4}{x}\right)^x=\lim_{t\to\infty}\left[\left(1+\frac{1}{t}\right)^t\right]^4=\left[\lim_{t\to\infty}\left(1+\frac{1}{t}\right)^t\right]^4=\mathrm{e}^4$$

为了简化,上述换元过程也可省略,可简写为

$$\lim_{x\to\infty}\left(1+\frac{4}{x}\right)^{x}=\lim_{x\to\infty}\left[\left(1+\frac{1}{\frac{x}{4}}\right)^{\frac{x}{4}}\right]^{4}=\mathrm{e}^{4}$$

例 1.12.6 求极限 $\lim\limits_{x\to\infty}\left(1-\dfrac{2}{x}\right)^{x}$.

解

$$\lim_{x\to\infty}\left(1-\frac{2}{x}\right)^{x}=\lim_{x\to\infty}\left[\left(1+\frac{1}{-\frac{x}{2}}\right)^{-\frac{x}{2}}\right]^{-2}=\mathrm{e}^{-2}$$

例 1.12.7 求极限 $\lim\limits_{x\to\infty}\left(\dfrac{x+3}{x+2}\right)^{x+4}$.

解

$$\begin{aligned}\lim_{x\to\infty}\left(\frac{x+3}{x+2}\right)^{x+4}&=\lim_{x\to\infty}\left[\left(1+\frac{1}{x+2}\right)^{x+2}\cdot\left(1+\frac{1}{x+2}\right)^{2}\right]\\&=\lim_{x\to\infty}\left(1+\frac{1}{x+2}\right)^{x+2}\cdot\lim_{x\to\infty}\left(1+\frac{1}{x+2}\right)^{2}\\&=\mathrm{e}\cdot 1=\mathrm{e}\end{aligned}$$

习题 1.12

1.12.1 求下列极限.

(1) $\lim\limits_{x\to 0}\dfrac{\sin 5x}{x}$

(2) $\lim\limits_{x\to 0}\dfrac{\tan 3x}{2x}$

(3) $\lim\limits_{x\to 0}\dfrac{\sin 3x}{\sin 4x}$

(4) $\lim\limits_{x\to 0}\dfrac{(x+3)\sin x}{x}$

(5) $\lim\limits_{x\to 0}\dfrac{1-\cos x}{x\sin x}$

(6) $\lim\limits_{x\to\infty}\dfrac{x-\sin x}{x+\sin x}$

(7) $\lim\limits_{n\to\infty}\left(3^{n}\cdot\sin\dfrac{x}{3^{n}}\right)$ (常数 $x\neq 0$)

(8) $\lim\limits_{x\to\pi}\dfrac{\sin x}{\pi-x}$

1.12.2 求下列极限.

(1) $\lim\limits_{x\to\infty}\left(1+\dfrac{1}{3x}\right)^{3x}$

(2) $\lim\limits_{x\to\infty}\left(1-\dfrac{3}{x}\right)^{3x}$

(3) $\lim\limits_{x\to 0}(1+5x)^{\frac{1}{x}}$

(4) $\lim\limits_{x\to\infty}\left(1+\dfrac{2}{x}\right)^{2x}$

(5) $\lim\limits_{x\to 0}(1-2x)^{\frac{3}{x}}$

(6) $\lim\limits_{x\to\infty}\left(\dfrac{1+x}{x}\right)^{4x}$

(7) $\lim\limits_{x\to\infty}\left(\dfrac{3x+4}{3x-1}\right)^{x+1}$

1.13 无穷小的比较

虽然知道两个无穷小的和、差、积仍然是无穷小,但是关于两个无穷小的商,却会出现不同情况.例如,当 $x\to 0$ 时,$5x$,x^{2},$\sin x$ 都是无穷小量,但是它们经过商后,情况就不一样了.

由于 $\lim\limits_{x\to 0}\dfrac{\sin x}{5x}=\dfrac{1}{5}$,所以 $\dfrac{\sin x}{5x}$ 当 $x\to 0$ 时不再是无穷小量,而是一个常数;又由于 $\lim\limits_{x\to 0}$

$\frac{x^2}{\sin x}=0$，所以$\frac{x^2}{\sin x}$当 $x\to 0$ 时仍是无穷小量，而 $\lim\limits_{x\to 0}\frac{5x}{x^2}=\infty$，所以$\frac{5x}{x^2}$当 $x\to 0$ 时是无穷大量，即它们商的极限可以是无穷小，也可以是无穷大，还可以是一个不为 0 的常数.

两个无穷小量之比出现各种不同情况，是因为它们趋于 0 的速度快慢程度是不同的. 将 $x\to 0$ 时一系列值和 $2x, x^3$ 的对应值计算出来如表 1.13.1 所示.

表 1.13.1

x	1	0.1	0.01	0.001	…	→	0
$2x$	2	0.2	0.02	0.002	…	→	0
x^3	1	0.001	0.000 001	0.000 000 001	…	→	0

可以看出，当 $x\to 0$ 时，趋向于 0 较快的无穷小 x^3 与较慢的无穷小 $2x$ 之商的极限是 0；趋向于 0 较慢的无穷小 $2x$ 与较快的无穷小 x 之商的极限是∞；趋向于 0 快慢相当的两个无穷小 $2x$ 与 x 之商的极限是不为 0 的常数.

下面引入无穷小量的阶的概念.

定义 1.13.1　设 α 和 β 都是自变量同一变化过程中的无穷小，且 $\beta\neq 0$，又 $\lim\frac{\alpha}{\beta}$是在这一同变化过程中的极限.

（1）如果 $\lim\frac{\alpha}{\beta}=0$，就说 α 是比 β 高阶的无穷小，记做 $\alpha=o(\beta)$；

（2）如果 $\lim\frac{\alpha}{\beta}=\infty$，就说 α 是比 β 低阶的无穷小；

（3）如果 $\lim\frac{\alpha}{\beta}=C(C\neq 0$ 常数)，就说 α 与 β 是同阶的无穷小；

（4）如果 $\lim\frac{\alpha}{\beta}=1$，就说 α 与 β 是等价无穷小，记做 $\alpha\sim\beta$.

例如，由上面分析可知，当 $x\to 0$ 时，x^3 是比 $2x$ 高阶的无穷小；$2x$ 是比 x^3 低阶的无穷小；$2x$ 与 x 是同阶的无穷小.

例 1.13.1　比较下列无穷小的阶数的高低.

（1）当 $x\to\infty$时，$\frac{1}{x^2}$与$\frac{4}{x^3}$；

（2）当 $x\to 3$ 时，x^2-9 与 $x-3$；

（3）当 $x\to 0$ 时，$\tan^2 x$ 与 x；

（4）当 $x\to 0$ 时，$1-\cos x$ 与 $\frac{x^2}{2}$.

解　（1）因为

$$\lim_{x\to\infty}\frac{\frac{1}{x^2}}{\frac{4}{x^3}}=\lim_{x\to\infty}\frac{x}{4}=\infty$$

所以，当 $x\to\infty$时，$\frac{1}{x^2}$是比$\frac{4}{x^3}$低阶的无穷小.

（2）因为

$$\lim_{x\to 3}\frac{x^2-9}{x-3}=\lim_{x\to 3}(x+3)=6$$

所以，当 $x\to 3$ 时，x^2-9 与 $x-3$ 是同阶的无穷小.

（3）因为
$$\lim_{x\to 0}\frac{\tan^2 x}{x}=\lim_{x\to 0}\left(\frac{\tan x}{x}\tan x\right)=0$$
所以，当 $x\to 0$ 时，$\tan^2 x$ 是比 x 高阶的无穷小.

（4）因为
$$\lim_{x\to 0}\frac{1-\cos x}{\frac{x^2}{2}}=\lim_{x\to 0}\frac{2\sin^2\frac{x}{2}}{\frac{x^2}{2}}=\lim_{x\to 0}\left(\frac{\sin\frac{x}{2}}{\frac{x}{2}}\right)^2=1$$
所以，当 $x\to 0$ 时，$1-\cos x$ 与 $\frac{x^2}{2}$ 是等价无穷小，可记做 $1-\cos x\sim\frac{x^2}{2}$.

例 1.13.2 证明

（1）当 $x\to 0$ 时，$\arctan x\sim x$；

（2）当 $x\to 0$ 时，$\sqrt{1+x}-1\sim\frac{1}{2}x$.

证明 （1）令 $y=\arctan x$，则 $x=\tan y$，且当 $x\to 0$ 时，$y\to 0$，于是有
$$\lim_{x\to 0}\frac{\arctan x}{x}=\lim_{y\to 0}\frac{y}{\tan y}=1$$
所以，当 $x\to 0$ 时，$\arctan x\sim x$.

（2）当 $x\to 0$ 时，$\sqrt{1+x}-1\to 0$，$\frac{1}{2}x\to 0$，即它们都是无穷小.
$$\lim_{x\to 0}\frac{\sqrt{1+x}-1}{\frac{1}{2}x}=\lim_{x\to\infty}\frac{(\sqrt{1+x}-1)(\sqrt{1+x}+1)}{\frac{1}{2}x(\sqrt{1+x}+1)}$$
$$=\lim_{x\to 0}\frac{2x}{x(\sqrt{1+x}+1)}=\lim_{x\to 0}\frac{2}{\sqrt{1+x}+1}=1$$
所以
$$\sqrt{1+x}-1\sim\frac{1}{2}x\quad(x\to 0)$$

关于等价无穷小，还有如下定理.

定理 1.13.1 设在自变量同一变化过程中，$\alpha(x)$，$\beta(x)$都是等价无穷小，且 $\alpha(x)\sim\beta(x)$，如果 $\lim f(x)\cdot\alpha(x)$，$\lim\frac{f(x)}{\alpha(x)}$存在，则

（1）$\lim f(x)\alpha(x)=\lim f(x)\beta(x)$　　　（2）$\lim\frac{f(x)}{\alpha(x)}=\lim\frac{f(x)}{\beta(x)}$

证明 这里只证明 $\lim\frac{f(x)}{\alpha(x)}=\lim\frac{f(x)}{\beta(x)}$，因为 $\lim\frac{f(x)}{\alpha(x)}=\lim\frac{f(x)}{\beta(x)}\cdot\frac{\beta(x)}{\alpha(x)}$，而已知 $\lim\frac{\beta(x)}{\alpha(x)}=1$，$\lim\frac{f(x)}{\alpha(x)}$ 存在，由极限乘法法则，所以 $\lim\frac{f(x)}{\alpha(x)}=\lim\frac{f(x)}{\beta(x)}\cdot\lim\frac{\beta(x)}{\alpha(x)}=\lim\frac{f(x)}{\beta(x)}\cdot 1=\lim\frac{f(x)}{\beta(x)}$，则 $\lim\frac{f(x)}{\alpha(x)}=\lim\frac{f(x)}{\beta(x)}$.

类似地，可证
$$\lim f(x)\alpha(x)=\lim f(x)\beta(x)\quad(\alpha(x),\beta(x))$$
定理 1.13.1 表明，在乘、除运算的极限过程中，用非零等价无穷小替换不改变其极限值.

例 1.13.3 求极限 $\lim_{x\to 0}\frac{\tan 3x}{\sin 5x}$.

解 当 $x \to 0$ 时，$\tan 3x \sim 3x$，$\sin 5x \sim 5x$，所以 $\lim\limits_{x \to 0} \frac{\tan 3x}{\sin 5x} = \lim\limits_{x \to 0} \frac{3x}{5x} = \frac{3}{5}$.

例 1.13.4 求极限 $\lim\limits_{x \to 0} \frac{1-\cos x}{x \sin 2x}$.

解 当 $x \to 0$ 时，$1-\cos x \sim \frac{x^2}{2}$，$\sin 2x \sim 2x$，所以 $\lim\limits_{x \to 0} \frac{1-\cos x}{x \sin 2x} = \lim\limits_{x \to 0} \frac{\frac{1}{2}x^2}{x \cdot 2x} = \frac{1}{4}$.

例 1.13.5 求极限 $\lim\limits_{x \to 0} \frac{\sin 3x}{x^3+3x}$.

解 $\lim\limits_{x \to 0} \frac{\sin 3x}{x^3+3x} = \lim\limits_{x \to 0} \frac{\sin 3x}{x(x^2+3)} = \lim\limits_{x \to 0} \frac{3x}{x(x^2+3)} = \lim\limits_{x \to 0} \frac{3}{x^2+3} = 1$

例 1.13.6 求极限 $\lim\limits_{x \to 0} \frac{\tan x - \sin x}{x^3}$.

解

$$
\begin{aligned}
\lim_{x \to 0} \frac{\tan x - \sin x}{x^3} &= \lim_{x \to 0} \frac{\sin x / \cos x - \sin x}{x^3} \\
&= \lim_{x \to 0} \frac{\sin(1-\cos x)}{x^3} \cdot \frac{1}{\cos x} \\
&= \lim_{x \to 0} \frac{x \cdot \frac{x^2}{2}}{x^3} \cdot \frac{1}{\cos x} = \frac{1}{2}
\end{aligned}
$$

注意 在乘、除运算中的无穷小量都可用各自的等价无穷小量替换，但在加、减运算中的各项不能作等价无穷小替换. 在例 1.13.6 中，若如下做法则会导致错误.

$$
\lim_{x \to x_0} \frac{\tan x - \sin x}{x^3} = \lim_{x \to 0} \frac{x - x}{x^3} = 0
$$

习题 1.13

1.13.1 当 $x \to 0$ 时，下列函数中，哪些是比 x 高阶的无穷小量？哪些是与 x 同阶的无穷小量？哪些是与 x 等价无穷小量？

(1) $2x^2 - 3x^3$　　(2) $x^3 + \sin 2x$

(3) $\tan x + \sin^2 x$　　(4) $\sqrt{1+x} - 1$

(5) $1 - \cos 2x$

1.13.2 当 $x \to 0$ 时，$2x - x^2$ 与 $x^3 - x^2$ 相比，哪一个是高阶的无穷小？

1.13.3 当 $x \to 1$ 时，无穷小 $1-x$ 与下列各式是否等价？

(1) $1 - x^3$　　(2) $\frac{1}{2}(1-x^2)$

1.13.4 证明，当 $x \to 0$ 时，下式成立.

(1) $\arctan x \sim x$　　(2) $\sec x - 1 \sim \frac{x^2}{2}$

1.13.5 利用等价无穷小的性质，求下列极限.

(1) $\lim\limits_{x \to 0} \frac{\sin 5x}{2x}$　　(2) $\lim\limits_{x \to 0} \frac{\tan 3x}{\sin 2x}$

(3) $\lim\limits_{x \to 0} \frac{\sin(x^K)}{(\tan x)^K}$ （K 为正整数）　　(4) $\lim\limits_{x \to 0} \frac{\tan x - \sin x}{\sin^3 x}$

(5) $\lim\limits_{x\to\infty}\dfrac{3x^2+5}{5x+3}\cdot\sin\dfrac{2}{x}$　(提示:$x\to\infty$时,$\sin\dfrac{2}{x}\sim\dfrac{2}{x}$)

1.14　函数的连续性

1.14.1　函数连续性

自然界中有很多现象,如气温变化、河水的流动、植物的生长等,都是连续变化的,这种现象在函数关系上的反映,就是函数的连续性.

下面引入增量的概念.设变量 u 从它的一个初值 u_1 变到终值 u_2,终值与初值之差 u_2-u_1 称为变量 u 的增量,记做 Δu,即

$$\Delta u=u_2-u_1$$

注意　增量 Δu 可以是正的,也可以是负的,记号 Δu 是一个不可分割的整体.

当 $\Delta u>0$ 时,变量 u 从 u_1 变到 $u_2=u_1+\Delta u$ 时,是增大的.

当 $\Delta u<0$ 时,变量 u 是减小的.

假设函数 $y=f(x)$在点 x_0 的某一邻域内有定义,当自变量 x 在该邻域内从 x_0 变到 $x_0+\Delta x$ 时,函数 y 相应地从 $f(x_0)$变到 $f(x_0+\Delta x)$,则函数 y 对应的增量为

$$\Delta y=f(x_0+\Delta x)-f(x_0)$$

这个关系式的几何解释如图 1.14.1 所示.

观察图 1.14.1 知,函数 $y=f(x)$所示曲线在点 $M(x_0,f(x_0))$处连续,当 $\Delta x\to 0$ 时,$\Delta y=f(x_0+\Delta x)-f(x_0)\to 0$.

观察图 1.14.2 知,函数 $y=g(x)$所示曲线在点 $M(x_0,g(x_0))$处不连续,当 $\Delta x\to 0^+$ 时,$\Delta y=g(x_0+\Delta x)-g(x_0)\to C\neq 0$.

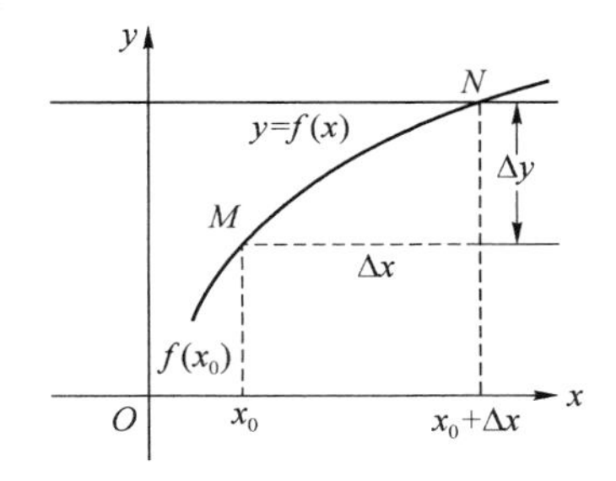

图 1.14.1

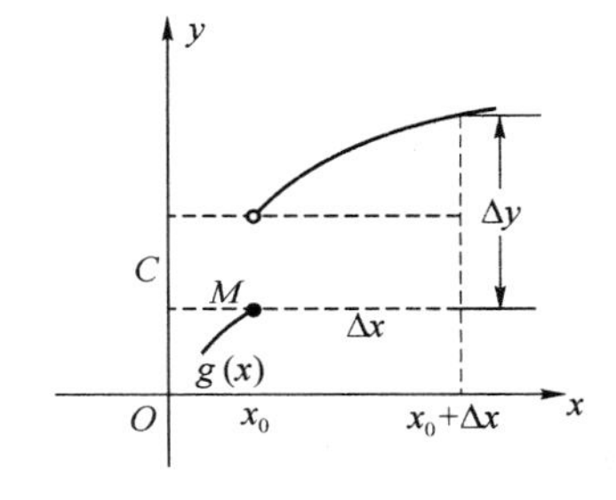

图 1.14.2

于是引出函数 $y=f(x)$在 x_0 处连续的定义.

定义 1.14.1　设函数 $f(x)$在点 x_0 的某一邻域内有定义,如果当自变量在点 x_0 处的增量 Δx 趋于 0 时,对应的函数增量 $\Delta y=f(x_0+\Delta x)-f(x_0)$也趋于 0,即

$$\lim_{\Delta x\to 0}\Delta y=\lim_{\Delta x\to 0}[f(x_0+\Delta x)-f(x_0)]=0$$

则称函数 $y=f(x)$在点 x_0 处连续.

例 1.14.1　证明函数 $y=x^2$ 在 $x=x_0$ 处连续.

因为函数 $y=x^2$ 的定义域为$(-\infty,+\infty)$,所以函数在点 $x=x_0$ 及任意邻域内有定义.

设自变量在 $x=x_0$ 处有增量 Δx,则函数相应的增量是

$$\Delta y = f(x_0 + \Delta x) - f(x_0) = (x_0 + \Delta x)^2 - x_0^2 = 2x_0\Delta x + (\Delta x)^2$$

因为
$$\lim_{\Delta x \to 0} \Delta y = \lim_{\Delta x \to 0} [2x_0\Delta x + (\Delta x)^2] = 0$$

所以，函数 $y = x^2$ 在 x_0 处连续.

在定义中，如果令 $x = x_0 + \Delta x$，则 $\Delta y = f(x) - f(x_0)$，于是

$$f(x) = f(x_0) + \Delta y$$

因为 $\Delta x \to 0$，即 $x \to x_0$ 时，$\Delta y \to 0$，而 $\Delta y \to 0$ 时，$f(x) \to f(x_0)$，所以

$$\lim_{x \to x_0} f(x) = f(x_0)$$

因此，上述函数定义又可以叙述如下.

定义 1.14.2 设函数 $y = f(x)$ 在点 x_0 的某一邻域内有定义，如果函数 $y = f(x)$ 当 $x \to x_0$ 时极限存在，且等于它在 x_0 处的函数值，即

$$\lim_{x \to x_0} f(x) = f(x_0)$$

则称函数 $y = f(x)$ 在点 x_0 处连续.

由定义 1.14.2 可知，函数 $f(x)$ 在点 $x = x_0$ 处连续，必须满足以下 3 个条件.

(1) 函数 $y = f(x)$ 在点 $x = x_0$ 处有定义，即 $f(x_0)$ 是一个确定的常数.

(2) 函数 $f(x)$ 在点 $x = x_0$ 处有极限，即 $\lim\limits_{x \to x_0} f(x)$ 存在.

(3) 函数 $f(x)$ 在 $x = x_0$ 处的极限值等于 $x = x_0$ 处的函数值，即

$$\lim_{x \to x_0} f(x) = f(x_0)$$

下面介绍左连续及右连续的概念.

如果 $\lim\limits_{x \to x_0^-} f(x) = f(x_0 - 0)$ 存在，且等于 $f(x_0)$，即

$$f(x_0 - 0) = f(x_0)$$

就称函数 $f(x)$ 在点 $x = x_0$ 处左连续.

如果 $\lim\limits_{x \to x_0^+} f(x) = f(x_0 + 0)$ 存在，且等于 $f(x_0)$，即

$$f(x_0 + 0) = f(x_0)$$

就称函数 $f(x)$ 在点 $x = x_0$ 处右连续.

由于 $\lim\limits_{x \to x_0} f(x)$ 存在的充分必要条件是 $f(x_0 - 0) = f(x_0 + 0)$，因此引出函数 $f(x)$ 在点 $x = x_0$ 处连续的第 3 种叙述.

定义 1.14.3 设函数 $y = f(x)$ 在点 x_0 的某一邻域内有定义，如果 $f(x)$ 在 x_0 处左连续，且右连续，即

$$f(x_0 - 0) = f(x_0 + 0) = f(x_0)$$

那么称 $f(x)$ 在点 x_0 处连续.

在开区间 (a,b) 内每一点都连续的函数，称为在开区间 (a,b) 内的连续函数，或者称函数在开区间 (a,b) 内连续.

如果函数在开区间 (a,b) 内连续，且在左端点 a 右连续，在右端点 b 左连续，那么称函数在闭区间 $[a,b]$ 上连续，在区间上连续函数的图形是一条连续不断的曲线.

例 1.14.2 证明：$y = \sin x$ 在区间 $(-\infty, +\infty)$ 内是连续的.

证明 设 x 是区间 $(-\infty, +\infty)$ 内任意取定的一点. 当 x 有增量 Δx 时，对应的函数的增

量为

$$\Delta y=\sin(x+\Delta x)-\sin x$$

由三角公式

$$\sin(x+\Delta x)-\sin x=2\sin\frac{\Delta x}{2}\cdot\cos\left(x+\frac{\Delta x}{2}\right)$$

得
$$\lim_{\Delta x\to 0}\Delta y=\lim_{\Delta x\to 0}2\sin\frac{\Delta x}{2}\cdot\cos\left(x+\frac{\Delta x}{2}\right)=0$$

由定义 1.14.1,这就证明了 $y=\sin x$ 在区间$(-\infty,+\infty)$上每一点都是连续的,则 $y=\sin x$ 在$(-\infty,+\infty)$上连续.

1.14.2 函数的间断点及其分类

如果函数 $f(x)$在点 x_0 处不连续,则称函数 $f(x)$在 x_0 处间断,点 x_0 称为函数$f(x)$的间断点.

由函数在点 x_0 处连续的定义可知,在下列 3 种情况中,至少有一种情况下函数 $f(x)$在点 x_0 处间断:

(1) $f(x)$在 x_0 处无定义;

(2) $\lim\limits_{x\to x_0}f(x)$不存在;

(3) $f(x_0)$存在,且 $\lim\limits_{x\to x_0}f(x)$存在,但它们不相等.

按照这个判断顺序,可以判断函数在某点 x_0 是否间断.

例如,函数 $f(x)=\frac{1}{x}$,在 $x=0$ 处没有定义,即 $x=0$ 是它的间断点.

又如,函数 $f(x)=\begin{cases}-1, & x<0\\ 0, & x=0\\ -1, & x>0\end{cases}$ 在 $x=0$ 处有定义,但 $\lim\limits_{x\to 0^-}f(x)=-1$,$\lim\limits_{x\to 0^+}f(x)=1$,因为 $f(0-0)\neq f(0+0)$,所以 $\lim\limits_{x\to 0}f(x)$不存在,即 $x=0$ 为它的间断点.

函数的间断点按其左、右极限是否存在分为第一类间断点与第二类间断点.

定义 1.14.4 设 x_0 是函数 $f(x)$的间断点,如果左、右极限 $f(x_0-0)$及 $f(x_0+0)$都存在,则点 x_0 称为第一类间断点;如果 $f(x_0-0)$及 $f(x_0+0)$中至少有一个不存在,则点 x_0 称为第二类间断点.

例 1.14.3 函数 $f(x)=\frac{\arcsin x}{x}$在 $x=0$ 处无定义,故 $x=0$ 是间断点,由于$\lim\limits_{x\to 0}\frac{\arcsin x}{x}=1$,知 $f(0-0)=f(0+0)=1$ 都存在,因此 $x=0$ 是它的第一类间断点.

如果在 $x=0$ 处补充定义 $f_1(0)=1$,即令

$$f_1(x)=\begin{cases}\frac{\arcsin x}{x}, & -1\leqslant x<0 \text{ 或 } 0<x\leqslant 1\\ 1, & x=0\end{cases}$$

则函数 $f_1(x)$在 $x=0$ 处连续.因此,把 $x=0$ 又称为函数 $f(x)=\frac{\arcsin x}{x}$的可去间断点.

例 1.14.4 函数 $f(x)=\begin{cases}\frac{x^2-1}{x-1}, & x\neq 1\\ 3, & x=1\end{cases}$在 $x=1$ 处有定义,$f(1)=3$,$\lim\limits_{x\to 1}f(x)=$

$\lim\limits_{x\to1}\dfrac{x^2-1}{x-1}=\lim\limits_{x\to1}(x+1)=2$（即 $f(1-0)=f(1+0)=2$ 存在），但 $\lim\limits_{x\to1}f(x)=2\neq f(1)$，故 $x=1$ 为第一类间断点.

若把 $f(1)=3$ 的定义改变成 $f(1)=2$，则改变定义后的函数在 $x=1$ 处连续，类似于例 1.14.3，把 $x=1$ 也称为函数 $f(x)$ 的可去间断点.

例 1.14.5 函数 $f(x)=\begin{cases}x^2+1, & x<0\\ 0, & x=0\\ x-1, & x>0\end{cases}$ 由于 $\lim\limits_{x\to0^-}f(x)=\lim\limits_{x\to0^-}(x^2+1)=1$，$\lim\limits_{x\to0^+}f(x)=\lim\limits_{x\to0^+}(x-1)=-1$，故 $f(0-0)\neq f(0+0)$，所以 $\lim\limits_{x\to0}f(x)$ 不存在，因此 $x=0$ 是函数 $f(x)$ 的第一类间断点.

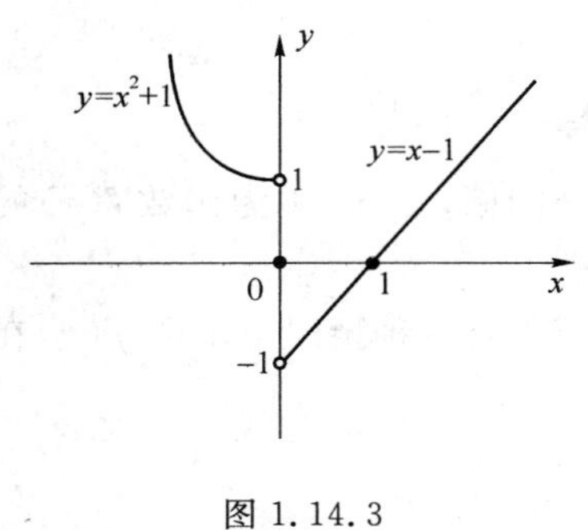

图 1.14.3

从图形 1.14.3 可以看出，该函数图形在 $x=0$ 处产生跳跃现象，因此也称 $x=0$ 为函数 $f(x)$ 的跳跃间断点.

从以上 3 个例子可知，第一类间断点包含可去间断点和跳跃间断点两种，当 $f(x_0-0)=f(x_0+0)$ 时点 x_0 为可去间断点，当 $f(x_0-0)\neq f(x_0+0)$ 时点 x_0 为跳跃间断点.

例 1.14.6 函数 $f(x)=\dfrac{x^2+1}{x-1}$ 在点 $x=1$ 处没有定义，又 $\lim\limits_{x\to1}f(x)=\infty$，知左、右极限都不存在，因此 $x=1$ 是函数 $f(x)$ 的第二类间断点.

因为 $\lim\limits_{x\to1}f(x)=\infty$，所以也称 $x=1$ 为 $f(x)$ 的无穷间断点.

例 1.14.7 函数 $f(x)=e^{\frac{1}{x}}$，由于 $f(x)$ 在 $x=0$ 处没有定义，又 $\lim\limits_{x\to0^+}f(x)=+\infty$，知右极限不存在，所以 $x=0$ 是函数 $f(x)$ 的第二类间断点（因 $\lim\limits_{x\to0^-}e^{\frac{1}{x}}=0$，知 $\lim\limits_{x\to0}f(x)\neq\infty$，故 $x=0$ 不是无穷间断点）.

1.14.3 连续函数的运算法则及初等函数的连续性

根据极限的运算法则与函数在一点连续的定义，可以得以下结论.

定理 1.14.1 如果 $f(x)$ 和 $g(x)$ 都在点 x_0 处连续，则它们的和 $f(x)+g(x)$、差 $f(x)-g(x)$、积 $f(x)\cdot g(x)$、商 $\dfrac{f(x)}{g(x)}$（$g(x_0)\neq0$）在点 x_0 处连续.

以 $f(x)\cdot g(x)$ 为例来证明定理 1.14.1 的正确性.

证明 由于 $f(x)$，$g(x)$ 在点 x_0 处连续，故有

$$\lim_{x\to x_0}f(x)=f(x_0),\lim_{x\to x_0}g(x)=g(x_0)$$

根据函数运算法则，得

$$\lim_{x\to x_0}f(x)\cdot g(x)=\lim_{x\to x_0}f(x)\cdot\lim_{x\to x_0}g(x)=f(x_0)g(x_0)$$

由连续性定义知，$f(x)$，$g(x)$ 在点 x_0 处连续.

定理 1.14.2 若函数 $y=f(x)$ 在区间 I_x 上单调增加（或减少），并且连续，值域 I_y，则其反函数 $x=\varphi(y)$ 在区间 I_y 上连续.

定理 1.14.2 的正确性很容易从几何上理解，因为 $y=f(x)$ 与 $x=\varphi(y)$ 的图形是同一个，

可以具有相同的连续性.

还可以证明如下定理.

定理 1.14.3 若函数 $y=f(u)$ 在点 u_0 处连续，$\lim\limits_{x\to x_0}\varphi(x)=u_0$，则复合函数 $y=f[\varphi(x)]$ 当 $x\to x_0$ 时极限存在，且

$$\lim_{x\to x_0} f[\varphi(x)]=f(u_0)$$

注意到 $u_0=\lim\limits_{x\to x_0}\varphi(x)$，所以定理 1.14.3 的结论又可写成

$$\lim_{x\to x_0} f[\varphi(x)]=f[\lim_{x\to x_0}\varphi(x)]$$

这表明，当 $f(u)$ 是连续函数，而 $\lim\limits_{x\to x_0}\varphi(x)=u_0$，求复合函数 $f[\varphi(x)]$ 的极限时，函数符号 f 与极限符号 $\lim\limits_{x\to x_0}$ 可以交换次序，这个性质在求函数极限运算中是经常用到的.

例 1.14.8 求极限 $\lim\limits_{x\to 3}\sqrt{\dfrac{x-3}{x^2-9}}$.

解 $y=\sqrt{\dfrac{x-3}{x^2-9}}$ 可看做 $y=\sqrt{u}$ 与 $u=\dfrac{x-3}{x^2-9}$ 复合而成，因为 $\lim\limits_{x\to 3}\dfrac{x-3}{x^2-9}=\dfrac{1}{6}$，而函数 $y=\sqrt{u}$ 在 $u=\dfrac{1}{6}$ 处连续，所以

$$\lim_{x\to 3}\sqrt{\frac{x-3}{x^2-9}}=\sqrt{\lim_{x\to 3}\frac{x-3}{x^2-9}}=\sqrt{\frac{1}{6}}=\frac{\sqrt{6}}{6}$$

例 1.14.9 求极限 $\lim\limits_{x\to 0}\ln\dfrac{\sin x}{x}$.

解 函数 $y=\ln\dfrac{\sin x}{x}$ 可看做 $y=\ln u$ 与 $u=\dfrac{\sin x}{x}$ 复合而成，由于 $\lim\limits_{x\to 0}\dfrac{\sin x}{x}=1$，而 $y=\ln u$ 在 $(0,+\infty)$ 连续，则有

$$\lim_{x\to 0}\ln\frac{\sin x}{x}=\ln\lim_{x\to 0}\frac{\sin x}{x}=\ln 1=0$$

另外，值得注意的是，在定理 1.14.3 的结论中，$f(u_0)$ 可写成 $f(u_0)=\lim\limits_{u\to u_0}f(u)$，所以定理 1.14.3 的结论又可写成 $\lim\limits_{x\to x_0}f[\varphi(x)]=\lim\limits_{u\to u_0}f(u)$，其中 $u=\varphi(x)$.

这表明，表达式 $\lim\limits_{x\to x_0}f[\varphi(x)]$ 通过作变量替换 $u=\varphi(x)$，又可化成表达式 $\lim\limits_{u\to u_0}f(u)$. 这正是求极限时可以用变量替换方法来化简的理论根据.

例 1.14.10 求极限 $\lim\limits_{x\to 0}\dfrac{e^x-1}{x}$.

解 设 $e^x-1=u$，则 $x=\ln(1+u)$. 当 $x\to 0$ 时，把 $u\to 0$ 代入原式，有

$$\begin{aligned}\lim_{x\to 0}\frac{e^x-1}{x}&=\lim_{u\to 0}\frac{u}{\ln(1+u)}\\&=\lim_{u\to 0}\frac{1}{\frac{1}{u}\ln(1+u)}=\frac{1}{\lim\limits_{u\to 0}\ln(1+u)^{\frac{1}{u}}}\\&=\frac{1}{\ln\lim\limits_{u\to 0}(1+u)^{\frac{1}{u}}}=\frac{1}{\ln e}=\frac{1}{1}=1\end{aligned}$$

定理 1.14.4 若函数 $u=\varphi(x)$ 在点 x_0 处连续，函数 $y=f(u)$ 在 $u_0=\varphi(x_0)$ 处连续，则复合函数 $y=f[\varphi(x)]$ 在 x_0 处连续.

证明 只要在定理 1.14.3 中，令 $u_0=\varphi(x_0)$，这就表示 $\varphi(x)$ 在点 x_0 处连续，于是

$$\lim_{x\to x_0} f[\varphi(x)]=f(u_0)=f[\varphi(x_0)]$$

这就证明了复合函数在点 x_0 处连续.

由定理 1.14.4 知道，两个连续函数构成的复合函数仍是连续函数，进而可知有限多个连续函数复合而成的复合函数仍是连续函数.

例 1.14.11 讨论函数 $y=\sin\frac{1}{x}$ 的连续性.

解 函数 $y=\sin\frac{1}{x}$ 可看做是由 $y=\sin u$ 及 $u=\frac{1}{x}$ 复合而成，$\sin u$ 当 $-\infty<u<+\infty$ 时是连续的，$\frac{1}{x}$ 当 $-\infty<x<0$ 或 $0<x<+\infty$ 时是连续的，根据定理 1.14.4，函数 $\sin\frac{1}{x}$ 在无限区间 $(-\infty,0)$ 或 $(0,+\infty)$ 内是连续的.

由函数图形可知，基本初等函数在其定义域内是连续函数，由定理 1.14.2 和定理1.14.4 可知，由基本初等函数经过有限次四则运算和复合构成的函数，即初等函数在其定义区间内都是连续函数，所以有如下结论.

结论 一切初等函数在其定义区间内都是连续函数.

这里所说的定义区间指定义域内的区间. 根据这个结论，对于初等函数来说，求极限的问题就可以用 $\lim\limits_{x\to x_0} f(x)=f(x_0)$，只要 x_0 是 $f(x)$ 的定义区间内一点.

例如，求 $\lim\limits_{x\to 0}\sqrt{x^2+3x+1}$，因为函数 $\sqrt{x^2-3x+1}$ 是初等函数，$x=0$ 是其定义区间内一点，所以

$$\lim_{x\to 0}\sqrt{x^2+3x+1}=\sqrt{0^2+3\times 0+1}=1$$

又如，求 $\lim\limits_{x\to\frac{\pi}{6}}\ln\left(3\sin^2 x+\frac{1}{4}\right)$，因为函数 $\ln\left(3\sin^2 x+\frac{1}{4}\right)$ 是初等函数，$x=\frac{\pi}{6}$ 是其定义区间内一点，所以

$$\lim_{x\to\frac{\pi}{6}}\ln\left(3\sin^2 x+\frac{1}{4}\right)=\ln\left(3\times\frac{1}{4}+\frac{1}{4}\right)=\ln 1=0$$

例 1.14.12 设函数

$$f(x)=\begin{cases}\dfrac{\sin x}{x}, & x<0\\ a, & x=0\\ \dfrac{2(\sqrt{1+x}-1)}{x}, & x>0\end{cases}$$

选择适当的数 a，使得 $f(x)$ 成为在 $(-\infty,+\infty)$ 内的连续函数.

解 当 $x\in(-\infty,0)$ 时，$f(x)=\frac{\sin x}{x}$ 是初等函数，根据初等函数的连续性，$f(x)$ 连续.

当 $x\in(0,+\infty)$ 时，$f(x)=\frac{2(\sqrt{1+x}-1)}{x}$ 也是初等函数，所以 $f(x)$ 也是连续的.

在 $x=0$ 处，$f(0)=a$，又

$$f(0-0)=\lim_{x\to 0^-} f(x)=\lim_{x\to 0^-}\frac{\sin x}{x}=1$$

$$f(0+0)=\lim_{x\to 0^+} f(x)=\lim_{x\to 0^+}\frac{2(\sqrt{1+x}-1)}{x}=1$$

故 $\lim\limits_{x\to 0} f(x)=1$，当选择 $a=1$ 时，$f(x)$ 在 $x=0$ 处连续.

综上，$a=1$ 时，$f(x)$ 在 $(-\infty,+\infty)$ 内成为连续函数.

1.14.4 闭区间上连续函数的性质

1. 最大值和最小值定理

设 $f(x)$ 在区间 I 有定义，如果存在一点 $x_0\in I$，使得每一个 $x\in I$，都有

$$f(x)\leqslant f(x_0) \quad (\text{或 } f(x)\geqslant f(x_0))$$

则称 $f(x_0)$ 是函数 $f(x)$ 在区间 I 上的最大值(或最小值)，并记

$$f(x_0)=\max_{x\in I}\{f(x)\} \quad (\text{或 } f(x_0)=\min_{x\in I}\{f(x)\})$$

定理 1.14.5（最大值和最小值定理） 如果函数 $f(x)$ 在闭区间 $[a,b]$ 上连续，则它在 $[a,b]$ 上一定有最大值和最小值. 这就是说，存在 $\xi,\eta\in[a,b]$，对一切 $x\in[a,b]$，有不等式

$$f(\xi)\leqslant f(x)\leqslant f(\eta)$$

成立(如图 1.14.4 所示).

注意 定理 1.14.5 的条件是充分的，但不是必要的，在不满足定理 1.14.5 的条件下，有的函数也可能取得最大值和最小值，如图 1.14.5 所示，函数在 (a,b) 内不连续，但是在闭区间 $[a,b]$ 上取得最大值和最小值.

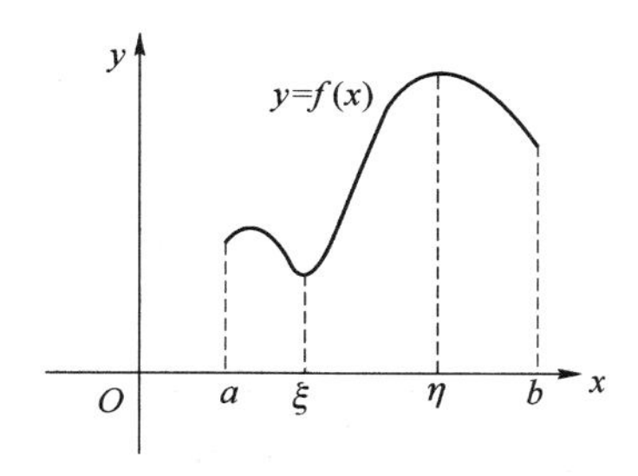

图 1.14.4

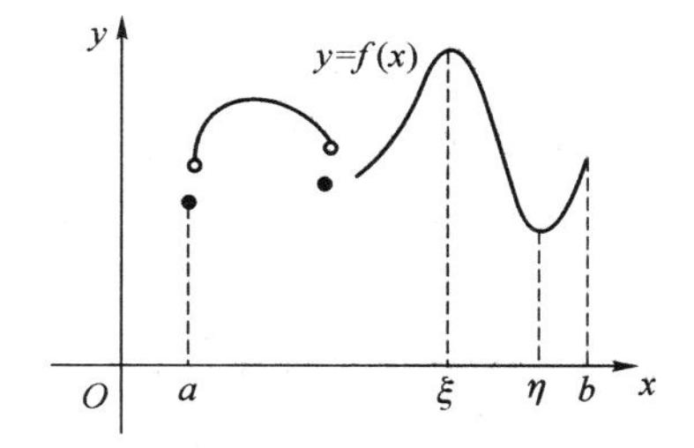

图 1.14.5

推论（有界性定理） 若函数 $f(x)$ 在 $[a,b]$ 上连续，则 $f(x)$ 在 $[a,b]$ 上有界.

2. 零点定理

如果 x_0 使 $f(x_0)=0$，则 x_0 称为 $f(x)$ 的零点.

定理 1.14.6（零点定理） 如果函数 $f(x)$ 在闭区间 $[a,b]$ 上连续，且 $f(a)\cdot f(b)<0$，则在开区间 (a,b) 内至少存在一点 $\xi\ (a<\xi<b)$，使得 $f(\xi)=0$.

证明从略.

从几何上看，定理 1.14.6 表示，如果曲线弧 $f(x)$ 的两个端点位于 x 轴的不同侧，那么这段曲线弧与 x 轴至少有一交点 ξ，如图 1.14.6 和图 1.14.7 所示.

定理 1.14.6 经常用来证明函数方程根的存在性.

例 1.14.13 证明三次代数方程 $x^3-4x^2+1=0$ 在开区间 $(0,1)$ 内至少有一个根.

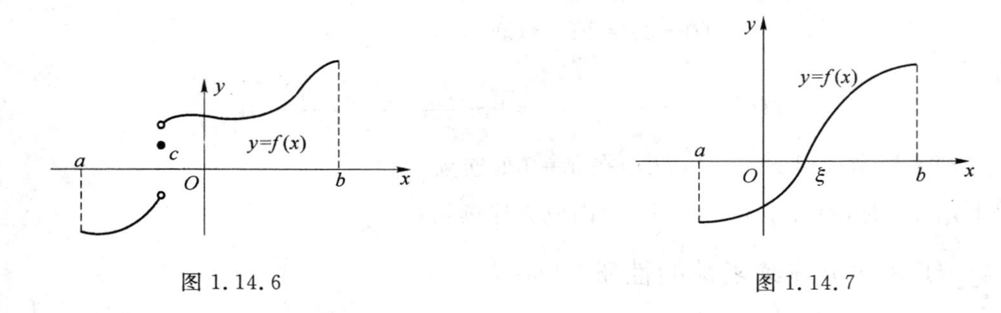

图 1.14.6　　　　图 1.14.7

证明　由于函数 $f(x)=x^3-4x^2+1$ 是初等函数，因而它在闭区间$[0,1]$上连续，又

$$f(0)=1, \quad f(1)=1^3-4\times1+1=-2$$

故 $f(0)\cdot f(1)<0$，由零点定理知，在$(0,1)$内至少存在一点 ξ，使

$$f(\xi)=0$$

而
$$\xi^3-4\xi^2+1=0$$

这表明三次代数方程 $x^3-4x^2+1=0$ 在区间$(0,1)$内至少有一个根.

用零点定理还可以推出更一般的结论.

3. 介值定理

定理 1.14.7　若函数 $f(x)$在闭区间$[a,b]$上连续，$f(a)\neq f(b)$，则对于任一介于 $f(a)$与 $f(b)$之间的常数 C，必至少存在一点 $\xi\in(a,b)$，使得 $f(\xi)=C$.

证明　不妨假设 $f(a)<f(b)$，则有

$$f(a)<C<f(b)$$

设 $F(x)=f(x)-C$，知 $F(x)$在$[a,b]$上连续，而

$$F(a)=f(a)-C<0, \quad F(b)=f(b)-C>0$$

由零点定理知，至少存在一点 $\xi\in(a,b)$，使

$$F(\xi)=0$$

即
$$f(\xi)=C$$

定理 1.14.7 的几何意义是闭区间$[a,b]$上连续曲线 $y=f(x)$与在 $f(a)$与 $f(b)$之间的水平直线 $y=C$ 至少相交于一点，如图 1.14.8 所示的点 P_1,P_2,P_3 都是曲线 $y=f(x)$与直线 $y=C$ 的交点.

推论　在闭区间上连续的函数一定取得介于最大值 M 与最小值 m 之间的任何值.

设 $m=f(x_1)$，$M=f(x_2)$，而 $m\neq M$，在闭区间$[x_1,x_2]$(或$[x_2,x_1]$)上利用介值定理，就可以得到上述结论，如图 1.14.9 所示.

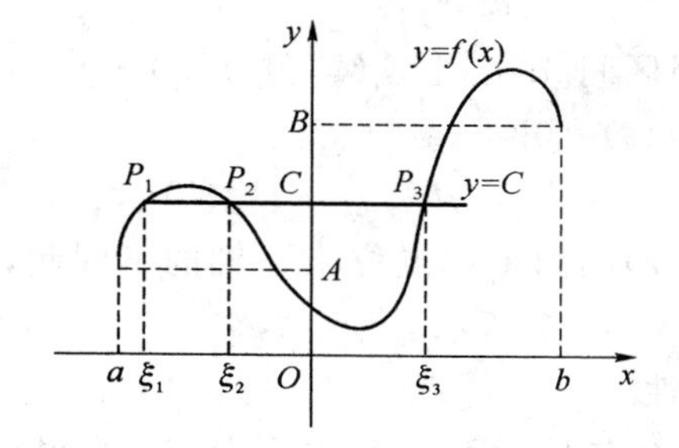

图 1.14.8

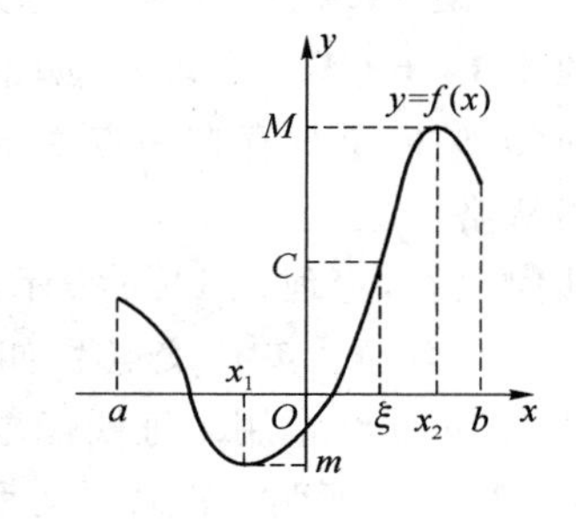

图 1.14.9

习题 1.14

1.14.1 设函数 $f(x)=x^2-3x+4$,求适合下列条件的自变量增量和对应的函数增量.

(1) 当 x 由 1 变到 2;　　(2) 当 x 由 3 变到 2;

(3) 当 x 由 1 变到 $1+\Delta x$;　　(4) 当 x 由 x_0 变到 $x_0+\Delta x$.

1.14.2 研究下列函数的连续性,并画出函数图形.

(1) $f(x)=\begin{cases} x^2, & 0\leqslant x\leqslant 1 \\ 2-x, & 1<x\leqslant 2 \end{cases}$　　(2) $f(x)=\begin{cases} e^x, & 0\leqslant x\leqslant 1 \\ 1+x, & 1<x\leqslant 2 \end{cases}$

1.14.3 函数 $f(x)=\begin{cases} \dfrac{2}{x}\sin x, & x<0 \\ K, & x=0 \\ x\sin\dfrac{1}{x}+2, & x>0 \end{cases}$,问常数 K 为何值时,$f(x)$ 在 $x=0$ 处连续?

1.14.4 函数 $f(x)=\begin{cases} \dfrac{\sin 4x}{x}, & x<0 \\ 3x^2-x+K, & x\geqslant 0 \end{cases}$,问常数 K 为何值时,函数 $f(x)$ 在 $x=0$ 处连续?

1.14.5 指出下列各函数的间断点,并说明间断点类型.

(1) $f(x)=\dfrac{x}{(x+1)(x-2)}$　　(2) $f(x)=\dfrac{x^2-1}{x^2-3x+2}$

(3) $f(x)\begin{cases} -1-x, & x<0 \\ 0, & x=0 \\ 1+x, & x>0 \end{cases}$　　(4) $f(x)=\begin{cases} \dfrac{\sin x}{2}, & x<0 \\ 1, & x>0 \end{cases}$

(5) $f(x)=x\sin\dfrac{1}{x}$　　(6) $f(x)=\dfrac{|x|(x+2)}{x(x+1)}$

1.14.6 求下列极限.

(1) $\lim\limits_{x\to 0}\sqrt{e^x+2x+1}$　　(2) $\lim\limits_{x\to\frac{\pi}{4}}\ln(\tan x)$

(3) $\lim\limits_{x\to 0}e^{x^2+3x-1}$　　(4) $\lim\limits_{x\to 0}\dfrac{\arctan x}{x}$

(5) $\lim\limits_{x\to\infty}e^{\frac{2x^2-3}{x^2}}$　　(6) $\lim\limits_{x\to 0}(1+3\tan^2 x)^{\cot^2 x}$

(7) $\lim\limits_{x\to 0}\dfrac{\ln(2+x)-\ln 2}{x}$　　(8) $\lim\limits_{x\to+\infty}\dfrac{\sqrt{2x+1}-3}{\sqrt{x-2}-\sqrt{2}}$

1.14.7 求下列函数的连续区间.

(1) $f(x)=\dfrac{1}{\sqrt[3]{x^2-3x+2}}$　　(2) $f(x)=\ln(2-x)$

(3) $f(x)=\sqrt{x-4}+\sqrt{6-x}$　　(4) $f(x)=\ln(\arcsin x)$

1.14.8 设函数 $f(x)=\begin{cases} e^x, & x<0 \\ a+x, & x\geqslant 0 \end{cases}$,应当怎样选择数 a,使得 $f(x)$ 成为 $(-\infty,+\infty)$ 内的连续函数.

1.14.9 证明方程 $x^5-3x=1$ 至少有根介于 1 和 2 之间.

1.14.10 证明方程 $x=a\sin x+b$,其中 $a>0,b>0$,至少有一个正根,并且它不超过 $a+b$.

1.14.11 设 $f(x),g(x)$ 是在闭区间$[a,b]$上的两个连续函数,而 $f(a)>g(a),f(b)<g(b)$.试证:在(a,b)内至少存在一点 ξ,使 $f(\xi)=g(\xi)$.

小　　结

一、函数

1. 函数的概念

(1) 函数的意义、定义域、值域、相同函数.

(2) 函数的表示法有 3 种:公式法(解析法)、图像法和表格法.

2. 函数的基本特性

(1) 有界性;(2) 单调性;(3) 奇偶性;(4) 周期性.

单调增加函数图形自左向右单调上升;单调减少函数图形自左向右单调下降.

有界函数的图形必位于两条垂直于 y 轴的平行线之间.

奇函数的图形对称于原点;偶函数的图形对称于 y 轴.

周期函数的图形在每个区间$(x+KT,x+(K+1)T)$上都是相同的,其中 x 为 x 轴上任一点,T 为周期,K 为任意整数.

3. 常用函数的类型

(1) 基本初等函数

常值函数:$y=C$;

幂函数:$y=x^\mu$(μ 为实常数);

指数函数:$y=a^x$($a>0$ 且 $a\neq1$);

对数函数:$y=\log_a x$($a>0$ 且 $a\neq1$);

三角函数:$y=\sin x,y=\cos x,y=\tan x,y=\cot x,y=\sec x,y=\csc x$;

反三角函数:$y=\arcsin x,y=\arccos x,y=\arctan x,y=\operatorname{arccot} x$.

(2) 反函数

设 $x=f^{-1}(y)=\varphi(y)$是函数 $y=f(x)$的反函数,因为它们是变量 x 与 y 之间的同一个方程,所以在同一坐标平面内有同一个图形.但习惯上常把自变量记做 x,因变量记做 y,也就是常把 $y=f(x)$的反函数记做 $y=f^{-1}(x)=\varphi(x)$.这时,函数 $y=f(x)$的图形与它的反函数 $y=\varphi(x)$的图形就关于直线 $y=x$ 对称,称 $y=f(x)$是直接函数.

反函数 $y=f^{-1}(x)=\varphi(x)$的定义域、值域就是直接函数 $y=f(x)$的值域、定义域.

(3) 复合函数

复合函数是由 $y=f(u)$和 $u=\varphi(x)$复合而成,记为 $y=f[\varphi(x)]$.在复合或分解过程中要注意函数的定义域,$y=f[\varphi(x)]$的定义域是 $\varphi(x)$的定义域 D_x 的子集 D_1,必须指出,并不是任何两个函数都能复合的.

(4) 初等函数

由基本初等函数经过有限次四则运算和复合运算,并能用一个解析式(公式)表示的函数称为初等函数.

(5) 分段函数

如果 $f(x)$在其定义域的不同子区间内,其对应法则有着不同的初等函数表达式,称 $f(x)$为分段函数.

二、极限与连续性

1. 极限概念及其性质

(1) 数列的极限

对于数列$\{a_n\}$,若随着 n 无限增大,a_n 无限趋近于常数 a,则称 a 为数列$\{a_n\}$的极限,记为 $\lim\limits_{n\to\infty} a_n=a$. 此时,也称数列$\{a_n\}$收敛.

(2) 函数的极限

① 若当 x 无限趋于正无穷大时,$f(x)$无限趋近于常数 A,则称 A 是函数 $f(x)$当$x\to+\infty$时的极限,记为 $\lim\limits_{x\to+\infty} f(x)=A$.

若当 x 无限趋于负无穷大时,$f(x)$无限趋近于常数 A,则称 A 是函数 $f(x)$当 $x\to-\infty$时的极限,记为 $\lim\limits_{x\to-\infty} f(x)=A$.

若当$|x|$无限趋于正无穷大时,$f(x)$无限趋近于常数 A,则称 A 是函数 $f(x)$当 $x\to\infty$时的极限,记为 $\lim\limits_{x\to\infty} f(x)=A$.

② 若当 x 无限趋近于 x_0 时,$f(x)$无限趋近于常数 A,则称 A 是函数 $f(x)$当 $x\to x_0$ 时的极限,记为 $\lim\limits_{x\to x_0} f(x)=A$.

若当 x 从小于 x_0 的方向无限趋近于常数 x_0 时,$f(x)$无限趋近于常数 A,则称 A 是函数 $f(x)$在 x_0 处的左极限,记为 $f(x_0-0)=\lim\limits_{x\to x_0^-} f(x)=A$.

若当 x 从大于 x_0 的方向无限趋近于常数 x_0 时,$f(x)$无限趋近于常数 A,则称 A 是函数 $f(x)$在 x_0 处的右极限,记为 $f(x_0+0)=\lim\limits_{x\to x_0^+} f(x)=A$.

需要指出的是,函数 $f(x)$在 x_0 处有极限与函数 $f(x)$在 x_0 处有无定义或函数值为多少无关.

另外,函数 $f(x)$在某点 x_0 处极限 $\lim\limits_{x\to x_0} f(x)$存在的充分必要条件是左极限与右极限存在并且相等.

(3) 函数极限的有关性质

① 唯一性,若 $\lim\limits_{x\to x_0} f(x)$存在,则极限值唯一.

② 局部有界性,若 $\lim\limits_{x\to x_0} f(x)=A$,则存在 x_0 的某一去心邻域,使得当 x 在该邻域内时,$f(x)$有界.

③ 保序性,若 $\lim\limits_{x\to x_0} f(x)=A$,$\lim\limits_{x\to x_0} g(x)=B$,且 $A>B$,则存在 x_0 的某一去心邻域,使得当 x 在该邻域内时,有 $f(x)>g(x)$.

推论 1 若在 x_0 的某一去心邻域内,有 $f(x)\geqslant g(x)$,且 $\lim\limits_{x\to x_0} f(x)=A$,$\lim\limits_{x\to x_0} g(x)=B$,则 $A\geqslant B$.

推论 2 若 $\lim\limits_{x\to x_0} f(x)=a$,且 $a>0(a<0)$,则在 x_0 的某一去心邻域内,有 $f(x)>0$ $(f(x)<0)$.

推论 3 若在 x_0 的某一去心邻域内，有 $f(x)>0$，且 $\lim\limits_{x\to x_0} f(\infty)=A$，则 $A\geqslant 0$.

(4) 极限的运算法则

设 $\lim\limits_{x\to x_0} f(x)=A$，$\lim\limits_{x\to x_0} g(x)=B$，则

$$\lim_{x\to x_0}[f(x)\pm g(x)]=A+B,\quad \lim_{x\to x_0} f(x)g(x)=AB,$$

$$\lim_{x\to x_0}\frac{f(x)}{g(x)}=\frac{A}{B}\quad (B\neq 0),\quad \lim_{x\to x_0} f(x)=CA\quad (C\text{ 为常数}),$$

$$\lim_{x\to x_0}[f(x)]^K=A^K\quad (K\text{ 是正整数})$$

(5) 极限存在的夹逼准则

若 $f(x)$，$g(x)$，$h(x)$ 在 x_0 的某一去心邻域内，满足 $g(x)\leqslant f(x)\leqslant h(x)$，且 $\lim\limits_{x\to x_0} g(x)=\lim\limits_{x\to x_0} h(x)=A$，则 $\lim\limits_{x\to x_0} f(x)=A$.

以上关于函数性质和结论在 $x\to\infty$，$x\to x_0^+$，$x\to x_0^-$ 时有相应结果.

(6) 重要结果

① 两个重要极限

$$\lim_{x\to 0}(1+x)^{\frac{1}{x}}=\mathrm{e},\ \lim_{x\to 0}\frac{\sin x}{x}=1$$

② 常用极限

$$\lim_{n\to\infty} a^n=0\ (|a|<1),\ \lim_{n\to\infty}\sqrt[n]{a}=1\ (a>0)$$

$$\lim_{x\to\infty}\frac{a_0x^n+a_1x^{n+1}+\cdots+a_n}{b_0x^n+b_1x^{b+1}+\cdots+b_n}=\begin{cases}\dfrac{a_0}{b_0}, & n=m\quad (a_0\neq 0,b_0\neq 0)\\ \infty, & n>m\\ 0, & n<m\end{cases}$$

2. 无穷小量与无穷大量

(1) 无穷小

若 $\lim\limits_{x\to x_0} f(x)=0$，则称 $f(x)$ 是当 $x\to x_0$ 时的无穷小量，也称无穷小. 类似地，有 $x\to\infty$，$x\to x_0^+$，$x\to x_0^-$ 时的无穷小.

(2) 无穷大

若当 x 无限趋近于 x_0 时，$|f(x)|$ 无限增大，则称 $f(x)$ 是当 $x\to x_0$ 时的无穷大量，也称无穷大，记为 $\lim\limits_{x\to x_0} f(x)=\infty$，类似地，也有其他的无穷大量，$\lim\limits_{x\to x_0} f(x)=+\infty$，$\lim\limits_{x\to x_0} f(x)=-\infty$，等等.

(3) 无穷小量的阶

设 $\lim\limits_{x\to x_0} f(x)=0$，$\lim\limits_{x\to x_0} g(x)=0$，$g(x)$ 非零.

① 若 $\lim\limits_{x\to x_0}\dfrac{f(x)}{g(x)}=0$，则称当 $x\to x_0$ 时，$f(x)$ 是较 $g(x)$ 高阶的无穷小.

② 若 $\lim\limits_{x\to x_0}\dfrac{f(x)}{g(x)}=C\quad (C\neq 0)$，则称当 $x\to x_0$ 时，$f(x)$ 是与 $g(x)$ 同阶的无穷小.

③ 若 $\lim\limits_{x\to x_0}\dfrac{f(x)}{g(x)}=1$，则称当 $x\to x_0$ 时，$f(x)$ 是与 $g(x)$ 等价的无穷小，记为 $f(x)\sim g(x)$.

(4) 无穷小量的性质

① 有限个无穷小量的代数和是无穷小量.

② 有限个无穷小量的乘积是无穷小量.

③ 有界变量与无穷小量的乘积是无穷小量.

④ 常数乘无穷小量是无穷小量.

(5) 极限与无穷小量的关系,$\lim\limits_{x\to x_0} f(x)=A$ 的充要条件是 $f(x)=A+\alpha$,其中 $\lim\limits_{x\to x_0}\alpha=0$.

(6) 无穷小量与无穷大量的关系,当 $x\to x_0$ 时,若 $f(x)$ 为无穷小量,且 $f(x)\neq 0$,则$\dfrac{1}{f(x)}$是无穷大量;若 $f(x)$是无穷大量,则$\dfrac{1}{f(x)}$是无穷小量.

(7) 等价无穷小量替换性质,设 $\lim\limits_{x\to x_0}\alpha(x)=\lim\limits_{x\to x_0}\beta(x)=0$,$\lim\limits_{x\to x_0}\dfrac{\alpha}{\beta}=1$,且 $\alpha,\beta\neq 0$,若 $\lim\limits_{x\to x_0} f(x)\alpha(x)$,$\lim\limits_{x\to x_0}\dfrac{f(x)}{\alpha(x)}$存在,则

$$\lim_{x\to x_0} f(x)\alpha(x)=\lim_{x\to x_0} f(x)\beta(x),\quad \lim_{x\to x_0}\frac{f(x)}{\alpha(x)}=\lim_{x\to x_0}\frac{f(x)}{\beta(x)}$$

常用的等价无穷小:当 $x\to 0$ 时,$\sin x\sim x$,$\tan x\sim x$,$\arcsin x\sim x$,$\mathrm{e}^x-1\sim x$,$\ln(1+x)\sim x$,$1-\cos x\sim\dfrac{x^2}{2}$.

3. 函数的连续性

(1) 函数连续概念

若 $\lim\limits_{x\to x_0} f(x)=f(x_0)$,则称函数 $f(x)$在 x_0 处连续,否则称函数 $f(x)$在 x_0 处间断.

若 $\lim\limits_{x\to x_0^-} f(x)=f(x_0)$,则称函数 $f(x)$在 x_0 处左连续.

若 $\lim\limits_{x\to x_0^+} f(x)=f(x_0)$,则称函数 $f(x)$在 x_0 处右连续.

若 $f(x)$在(a,b)内处处连续,且在点 a 右连续,在点 b 左连续,则 $f(x)$在$[a,b]$上连续.

(2) 函数的间断点

① 第一类间断点:若 $\lim\limits_{x\to x_0^-} f(x)$,$\lim\limits_{x\to x_0^+} f(x)$都存在,而 x_0 是 $f(x)$的间断点,则称 x_0 是第一类间断点(若有 $f(x_0-0)=f(x_0+0)$,也称 x_0 为可去型间断点,若 $f(x_0-0)\neq f(x_0+0)$,也称 x_0 为跳跃型间断点).

② 第二类间断点:若 $\lim\limits_{x\to x_0^-} f(x)$与 $\lim\limits_{x\to x_0^+} f(x)$至少有一个不存在,则称 x_0 为第二类间断点(若 $\lim\limits_{x\to x_0} f(x)=\infty$,也称 x_0 为无穷型间断点).

(3) 连续函数的性质

① 函数连续的主要条件:函数 $f(x)$在点 x_0 处连续的充要条件是 $f(x)$在点 x_0 处既左连续,又右连续.

② 连续函数四则运算法则:若 $f(x)$,$g(x)$在点 x_0 处连续,则

$$f(x)\pm g(x),f(x)g(x),\frac{f(x)}{g(x)}\quad (g(x_0)\neq 0)$$

也在 x_0 处连续.

③ 连续函数的复合运算法则:若 $u=\varphi(x)$在点 x_0 处连续,$y=f(u)$在 $u_0=\varphi(x_0)$处连续,则复合函数 $y=f[\varphi(x)]$在点 x_0 处连续,即

$$\lim_{x\to x_0} f[\varphi(x)]=f[\varphi(x_0)]$$

④ 连续函数的求极限法则：若 $\lim\limits_{x\to x_0}\varphi(x)=u_0$，$y=f(u)$ 在 u_0 处连续，则

$$\lim_{x\to x_0} f[\varphi(x)]=f[\lim_{x\to x_0}\varphi(x)]=f(u_0)$$

$$\lim_{x\to x_0} f[\varphi(x)]\xlongequal{u=\varphi(x)}\lim_{u\to u_0} f(u)=f(u_0)$$

上述第一个式子说明，对连续函数取极限，可以将极限符号与函数符号交换（即将极限符号写到函数符号里面去），而第二个式子是连续函数求极限时的变量替换原则.

⑤ 连续函数的反函数连续性：若 $y=f(x)$ 在区间 I_x 上单调连续，则它的反函数 $y=f^{-1}(x)$ 在区间 $I_y=\{x\mid x=f(y),y\in I_y\}$ 上单调连续.

⑥ 基本初等函数在其定义域内连续.

⑦ 初等函数在其定义域内连续.

⑧ 闭区间上连续函数的性质：若 $f(x)$ 在闭区间 $[a,b]$ 上连续，则

- （有界性定理）$f(x)$ 在 $[a,b]$ 上有界；
- （最值定理）$f(x)$ 在 $[a,b]$ 上必有最大值、最小值；
- （介值定理）$f(x)$ 在 $[a,b]$ 必取得介于 $f(a)$ 与 $f(b)$ 之间的一切值；
- （零点定理）若 $f(a)f(b)<0$，则 $f(x)$ 在 (a,b) 内必有零点，即存在 $\xi\in(a,b)$，使得 $f(\xi)=0$.

复习题一

1. 填空题

(1) 函数 $f(x)=\dfrac{\sqrt{2x+1}}{2x^2-x-1}$ 的定义域是________；

(2) 函数 $y=\mathrm{e}^x+1$ 与 $y=\ln(x-1)$ 的图形关于________对称；

(3) 当 $x\to 0$ 时，$\tan x-\sin x$ 与 $\dfrac{x^3}{2}$ 是________；

(4) $\lim\limits_{x\to\infty}\dfrac{(2x-1)^{15}(3x+1)^{30}}{(3x-2)^{45}}=$________；

(5) $\lim\limits_{x\to+\infty}x(\sqrt{x^2+1}-x)=$________；

(6) 函数 $f(x)=\begin{cases}(1+Kx)^{\frac{1}{x}}, & x>0\\ 2, & x\leqslant 0\end{cases}$ 在 $x=0$ 处连续，则 $K=$________.

2. 选择题

(1) 极限 $\lim\limits_{x\to\infty}\dfrac{\sin x}{x+1}=$（　　）.

A. 0　　B. 1　　C. -1　　D. ∞

(2) 下列极限不正确的是（　　）.

A. $\lim\limits_{x\to 0}\mathrm{e}^{\frac{1}{x}}=0$　　B. $\lim\limits_{x\to 0^-}\mathrm{e}^{\frac{1}{x}}=0$

C. $\lim\limits_{x\to 0^+}\mathrm{e}^{\frac{1}{x}}=+\infty$　　D. $\lim\limits_{x\to\infty}\mathrm{e}^{\frac{1}{x}}=1$

(3) 设 $f(x)=\begin{cases}(1-x)^{\frac{1}{x}}, & x\neq 0\\ K, & x=0\end{cases}$ 在 $x=0$ 连续，则 $K=$（　　）.

A. 1　　B. e　　C. $\frac{1}{e}$　　D. -1

(4) 函数 $f(x)=\sqrt{x(x-1)}+\frac{x^2-1}{(x+1)(x-2)}$ 的间断点个数是(　　).

A. 0 个　　B. 1 个　　C. 2 个　　D. 3 个

(5) 下面极限正确的是(　　).

A. $\lim\limits_{x\to\pi}\frac{\sin x}{x}=1$　　B. $\lim\limits_{x\to\infty}\frac{\sin x}{x}=1$

C. $\lim\limits_{x\to\infty}\left(\frac{1}{x}\sin\frac{1}{x}\right)=1$　　D. $\lim\limits_{x\to\infty}\left(x\sin\frac{1}{x}\right)=1$

3. 求下列极限.

(1) $\lim\limits_{x\to 2}\frac{x^2-x-1}{(x-2)^2}$　　(2) $\lim\limits_{x\to\infty}\frac{\sqrt[3]{x^2}\sin x}{1+x}$

(3) $\lim\limits_{x\to 0}\frac{1-\sqrt{1+x^2}}{x^2}$　　(4) $\lim\limits_{x\to 1}\left(\frac{3}{1-x^3}-\frac{2}{1-x^2}\right)$

(5) $\lim\limits_{x\to 0}\frac{\tan 2x-\sin x}{x}$　　(6) $\lim\limits_{x\to 1}\frac{\ln x}{x-1}$

(7) $\lim\limits_{x\to\frac{\pi}{2}}(1+\cos x)^{\frac{10}{\cos x}}$　　(8) $\lim\limits_{x\to\infty}\sin\left(1-\frac{1}{x}\right)^x$

(9) $\lim\limits_{x\to\infty}\left(\frac{2x+3}{2x+1}\right)^{x+10}$　　(10) $\lim\limits_{x\to 0}\frac{1-\cos 2x+\tan^2 x}{x\sin x}$

(11) $\lim\limits_{x\to 1}\frac{\arctan(x-1)}{x^2+x-2}$　　(12) $\lim\limits_{x\to 0}\frac{\sqrt{1+\tan x}-\sqrt{1+\sin x}}{3x^3}$

4. 设函数

$$f(x)=\begin{cases}x\sin^2\frac{1}{x}, & x>0\\ a+x^2, & x\leqslant 0\end{cases}$$

讨论 $f(x)$ 的连续性.

5. 讨论分段函数

$$f(x)=\begin{cases}\sin x, & x<0\\ x, & 0\leqslant x\leqslant 1\\ \frac{1}{x-1}, & x>1\end{cases}$$

的连续性,并画出其图形,若有间断点,指出其类型.

6. 证明方程 $4x=2^x$ 有一个根在 $\left(0,\frac{1}{2}\right)$ 内.

7. 设 $\lim\limits_{x\to -1}\frac{x^3+ax^2-x+4}{x+1}=b$,求 a,b.

第2章　导数与微分

导数研究的是函数值随自变量变化的快慢程度，它来源于许多实际问题中的变化率，俗称变化率问题，它描述了非均匀变化的现象在某瞬间的变化快慢，而函数的微分是讨论函数在一点的附近能否用线性函数来逼近的可能性，俗称局部线性化问题. 以后，随着学习的深入将会发现，“导数”与“微分”这两个看似无关的概念，本质上反映了函数的同一性质. 所以，将这两个概念放在同一章来研究，它们所涉及的内容统称为微分学.

2.1　导数的概念

2.1.1　导数概念的引例

1. 变速直线运动的瞬时速度

例 2.1.1　设物体作变速直线运动，它的运动方程(即路程 S 与时间 t 的函数关系)是

$$S=S(t)$$

求物体在 t_0 时刻的瞬时速度 v_0.

分析　当质点作匀速直线运动时，它在任意时刻的速度可用公式

$$速度=\frac{路程}{时间}$$

来计算. 但对于变速直线运动，上式中的速度只能反映物体在某时段内的平均速度，而不能精确地描述运动过程中任一时刻的瞬时速度. 因此，当物体作变速直线运动时，求它在 t_0 时刻的瞬时速度，需要采用新的方法. 下面用极限的方法来解决这个问题.

给时间变量 t 在 t_0 处一个增量 Δt，则从时刻 t_0 到 $t_0+\Delta t$ 这段时间间隔，物体运动路程的增量为

$$\Delta S=S(t_0+\Delta t)-S(t_0)$$

从而可以求得物体在时段 Δt 内的平均速度

$$\overline{v}=\frac{\Delta S}{\Delta t}=\frac{S(t_0+\Delta t)-S(t_0)}{\Delta t}$$

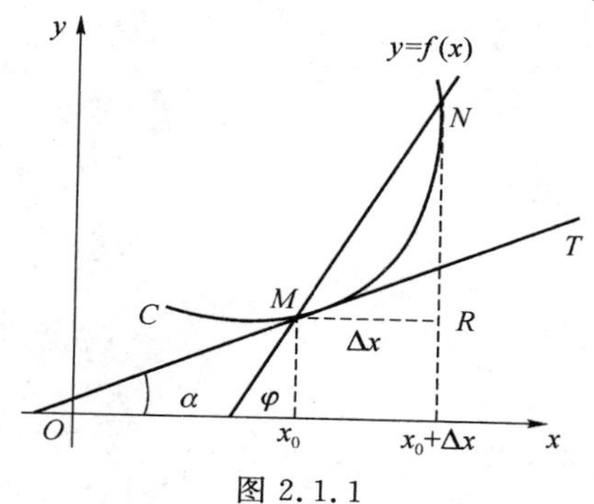

图 2.1.1

很明显，当 $|\Delta t|$ 无限变小时，平均速度 $\overline{v}$ 无限接近于物体在 t_0 时刻的瞬时速度 v_0. 因此，平均速度的极限值就是物体在 t_0 时刻的瞬时速度 v_0，即可定义

$$v_0=\lim_{\Delta t\to 0}\overline{v}=\lim_{\Delta t\to 0}\frac{\Delta S}{\Delta t}=\lim_{\Delta t\to 0}\frac{S(t_0+\Delta t)-S(t_0)}{\Delta t}$$

2. 曲线切线的斜率

例 2.1.2　如图 2.1.1 所示，设 M,N 是曲线 C 上的两点，过这两点作割线 MN. 当点 N 沿曲线 C

趋于点M时,如果割线MN绕点M旋转并趋于极限位置MT,则直线MT叫做曲线C在点M处的切线.

设曲线C所对应的函数为$y=f(x)$,M,N点的坐标分别为$M(x_0,f(x_0))$,$N(x_0+\Delta x, f(x_0+\Delta x))$,则

$$MR=\Delta x, RN=f(x_0+\Delta x)-f(x_0)=\Delta y$$

割线MN的斜率是

$$\tan\varphi=\frac{\Delta y}{\Delta x}=\frac{f(x_0+\Delta x)-f(x_0)}{\Delta x}$$

其中,φ是割线MN的倾斜角.

当$\Delta x\to 0$时,点N沿着曲线无限趋近于点M,而割线MN就无限趋近于它的极限位置MT.因此,切线的倾斜角α是割线倾斜角φ的极限,切线的斜率$\tan\alpha$是割线斜率$\tan\varphi=\dfrac{\Delta y}{\Delta x}$的极限,即

$$\tan\alpha=\lim_{\Delta x\to 0}\tan\varphi=\lim_{\Delta x\to 0}\frac{\Delta y}{\Delta x}=\lim_{\Delta x\to 0}\frac{f(x_0+\Delta x)-f(x_0)}{\Delta x}$$

例2.1.1和例2.1.2虽然实际意义不同,但从数字结构上看,都可归结为计算函数增量与自变量增量之比的极限问题,也就是下面要研究的导数问题.

2.1.2 导数的定义

定义2.1.1 设函数$y=f(x)$在点x_0的某邻域内有定义,且当自变量x在x_0处取得增量Δx时,函数相应的增量为$\Delta y=f(x_0+\Delta x)-f(x_0)$.若当$\Delta x\to 0$时,极限

$$\lim_{\Delta x\to 0}\frac{\Delta y}{\Delta x}=\lim_{\Delta x\to 0}\frac{f(x_0+\Delta x)-f(x_0)}{\Delta x}$$

存在,则称函数$y=f(x)$在点x_0处可导,并称此极限为函数$y=f(x)$在点x_0处的导数,记为

$$f'(x_0), y'\Big|_{x=x_0}, \frac{\mathrm{d}y}{\mathrm{d}x}\Big|_{x=x_0} \quad 或 \quad \frac{\mathrm{d}f(x)}{\mathrm{d}x}\Big|_{x=x_0}$$

即

$$f'(x_0)=\lim_{\Delta x\to 0}\frac{\Delta y}{\Delta x}=\lim_{\Delta x\to 0}\frac{f(x_0+\Delta x)-f(x_0)}{\Delta x}$$

当极限不存在时,则称函数$y=f(x)$在点x_0处不可导.

注意 导数的定义2.1.1还有以下几种常用的形式.

(1) 令$\Delta x=h$,则有

$$f'(x_0)=\lim_{h\to 0}\frac{f(x_0+h)-f(x_0)}{h}$$

(2) 令$x_0+\Delta x=x$,则当$\Delta x\to 0$时,有$x\to x_0$,于是有

$$f'(x_0)=\lim_{x\to x_0}\frac{f(x)-f(x_0)}{x-x_0}$$

例2.1.3 求函数$f(x)=x^2$在点$x=1$和$x=x_0$处的导数.

解 给自变量x在点$x=1$处以增量Δx,对应的函数的增量是

$$\Delta y=f(1+\Delta x)-f(1)=(1+\Delta x)^2-1^2=2\Delta x+(\Delta x)^2$$

两个增量之比是

$$\frac{\Delta y}{\Delta x}=\frac{2\Delta x+(\Delta x)^2}{\Delta x}=2+\Delta x$$

对上式两端取极限，得

$$f'(1)=\lim_{\Delta x\to 0}\frac{\Delta y}{\Delta x}=\lim_{\Delta x\to 0}(2+\Delta x)=2$$

类似地，可求得

$$f'(x_0)=\lim_{\Delta x\to 0}\frac{\Delta y}{\Delta x}=\lim_{\Delta x\to 0}\frac{(x_0+\Delta x)^2-x_0^2}{\Delta x}=\lim_{\Delta x\to 0}(2x_0+\Delta x)=2x_0$$

上述结果中，由于 x_0 可以是区间$(-\infty,+\infty)$内的任意值，因此函数 $f(x)=x^2$ 在区间$(-\infty,+\infty)$内的任意点都存在导数.

定义 2.1.2 如果函数 $y=f(x)$在区间 I 内的每一点 x 都有导数，则称函数 $y=f(x)$在区间 I 内可导. 这时，对于区间 I 内每一点 x，都有一个导数值 $f'(x)$与它对应. 因此，$f'(x)$是 x 的函数，称为函数 $y=f(x)$的导函数，记做

$$f'(x),y',\frac{\mathrm{d}y}{\mathrm{d}x}\quad 或\quad \frac{\mathrm{d}f(x)}{\mathrm{d}x}$$

即

$$f'(x)=\lim_{\Delta x\to 0}\frac{\Delta y}{\Delta x}=\lim_{\Delta x\to 0}\frac{f(x+\Delta x)-f(x)}{\Delta x}$$

很明显，函数 $y=f(x)$在点 x_0 处的导数，就是导函数 $f'(x)$在点 $x=x_0$ 处的函数值，即

$$f'(x_0)=f'(x)\Big|_{x=x_0}$$

因此，求函数 $f(x)$在点 x_0 处的导数，可以先求它的导函数 $f'(x)$，再将 $x=x_0$ 代入$f'(x)$中，求得函数 $f(x)$在点 x_0 处的导数 $f'(x_0)$.

在不致发生混淆的情况下，导函数也简称为导数.

2.1.3 用导数定义求导数

根据定义求 $y=f(x)$的导数，可分为以下 3 个步骤.

(1) 求增量：$\Delta y=f(x+\Delta x)-f(x)$.

(2) 算比值：$\dfrac{\Delta y}{\Delta x}=\dfrac{f(x+\Delta x)-f(x)}{\Delta x}$.

(3) 取极限：$y'=\lim\limits_{\Delta x\to 0}\dfrac{\Delta y}{\Delta x}$.

下面根据导数的定义求一些简单函数的导数.

例 2.1.4 求函数 $f(x)=C$(C 为常数)的导数.

解 (1) 求增量：$\Delta y=C-C=0$.

(2) 算比值：$\dfrac{\Delta y}{\Delta x}=\dfrac{0}{\Delta x}=0$.

(3) 取极限：$f'(x)=\lim\limits_{\Delta x\to 0}\dfrac{\Delta y}{\Delta x}=\lim\limits_{\Delta x\to 0}\dfrac{0}{\Delta x}=0$.

即

$$(C)'=0$$

例 2.1.5 求函数 $f(x)=x^n(n\in\mathbf{N})$的导数.

解 (1)求增量：$\Delta y=f(x+\Delta x)-f(x)=(x+\Delta x)^n-x^n=C_n^1x^{n-1}\Delta x+C_n^2x^{n-2}(\Delta x)^2+\cdots+(\Delta x)^n$.

(2) 算比值：$\frac{\Delta y}{\Delta x}=\frac{C_n^1x^{n-1}\Delta x+C_n^2x^{n-2}(\Delta x)^2+\cdots+(\Delta x)^n}{\Delta x}$.

(3) 取极限：$f'(x)=\lim\limits_{\Delta x\to 0}\frac{C_n^1x^{n-1}\Delta x+C_n^2x^{n-2}(\Delta x)^2+\cdots+(\Delta x)^n}{\Delta x}=nx^{n-1}$.

即
$$(x^n)'=nx^{n-1}$$

一般地，对于幂函数 $y=x^\mu$（μ 为实数，$x>0$），有
$$(x^\mu)'=\mu x^{\mu-1}$$

熟练后，求导数的 3 步可合并进行.

例 2.1.6 求函数 $y=\sin x$ 的导数.

解
$$y'=\lim_{\Delta x\to 0}\frac{\Delta y}{\Delta x}=\lim_{\Delta x\to 0}\frac{\sin(x+\Delta x)-\sin x}{\Delta x}$$
$$=\lim_{\Delta x\to 0}\frac{2\cos\left(x+\frac{\Delta x}{2}\right)\sin\frac{\Delta x}{2}}{\Delta x}=\lim_{\Delta x\to 0}\cos\left(x+\frac{\Delta x}{2}\right)\lim_{\Delta x\to 0}\frac{\sin\frac{\Delta x}{2}}{\frac{\Delta x}{2}}=\cos x$$

即
$$(\sin x)'=\cos x$$

类似地，可以求得
$$(\cos x)'=-\sin x$$

例 2.1.7 求函数 $y=\log_a x\,(a>0,a\neq 1)$ 的导数.

解
$$y'=\lim_{\Delta x\to 0}\frac{\Delta y}{\Delta x}=\lim_{\Delta x\to 0}\frac{\log_a(x+\Delta x)-\log_a x}{\Delta x}$$
$$=\lim_{\Delta x\to 0}\frac{\log_a\left(1+\frac{\Delta x}{x}\right)}{\Delta x}=\lim_{\Delta x\to 0}\frac{\frac{x}{\Delta x}\log_a\left(1+\frac{\Delta x}{x}\right)}{x}$$
$$=\lim_{\Delta x\to 0}\frac{\log_a\left(1+\frac{\Delta x}{x}\right)^{\frac{x}{\Delta x}}}{x}=\frac{\log_a \mathrm{e}}{x}=\frac{1}{x\ln a}$$

即
$$(\log_a x)'=\frac{1}{x\ln a}$$

特别地，当 $a=\mathrm{e}$ 时，则
$$(\ln x)'=\frac{1}{x}$$

例 2.1.8 求函数 $y=a^x\,(a>0,a\neq 0)$ 的导数.

解
$$y'=\lim_{\Delta x\to 0}\frac{\Delta y}{\Delta x}=\lim_{\Delta x\to 0}\frac{a^{x+\Delta x}-a^x}{\Delta x}=a^x\lim_{\Delta x\to 0}\frac{a^{\Delta x}-1}{\Delta x}$$

令 $a^{\Delta x}-1=t$，则 $\Delta x=\log_a(1+t)$，且当 $\Delta x\to 0$ 时，$t\to 0$. 由此得
$$\lim_{x\to 0}\frac{a^{\Delta x}-1}{\Delta x}=\lim_{t\to 0}\frac{t}{\log_a(1+t)}=\lim_{t\to 0}\frac{1}{\log_a(1+t)^{\frac{1}{t}}}=\frac{1}{\log_a \mathrm{e}}=\ln a$$

所以
$$y'=\lim_{\Delta x\to 0}\frac{\Delta y}{\Delta x}=a^x\ln a$$

即
$$(a^x)'=a^x\ln a$$

特别地，当 $a=\mathrm{e}$ 时，$\ln \mathrm{e}=1$，则
$$(\mathrm{e}^x)'=\mathrm{e}^x$$

2.1.4 左导数和右导数

定义 2.1.3 在定义 2.1.1 的条件下,如果 $\lim\limits_{\Delta x\to 0^-}\frac{\Delta y}{\Delta x}=\lim\limits_{\Delta x\to 0^-}\frac{f(x_0+\Delta x)-f(x_0)}{\Delta x}$存在,则称此极限值为函数 $f(x)$在点 x_0 处的左导数,记为 $f'_-(x_0)$.

如果 $\lim\limits_{\Delta x\to 0^+}\frac{\Delta y}{\Delta x}=\lim\limits_{\Delta x\to 0^+}\frac{f(x_0+\Delta x)-f(x_0)}{\Delta x}$存在,则称此极限值为函数 $f(x)$在点 x_0 处的右导数,记为 $f'_+(x_0)$,即

$$f'_-(x_0)=\lim_{\Delta x\to 0^-}\frac{f(x_0+\Delta x)-f(x_0)}{\Delta x},f'_+(x_0)=\lim_{\Delta x\to 0^+}\frac{f(x_0+\Delta x)-f(x_0)}{\Delta x}$$

由极限存在的充分必要条件可直接得到下面的结论.

定理 2.1.1 函数 $f(x)$在点 x_0 处可导的充分必要条件是 $f(x)$在 x_0 处的左、右导数存在且相等,即

$$f'_-(x_0)=f'_+(x_0)$$

例 2.1.9 设函数 $f(x)=\begin{cases}\sin x, & x\geqslant 0\\ x, & x<0\end{cases}$,讨论 $f(x)$在 $x=0$ 处的可导性.

解 由于此函数在点 $x=0$ 的左、右侧的表达式不同,所以可以先考虑左、右导数.

$$f'_+(0)=\lim_{\Delta x\to 0^+}\frac{f(\Delta x)-f(0)}{\Delta x}=\lim_{\Delta x\to 0^+}\frac{\sin\Delta x}{\Delta x}=1$$

$$f'_-(0)=\lim_{\Delta x\to 0^-}\frac{f(\Delta x)-f(0)}{\Delta x}=\lim_{\Delta x\to 0^-}\frac{\Delta x}{\Delta x}=1$$

因此,有 $f'_+(0)=f'_-(0)$,即 $f'(0)=1$.

2.1.5 可导与连续的关系

可导性与连续性是函数的两个重要概念,它们之间有如下内在的联系.

(1) 若函数 $y=f(x)$在点 x_0 处可导,则 $f(x)$在点 x_0 处连续.

证明 设 $y=f(x)$在点 x_0 处可导,则在点 x_0 处有$\lim\limits_{\Delta x\to 0}\frac{\Delta y}{\Delta x}=f'(x_0)$,从而有

$$\lim_{\Delta x\to 0}\Delta y=\lim_{\Delta x\to 0}\frac{\Delta y}{\Delta x}\cdot\Delta x=f'(x_0)\cdot 0=0$$

即 $y=f(x)$在点 x_0 处连续.

(2) 若函数 $y=f(x)$在点 x_0 处连续,但 $f(x)$在点 x_0 处不一定可导.

例如,函数 $y=|x|=\begin{cases}x, & x\geqslant 0\\ -x, & x<0\end{cases}$ 在 $x=0$ 处连续但不可导.

因为

$$\Delta y=|0+\Delta x|-|0|=|\Delta x|$$

$$\lim_{\Delta x\to 0}\Delta y=\lim_{\Delta x\to 0}|\Delta x|=0$$

所以,$y=|x|$在 $x=0$ 处连续.

又因为

$$\lim_{\Delta x\to 0^-}\frac{\Delta y}{\Delta x}=\lim_{\Delta x\to 0^-}\frac{-\Delta x}{\Delta x}=-1$$

$$\lim_{\Delta x\to 0^+}\frac{\Delta y}{\Delta x}=\lim_{\Delta x\to 0^+}\frac{\Delta x}{\Delta x}=1$$

在 $x=0$ 处左、右导数不相等,所以 $y=|x|$在 $x=0$ 处不可导.

(3) 若函数 $y=f(x)$在点 x_0 处不连续,则 $f(x)$在点 x_0 处不可导.

2.1.6　导数的几何意义

由例 2.1.2 及导数的定义可得到导数的几何意义:函数 $f(x)$在点 $x=x_0$ 处的导数 $f'(x_0)$在几何上表示曲线 $y=f(x)$在点$(x_0,f(x_0))$处的切线的斜率,即

$$f'(x_0)=\tan\alpha$$

其中,α 是切线的倾斜角(如图 2.1.1 所示).由此可知,如果 $f'(x_0)$存在,则曲线 $y=f(x)$在点 $M(x_0,f(x_0))$处的切线方程为

$$y-f(x_0)=f'(x_0)(x-x_0)$$

法线方程为

$$y-f(x_0)=-\frac{1}{f'(x_0)}(x-x_0)\quad (f'(x_0)\neq 0)$$

例 2.1.10　求曲线 $y=x^2$ 在点(1,1)处的切线方程和法线方程.

解　因为 $y'=2x$,根据导数的几何意义知,在点(1,1)处的切线的斜率为

$$k_{切}=y'\Big|_{x=1}=2$$

故所求的切线方程为

$$y-1=2(x-1)$$

即

$$2x-y-1=0$$

法线方程为

$$y-1=-\frac{1}{2}(x-1)$$

即

$$x+2y-3=0$$

习题 2.1

2.1.1　根据导数的定义求下列函数的导数.

(1) $y=ax^2+bx+c$　　(2) $y=\sqrt[3]{x}$

(3) $y=3x+4$　　(4) $y=\cos 2x$

2.1.2　利用公式求下列函数的导数.

(1) $y=\sqrt[3]{x^2}$　　(2) $y=x^8$

(3) $y=\sqrt{x\sqrt{x}}$　　(4) $y=\log_2 x$

(5) $y=e^x 3^x$　　(6) $y=\left(\cos\frac{x}{2}-\sin\frac{x}{2}\right)^2$

2.1.3　求下列函数在指定点的导数.

(1) $y=\frac{x^2\sqrt{x}}{\sqrt[3]{x}},x=1$　　(2) $y=2^x+x^2+5,x=0$

(3) $y=x^3,x=2$　　(4) $y=\cos x,x=\frac{\pi}{3}$

2.1.4　求曲线 $y=e^x$ 在点(0,1)处的切线的斜率.

2.1.5 求曲线 $y=\sin x$ 在点$(\pi,0)$处的切线方程和法线方程.

2.1.6 求曲线 $y=\ln x$ 在横坐标为 $x=\mathrm{e}$ 所对应的点处的切线方程和法线方程.

2.1.7 设 $f(x)=\begin{cases}\mathrm{e}^x, & x<0\\ ax+b, & x\geqslant 0\end{cases}$ 在点 $x=0$ 处连续且可导,试求 a 与 b.

2.1.8 证明函数 $f(x)=\begin{cases}x\sin\dfrac{1}{x}, & x\neq 0\\ 0, & x=0\end{cases}$ 在 $x=0$ 处连续,但在 $x=0$ 处不可导.

2.2 函数的和、差、积、商的求导法则

2.1 节根据导数的定义求出了几个基本初等函数的导数,为了求一般初等函数的导数,还需要进行一步研究求导的法则.

2.2.1 函数和、差的求导法则

定理 2.2.1 如果函数 $u=u(x)$ 和 $v(x)$ 在点 x 处都可导,则函数 $u(x)\pm v(x)$ 在点 x 处可导,且

$$[u(x)\pm v(x)]'=u'(x)\pm v'(x)$$

简记做

$$(u\pm v)'=u'\pm v'$$

证明 设 $f(x)=u(x)\pm v(x)$,则

$$\begin{aligned}f'(x)&=\lim_{\Delta x\to 0}\frac{f(x+\Delta x)-f(x)}{\Delta x}\\&=\lim_{\Delta x\to 0}\frac{[u(x+\Delta x)\pm v(x+\Delta x)]-[u(x)\pm v(x)]}{\Delta x}\\&=\lim_{\Delta x\to 0}\left[\frac{u(x+\Delta x)-u(x)}{\Delta x}\right]\pm\lim_{\Delta x\to 0}\left[\frac{v(x+\Delta x)-v(x)}{\Delta x}\right]\end{aligned}$$

由于 $u(x)$ 与 $v(x)$ 在 x 处可导,由导数定义 2.1.1,得

$$f'(x)=u'(x)\pm v'(x)$$

即

$$[u(x)\pm v(x)]'=u'(x)\pm v'(x)$$

因此得函数和(差)的求导法则:两个可导函数的和(差)的导数等于这两个函数导数的和(差).

这个法则可以推广到有限多个函数的代数和求导数的情形,即

$$(u_1\pm u_2\pm\cdots\pm u_n)'=u_1'\pm u_2'\pm\cdots\pm u_n'$$

例 2.2.1 求函数 $y=\sin x+x^3-5$ 的导数.

解

$$\begin{aligned}y'&=(\sin x+x^3-5)'=(\sin x)'+(x^3)'+(-5)'\\&=\cos x+3x^2-0=\cos x+3x^2\end{aligned}$$

例 2.2.2 设 $f(x)=3x^4-\mathrm{e}^x+\sin x-1$,求 $f'(x)$ 及 $f'(0)$.

解

$$\begin{aligned}f'(x)&=(3x^4-\mathrm{e}^x+\sin x-1)'\\&=(3x^4)'-(\mathrm{e}^x)'+(\sin x)'-(1)'\\&=12x^3-\mathrm{e}^x+\cos x\end{aligned}$$

$$f'(0)=(12x^3-\mathrm{e}^x+\cos x)\Big|_{x=0}=0-1+1=0$$

2.2.2 函数积的求导法则

定理 2.2.2 如果函数 $u=u(x)$ 和 $v(x)$ 在点 x 处都可导，则函数 $u(x)v(x)$ 在点 x 处可导，且

$$[u(x)v(x)]'=u'(x)v(x)+u(x)v'(x)$$

简记做

$$(uv)'=u'v+uv'$$

证明 设 $f(x)=u(x)v(x)$，则

$$f'(x)=\lim_{\Delta x\to 0}\frac{f(x+\Delta x)-f(x)}{\Delta x}=\lim_{\Delta x\to 0}\frac{u(x+\Delta x)v(x+\Delta x)-u(x)v(x)}{\Delta x}$$

$$=\lim_{\Delta x\to 0}\left[\frac{u(x+\Delta x)-u(x)}{\Delta x}v(x+\Delta x)+\frac{v(x+\Delta x)-v(x)}{\Delta x}u(x)\right]$$

由于 $u(x)$ 与 $v(x)$ 在 x 处可导，且 $\lim\limits_{\Delta x\to 0}v(x+\Delta x)=v(x)$，由导数定义 2.1.1，得

$$f'(x)=u'(x)v(x)+v'(x)u(x)$$

即

$$[u(x)v(x)]'=u'(x)v(x)+u(x)v'(x)$$

因此得函数积的求导法则：两个可导函数乘积的导数等于第 1 个因子的导数乘第2 个因子，加上第 1 个因子乘第 2 个因子的导数.

特别地，当 $v=C$（C 为常数）时，由于常数的导数为 0，则得

$$(Cu)'=Cu'$$

这就是说，求常数与一个可导函数乘积的导数时，常数因子可以提到求导符号的外面.

积的求导法则可以推广到有限多个函数之积的情形，如

$$(uvw)'=u'vw+uv'w+uvw'$$

例 2.2.3 求 $y=10x^5\ln x$ 的导数.

解

$$y'=(10x^5\ln x)'=10(x^5\ln x)'=10[(x^5)'\ln x+x^5(\ln x)']$$

$$=10(5x^4\ln x+x^5\cdot\frac{1}{x})=10x^4(5\ln x+1)$$

例 2.2.4 求函数 $y=x^3\ln x\cdot\cos x$ 的导数.

解

$$y'=(x^3\ln x\cdot\cos x)'$$

$$=(x^3)'\ln x\cos x+x^3(\ln x)'\cos x+x^3\ln x(\cos x)'$$

$$=3x^2\ln x\cos x+x^2\cos x-x^3\ln x\sin x$$

2.2.3 函数商的求导法则

定理 2.2.3 如果函数 $u=u(x)$ 和 $v=v(x)$ 在点 x 处都可导，且 $v(x)\neq 0$，则函数 $\frac{u(x)}{v(x)}$ 在点 x 处可导，且

$$\left[\frac{u(x)}{v(x)}\right]'=\frac{u'(x)v(x)-u(x)v'(x)}{[v(x)]^2}$$

简记做

$$\left(\frac{u}{v}\right)'=\frac{u'v-uv'}{v^2}$$

证明 设 $f(x)=\frac{u(x)}{v(x)}$，则

$$f'(x)=\lim_{\Delta x\to 0}\frac{f(x+\Delta x)-f(x)}{\Delta x}=\lim_{\Delta x\to 0}\frac{\dfrac{u(x+\Delta x)}{v(x+\Delta x)}-\dfrac{u(x)}{v(x)}}{\Delta x}$$

$$=\lim_{\Delta x\to 0}\frac{u(x+\Delta x)v(x)-v(x+\Delta x)u(x)}{\Delta x\cdot v(x+\Delta x)\cdot v(x)}$$

$$=\lim_{\Delta x\to 0}\frac{1}{v(x+\Delta x)v(x)}\left[\frac{u(x+\Delta x)-u(x)}{\Delta x}v(x)-\frac{v(x+\Delta x)-v(x)}{\Delta x}u(x)\right]$$

由于 $u'(x),v'(x)$存在，且$\lim\limits_{\Delta x\to 0}v(x+\Delta x)=v(x)$，所以

$$f'(x)=\frac{u'(x)v(x)-u(x)v'(x)}{v^2(x)}$$

即
$$\left[\frac{u(x)}{v(x)}\right]'=\frac{u'(x)v(x)-u(x)v'(x)}{v^2(x)}$$

因此得函数商的求导法则：两个函数的商的导数等于分子的导数与分母的乘积，减去分母的导数与分子的乘积，再除以分母的平方.

例 2.2.5 求函数 $y=\dfrac{1-x}{1+x}$的导数.

解
$$y'=\left(\frac{1-x}{1+x}\right)'=\frac{(1-x)'(1+x)-(1-x)(1+x)'}{(1+x)^2}$$

$$=\frac{-(1+x)-(1-x)}{(1+x)^2}=\frac{-2}{(1+x)^2}$$

例 2.2.6 求函数 $y=\tan x$ 的导数.

解 因为 $y=\tan x=\dfrac{\sin x}{\cos x}$，所以

$$y'=(\tan x)'=\left(\frac{\sin x}{\cos x}\right)'=\frac{\cos x(\sin x)'-\sin x(\cos x)'}{\cos^2 x}$$

$$=\frac{\cos^2 x+\sin^2 x}{\cos^2 x}=\frac{1}{\cos^2 x}=\sec^2 x$$

即
$$(\tan x)'=\frac{1}{\cos^2 x}=\sec^2 x$$

同理可得
$$(\cot x)'=-\csc^2 x$$

例 2.2.7 求函数 $y=\sec x$ 的导数.

解
$$y'=(\sec x)'=\left(\frac{1}{\cos x}\right)'=\frac{1'\cos x-1(\cos x)'}{\cos^2 x}=\frac{\sin x}{\cos^2 x}=\sec x\tan x$$

即
$$(\sec x)'=\sec x\tan x$$

同理可得
$$(\csc x)'=-\csc x\cot x$$

习题 2.2

2.2.1 求下列函数的导数.

(1) $y=4x^3-\dfrac{2}{x^2}+5$

(2) $y=x^2(2+\sqrt{x})$

(3) $y=\dfrac{x^5+\sqrt{x}+1}{x^3}$

(4) $y=(2x-1)^2$

(5) $y=x\tan x-\cot x$

(6) $y=\frac{\sin x}{1+\cos x}$

(7) $y=\frac{3x}{x^2+1}$

(8) $y=\frac{1-\ln x}{1+\ln x}$

(9) $y=x(\sin x)\tan x$

(10) $y=a^x+2e^x$

2.2.2 求下列函数在指定点的导数.

(1) $f(x)=\frac{1}{3}x^3+2x^2-3x+1$,求 $f'(0)$,$f'(1)$.

(2) $f(x)=\ln x+3\sin x-5x$,求 $f'\left(\frac{\pi}{2}\right)$,$f'(\pi)$.

(3) $f(x)=x^2\sin x$,求 $f'(0)$,$f'\left(\frac{\pi}{2}\right)$.

(4) $f(x)=x\cos x+3\tan x$,求 $f'(-\pi)$,$f'(\pi)$.

2.2.3 设 $y=\csc x$,证明 $y'=-\csc x\cot x$.

2.2.4 设 $y=\cot x$,证明 $y'=-\frac{1}{\sin^2 x}$,并求 $f'\left(\frac{\pi}{2}\right)$,$f'\left(\frac{\pi}{4}\right)$.

2.2.5 已知 $f(x)=5-4x+2x^3-x^5$,试证 $f'(a)=f'(-a)$.

2.2.6 曲线 $y=x^3+x-2$ 上哪一点的切线与直线 $y=4x-1$ 平行?

2.2.7 求曲线 $y=2\sin x+x^2$ 上横坐标为 $x=0$ 的点处的切线方程与法线方程.

2.3 反函数与复合函数的求导法则

2.3.1 反函数的求导法则

定理 2.3.1 若函数 $y=f(x)$在区间(a,b)内严格单调,且有导数 $f'(x)\neq 0$,则其反函数 $x=f^{-1}(y)=\varphi(y)$在对应区间(c,d)内有导数,且

$$[f^{-1}(y)]'=\varphi'(y)=\frac{1}{f'(x)} \quad 或 \quad \frac{dx}{dy}=\frac{1}{\frac{dy}{dx}}$$

即反函数的导数等于其直接函数的导数的倒数.

例 2.3.1 求反正弦函数 $y=\arcsin x$ 的导数.

解 $y=\arcsin x(-1\leqslant x\leqslant 1)$是 $x=\sin y\left(-\frac{\pi}{2}\leqslant y\leqslant\frac{\pi}{2}\right)$的反函数,而 $x=\sin y$ 在$-\frac{\pi}{2}<y<\frac{\pi}{2}$内严格单调增加,可导,且

$$x'_y=(\sin y)'=\cos y>0$$

所以,$y=\arcsin x$ 在$(-1,1)$内每点都可导,并有

$$y'=(\arcsin x)'=\frac{1}{(\sin y)'}=\frac{1}{\cos y}$$

在$\left(-\frac{\pi}{2},\frac{\pi}{2}\right)$内,$\cos y=\sqrt{1-\sin^2 y}=\sqrt{1-x^2}$,于是有

$$(\arcsin x)'=\frac{1}{\sqrt{1-x^2}} \quad (-1<x<1)$$

类似地,可求得

$$(\arccos x)'=-\frac{1}{\sqrt{1-x^2}} \quad (-1<x<1)$$

例 2.3.2 求反正切函数 $y=\arctan x$ 的导数.

解 $y=\arctan x(-\infty<x<+\infty)$ 是 $x=\tan y\left(-\frac{\pi}{2}<y<\frac{\pi}{2}\right)$ 的反函数,而 $x=\tan y$ 在 $-\frac{\pi}{2}<y<\frac{\pi}{2}$ 内严格单调,可导,且

$$x'_y=(\tan y)'=\sec^2 y>0$$

所以,$y=\arctan x$ 在 $(-\infty,+\infty)$ 上每点都可导,并有

$$y'=(\arctan x)'=\frac{1}{(\tan y)'}=\frac{1}{\sec^2 y}$$

又 $\sec^2 y=1+\tan^2 y=1+x^2$,于是有

$$(\arctan x)'=\frac{1}{1+x^2}$$

类似地,可求得

$$(\operatorname{arccot} x)'=-\frac{1}{1+x^2}$$

2.3.2 复合函数的求导法则

前面求导问题的讨论,仅限于基本初等函数和一些较简单函数,对实际中将要遇到的大量复合函数,如 e^{x^5},$\ln\tan x$,$\sin\frac{3x}{1+x^2}$ 等,还不知它们是否可导.若可导,又怎么求其导数.借助于下面的重要法则,便可以解决这些问题,从而使可以求导的函数的范围得到很大的扩充.

复合函数的求导法则:如果 $u=\varphi(x)$ 在点 x 处可导,而 $y=f(u)$ 在点 $u=\varphi(x)$ 处可导,那么复合函数 $y=f[\varphi(x)]$ 在点 x 处可导,并且其导数为

$$\frac{dy}{dx}=f'(u)\cdot\varphi'(x)=f'[\varphi(x)]\cdot\varphi'(x)$$

证明 给自变量 x 以增量 Δx,则 u 取得相应的增量 Δu,y 取得相应的增量 Δy.

当 $\Delta u\neq 0$ 时,则有

$$\frac{\Delta y}{\Delta x}=\frac{\Delta y}{\Delta u}\cdot\frac{\Delta u}{\Delta x}$$

因为 $u=\varphi(x)$ 在点 x 处可导,所以必连续.因此,当 $\Delta x\to 0$ 时,$\Delta u\to 0$.于是

$$\lim_{\Delta x\to 0}\frac{\Delta y}{\Delta u}=\lim_{\Delta u\to 0}\frac{\Delta y}{\Delta u}=f'(u)$$

又

$$\lim_{\Delta x\to 0}\frac{\Delta u}{\Delta x}=\varphi'(x)$$

所以

$$\lim_{\Delta x\to 0}\frac{\Delta y}{\Delta x}=\lim_{\Delta x\to 0}\left(\frac{\Delta y}{\Delta u}\cdot\frac{\Delta u}{\Delta x}\right)=\lim_{\Delta x\to 0}\frac{\Delta y}{\Delta u}\cdot\lim_{\Delta x\to 0}\frac{\Delta u}{\Delta x}$$

$$=\lim_{\Delta u\to 0}\frac{\Delta y}{\Delta u}\cdot\lim_{\Delta x\to 0}\frac{\Delta u}{\Delta x}=f'(u)\cdot\varphi'(x)$$

即复合函数 $y=f[\varphi(x)]$ 在点 x 处可导，且其导数为

$$\frac{\mathrm{d}y}{\mathrm{d}x}=f'(u)\cdot\varphi'(x)=f'[\varphi(x)]\cdot\varphi'(x)$$

简记做

$$y'_x=\frac{\mathrm{d}y}{\mathrm{d}u}\cdot\frac{\mathrm{d}u}{\mathrm{d}x}=y'_u\cdot u'_x$$

当 $\Delta u=0$，可以证明上式仍然成立.

由此得复合函数求导法则：两个可导函数的复合函数的导数等于函数对中间变量的导数乘以中间变量对自变量的导数.

复合函数的求导法则也称为链式法则，它可以推广到多个中间变量的情形. 例如，如果

$$y=f(u),u=\varphi(v),v=\psi(x)$$

且它们都可导，则

$$y'_x=y'_u\cdot u'_v\cdot v'_x=f'(u)\cdot\varphi'(v)\cdot\psi'(x)$$

例 2.3.3 设 $y=\mathrm{e}^{x^5}$，求 $\frac{\mathrm{d}y}{\mathrm{d}x}$.

解 $y=\mathrm{e}^{x^5}$ 可以看做由 $y=\mathrm{e}^u$，$u=x^5$ 复合而成，因此

$$\frac{\mathrm{d}y}{\mathrm{d}x}=\frac{\mathrm{d}y}{\mathrm{d}u}\cdot\frac{\mathrm{d}u}{\mathrm{d}x}=\mathrm{e}^u\cdot 5x^4=5x^4\cdot\mathrm{e}^{x^5}$$

例 2.3.4 设 $y=\ln\tan x$，求 $\frac{\mathrm{d}y}{\mathrm{d}x}$.

解 $y=\ln\tan x$ 可以看做由 $y=\ln u$，$u=\tan x$ 复合而成，因此

$$\frac{\mathrm{d}y}{\mathrm{d}x}=\frac{\mathrm{d}y}{\mathrm{d}u}\cdot\frac{\mathrm{d}u}{\mathrm{d}x}=\frac{1}{u}\cdot\sec^2 x=\cot x\cdot\sec^2 x=\frac{1}{\sin x\cdot\cos x}=2\csc 2x$$

例 2.3.5 设 $y=\sin\frac{3x}{1+x^2}$，求 $\frac{\mathrm{d}y}{\mathrm{d}x}$.

解 $y=\sin\frac{3x}{1+x^2}$ 可以看做由 $y=\sin u$，$u=\frac{3x}{1+x^2}$ 复合而成，因为

$$\frac{\mathrm{d}y}{\mathrm{d}u}=\cos u,\frac{\mathrm{d}u}{\mathrm{d}x}=\left(\frac{3x}{1+x^2}\right)'=\frac{3(1+x^2)-3x\cdot 2x}{(1+x^2)^2}=\frac{3(1-x^2)}{(1+x^2)^2}$$

所以

$$\frac{\mathrm{d}y}{\mathrm{d}x}=\cos u\cdot\frac{3(1-x^2)}{(1+x^2)^2}=\frac{3(1-x^2)}{(1+x^2)^2}\cdot\cos\frac{3x}{1+x^2}$$

复合函数求导数熟练了以后，中间变量可以不写出来，可以按下面的方法从外到内，逐层写出求导结果.

例 2.3.6 设 $y=(3x-5)^{10}$，求 $\frac{\mathrm{d}y}{\mathrm{d}x}$.

解

$$\begin{aligned}\frac{\mathrm{d}y}{\mathrm{d}x}&=[(3x-5)^{10}]'=10(3x-5)^9\cdot(3x-5)'\\&=10(3x-5)^9\cdot 3=30(3x-5)^9\end{aligned}$$

例 2.3.7 设 $y=\ln\cos\mathrm{e}^x$，求 $\frac{\mathrm{d}y}{\mathrm{d}x}$.

解 $\frac{\mathrm{d}y}{\mathrm{d}x}=(\ln\cos\mathrm{e}^x)'=\frac{1}{\cos\mathrm{e}^x}\cdot(\cos\mathrm{e}^x)'=\frac{1}{\cos\mathrm{e}^x}\cdot(-\sin\mathrm{e}^x)\cdot(\mathrm{e}^x)'=-\mathrm{e}^x\tan\mathrm{e}^x$

例 2.3.8 设 $y=e^{\sin\frac{1}{x}}$,求$\frac{dy}{dx}$.

解

$$\begin{aligned}\frac{dy}{dx}&=(e^{\sin\frac{1}{x}})'=e^{\sin\frac{1}{x}}\cdot\left(\sin\frac{1}{x}\right)'\\&=e^{\sin\frac{1}{x}}\cdot\cos\frac{1}{x}\cdot\left(\frac{1}{x}\right)'\\&=-\frac{1}{x^2}e^{\sin\frac{1}{x}}\cdot\cos\frac{1}{x}\end{aligned}$$

例 2.3.9 证明幂函数的导数公式 $(x^\alpha)'=\alpha x^{\alpha-1}(x>0)$.

证明 因为 $x^\alpha=e^{\ln x^\alpha}=e^{\alpha\ln x}$,所以由链式法则,得

$$(x^\alpha)'=(e^{\ln x^\alpha})'=e^{\alpha\ln x}(\alpha\ln x)'=x^\alpha\cdot\alpha\cdot\frac{1}{x}=\alpha x^{\alpha-1}$$

习题 2.3

2.3.1 求下列函数的导数.

(1) $y=x^2\ln x$

(2) $y=(4x+1)^5$

(3) $y=\sin 3^x$

(4) $y=5e^{-2x}-1$

(5) $y=5^{\sin x}$

(6) $y=\sec^2 x$

(7) $y=\cot\frac{1}{x}$

(8) $y=\ln[\ln(\ln x)]$

(9) $y=2^{\frac{x}{\ln x}}$

(10) $y=\tan x-\frac{1}{3}\tan^3 x+\frac{1}{5}\tan^5 x$

2.3.2 求下列函数的导数.

(1) $y=\arccos x^2$

(2) $y=\arctan\frac{1}{x}$

(3) $y=\arcsin(\ln x)$

(4) $y=e^{\arctan\sqrt{x}}$

2.3.3 求证函数 $y=\ln\frac{1}{1+x}$满足关系式 $x\frac{dy}{dx}+1=e^y$.

2.4 隐函数的导数和由参数方程确定的函数的导数

2.4.1 隐函数的导数

过去所遇到的函数中,自变量 x 和函数 y 之间的函数关系通常用 $y=f(x)$这种明显的表达式给出,如 $y=x^2+5$,$y=e^{2x}+2$,$y=3\sin 2x$ 等.这种形式的函数叫做显函数.

下面来研究一种用方程 $F(x,y)=0$ 形式给出的函数.

例如,在方程 $2x+y+4=0$ 中,给 x 一个确定值,有唯一确定的 y 值与之对应.因此,y 是 x 的函数,这种函数关系隐含在方程 $F(x,y)=0$ 中.

把由方程 $F(x,y)=0$ 所确定的函数叫做隐函数.

例如,下列方程都给出了一个相应的隐函数.

(1) $x^3+y^3+1=0$

(2) $x^2+y^2=4$

(3) $2x+y^2+\sin xy=0$

很明显，有时可以将隐函数化为显函数的形式，如上面的(1)式很容易化为显函数，但通常将隐函数化为显函数是比较困难的，如上面的(3)式就无法将 y 表示成 x 的显函数.

在实际问题中，有时需要计算隐函数的导数. 因此，希望有一种方法，无论隐函数能否化为显函数的形式，都能直接由方程求出它所确定的隐函数的导数来.

下面通过例子说明这种求导法则.

例 2.4.1 求由方程 $x^3+y^3+5=0$ 所确定的隐函数的导数 y'_x.

解 在方程中，将 y 看做 x 的函数，则 y^3 是 x 的复合函数(中间变量是 y). 因此，利用复合函数的求导法则，方程两端同时对 x 求导数，得

$$(x^3)'_x+(y^3)'_x+(5)'_x=0$$

即

$$3x^2+3y^2\cdot y'_x=0$$

从上式中解出 y'_x，得

$$y'_x=-\frac{x^2}{y^2}\quad (y\neq 0)$$

注意 上述结果中的 y 仍然是由方程 $x^3+y^3-1=0$ 所确定的隐函数. 习惯上，对隐函数求导，结果允许用带有 y 的式子表示.

例 2.4.1 表明，求隐函数的导数时，只需在方程 $F(x,y)=0$ 中，将 y 看做 x 的函数，y 的表达式看做 x 的复合函数，利用复合函数的求导法则，方程两端同时对 x 求导，得到一个关于 x,y,y'_x 的方程，从中解出 y'_x，即得所求隐函数的导数，这就是隐函数的求导法则.

例 2.4.2 求由方程 $xy-\mathrm{e}^x+\mathrm{e}^y=0$ 所确定的隐函数 $y=y(x)$ 的导数 y'_x.

解 方程两端对 x 求导，得

$$y+xy'_x-\mathrm{e}^x+\mathrm{e}^y\cdot y'_x=0$$

解得

$$y'_x=\frac{\mathrm{e}^x-y}{x+\mathrm{e}^y}\quad (x+\mathrm{e}^y\neq 0)$$

例 2.4.3 求椭圆 $\frac{x^2}{9}+\frac{y^2}{4}=1$ 在点 $\left(1,\frac{4}{3}\sqrt{2}\right)$ 处的切线方程.

解 由导数的几何意义知，所求切线的斜率为

$$k=y'_x\Big|_{x=1}$$

椭圆方程两边同时对 x 求导，得

$$\frac{2x}{9}+\frac{y}{2}y'_x=0$$

解出 y'_x，得

$$y'_x=-\frac{4x}{9y}$$

将 $x=1,y=\frac{4}{3}\sqrt{2}$ 代入上式，得 $k=y'_x\Big|_{x=1}=-\frac{\sqrt{2}}{6}$，于是所求切线方程为

$$y-\frac{4}{3}\sqrt{2}=-\frac{\sqrt{2}}{6}(x-1)$$

即

$$x+3\sqrt{2}y-9=0$$

例 2.4.4 求幂指函数 $y=x^x\ (x>0)$ 的导数.

解 两边取对数,得

$$\ln y=x\ln x$$

两边对 x 求导,得

$$\frac{1}{y}\cdot y'_x=\ln x+1$$

整理,得

$$y'_x=y(\ln x+1)=x^x(\ln x+1)$$

例 2.4.4 中,先取对数,再利用隐函数的求导法求导,这种方法叫做对数求导法.

一般地,幂指函数 $y=u(x)^{v(x)}$ 可以用对数求导法求导,也可以将幂指函数写成 $y=e^{v(x)\ln u(x)}$,再用复合函数求导法求导.

例 2.4.5 求 $y=x^{\sin x}\ (x>0)$ 的导数.

解

$$\begin{aligned} y'_x&=(x^{\sin x})'=(e^{\sin x\ln x})'=e^{\sin x\ln x}(\sin x\ln x)'\\ &=e^{\sin x\ln x}[(\sin x)'\cdot\ln x+\sin x\cdot(\ln x)']\\ &=x^{\sin x}\left(\cos x\cdot\ln x+\frac{\sin x}{x}\right)\end{aligned}$$

对由多个因子通过乘、除、乘方或开方所构成的比较复杂的函数,用对数求导法求导也是很方便的.

例 2.4.6 求函数 $y=\sqrt{\dfrac{(x+1)(x+2)}{(x+3)(x+4)}}\quad(x>-1)$ 的导数.

解 两边取对数,得

$$\ln y=\frac{1}{2}[\ln(x+1)+\ln(x+2)-\ln(x+3)-\ln(x+4)]$$

两边对 x 求导数,得

$$\frac{1}{y}\cdot y'_x=\frac{1}{2}\left(\frac{1}{x+1}+\frac{1}{x+2}-\frac{1}{x+3}-\frac{1}{x+4}\right)$$

即

$$\begin{aligned} y'_x&=\frac{1}{2}y\left(\frac{1}{x+1}+\frac{1}{x+2}-\frac{1}{x+3}-\frac{1}{x+4}\right)\\ &=\frac{1}{2}\sqrt{\frac{(x+1)(x+2)}{(x+3)(x+4)}}\left(\frac{1}{x+1}+\frac{1}{x+2}-\frac{1}{x+3}-\frac{1}{x+4}\right)\end{aligned}$$

例 2.4.7 设 $y=(1+x)\cdot\sin x\cdot\arctan x$,求 y'_x.

解 两边取对数,得

$$\ln y=\ln(1+x)+\ln\sin x+\ln\arctan x$$

上式两边同时对 x 求导,得

$$\frac{y'_x}{y}=\frac{1}{1+x}+\cot x+\frac{1}{(1+x^2)\arctan x}$$

所以

$$y'_x=(1+x)\cdot\sin x\cdot\arctan x\left[\frac{1}{1+x}+\cot x+\frac{1}{(1+x^2)\arctan x}\right]$$

2.4.2 由参数方程确定的函数的导数

一般地,如果参数方程

$$\begin{cases} x=\varphi(t) \\ y=\psi(t) \end{cases},\quad (t\in T) \tag{2.4.1}$$

确定 y 与 x 之间的函数关系，则称此函数关系所表达的函数为由参数方程(2.4.1)所确定的函数，也称参数式函数，称 t 为参变量.

对这样的函数如何求导数$\dfrac{\mathrm{d}y}{\mathrm{d}x}$呢？

设 $\varphi(t),\psi(t)$ 可导，且 $\varphi'(t)\neq 0$(这实际上是 $x=\varphi(t)$ 存在反函数的条件)，则由 $x=\varphi(t)$ 可确定可导的反函数 $t=\varphi^{-1}(x)$，又由复合函数的求导法则知 $y=\psi(t)=\psi[\varphi^{-1}(x)]$是可导函数，且

$$\frac{\mathrm{d}y}{\mathrm{d}x}=\psi'(t)\frac{\mathrm{d}t}{\mathrm{d}x}$$

又由反函数的求导法则，知

$$\frac{\mathrm{d}t}{\mathrm{d}x}=\frac{1}{\dfrac{\mathrm{d}x}{\mathrm{d}t}}=\frac{1}{\varphi'(t)}$$

故$\dfrac{\mathrm{d}y}{\mathrm{d}x}=\dfrac{\psi'(t)}{\varphi'(t)}$，或写成$\dfrac{\mathrm{d}y}{\mathrm{d}x}=\dfrac{\mathrm{d}y/\mathrm{d}t}{\mathrm{d}x/\mathrm{d}t}\left(\dfrac{\mathrm{d}x}{\mathrm{d}t}\neq 0\right)$. 这即是参数方程(2.4.1)所确定的 $y=y(x)$的求导公式.

例 2.4.8 求由下列参数方程所确定的函数的导数$\dfrac{\mathrm{d}y}{\mathrm{d}x}$.

(1) $\begin{cases} x=1+\sin t \\ y=t\cos t \end{cases}$

(2) $\begin{cases} x=\mathrm{e}^t\cos t \\ y=\mathrm{e}^t\sin t \end{cases}$

(3) $\begin{cases} x=\ln(1+t^2)+1 \\ y=2\arctan t-(1+t)^2 \end{cases}$

解 (1) $\dfrac{\mathrm{d}x}{\mathrm{d}t}=\cos t$，$\dfrac{\mathrm{d}y}{\mathrm{d}t}=\cos t-t\sin t$，所以

$$\frac{\mathrm{d}y}{\mathrm{d}x}=\frac{\mathrm{d}y/\mathrm{d}t}{\mathrm{d}x/\mathrm{d}t}=\frac{\cos t-t\sin t}{\cos t}=1-t\tan t$$

(2) $\dfrac{\mathrm{d}y}{\mathrm{d}t}=\mathrm{e}^t\cos t-\mathrm{e}^t\sin t$，$\dfrac{\mathrm{d}y}{\mathrm{d}t}=\mathrm{e}^t\sin t+\mathrm{e}^t\cos t$，所以

$$\frac{\mathrm{d}y}{\mathrm{d}x}=\frac{\mathrm{d}y/\mathrm{d}t}{\mathrm{d}x/\mathrm{d}t}=\frac{\mathrm{e}^t\sin t+\mathrm{e}^t\cos t}{\mathrm{e}^t\cos t-\mathrm{e}^t\sin t}=\frac{\sin t+\cos t}{\cos t-\sin t}$$

(3) $\dfrac{\mathrm{d}y}{\mathrm{d}t}=\dfrac{2t}{1+t^2}$，$\dfrac{\mathrm{d}y}{\mathrm{d}t}=\dfrac{2}{1+t^2}-2(t+1)=\dfrac{-2(t^3+t^2+t)}{1+t^2}$，所以

$$\frac{\mathrm{d}y}{\mathrm{d}x}=\frac{\mathrm{d}y/\mathrm{d}t}{\mathrm{d}x/\mathrm{d}t}=\frac{\dfrac{-2(t^3+t^2+t)}{1+t^2}}{\dfrac{2t}{1+t^2}}=-(t^2+t+1)$$

例 2.4.9 已知椭圆的参数方程为

$$\begin{cases} x=a\cos t \\ y=b\sin t \end{cases},\quad 0\leqslant t\leqslant 2\pi$$

求椭圆在对应 $t=\dfrac{\pi}{4}$的点处的切线方程.

解 当 $t=\frac{\pi}{4}$时，椭圆上的相应点 M_0 的坐标为

$$x_0=a\cos\frac{\pi}{4}=\frac{\sqrt{2}a}{2},\quad y_0=b\sin\frac{\pi}{4}=\frac{\sqrt{2}b}{2}$$

椭圆在点 M_0 处的切线斜率

$$\frac{\mathrm{d}y}{\mathrm{d}x}=\frac{(b\sin t)'}{(a\cos t)'}\bigg|_{t=\frac{\pi}{4}}=-\frac{b\cos t}{a\sin t}\bigg|_{t=\frac{\pi}{4}}=-\frac{b}{a}$$

于是得椭圆在点 M_0 处的切线方程 $y-\frac{\sqrt{2}b}{2}=-\frac{b}{a}\left(x-\frac{\sqrt{2}a}{2}\right)$，化简得 $bx+ay-\sqrt{2}ab=0$.

2.4.3 初等函数的导数

到此为止，已经求出了基本初等函数的导数，给出了函数的和、差、积、商的求导法则及复合函数和反函数的求导法则等. 这样，运用基本初等函数的求导公式和导数的各种运算法则，可以求初等函数的导数，也就是说，上述讨论解决了初等函数求导问题. 为了便于查阅，现将基本初等函数的导数公式和求导法则归纳如下.

1. 常数和基本初等函数的导数公式

(1) $(C)'=0$

(2) $(x^{\mu})'=\mu x^{\mu-1}$

(3) $(a^x)'=a^x\ln a$，$(\mathrm{e}^x)'=\mathrm{e}^x$

(4) $(\log_a x)'=\frac{1}{x\ln a}$，$(\ln x)'=\frac{1}{x}$

(5) $(\sin x)'=\cos x$

(6) $(\cos x)'=-\sin x$

(7) $(\tan x)'=\sec^2 x$

(8) $(\cot x)'=-\csc^2 x$

(9) $(\sec x)'=\sec x\tan x$

(10) $(\csc x)'=-\csc x\cot x$

(11) $(\arcsin x)'=\frac{1}{\sqrt{1-x^2}}$

(12) $(\arccos x)'=-\frac{1}{\sqrt{1-x^2}}$

(13) $(\arctan x)'=\frac{1}{1+x^2}$

(14) $(\operatorname{arccot} x)'=-\frac{1}{1+x^2}$

2. 函数的和、差、积、商的求导法则

设 $u=u(x)$，$v=v(x)$是可导函数，C 是常数，则

(1) $(u\pm v)'=u'\pm v'$

(2) $(uv)'=u'v+uv'$，$(Cu)'=Cu'$

(3) $\left(\frac{u}{v}\right)'=\frac{u'v-uv'}{v^2}(v\neq 0)$，$\left[\frac{1}{u(x)}\right]'=-\frac{u'(x)}{u^2(x)}\quad(u\neq 0)$

3. 复合函数的求导法则

设 $y=f(u)$，$u=\varphi(x)$都是可导函数，则复合函数 $y=f[\varphi(x)]$的导数为

$$\frac{\mathrm{d}y}{\mathrm{d}x}=\frac{\mathrm{d}y}{\mathrm{d}u}\cdot\frac{\mathrm{d}u}{\mathrm{d}x}\quad\text{或}\quad y'=f'(u)\varphi'(x)$$

4. 反函数的求导法则

设 $y=f(x)$是 $x=\varphi(y)$的反函数，则

$$f'(x)=\frac{1}{\varphi'(y)}\quad(\varphi'(y)\neq 0)$$

或

$$\frac{\mathrm{d}y}{\mathrm{d}x}=\frac{1}{\frac{\mathrm{d}x}{\mathrm{d}y}}\quad\left(\frac{\mathrm{d}x}{\mathrm{d}y}\neq 0\right)$$

习题 2.4

2.4.1 求下列隐函数的导数.

(1) $x^2+y^2-xy=1$　　(2) $y=x+\ln y$

(3) $xy=e^{x+y}$　　(4) $x=y+\arctan y$

(5) $y=\sin(x+y)$　　(6) $xy+\ln y=1$

(7) $\arctan\dfrac{y}{x}=\ln\sqrt{x^2+y^2}$　　(8) $\sqrt{x}+\sqrt{y}=\sqrt{a}$(常数 $a>0$)

2.4.2 用对数求导法求下列函数的导数.

(1) $y=(\ln x)^x$　　(2) $y=(\cos x)^{\sin x}$

(3) $y=x^{x^2}$　　(4) $y=x^{\sqrt{x}}$

(5) $y=\sqrt{\dfrac{(x+1)(2x-1)}{(x+3)(5x+2)}}$　　(6) $y=\sqrt{\dfrac{x(x+1)}{(1+x^2)e^{2x}}}$

2.4.3 求下列参数方程所表示的函数 $y=y(x)$ 的导数$\dfrac{dy}{dx}$.

(1) $\begin{cases}x=t^2+1\\y=t^3+1\end{cases}$　　(2) $\begin{cases}x=\cos\theta\\y=2\sin\theta\end{cases}$

(3) $\begin{cases}x=t-\ln(1+t)\\y=t^3+t^2\end{cases}$　　(4) $\begin{cases}x=\dfrac{1}{1+t}\\y=\dfrac{t}{1+t}\end{cases}$

2.4.4 求曲线 $y^5+y-2x-x^6=0$ 在 $x=0$ 所对应的点处的切线方程.

2.4.5 设 $y=y(x)$ 是由方程 $x^2+2xy-y^2=2x$ 所确定的函数,求$\left.\dfrac{dy}{dx}\right|_{x=2}$.

2.5 高阶导数

若函数 $y=f(x)$在点 x_0 的某邻域内处处可导,即在该邻域内的任何点 x 处,都有$f'(x)$,按照函数的定义,$f'(x)$是 x 的函数,在前面已将它称为导函数. 对这个函数$f'(x)$,仍可考虑它在点 x_0 的可导性,这就引出了二阶导数的概念.

定义 2.5.1 设函数 $y=f(x)$在点 x_0 的某邻域内处处可导,若极限

$$\lim_{\Delta x\to 0}\frac{f'(x_0+\Delta x)-f'(x_0)}{\Delta x}$$

存在,则称其为函数 $y=f(x)$在点 x_0 处的二阶导数,记为

$$f''(x_0),\quad \left.\frac{d^2y}{dx^2}\right|_{x=x_0}\quad 或\quad \left.\frac{d^2f(x)}{dx^2}\right|_{x=x_0}$$

即

$$f''(x_0)=\lim_{\Delta x\to 0}\frac{f'(x_0+\Delta x)-f'(x_0)}{\Delta x}$$

若函数 $y=f(x)$的二阶导数在点 x_0 的领域内处处存在,即 $f''(x)$存在,这又得到一个函数,称之为函数 $y=f(x)$的二阶导函数. 显然,二阶导函数是一阶导函数的导函数,所以有

$$f''(x)=[f'(x)]',\quad y''=(y')' \quad 或 \quad \frac{\mathrm{d}^2 f(x)}{\mathrm{d}x^2}=\frac{\mathrm{d}}{\mathrm{d}x}\left[\frac{\mathrm{d}f(x)}{\mathrm{d}x}\right]$$

类似地，可以定义三阶导数、四阶导数、……、n 阶导数，分别记为

$$y''',y^{(4)},\cdots,y^{(n)}$$

一般地，有

$$y^{(n)}=[y^{(n-1)}]'$$

二阶及二阶以上的导数统称为高阶导数.

由高阶导数的定义 2.5.1 知，求函数 $y=f(x)$ 的高阶导数，逐阶求导数即可，因此仍可应用前面的求导方法进行计算.

例 2.5.1 设 $y=x^2\sin x$，求 y''.

解

$$y'=2x\sin x+x^2\cos x$$

$$\begin{aligned} y''&=2\sin x+2x\cos x+2x\cos x-x^2\sin x \\ &=2\sin x+4x\cos x-x^2\sin x \end{aligned}$$

例 2.5.2 设 $y=\dfrac{\ln x}{x}$，求 y''.

解

$$y'=\frac{1-\ln x}{x^2}$$

$$y''=\frac{-x-2x(1-\ln x)}{x^4}=\frac{-3+2\ln x}{x^3}$$

例 2.5.3 设 $y=x^n$，求 $y^{(n)}$.

解

$$y'=nx^{n-1}$$

$$y''=n(n-1)x^{n-2}$$

$$y'''=n(n-1)(n-2)x^{n-3}$$

$$\vdots$$

归纳出

$$y^{(n)}=n(n-1)(n-2)\cdots 2\cdot 1\cdot x^{n-n}=n!$$

例 2.5.4 设 $y=\mathrm{e}^{2x}$，求 $y^{(n)}$.

解

$$y'=2\mathrm{e}^{2x}$$

$$y''=2^2\mathrm{e}^{2x}$$

$$y'''=2^3\mathrm{e}^{2x}$$

$$\vdots$$

归纳出

$$y^{(n)}=2^n\mathrm{e}^{2x}$$

例 2.5.5 设 $y=\ln(1+x)\quad(x>-1)$，求 $y^{(n)}$.

解 $y'=\dfrac{1}{1+x},y''=\dfrac{-1}{(1+x)^2},y'''=\dfrac{(-1)(-2)}{(1+x)^3},\cdots$，归纳出

$$y^{(n)}=\frac{(-1)(-2)\cdots[-(n-1)]}{(1+x)^n}=\frac{(-1)^{n-1}\cdot(n-1)!}{(1+x)^n}$$

例 2.5.6 设 $y=\sin x$，求 $y^{(n)}$.

解

$$y'=\cos x=\sin\left(x+\frac{\pi}{2}\right),y''=-\sin x=\sin\left(x+\frac{2\pi}{2}\right),$$

$$y'''=-\cos x=\sin\left(x+\frac{3\pi}{2}\right),y^{(4)}=\sin x=\sin\left(x+\frac{4\pi}{2}\right),$$

$$\vdots$$

归纳出
$$y^{(n)}=\sin\left(x+\frac{n\pi}{2}\right)$$
同理可得
$$(\cos x)^{(n)}=\cos\left(x+\frac{n\pi}{2}\right)$$

例 2.5.7 求由方程 $xe^y-y+e=0$ 所确定的隐函数 $y=y(x)$的二阶导数 y''.

解 将方程两边对 x 求导,并注意到 y 是 x 的函数,有
$$e^y+xe^yy'-y'=0 \tag{2.5.1}$$
解得
$$y'=\frac{e^y}{1-xe^y} \tag{2.5.2}$$
(2.5.1)式两端同时对 x 求导,得
$$e^yy'+e^yy'+xe^y(y')^2+xe^yy''-y''=0 \tag{2.5.3}$$
从(2.5.3)式解出二阶导数,得
$$y''=\frac{e^yy'(2+xy')}{1-xe^y}$$
再将(2.5.2)式代入(2.5.3)式,得
$$y''=\frac{e^{2y}(2-xe^y)}{(1-xe^y)^3}$$

例 2.5.8 求由参数方程
$$\begin{cases}x=a\cos^3 t\\ y=a\sin^3 t\end{cases}$$
所确定的函数 y 对 x 的二阶导数$\frac{d^2y}{dx^2}$.

解
$$\frac{dy}{dx}=\frac{dy/dt}{dx/dt}=\frac{(a\sin^3 t)'}{(a\cos^3 t)'}=\frac{3a\sin^2 t\cos t}{-3a\cos^2 t\sin t}=-\tan t$$

这里要注意,$\frac{dy}{dx}$仍然是 t 的函数,要计算 y 关于 x 的二阶导数,实际上就是$\frac{dy}{dx}$再对 x 求导数.因此,可类似于计算由参数方程所确定的函数 y 对 x 求一阶导数那样,用复合函数和反函数的求导法则,得
$$\frac{d^2y}{dx^2}=\frac{d}{dx}\left(\frac{dy}{dx}\right)=\frac{d}{dt}\left(\frac{dy}{dx}\right)\cdot\frac{dt}{dx}=\frac{\frac{d}{dt}\left(\frac{dy}{dx}\right)}{\frac{dx}{dt}}$$
$$=\frac{(-\tan t)'}{(a\cos^3 t)'}=\frac{-\sec^2 t}{-3a\cos^2 t\sin t}=\frac{1}{3a}\sec^4 t\csc t$$

习题 2.5

2.5.1 求下列函数的二阶导数.

(1) $y=3x^4+4x^2+5$　　(2) $y=\ln x$

(3) $y=\ln(1-2x)$　　(4) $y=\ln\cos x$

(5) $y=e^{3x-1}$　　(6) $y=\cot x$

(7) $y=x\cos x$　　(8) $y=xe^{x^2}$

(9) $y=4^x-x^4$　　(10) $y=\sqrt{x^2-1}$

2.5.2　求由下列方程所确定的隐函数 $y=y(x)$ 的二阶导数.

(1) $y=\sin(x+y)$　　(2) $y=1+xe^y$

(3) $y=\tan(x+y)$　　(4) $x^2-y^2=1$

2.5.3　求下列函数在指定点的二阶导数.

(1) $y=(x+2)^4, y''\big|_{x=2}$　　(2) $y=e^{2x}, y''\big|_{x=0}$

(3) $e^y+xy=e, y''\big|_{x=0}$　　(4) $xy+\sin(\pi y^2)=0, y''\big|_{\substack{x=0\\y=1}}$

2.5.4　求由下列参数方程所确定的函数 $y=y(x)$ 的二阶导数.

(1) $\begin{cases}x=\dfrac{t^2}{2}\\ y=1-t\end{cases}$　　(2) $\begin{cases}x=a\cos t\\ y=b\sin t\end{cases}$

(3) $\begin{cases}x=1-t^2\\ y=t-t^3\end{cases}$　　(4) $\begin{cases}x=\ln(1+t^2)\\ y=t-\arctan t\end{cases}$

2.5.5　求下列函数的 n 阶导数.

(1) $y=xe^x$　　(2) $y=\sin^2 x$

(3) $y=\dfrac{1-x}{1+x}$　　(4) $f(x)=\ln\dfrac{1}{1-x}$，求 $f^{(n)}(0)$.

2.6　函数的微分

2.6.1　微分的定义

看下面的实例.

一块正方形的金属薄片(如图 2.6.1 所示)，因受温度的影响，其边长由 x 变到 $x+\Delta x$，问此薄片的面积改变了多少？

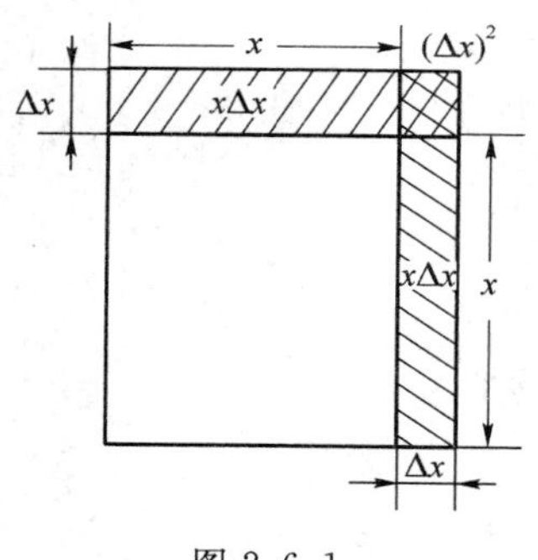

图 2.6.1

正方形的面积 y 与边长 x 的关系为 $y=x^2$. 设边长由 x 变到 $x+\Delta x$ 时，面积改变了 Δy，则

$$\Delta y=(x+\Delta x)^2-x^2=2x\Delta x+(\Delta x)^2$$

可知，Δy 由两部分组成，第一部分 $2x\Delta x$ 是 Δx 的线性函数，第二部分 $(\Delta x)^2$ 当 $\Delta x\to 0$ 时是比 Δx 高阶的无穷小，即 $(\Delta x)^2=o(\Delta x)$，于是

$$\Delta y=A(x)\cdot\Delta x+o(\Delta x)\qquad (A(x)=2x)$$

把 $A(x)\Delta x$ 叫做正方形面积 $y=x^2$ 的微分.

一般地，有如下定义.

定义 2.6.1　设函数 $y=f(x)$ 在区间 I 上有定义，x 及 $x+\Delta x$ 在区间 I 内. 如果函数的增量

$$\Delta y=f(x+\Delta x)-f(x)$$

可表示为

$$\Delta y=A(x)\cdot\Delta x+o(\Delta x)\tag{2.6.1}$$

其中，$A(x)$ 是 x 的函数，而与 Δx 无关，$o(\Delta x)$ 是比 Δx 高阶的无穷小，则称函数 $y=f(x)$ 在点

x 处可微，并称 $A(x)\Delta x$ 为函数 $y=f(x)$ 在点 x 处的微分，记做 dy 或 $df(x)$，即

$$dy=df(x)=A(x)\Delta x$$

函数必须具备什么条件才是可微的呢？

设函数 $y=f(x)$ 在点 x 处可微，则由定义有(2.6.1)式成立. 用 $\Delta x(\Delta x\neq 0)$ 除以(2.6.1)式两边，得

$$\frac{\Delta y}{\Delta x}=A(x)+\frac{o(\Delta x)}{\Delta x}$$

当 $\Delta x\to 0$ 时，对上式取极限，并注意到 $\lim\limits_{\Delta x\to 0}\dfrac{o(\Delta x)}{\Delta x}=0$，得

$$f'(x)=\lim_{\Delta x\to 0}\frac{\Delta y}{\Delta x}=A(x)$$

这就是说，函数 $y=f(x)$ 在点 x 处可微，则它在点 x 处可导，且

$$dy=f'(x)\Delta x$$

反之，如果函数 $y=f(x)$ 在点 x 处可导，即极限

$$\lim_{\Delta x\to 0}\frac{\Delta y}{\Delta x}=f'(x)$$

存在，则根据极限与无穷小的关系，得

$$\frac{\Delta y}{\Delta x}=f'(x)+\alpha$$

其中，α 是当 $\Delta x\to 0$ 时的无穷小. 因此，有

$$\Delta y=f'(x)\Delta x+\alpha\Delta x$$

因为 $\alpha\Delta x=0(\Delta x)$，且 $f'(x)$ 与 Δx 无关，所以函数 $y=f(x)$ 在点 x 处可微.

由此可见，函数 $y=f(x)$ 在点 x 处可微的必要充分条件是函数 $y=f(x)$ 在点 x 处可导，且当 $y=f(x)$ 在点 x 处可微时，其微分一定是

$$dy=f'(x)\Delta x$$

例如，函数 $y=\cos x$ 的微分是

$$dy=(\cos x)'\Delta x=-\sin x\cdot\Delta x$$

很明显，函数的微分 $dy=f'(x)\Delta x$ 的值由 x 和 Δx 两个独立变化的量确定.

例 2.6.1　求函数 $y=x^3$ 当 $x=2$，$\Delta x=0.02$ 时的增量及微分.

解　函数的增量为

$$\Delta y\Big|_{\substack{x=2\\ \Delta x=0.02}}=(2+0.02)^3-2^3=0.242\,408$$

因为函数在点 x 处的微分是

$$dy=(x^3)'\Delta x=3x^2\cdot\Delta x$$

所以，将 $x=2$，$\Delta x=0.02$ 代入上式，得

$$dy\Big|_{\substack{x=2\\ \Delta x=0.02}}=3\times 2^2\times 0.02=0.24$$

由例 2.6.1 的结果可以看出，$dy\Big|_{\substack{x=2\\ \Delta x=0.02}}\approx\Delta y\Big|_{\substack{x=2\\ \Delta x=0.02}}$，误差是 0.002 408.

对于函数 $y=x$，它的微分是

$$dy=d(x)=(x)'\cdot\Delta x=\Delta x$$

因此，规定自变量的微分 $dx=\Delta x$. 于是，函数 $y=f(x)$ 的微分又可写成

$$dy = f'(x)dx$$

从而有

$$\frac{dy}{dx} = f'(x)$$

这就是说，函数的导数 $f'(x)$ 等于函数的微分 dy 与自变量的微分 dx 的商. 因此，导数也叫做微商.

可以看出，如果已知函数 $y=f(x)$ 的导数 $f'(x)$，则由 $dy=f'(x)dx$ 可求出它的微分 dy；反之，如果已知函数 $y=f(x)$ 的微分 dy，则由 $\frac{dy}{dx}=f'(x)$ 可求得它的导数. 因此，可导与可微是等价的. 把求导数和求微分的方法统称为微分法.

注意 求函数的导数和微分的运算虽然可以互通，但它们的含义不同. 一般地说，导数反映了函数的变化率，微分反映了自变量微小变化时函数的改变量.

2.6.2 微分的几何意义

如图 2.6.2 所示，设曲线 $y=f(x)$ 在点 M 的坐标为 $(x_0, f(x_0))$，过点 M 作曲线的切线 MT，它的倾斜角为 α. 当自变量 x 在 x_0 有一微小的增量 Δx 时，相应的曲线的纵坐标有一增量 Δy. 从图 2.6.2 中可以看出

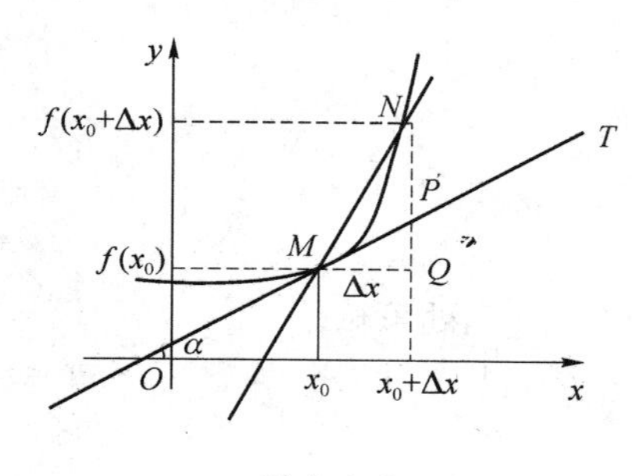

图 2.6.2

$$dx = \Delta x = MQ, \Delta y = QN$$

设过点 M 的切线 MT 与 NQ 相交于点 P，则 MT 的斜率

$$\tan\alpha = f'(x_0) = \frac{QP}{MQ}$$

所以，函数 $y=f(x)$ 在点 $x=x_0$ 处的微分

$$dy = f'(x_0)dx = \frac{QP}{MQ} \cdot MQ = QP$$

因此，函数 $y=f(x)$ 在点 $x=x_0$ 处的微分就是曲线 $y=f(x)$ 在点 $M(x_0, f(x_0))$ 处的切线 MT 的纵坐标对应于 Δx 的增量.

由图 2.6.2 还可以看出，当 $f'(x_0)\neq 0$，且 $|\Delta x|$ 很小时，$|\Delta y - dy|$ 比 $|\Delta x|$ 小得多. 因此，在点 M 的附近，可以用切线线段来近似代替曲线线段.

2.6.3 微分公式与微分运算法则

根据微分的表达式 $dy=f'(x)dx$ 及导数的基本公式和运算法则，可推得微分的基本公式和运算法则如下.

1. 微分的基本公式

(1) $d(C)=0$ (C 为常数)

(2) $d(x^\alpha)=\alpha x^{\alpha-1}dx$

(3) $d(a^x)=a^x \ln a dx$

(4) $d(e^x)=e^x dx$

(5) $d(\log_a x)=\frac{1}{x\ln a}dx$

(6) $d(\ln x)=\frac{1}{x}dx$

(7) $d(\sin x)=\cos x dx$

(8) $d(\cos x)=-\sin x dx$

(9) $d(\tan x)=\frac{1}{\cos^2 x}dx=\sec^2 x dx$

(10) $d(\cot x)=-\frac{1}{\sin^2 x}dx=-\csc^2 x dx$

(11) $d(\sec x)=\sec x\tan x dx$

(12) $d(\csc x)=-\csc x\cot x dx$

(13) $d(\arcsin x)=\frac{1}{\sqrt{1-x^2}}dx$

(14) $d(\arccos x)=-\frac{1}{\sqrt{1-x^2}}dx$

(15) $d(\arctan x)=\frac{1}{1+x^2}dx$

(16) $d(\text{arccot}\, x)=-\frac{1}{1+x^2}dx$

2. 函数和、差、积、商的微分法则

(1) $d(u\pm v)=du\pm dv$

(2) $d(uv)=udv+vdu$

(3) $d(Cu)=Cdu$

(4) $d\left(\frac{u}{v}\right)=\frac{vdu-udv}{v^2}$

其中，u,v 都是 x 的函数，C 为常数.

证明 下面只证商的微分法则，其余的法则类似证明.

$$d\left(\frac{u}{v}\right)=\left(\frac{u}{v}\right)'dx=\frac{u'v-v'u}{v^2}dx=\frac{vu'dx-uv'dx}{v^2}=\frac{vdu-udv}{v^2}$$

3. 复合函数的微分法则

设 $y=f(u)$，$u=\varphi(x)$，则复合函数 $y=f[\varphi(x)]$ 的导数为

$$\frac{dy}{dx}=f'[\varphi(x)]\cdot\varphi'(x)$$

所以，复合函数的微分为

$$dy=f'[\varphi(x)]\cdot\varphi'(x)dx=f'[\varphi(x)]d\varphi(x)=f'(u)du$$

其中，$u=\varphi(x)$，$du=\varphi'(x)dx$.

由此可见，无论 u 是自变量，还是另一变量的可微函数，微分形式 $dy=f'(u)du$ 保持不变. 这一性质称为(一阶)微分形式不变性.

例 2.6.2 设 $y=\cos\sqrt{x}$，求 dy.

解
$$dy=y'dx=(\cos\sqrt{x})'dx=-\frac{1}{2\sqrt{x}}\sin\sqrt{x}dx$$

或由微分形式不变性，得

$$dy=d(\cos\sqrt{x})=-\sin\sqrt{x}\,d(\sqrt{x})=-\frac{1}{2\sqrt{x}}\sin\sqrt{x}dx$$

例 2.6.3 设 $y=e^{\sin^2 x}$，求 dy.

解
$$dy=y'dx=(e^{\sin^2 x})'dx=\sin 2xe^{\sin^2 x}dx$$

或由微分形式不变性，得

$$\begin{aligned}dy&=e^{\sin^2 x}d\sin^2 x(\text{可见 }\sin^2 x\text{ 为中间变量})\\&=e^{\sin^2 x}\cdot 2\sin x d\sin x(\text{可见 }\sin x\text{ 为中间变量})\\&=e^{\sin^2 x}\cdot 2\sin x\cos xdx\\&=\sin 2xe^{\sin^2 x}dx\end{aligned}$$

例 2.6.4 设隐函数 $y^3=xy+2x^2+y^2$，求 dy.

解 两端对 x 求微分，得

$$dy^3=d(xy)+d(2x^2)+dy^2$$

即
$$3y^2dy=ydx+xdy+4xdx=2ydy$$

从而
$$dy=\frac{y+4x}{3y^2-2y-x}dx$$

2.6.4 微分在近似计算中的应用

在工程问题中，经常会遇到一些复杂的计算公式，如果直接用这些公式进行计算，既费力又费时.利用微分往往可以把一些复杂的计算公式改用简单的近似公式来代替.

从微分的定义知，当 $f'(x_0)\neq 0$，且当 $|\Delta x|$ 很小时，有

$$\Delta y\approx \mathrm{d}y$$

即

$$\Delta y=f(x_0+\Delta x)-f(x_0)\approx f'(x_0)\Delta x \tag{2.6.2}$$

此为求函数增量的近似公式，将(2.6.2)式改写为

$$f(x_0+\Delta x)\approx f(x_0)+f'(x_0)\Delta x \tag{2.6.3}$$

此为求函数值的近似公式.

在(2.6.3)式中，令 $x=x_0+\Delta x$，即 $\Delta x=x-x_0$，则

$$f(x)\approx f(x_0)+f'(x_0)(x-x_0) \tag{2.6.4}$$

在(2.6.4)式中，取 $x_0=0$，则得近似计算公式

$$f(x)\approx f(0)+f'(0)x$$

利用上述公式，可推出以下几个常用的近似计算公式(假定 $|x|$ 是较小的数值).

(1) $(1+x)^\alpha\approx 1+\alpha x$　　(2) $\mathrm{e}^x\approx 1+x$

(3) $\ln(1+x)\approx x$　　(4) $\sin x\approx x$

(5) $\tan x\approx x$　(其中(4)式、(5)式中 x 用弧度做单位)

证明　(1)取 $f(x)=(1+x)^\alpha$，于是 $f(0)=1$

$$f'(0)=\alpha(1+x)^{\alpha-1}\Big|_{x=0}=\alpha$$

代入 $f(x)\approx f(0)+f'(0)x$，得

$$(1+x)^\alpha\approx 1+\alpha x$$

其他几个近似公式(2)～(5)都可以用类似方法推得.

例 2.6.5　一正方形铁块，棱长为 10 m，受热后其棱长增加 0.1 m，求此铁块体积增加的精确值和近似值.

解　设正方体的棱长为 x，则体积 $V=x^3$. 已知 $x=10$，$\Delta x=0.1$，故体积增加的精确值为

$$\Delta V=(x+\Delta x)^3-x^3=(10+0.1)^3-10^3=30.301\ \mathrm{m}^3$$

体积增加的近似值为

$$\Delta V\approx f'(x)\Delta x\Big|_{\substack{x=10\\ \Delta x=0.1}}=3x^2\Delta x\Big|_{\substack{x=10\\ \Delta x=0.1}}=30\ \mathrm{m}^3$$

例 2.6.6　求 $\cos 61°$ 的近似值.

解　把 $61°$ 化为弧度，得 $61°=\frac{\pi}{3}+\frac{\pi}{180}$. 设 $f(x)=\cos x$，则 $f'(x)=-\sin x$. 由 $f(x_0+\Delta x)\approx f(x_0)+f'(x_0)\Delta x$，得

$$\cos 61°\approx\cos\frac{\pi}{3}-\sin\frac{\pi}{3}\cdot\frac{\pi}{180}=\frac{1}{2}-\frac{\sqrt{3}}{2}\cdot\frac{\pi}{180}\approx 0.485$$

例 2.6.7　求 $\sqrt{1.02}$ 的近似值.

解　设 $f(x)=\sqrt{x}$，$x_0=1$，$\Delta x=0.02$，则

$$f(1)=1, f'(x)=\frac{1}{2\sqrt{x}}, f'(1)=\frac{1}{2}$$

所以，由公式 $f(x_0+\Delta x)\approx f(x_0)+f'(x_0)\Delta x$，得

$$\sqrt{1.02}=\sqrt{1+0.02}\approx 1+\frac{1}{2}\times 0.02=1.01$$

或利用公式$(1+x)^\alpha\approx 1+\alpha x$，得

$$\sqrt{1.02}=(1+0.02)^{\frac{1}{2}}\approx 1+\frac{1}{2}\times 0.02=1.01$$

显然，利用近似计算公式求函数在 $x=0$ 邻近的值时比较方便，再如

$$\ln 0.98=\ln(1-0.02)\approx -0.02$$

习题 2.6

2.6.1 已知 $y=x^3-x$，在 $x=2$ 时，计算当 $\Delta x=0.01$ 时的 Δy 和 $\mathrm{d}y$.

2.6.2 求下列函数在给定点的微分.

(1) $y=x^3+2\sin x, x=0, \mathrm{d}x=0.01$

(2) $y=2x\cos x, x=\frac{\pi}{2}, \mathrm{d}x=0.01$

(3) $y=\frac{2+\ln x}{x}, x=\mathrm{e}, \mathrm{d}x=0.01$

2.6.3 求下列函数的微分 $\mathrm{d}y$.

(1) $y=2^{\sin x}$

(2) $y=\sqrt{x}+\ln x$

(3) $y=\mathrm{e}^{\sqrt{x}}\sin x$

(4) $y=\arcsin\sqrt{1-x^2}$

(5) $y=x\ln^2 x$

(6) $y=\ln(\tan x+\cot x)$

(7) $y=(\mathrm{e}^x+\mathrm{e}^{-x})^2$

(8) $y=(\sin x^2)^2$

2.6.4 将适当的函数填入下列括号，使等式成立.

(1) $\mathrm{d}(\quad)=2\mathrm{d}x$

(2) $\mathrm{d}(\quad)=3x\mathrm{d}x$

(3) $\mathrm{d}(\quad)=\cos t\mathrm{d}t$

(4) $\mathrm{d}(\quad)=\sin\omega t\mathrm{d}t$

(5) $\mathrm{d}(\quad)=\frac{\mathrm{d}x}{1+x}$

(6) $\mathrm{d}(\quad)=\mathrm{e}^{-2x}\mathrm{d}x$

(7) $\mathrm{d}(\quad)=\frac{\mathrm{d}x}{\sqrt{x}}$

(8) $\mathrm{d}(\quad)=\sec^2 3x\mathrm{d}x$

2.6.5 求下列函数的近似值.

(1) $\mathrm{e}^{0.05}$

(2) $\sqrt[3]{0.95}$

(3) $\ln 0.9$

(4) $\arctan 1.01$

2.6.6 水管壁的正截面是一个圆环，设它的内半径为 R_0，壁厚为 d，利用微分来计算这个圆环面积的近似值(d 相当小).

2.6.7 半径为 15 cm 的球，半径伸长 2 mm，球的体积约增大多少？

小　　结

一、本章知识构图

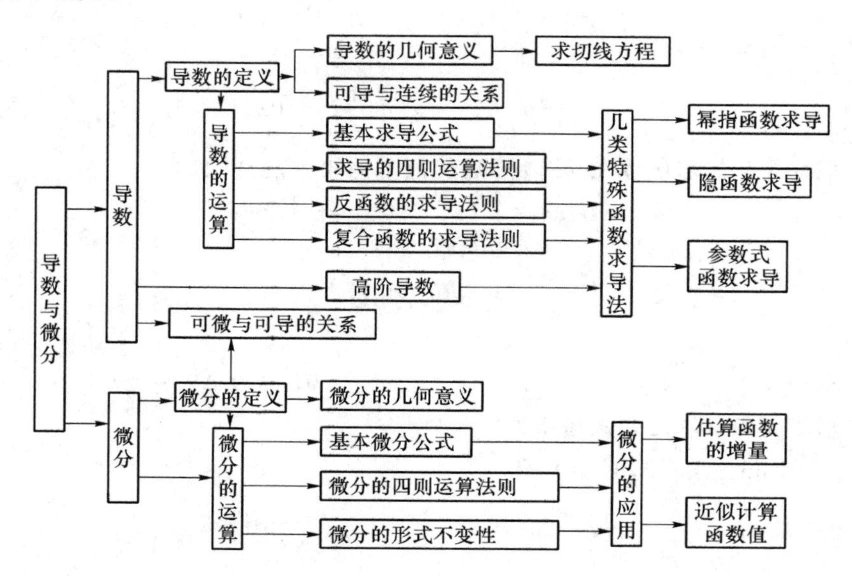

二、内容小结

1. 有关定义

设函数 $y=f(x)$ 在点 x_0 的某邻域内有定义.则有下列定义式.

导数：$f'(x_0)=\lim\limits_{\Delta x\to 0}\dfrac{f(x_0+\Delta x)-f(x_0)}{\Delta x}=\lim\limits_{x\to x_0}\dfrac{f(x)-f(x_0)}{x-x_0}$

导函数：$f'(x)=\lim\limits_{\Delta x\to 0}\dfrac{f(x+\Delta x)-f(x)}{\Delta x}, x\in U(x_0)$

左导数：$f'_{-}(x_0)=\lim\limits_{\Delta x\to 0^-}\dfrac{f(x_0+\Delta x)-f(x_0)}{\Delta x}=\lim\limits_{x\to x_0^-}\dfrac{f(x)-f(x_0)}{x-x_0}$

右导数：$f'_{+}(x_0)=\lim\limits_{\Delta x\to 0^+}\dfrac{f(x_0+\Delta x)-f(x_0)}{\Delta x}=\lim\limits_{x\to x_0^+}\dfrac{f(x)-f(x_0)}{x-x_0}$

微分：若 $\Delta y=A\Delta x+o(\Delta x)$，则 $\mathrm{d}y\Big|_{x=x_0}=A\Delta x$.

二阶导数：$f''(x_0)=\lim\limits_{\Delta x\to 0}\dfrac{f'(x_0+\Delta x)-f'(x_0)}{\Delta x}=\lim\limits_{x\to x_0}\dfrac{f'(x)-f'(x_0)}{x-x_0}$

2. 概念之间的关系

可导与单侧导数的关系：函数 $f(x)$ 在点 x_0 处可导的充分必要条件是 $f(x)$ 在点 x_0 处的左、右导数存在且相等，即

$$f'(x_0)\text{存在}\Leftrightarrow f'_{-}(x_0)=f'_{+}(x_0)$$

可导与连续的关系：若函数 $f(x)$ 在点 x_0 处可导，则 $f(x)$ 在点 x_0 处连续，即

$$f'(x_0)\text{存在}\Rightarrow\lim_{x\to x_0}f(x)=f(x_0)$$

可导与可微的关系：函数 $y=f(x)$ 在点 x_0 处可微的充分必要条件是函数 $f(x)$ 在点 x_0 处可导，且 $\mathrm{d}y\Big|_{x=x_0}=f'(x_0)\Delta x$，即

$$\mathrm{d}y\Big|_{x=x_0}\text{存在}\Leftrightarrow f'(x_0)\text{存在}$$

可微与连续的关系：若函数 $y=f(x)$ 在点 x_0 处可微，则函数 $f(x)$ 必在点 x_0 处连续，即

$$\mathrm{d}y\Big|_{x=x_0}\text{存在}\Rightarrow \lim_{x\to x_0} f(x)=f(x_0)$$

3. 导数与微分的几何意义

导数的几何意义：若 $f'(x_0)$ 存在且 $f'(x_0)\neq 0$，则 $f'(x_0)$ 是曲线 $y=f(x)$ 在点 $(x_0,f(x_0))$ 处的切线的斜率.

切线方程：$y-f(x_0)=f'(x_0)(x-x_0)$.

法线方程：$y-f(x_0)=-\dfrac{1}{f'(x_0)}(x-x_0)$.

微分的几何意义：若 $f'(x_0)$ 存在，则 $f'(x_0)\Delta x$ 是曲线 $y=f(x)$ 在点 $(x_0,f(x_0))$ 处的切线上在点 $x=x_0+\Delta x$ 处的纵坐标与点 $x=x_0$ 处的纵坐标之差.

4. 基本的求导公式与微分公式

(1) $(C)'=0$, $\mathrm{d}C=0$ (C 为常数)

(2) $(x^\alpha)'=\alpha x^{\alpha-1}$, $\mathrm{d}(x^\alpha)=\alpha x^{\alpha-1}\mathrm{d}x$ (α 为常数)

(3) $(a^x)'=a^x\ln a$, $\mathrm{d}(a^x)=a^x\ln a\mathrm{d}x(a>0,a\neq 1)$

$(\mathrm{e}^x)'=\mathrm{e}^x$, $\mathrm{d}(\mathrm{e}^x)=\mathrm{e}^x\mathrm{d}x$

(4) $(\log_a x)'=\dfrac{1}{x\ln a}$, $\mathrm{d}(\log_a x)=\dfrac{1}{x\ln a}\mathrm{d}x(a>0,a\neq 1)$

$(\ln x)'=\dfrac{1}{x}$, $\mathrm{d}(\ln x)=\dfrac{1}{x}\mathrm{d}x$

(5) $(\sin x)'=\cos x$, $\mathrm{d}(\sin x)=\cos x\mathrm{d}x$

(6) $(\cos x)'=-\sin x$, $\mathrm{d}(\cos x)=-\sin x\mathrm{d}x$

(7) $(\tan x)'=\sec^2 x$, $\mathrm{d}(\tan x)=\sec^2 x\mathrm{d}x$

(8) $(\cot x)'=-\csc^2 x$, $\mathrm{d}(\cot x)=-\csc^2 x\mathrm{d}x$

(9) $(\sec x)'=\sec x\tan x$, $\mathrm{d}(\sec x)=\sec x\tan x\mathrm{d}x$

(10) $(\csc x)'=-\csc x\cot x$, $\mathrm{d}(\csc x)=-\csc x\cot x\mathrm{d}x$

(11) $(\arcsin x)'=\dfrac{1}{\sqrt{1-x^2}}$, $\mathrm{d}(\arcsin x)=\dfrac{1}{\sqrt{1-x^2}}\mathrm{d}x$

(12) $(\arccos x)'=-\dfrac{1}{\sqrt{1-x^2}}$, $\mathrm{d}(\arccos x)=-\dfrac{1}{\sqrt{1-x^2}}\mathrm{d}x$

(13) $(\arctan x)'=\dfrac{1}{1+x^2}$, $\mathrm{d}(\arctan x)=\dfrac{1}{1+x^2}\mathrm{d}x$

(14) $(\mathrm{arccot}\, x)'=-\dfrac{1}{1+x^2}$, $\mathrm{d}(\mathrm{arccot}\, x)=-\dfrac{1}{1+x^2}\mathrm{d}x$

注意 在上述公式中，所有的求导公式只有当 x 是自变量时正确，而所有的微分公式当 x 是其他变量的可导函数时，即 $x=\varphi(t)$ 也是正确的.

5. 求导法则与微分法则

(1) 和、差、积、商的求导法则与微分法则

设 $u(x),v(x)$ 在点 x 处可导，则

$$[u(x)\pm v(x)]'=u'(x)\pm v'(x)$$

$$\mathrm{d}[u(x)\pm v(x)]=\mathrm{d}u(x)\pm \mathrm{d}v(x)$$

$$[u(x)v(x)]'=u'(x)v(x)+v'(x)u(x)$$

$$\mathrm{d}[u(x)v(x)]=v(x)\mathrm{d}u(x)+u(x)\mathrm{d}v(x)$$

$$\left[\frac{u(x)}{v(x)}\right]'=\frac{u'(x)v(x)-u(x)v'(x)}{v^2(x)},v(x)\neq 0$$

$$\mathrm{d}\left[\frac{u(x)}{v(x)}\right]=\frac{v(x)\mathrm{d}u(x)-u(x)\mathrm{d}v(x)}{v^2(x)},v(x)\neq 0$$

(2) 反函数的求导法则

若函数 $x=\varphi(y)$，在区间 I_y 内单调，可导，且 $\varphi'(y)\neq 0$，则其反函数 $y=f(x)$ 在对应的区间 I_x 为单调，可导，且有

$$f'(x)=\frac{1}{\varphi'(y)},\quad I_x=\{x\,|\,x=\varphi(y),y\in I_y\}$$

(3) 复合函数的求导法则与微分法则

设函数 $u=\varphi(x)$ 在点 x 处可导，$y=f(u)$ 在相应的点 $u=\varphi(x)$ 处可导，则复合函数 $y=f[\varphi(x)]$ 在点 x 处可导，且

$$\frac{\mathrm{d}y}{\mathrm{d}x}=f'(u)\varphi'(x)=\frac{\mathrm{d}y}{\mathrm{d}u}\cdot\frac{\mathrm{d}u}{\mathrm{d}x},\quad \mathrm{d}y=f'(u)\mathrm{d}u=f'[\varphi(x)]\varphi'(x)\mathrm{d}x$$

6. 在求导运算中常见的函数类型

初等函数：应用基本求导公式和导数的四则运算法则及复合函数的求导法则就可求出初等函数的导数，并且导函数一般还是用初等函数表示.

分段函数：在函数分段的各子区间内，函数的表达式是初等函数，可以用公式求导法则计算；在各子区间的分界点处，由于函数在分界点的左、右邻域的表达式不同，所以应按导数的定义计算函数在这些点上的导数.

幂指函数(或乘、除因子较多的初等函数)：用“对数求导法”往往可使求导运算容易进行，即先取对数，再求导数.

隐函数：对于由方程 $F(x,y)=0$ 确定的函数 $y=y(x)$ 的导数，可以不解出 y 为显函数，而直接从方程 $F(x,y)=0$ 中求得. 在该方程中将 y 视为 x 的函数，两边对 x 求导，就会得到一个含 x,y,y' 的方程，再从中解出 y' 来. 注意此时的 y' 的表达式中往往既有 x，又有 y，y 就是由方程 $F(x,y)=0$ 确定的隐函数 $y=y(x)$.

参数式函数：由参数方程

$$\begin{cases}x=\varphi(t)\\ y=\psi(t)\end{cases},\quad \varphi'(t)\neq 0,\psi(t)\text{存在}$$

确定的函数 $y=y(x)$ 的求导方法为

$$\frac{\mathrm{d}y}{\mathrm{d}x}=\frac{\psi'(t)}{\varphi'(t)}$$

7. 高阶导数的求法

y''，y''' 等较低阶导数的求法：$y''=(y')'$，$y'''=(y'')'$，依次求出 y'，y''，y''' 即可.

$y^{(n)}$ 等较高阶导数的求法：依次求出 y'，y''，y'''，…，看出规律，归纳出 $y^{(n)}$ 的表达式，在求 $y^{(n)}$ 时，一些已求出的结果可作为公式：

$$(e^x)^{(n)}=e^x,(x^\alpha)^{(n)}=\alpha(\alpha-1)\cdots(\alpha-n+1)x^{\alpha-n}$$

$$(\sin x)^{(n)}=\sin\left(x+\frac{\pi}{2}\right),(\cos x)^{(n)}=\cos\left(x+\frac{n\pi}{2}\right)$$

8. 导数与微分的简单应用

(1) 求曲线 $y=f(x)$ 在点 x_0 处的切线方程、法线方程.

(2) 求函数 $y=f(x)$ 相对于自变量的"瞬时"变化率.

(3) 求函数的增量 Δy 的近似值

$$\Delta y\approx f'(x_0)\Delta x$$

(4) 由 $f(x_0)$，$f'(x_0)$ 近似地求出 $f(x_0+\Delta x)$ 的近似值

$$f(x_0+\Delta x)\approx f(x_0)+f'(x_0)\Delta x$$

三、常见题型

(1) 按公式与求导法则求初等函数的导数、二阶导数.

(2) 求分段函数的导数，尤其是在分界点处的导数.

(3) 判断分段函数在分界点处的可导性.

(4) 由分段函数在分界点处的可导性确定函数中的未知常数.

(5) 由导数的定义求一些函数的极限.

(6) 求曲线在一点的切线方程、法线方程.

(7) 求隐函数的导数、二阶导数.

(8) 求参数式函数的导数、二阶导数.

(9) 求幂指函数的导数.

(10) 求某些简单函数的高阶(n 阶)导数.

复习题二

1. 求下列函数的导数.

(1) $y=\tan^2 x$

(2) $y=e^{-x}(\sin x+\cos x)$

(3) $y=\dfrac{x}{4-x^3}$

(4) $y=\dfrac{\sin x}{x}+\dfrac{x}{\sin x}$

(5) $y=\log_a(1+x^2)$

(6) $y=\cot x\csc x-\dfrac{1}{1+x+x^2}$

(7) $s=\dfrac{1+\sin t}{1-\cos t}$

(8) $y=\arcsin\sqrt{\dfrac{1-x}{1+x}}$

2. 求下列函数的各阶导数.

(1) $y=x\ln^2 x$，求 y'''.

(2) $y=(1+x^2)\sin x$，求 y''.

(3) $y=\sin\sqrt{x}$，求 y'''.

(4) $y=\sqrt{\cos x}$，求 $y^{(4)}$.

3. 求下列隐函数的导数.

(1) $\dfrac{x^2}{4}+\dfrac{y^2}{9}=1$

(2) $y=x+e^y$

(3) $x^2-y^2-xy=1$

(4) $y^2-2ax+b=0$

4. 利用对数求导法求下列函数的导数.

(1) $y=(\sin x)^{\tan x}$　　(2) $y=x\sqrt{\frac{1-x}{1+x}}$

(3) $y=(x-1)(x-2)^2(x-3)^3\cdots(x-n)^n$

5. 已知函数 $y=x^2+x$，求 x 由 2 变到 1.99 时，函数的增量与微分.

6. 求下列函数的微分.

(1) $y=(2x^4-x^2+3)(\sqrt{x}-\frac{1}{x})$　　(2) $y=\frac{x^2-2}{x^2+2}$

(3) $y=5^{\ln x}$　　(4) $y=\ln(x+\sqrt{x^2+a^2})$

7. 将适当的函数填入下列括号，使等式成立.

(1) $d(\quad)=3xdx$　　(2) $d(\quad)=(2x+1)dx$

(3) $d(\quad)=\cos 3xdx$　　(4) $d(\quad)=(3x^2+2x)dx$

(5) $d(\quad)=3^{2x}dx$　　(6) $d(\quad)=\frac{1}{x}dx$

8. 试求垂直于直线 $2x+4y-3=0$，并与双曲线$\frac{x^2}{2}-\frac{y^2}{7}=1$ 相切的直线方程.

9. 设函数 $f(x)=\begin{cases}x^3, & x\leqslant 0\\ ax+b, & x>0\end{cases}$在 $x=0$ 处可导，求 a,b 的值.

10. 已知曲线 $y=f(x)$ 在 $x=1$ 处的切线方程是 $2x-y+1=0$，求函数在 $x=1$ 处的微分.

11. 求下列函数在指定点的微分(取 $dx=0.01$).

(1) $y=\sqrt{x}, x=4$　　(2) $y=\sin^2 x, x=\frac{\pi}{4}$

12. 求下列函数的微分.

(1) $y=(1+x-x^2)^3+\tan^2 x$　　(2) $y=\ln\cos\frac{x}{3}$

(3) $y=2^{\arccos x}$　　(4) $xy=16$

13. 求下列函数值的近似值.

(1) $\sqrt[3]{0.95}$　　(2) $e^{0.97}$

(3) $\ln 1.01$　　(4) $\sin 0.02$

14. 求曲线$\begin{cases}x=2e^t\\ y=e^{-t}\end{cases}$在 $t=0$ 处的切线方程和法线方程.

第3章　中值定理与导数的应用

导数是研究函数性态的重要工具，在建立了导数的概念之后，本章将介绍微分中值定理，利用导数求函数极限的方法(罗必达法则)、导数判断函数的单调区间、凹凸区间及求一元函数极值、最值和函数图形描绘，在本章的最后介绍导数在经济上的应用.

3.1　中值定理

微分中值定理共有3个：罗尔定理、拉格朗日定理和柯西定理，我们将会发现，在这3个定理中，后者为前者的推广，前者为后者的特殊情形. 它们都是研究函数从局部性质推断整体性态的重要工具.

3.1.1　罗尔(Rolle)定理

定理 3.1.1(罗尔定理)　若函数 $f(x)$满足以下3个条件：

(1) 函数 $f(x)$在闭区间$[a,b]$上连续；

(2) 函数 $f(x)$在开区间(a,b)内可导；

(3) $f(a)=f(b)$.

则在开区间(a,b)内至少存在一点 ξ，使得 $f'(\xi)=0$.

定理 3.1.1 在图形上看是十分直观的，如图 3.1.1 所示，该定理可描述为：连续光滑曲线 $y=f(x)$在闭区间$[a,b]$上的两个端点的函数值相等，且在开区间(a,b)内每点都存在不垂直于 x 轴的切线，则在此曲线上至少存在一条水平切线.

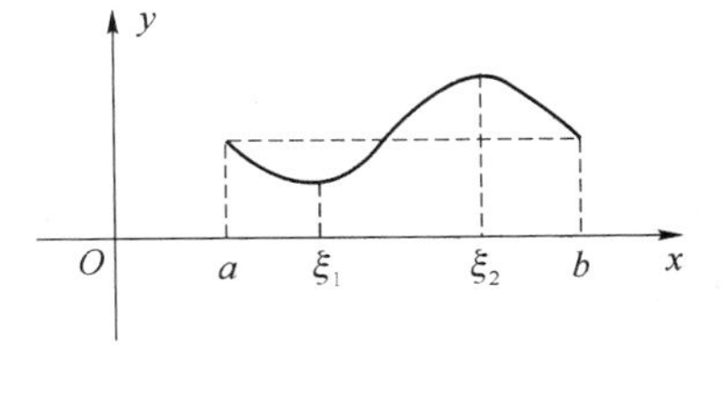

图 3.1.1

证明　因为 $f(x)$在闭区间$[a,b]$上连续，根据闭区间上连续函数的最大值和最小值定理，$f(x)$在$[a,b]$上必定有最大值 M 和最小值 m，此时有以下两种可能情形.

(1) $M=m$

此时，$f(x)$在区间$[a,b]$上恒为常数，因此有 $f'(x)=0$，故可在(a,b)内的任何一点作为 ξ，都有 $f'(\xi)=0$.

(2) $M>m$

因为 $f(a)=f(b)$，故 M 和 m 中至少有一个不等于 $f(a)$. 不妨设 $M\neq f(a)$，则在开区间(a,b)内有一点 ξ，使得 $f(\xi)=M$. 下面证明必有 $f'(\xi)=0$.

因为 $f(x)$在开区间(a,b)内可导，$\xi\in(a,b)$，所以 $f'(\xi)$存在，即极限

$$f'(\xi)=\lim_{\Delta x\to 0}\frac{f(\xi+\Delta x)-f(\xi)}{\Delta x}$$

存在，从而其左、右极限存在，且相等，即

$$f'(\xi)=\lim_{\Delta x\to 0+0}\frac{f(\xi+\Delta x)-f(\xi)}{\Delta x}=\lim_{\Delta x\to 0-0}\frac{f(\xi+\Delta x)-f(\xi)}{\Delta x}$$

因为 $f(\xi)=M$ 是 $f(x)$ 在 $[a,b]$ 上的最大值，所以不论 $\Delta x>0$ 或 $\Delta x<0$，总有

$$f(\xi+\Delta x)\leqslant f(\xi)\qquad (a<\xi+\Delta x<b)$$

即

$$f(\xi+\Delta x)-f(\xi)\leqslant 0$$

当 $\Delta x>0$ 时，有

$$\frac{f(\xi+\Delta x)-f(\xi)}{\Delta x}\leqslant 0$$

根据极限的保号性，有

$$f'(\xi)=\lim_{\Delta x\to 0+0}\frac{f(\xi+\Delta x)-f(\xi)}{\Delta x}\leqslant 0 \tag{3.1.1}$$

当 $\Delta x<0$ 时，有

$$\frac{f(\xi+\Delta x)-f(\xi)}{\Delta x}\geqslant 0$$

从而有

$$f'(\xi)=\lim_{\Delta x\to 0-0}\frac{f(\xi+\Delta x)-f(\xi)}{\Delta x}\geqslant 0 \tag{3.1.2}$$

综合(3.1.1)式、(3.1.2)式知

$$f'(\xi)=0$$

例 3.1.1 函数 $y=\sin x$ 在区间 $[0,\pi]$ 上满足罗尔定理吗？若满足，求出 ξ.

解 由于函数 $y=\sin x$ 在区间 $[0,\pi]$ 上连续，且在开区间 $(0,\pi)$ 内可导，又因为

$$\sin 0=\sin\pi=0$$

故函数 $y=\sin x$ 在区间 $[0,\pi]$ 上满足罗尔定理，故存在一点 $\xi\in(0,\pi)$，使得 $f'(\xi)=0$，即

$$f'(\xi)=\cos\xi=0$$

故

$$\xi=\frac{\pi}{2}$$

注意 (1)罗尔定理中 3 个条件缺一不可. 若缺少其中一个条件，定理 3.1.1 的结论将未必成立.

例如，函数 $y=|x|$，$x\in[-1,1]$ 虽满足罗尔定理的第 1 和第 3 个条件，但不满足第2 个条件(在 $x=0$ 处不可导)，因此罗尔定理的结论不成立.

(2) 定理的条件是充分的，但不是必要的.

例如，$f(x)=\begin{cases}x^2, & |x|<1\\ 0, & -2\leqslant x\leqslant -1\\ 1, & 1\leqslant x\leqslant 2\end{cases}$，函数 $f(x)$ 在闭区间 $[-2,2]$ 上不连续，在开区间 $(-2,2)$ 内不可导，但却满足存在一点 $\xi=0$，$\xi\in(-2,2)$，使得 $f'(0)=0$.

例 3.1.2 不求 $f(x)=(x-a)(x-b)(x-c)$ 的导数，说明 $f'(x)=0$ 有几个实根，并指出实根所在的区间 $(a<b<c)$.

解 因为函数 $f(x)$ 在 $[a,b]$，$[b,c]$ 上都满足罗尔定理的条件，所以至少有 $\xi_1\in(a,b)$，$\xi_2\in(b,c)$，使得 $f'(\xi_1)=0$，$f'(\xi_2)=0$，即方程 $f'(x)=0$ 至少有两个实根. 又因为 $f(x)$ 是一个三次多项式，所以 $f'(x)=0$ 是一个一元二次方程，最多有两个实根.

因此，$f'(x)=0$ 有两个实根，分别在区间 (a,b)，(b,c) 内.

3.1.2　拉格朗日(Lagrange)定理

定理 3.1.2(拉格朗日定理)　若函数 $f(x)$满足以下条件：

(1) 函数 $f(x)$在闭区间$[a,b]$上连续；

(2) 函数 $f(x)$在开区间(a,b)内可导.

则在开区间(a,b)内至少存在一点 ξ,使得

$$f'(\xi)=\frac{f(b)-f(a)}{b-a}$$

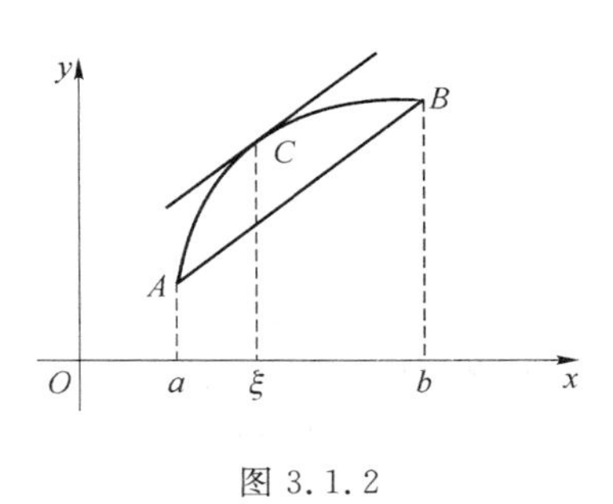

图 3.1.2

从定理 3.1.2 可见(如图 3.1.2 所示),若 $f(a)=f(b)$,则拉格朗日中值定理就是罗尔定理.也就是说,罗尔定理是拉格朗日定理的一个特例.下面用罗尔定理来证明拉格朗日定理.

证明　构造辅助函数

$$F(x)=f(x)-f(a)-\frac{f(b)-f(a)}{b-a}(x-a)$$

因为 $f(x)$在$[a,b]$上连续,所以 $F(x)$在$[a,b]$上连续.又因为 $f(x)$在(a,b)内可导,所以 $F(x)$在(a,b)内可导,且

$$F'(x)=f'(x)-\frac{f(b)-f(a)}{b-a}$$

将 $x=a,x=b$ 代入 $F(x)$中,计算得 $F(a)=F(b)=0$.所以,$F(x)$满足罗尔定理的条件.因此,在(a,b)内至少有一点 ξ,使得

$$F'(\xi)=0$$

即

$$f'(\xi)-\frac{f(b)-f(a)}{b-a}=0$$

由此得到

$$\frac{f(b)-f(a)}{b-a}=f'(\xi)$$

例 3.1.3　验证函数 $y=\ln x$ 在区间$[1,\mathrm{e}]$上满足拉格朗日定理的条件,并求 ξ 的值.

解　因为函数 $f(x)=\ln x$ 在$[1,\mathrm{e}]$上连续,在$(1,\mathrm{e})$内可导,所以 $f(x)$在$[1,\mathrm{e}]$上满足拉格朗日中值定理的条件.由于 $f'(x)=\frac{1}{x}$,由拉格朗日定理结论,有

$$\frac{1}{x}=\frac{f(\mathrm{e})-f(1)}{\mathrm{e}-1}=\frac{\ln \mathrm{e}-\ln 1}{\mathrm{e}-1}$$

得

$$x=\mathrm{e}-1$$

即 $f(x)=\ln x$ 在开区间$(1,\mathrm{e})$内有一点 $\xi=\mathrm{e}-1$,使得

$$\frac{f(\mathrm{e})-f(1)}{\mathrm{e}-1}=f'(\xi)$$

如果函数 $f(x)$在区间(a,b)内是一个常数,则 $f(x)$在区间(a,b)内的导数恒为 0.它的逆命题是否成立?回答是肯定的,这就是下面的推论 1.

推论 1　如果函数 $f(x)$在区间(a,b)内的导数恒为 0,则 $f(x)$在区间(a,b)内是一个常数.

证明　在区间(a,b)内任取两点 $x_1,x_2(x_1<x_2)$,因为 $f(x)$在区间(a,b)内可导,所以在区

间(a,b)内连续. 因此,$f(x)$在$[x_1,x_2]$上连续,在(x_1,x_2)内可导,即$f(x)$在区间$[x_1,x_2]$上满足拉格朗日定理的条件. 由拉格朗日定理的结论,有

$$\frac{f(x_2)-f(x_1)}{x_2-x_1}=f'(\xi) \qquad (x_1<\xi<x_2)$$

因为
$$f'(\xi)=0$$
所以
$$f(x_2)-f(x_1)=0$$
即
$$f(x_2)=f(x_1)$$

因为x_1,x_2是(a,b)内任意两点,所以上述等式表明$f(x)$在(a,b)内是一个常数.

由推论 1 立即得到下面的推论 2.

推论 2 如果函数$f(x)$和$g(x)$在区间(a,b)内可导,且$f'(x)=g'(x)$,则在区间(a,b)内两个函数至多相差一个常数,即

$$f(x)=g(x)+C$$

其中,C为常数.

证明 设$F(x)=f(x)-g(x)$,因为

$$F'(x)=[f(x)-g(x)]'=f'(x)-g'(x)=0$$

所以,根据推论 1,得

$$f(x)-g(x)=C \quad (C\text{为某个任意常数})$$

即

$$f(x)=g(x)+C$$

3.1.3 柯西(Cauchy)定理

定理 3.1.3(柯西定理) 如果函数$f(x)$和$g(x)$满足以下条件:

(1) 在闭区间$[a,b]$上连续;

(2) 在开区间(a,b)内可导,且$g'(x)\neq 0$.

则在(a,b)内至少有一点ξ,使得

$$\frac{f(b)-f(a)}{g(b)-g(a)}=\frac{f'(\xi)}{g'(\xi)}$$

显然,在上式中,若取$g(x)=x$,则$g(b)-g(a)=b-a$,$g'(x)=1$,从而上式化为

$$\frac{f(b)-f(a)}{b-a}=f'(\xi)$$

因此,拉格朗日定理是柯西定理的特例.

习题 3.1

3.1.1 下列函数在给定区间上是否满足罗尔定理的条件? 若满足,求出定理结论中的ξ值.

(1) $f(x)=2x^2-x-3, x\in\left[-1,\frac{3}{2}\right]$

(2) $f(x)=\ln\sin x, x\in\left[\frac{\pi}{6},\frac{5\pi}{6}\right]$

(3) $f(x)=\dfrac{3}{2x^2+1}, x\in[-1,1]$

(4) $f(x)=\sqrt{x}, x\in[0,2]$

3.1.2　下列函数在指定区间上是否满足拉格朗日定理的条件？若满足，求出定理结论中的ξ值.

(1) $f(x)=x^3, x\in[-1,2]$

(2) $f(x)=\arctan x, x\in[0,1]$

(3) $f(x)=\ln x, x\in[1,2]$

(4) $f(x)=\begin{cases}x^2, & -1<x<0\\ 1, & 0\leqslant x\leqslant 1\end{cases}$

3.1.3　下列函数在指定区间上是否满足柯西定理的条件？若满足，求出定理结论中的ξ值.

(1) $f(x)=e^x, g(x)=ex, x\in[0,1]$

(2) $f(x)=x^3, g(x)=x^2+1, x\in[1,2]$

3.1.4　用罗尔定理证明：若 $f(x)=(x-1)(x-2)(x-3)(x-4)$，则 $f'(x)=0$ 有3个实根.

3.1.5　用拉格朗日定理的推论1证明以下恒等式.

(1) $\arcsin x+\arccos x=\dfrac{\pi}{2}, -1\leqslant x\leqslant 1$

(2) $\arctan x+\operatorname{arccot} x=\dfrac{\pi}{2}, x\in\mathbf{R}$

3.2　罗必达法则

如果当 $x\to x_0$（或 $x\to\infty$）时，两个函数 $f(x)$ 与 $g(x)$ 都趋于0，或都趋于无穷大，则极限 $\lim\limits_{x\to x_0}\dfrac{f(x)}{g(x)}$ 或 $\lim\limits_{x\to\infty}\dfrac{f(x)}{g(x)}$ 可能存在，也可能不存在. 通常称这种极限为未定式，并简记其为 $\dfrac{0}{0}$ 型或 $\dfrac{\infty}{\infty}$ 型. 对于这类极限，将学习一种简便而有效的方法来求得，即罗必达法则(L'Hospital).

3.2.1　未定式$\dfrac{0}{0}$型的极限求法

罗必达法则Ⅰ　如果函数 $f(x)$ 和 $g(x)$ 满足下述条件：

(1) $\lim\limits_{x\to x_0} f(x)=\lim\limits_{x\to x_0} g(x)=0$；

(2) 在点 x_0 的某邻域内（点 x_0 可以除外），$f'(x)$ 与 $g'(x)$ 均存在，且 $g'(x)\neq 0$；

(3) $\lim\limits_{x\to x_0}\dfrac{f'(x)}{g'(x)}$ 存在（或为无穷大）.

则有

$$\lim_{x\to x_0}\frac{f(x)}{g(x)}=\lim_{x\to x_0}\frac{f'(x)}{g'(x)}$$

证明　因为求 $\dfrac{f(x)}{g(x)}$ 当 $x\to x_0$ 的极限与 $f(x_0)$ 和 $g(x_0)$ 无关，所以可设 $f(x_0)=g(x_0)=0$，于是由条件(1)，(2)知，$f(x)$ 和 $g(x)$ 在点 x_0 的某邻域是连续的. 设 x 是该邻域内一点，则在

以 x_0 和 x 为端点的区间上，柯西定理条件满足，故有

$$\frac{f(x)}{g(x)}=\frac{f(x)-f(x_0)}{g(x)-g(x_0)}=\frac{f'(\xi)}{g'(\xi)} \quad (x<\xi<x_0)$$

当 $x\to x_0$ 时，有 $\xi\to x_0$，于是

$$\lim_{x\to x_0}\frac{f(x)}{g(x)}=\lim_{\xi\to x_0}\frac{f'(\xi)}{g'(\xi)}=\lim_{x\to x_0}\frac{f'(x)}{g'(x)}$$

上述法则对于 $x\to\infty$ 情形同样适用.

例 3.2.1 求 $\lim\limits_{x\to 0}\frac{e^x-1}{x}$.

解 所求极限为 $\frac{0}{0}$ 型，据法则Ⅰ，有

$$\lim_{x\to 0}\frac{e^x-1}{x}=\lim_{x\to 0}\frac{e^x}{1}=1$$

例 3.2.2 求 $\lim\limits_{x\to 0}\frac{1-\cos x}{\sin x}$.

解 所求极限为 $\frac{0}{0}$ 型，据法则Ⅰ，有

$$\lim_{x\to 0}\frac{1-\cos x}{\sin x}=\lim_{x\to 0}\frac{\sin x}{\cos x}=0$$

一般来说，当未定式使用了一次罗必达法则后，$\lim\limits_{x\to x_0}\frac{f'(x)}{g'(x)}$ 仍为未定式，且满足法则Ⅰ条件，则可继续使用罗必达法则，且可依此类推. 应当注意，每当使用罗必达法则之前，都必须检查该极限是否为未定式，否则将得出错误的结果.

例 3.2.3 求 $\lim\limits_{x\to x_0}\frac{x-x\cos x}{x-\sin x}$.

解 所求极限为 $\frac{0}{0}$ 型，据法则Ⅰ，有

$$\lim_{x\to 0}\frac{x-x\cos x}{x-\sin x}=\lim_{x\to 0}\frac{1-\cos x+x\sin x}{1-\cos x}$$

等号右边仍为未定式，且满足法则Ⅰ条件，故

$$\begin{aligned}\lim_{x\to x_0}\frac{x-x\cos x}{x-\sin x}&=\lim_{x\to 0}\frac{\sin x+\sin x+x\cos x}{\sin x}\\&=\lim_{x\to 0}\left(2+\frac{x\cos x}{\sin x}\right)\\&=2+\lim_{x\to 0}\frac{\cos x}{\frac{\sin x}{x}}\\&=3\end{aligned}$$

注意 运用罗必达法则求极限时，能化简的，尽量先化简再求.

3.2.2 未定式 $\frac{\infty}{\infty}$ 型的极限求法

罗必达法则Ⅱ 如果函数 $f(x)$ 和 $g(x)$ 满足下述条件：

(1) $\lim\limits_{x\to x_0} f(x)=\infty$，$\lim\limits_{x\to x_0} g(x)=\infty$；

(2) 在点 x_0 的某邻域内(点 x_0 可以除外),$f'(x)$和 $g'(x)$均存在,且 $g'(x)\neq 0$;

(3) $\lim\limits_{x\to x_0}\dfrac{f'(x)}{g'(x)}$存在(或为无穷大).

则有

$$\lim_{x\to x_0}\frac{f(x)}{g(x)}=\lim_{x\to x_0}\frac{f'(x)}{g'(x)}$$

对于 $x\to\infty$时的未定式$\dfrac{\infty}{\infty}$型,法则Ⅱ同样适用.

例 3.2.4 求 $\lim\limits_{x\to 0+0}\dfrac{\ln\sin x}{\ln x}$.

解
$$\lim_{x\to 0^+}\frac{\ln\sin x}{\ln x}\overset{\frac{\infty}{\infty}}{=\!=}\lim_{x\to 0^+}\frac{\dfrac{\cos x}{\sin x}}{\dfrac{1}{x}}=\lim_{x\to 0^+}\cos x\cdot\lim_{x\to 0^+}\frac{x}{\sin x}=1$$

例 3.2.5 求 $\lim\limits_{x\to+\infty}\dfrac{\ln^2 x}{x}$.

解 所求极限为$\dfrac{\infty}{\infty}$型,两次运用罗必达法则Ⅱ,得

$$\lim_{x\to+\infty}\frac{\ln^2 x}{x}\overset{\frac{\infty}{\infty}}{=\!=}\lim_{x\to+\infty}\frac{\dfrac{2\ln x}{x}}{1}=2\lim_{x\to+\infty}\frac{\ln x}{x}\overset{\frac{\infty}{\infty}}{=\!=}2\lim_{x\to+\infty}\frac{\dfrac{1}{x}}{1}=0$$

注意 罗必达法则虽然是求未定式的一种有效方法,但未必是最简捷的.因此,在求极限过程中最好与其他求极限的方法相结合.如能化简时先尽可能化简,能用两个重要极限时先用两个重要极限,能用等价无穷小替换的先用等价无穷小替换,等等.另外,罗必达法则也不是万能的,有时虽满足条件,但也可能失效,此时应选用别的方法来求极限.

例 3.2.6 求$\lim\limits_{x\to 0}\dfrac{x^2\sin\dfrac{1}{x}}{\sin x}$.

解 所求极限为$\dfrac{0}{0}$型,据法则Ⅰ,有

$$\lim_{x\to 0}\frac{x^2\sin\dfrac{1}{x}}{\sin x}=\lim_{x\to 0}\frac{2x\sin\dfrac{1}{x}-\cos\dfrac{1}{x}}{\cos x}$$

等号右边的极限不存在,但不能据此认定该极限不存在. 事实上

$$\lim_{x\to 0}\frac{x^2\sin\dfrac{1}{x}}{\sin x}=\lim_{x\to 0}\left(\frac{x}{\sin x}\right)\left(x\sin\frac{1}{x}\right)=\lim_{x\to 0}\frac{x}{\sin x}\cdot\lim_{x\to 0}x\sin\frac{1}{x}=0$$

例 3.2.7 求$\lim\limits_{x\to\infty}\dfrac{\sin x+x}{x}$.

解 所求极限为$\dfrac{\infty}{\infty}$型,据法则Ⅱ,有

$$\lim_{x\to\infty}\frac{\sin x+x}{x}=\lim_{x\to\infty}\frac{\cos x+1}{1}$$

等号右边极限不存在.因此此题罗必达法则失效. 事实上

$$\lim_{x\to\infty}\frac{\sin x+x}{x}=\lim_{x\to\infty}\frac{1}{x}\sin x+\lim_{x\to\infty}\frac{x}{x}=1$$

例 3.2.8 求 $\lim\limits_{x\to+\infty}\dfrac{e^x-e^{-x}}{e^x+e^{-x}}$.

解
$$\lim_{x\to+\infty}\frac{e^x-e^{-x}}{e^x+e^{-x}}\xlongequal{\frac{\infty}{\infty}}\lim_{x\to+\infty}\frac{e^x+e^{-x}}{e^x-e^{-x}}\xlongequal{\frac{\infty}{\infty}}\lim_{x\to+\infty}\frac{e^x-e^{-x}}{e^x+e^{-x}}$$

两次使用罗必达法则后,结果还原为原题,此题可改为如下解法:

$$\lim_{x\to+\infty}\frac{e^x-e^{-x}}{e^x+e^{-x}}=\lim_{x\to+\infty}\frac{1-e^{-2x}}{1+e^{-2x}}=\frac{1-0}{1+0}=1$$

3.2.3 其他类型的未定式极限求法

除了$\dfrac{0}{0}$型及$\dfrac{\infty}{\infty}$型未定式外,还有 $0\cdot\infty$,$\infty-\infty$,0^0,1^∞,∞^0 型的未定式,这些未定式的求法是转化为$\dfrac{0}{0}$型或$\dfrac{\infty}{\infty}$型未定式,然后用罗必达法则计算.

例 3.2.9 求 $\lim\limits_{x\to0^+}x\ln x$.

解 这是 $0\cdot\infty$型未定式

$$\lim_{x\to0^+}x\ln x=\lim_{x\to0^+}\frac{\ln x}{\frac{1}{x}}\xlongequal{\frac{\infty}{\infty}}\lim_{x\to0^+}\frac{\frac{1}{x}}{-\frac{1}{x^2}}=-\lim_{x\to0^+}x=0$$

例 3.2.10 求$\lim\limits_{x\to0}\left(\dfrac{1}{\sin x}-\dfrac{1}{x}\right)$.

解 这是$\infty-\infty$型未定式

$$\lim_{x\to0}\left(\frac{1}{\sin x}-\frac{1}{x}\right)=\lim_{x\to0}\frac{x-\sin x}{x\sin x}\xlongequal{\frac{0}{0}}\lim_{x\to0}\frac{1-\cos x}{\sin x+x\cos x}$$
$$\xlongequal{\frac{0}{0}}\lim_{x\to0}\frac{\sin x}{2\cos x-x\sin x}=0$$

例 3.2.11 求极限 $\lim\limits_{x\to0^+}\left(1+\dfrac{1}{x}\right)^x$.

解 这是∞^0 型未定式

$$\lim_{x\to0^+}\left(1+\frac{1}{x}\right)^x=e^{\lim\limits_{x\to0^+}x\ln\left(1+\frac{1}{x}\right)}$$

由于
$$\lim_{x\to0^+}x\cdot\ln\left(1+\frac{1}{x}\right)=\lim_{x\to0^+}\frac{\ln\left(1+\frac{1}{x}\right)}{\frac{1}{x}}\xlongequal{\frac{\infty}{\infty}}\lim_{x\to0^+}\frac{\frac{1}{1+\frac{1}{x}}\left(-\frac{1}{x^2}\right)}{-\frac{1}{x^2}}$$
$$=\lim_{x\to0^+}\frac{1}{1+\frac{1}{x}}=0$$

故
$$\lim_{x\to0^+}\left(1+\frac{1}{x}\right)^x=e^0=1$$

习题 3.2

3.2.1　求下列函数极限.

(1) $\lim\limits_{x\to 0}\dfrac{1-\cos x}{x^2}$　　(2) $\lim\limits_{x\to 0}\dfrac{e^x-1}{\sin x}$

(3) $\lim\limits_{x\to \pi}\dfrac{\sin 3x}{\tan 5x}$　　(4) $\lim\limits_{x\to a}\dfrac{\sin x-\sin a}{x-a}$

(5) $\lim\limits_{x\to 0}\dfrac{\sin(\sin x)}{x}$　　(6) $\lim\limits_{x\to 0}\dfrac{e^x-e^{-x}}{\tan x}$

3.2.2　求下列函数极限.

(1) $\lim\limits_{x\to +\infty}\dfrac{\ln x}{x}$　　(2) $\lim\limits_{x\to 0} x\cot 3x$

(3) $\lim\limits_{x\to 0} x^2\ e^{\frac{1}{x^2}}$　　(4) $\lim\limits_{x\to 0^+}\dfrac{\ln x}{\cot x}$

(5) $\lim\limits_{x\to 0+0} x^x$　　(6) $\lim\limits_{x\to 1}\left(\dfrac{2}{x^2-1}-\dfrac{1}{x-1}\right)$

3.2.3　求下列函数极限.

(1) $\lim\limits_{x\to \infty}\dfrac{x+\sin x}{x-\sin x}$　　(2) $\lim\limits_{x\to +\infty}\dfrac{\sqrt{1+x^2}}{x}$

3.3　函数单调性的判别法

在第 1 章中讨论了函数单调性的概念,现在利用导数来研究函数的单调性.

如图 3.3.1 和图 3.3.2 所示,可以看出,如果函数 $y=f(x)$ 在 (a,b) 内单调增加(减少),则曲线 $y=f(x)$ 在 (a,b) 内的切线与 x 轴正向夹角 α 是锐角(钝角),即 $y'=\tan\alpha>0(<0)$. 可见,函数的单调性与导数的符号有密切关系.

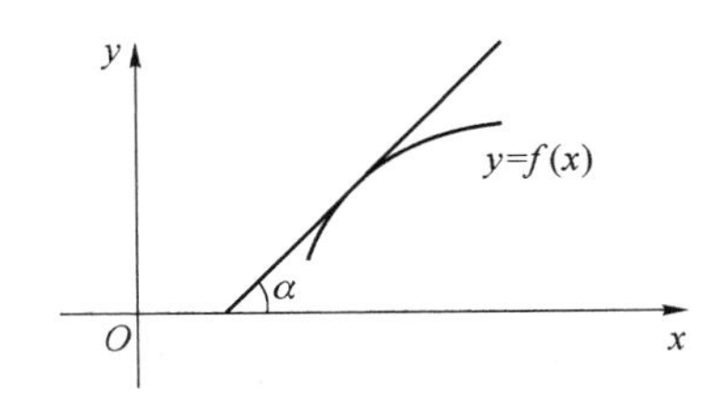

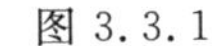
图 3.3.1

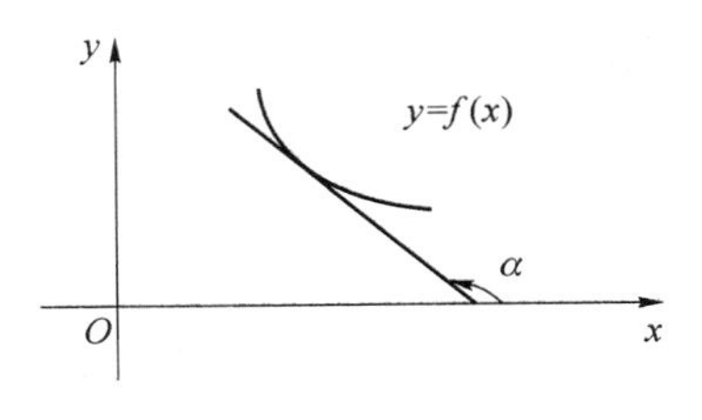

图 3.3.2

定理 3.3.1　设函数 $f(x)$ 在区间 (a,b) 内可导,则:

(1) 如果在 (a,b) 内,$f'(x)>0$,则函数 $f(x)$ 在 (a,b) 内单调增加;

(2) 如果在 (a,b) 内,$f'(x)<0$,则函数 $f(x)$ 在 (a,b) 内单调减小.

证明　在区间 (a,b) 内任取两点 x_1,x_2,且 $x_1<x_2$,应用拉格朗日中值定理,得

$$\frac{f(x_2)-f(x_1)}{x_2-x_1}=f'(\xi)\quad (x_1<\xi<x_2)$$

即

$$f(x_2)-f(x_1)=f'(\xi)(x_2-x_1)\quad (x_1<\xi<x_2) \tag{3.3.1}$$

如果 $f'(x)>0$，则 $f'(\xi)>0$，于是由(3.3.1)式，得 $f(x_1)<f(x_2)$，即 $f(x)$在区间(a,b)内单调增加.

如果 $f'(x)<0$，则 $f'(\xi)<0$，于是由(3.3.1)式，得 $f(x_1)>f(x_2)$，即 $f(x)$在区间(a,b)内单调减小.

注意 将定理 3.3.1 中的区间(a,b)换成其他各种区间(包括无穷区间)，结论同样成立.

例 3.3.1 判定函数 $y=x-e^x$ 的单调性.

解 (1) 函数的定义域为$(-\infty,+\infty)$；

(2) $y'=1-e^x$；

(3) 令 $y'=0$，得 $x=0$，将定义域分为子区间$(-\infty,0)$，$(0,+\infty)$；

(4) 列表讨论(其中"↗"表示单调增加，"↘"表示单调减小)，见表 3.3.1.

表 3.3.1

x	$(-\infty,0)$	0	$(0,+\infty)$
$f'(x)$	+	0	−
$f(x)$	↗		↘

例 3.3.2 判定函数 $y=x^2-2x+2$ 的单调性.

解 (1) 函数的定义域为$(-\infty,+\infty)$；

(2) $y'=2(x-1)$；

(3) 令 $y'=0$，得 $x=1$，将定义域分为子区间$(-\infty,1)$，$(1,+\infty)$；

(4) 列表讨论，见表 3.3.2.

表 3.3.2

x	$(-\infty,1)$	1	$(1,+\infty)$
$f'(x)$	−	0	+
$f(x)$	↘		↗

例 3.3.3 讨论函数 $y=\sqrt[3]{x^2}$的单调性.

解 (1) 函数的定义域为$(-\infty,+\infty)$；

(2) $y'=\dfrac{2}{3\sqrt[3]{x}}$，$x\neq0$；

(3) 当 $x=0$ 时，y'不存在，此点定义域分为两区间$(-\infty,0)$，$(0,+\infty)$；

(4) 列表讨论，见表 3.3.3.

表 3.3.3

x	$(-\infty,0)$	0	$(0,+\infty)$
y'	−	不存在	+
y	↘		↗

注意 函数的不可导点也可能是函数单调区间的分界点.

例 3.3.4 求函数 $y=x-\ln(1+x)$的单调区间.

解 (1) 函数的定义域为$(-1,+\infty)$；

(2) $y'=1-\frac{1}{1+x}=\frac{x}{1+x}$;

(3) 令 $y'=0$,得 $x=0$,它将定义域分为两区间 $(-1,0)$,$(0,+\infty)$;

(4) 列表讨论,见表 3.3.4.

表 3.3.4

x	$(-1,0)$	0	$(0,+\infty)$
y'	$-$	0	$+$
y	↘		↗

所以,函数的单调增加区间为 $(0,+\infty)$. 单调减小区间为 $(-1,0)$. 结合以上几例,得到求函数单调区间的一般步骤.

(1) 求函数的定义域;

(2) 求导数;

(3) 令 $y'=0$,求得函数一阶导数为 0 的点及不可导点(它们都可能是函数单调区间的分界点),将定义域分为若干子区间;

(4) 列表讨论 $f'(x)$ 在各子区间上的符号,判断函数 $y=f(x)$ 在各区间内的单调性.

注意 如果函数在某区间内,只有个别点的导数为 0 或不存在,但在该区间内其余各点的导数均大于(小于)0,则函数在这个区间内仍是单调增加(减小)的.

利用函数的单调性可以证明有关不等式.

例 3.3.5 证明当 $x>0$ 时,$x>\ln(1+x)$.

证明 设 $f(x)=x-\ln(1+x)$,则

$$f'(x)=1-\frac{1}{1+x}=\frac{x}{1+x}>0 \qquad (x>0)$$

即 $f(x)$ 在 $x>0$ 时单调增加. 又

$$f(0)=0$$

故

$$f(x)>0$$

即

$$x>\ln(1+x) \qquad (x>0)$$

习题 3.3

3.3.1 判定下列函数在指定区间内的单调性.

(1) $y=x^2+2x-1, x\in(1,+\infty)$

(2) $y=x+\cos x, x\in\left[0,\frac{\pi}{2}\right]$

(3) $y=\cot x-\tan x, x\in\left(0,\frac{\pi}{2}\right)$

(4) $y=\ln x-x, x\in(1,+\infty)$

3.3.2 求下列函数的单调区间.

(1) $y=x^2-5$

(2) $y=2x^3+1$

(3) $y=x-\ln(1+x)$

(4) $y=e^{-x^2}$

(5) $y=(x+2)^2(x-1)^3$

(6) $y=\frac{x}{1+x^2}$

3.3.3 证明下列不等式.

(1) 当 $x>0$ 时，$\ln(1+x)>x-\frac{1}{2}x^2$.

(2) 当 $x>1$ 时，$2\sqrt{x}>3-\frac{1}{x}$.

3.4 函数的极值

3.4.1 函数极值的定义

如图 3.4.1 所示，函数 $y=f(x)$ 在点 C_1，C_4 处的函数值 $f(C_1)$，$f(C_4)$ 比它们左、右邻近各点的函数值大，而在点 C_2，C_5 处的函数值 $f(C_2)$，$f(C_5)$ 比它们左、右邻近各点的函数值都小. 以此给出函数极值的定义.

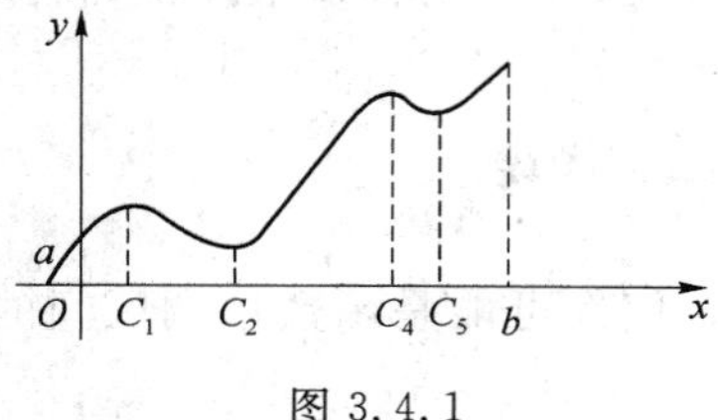

图 3.4.1

定义 3.4.1 设函数 $f(x)$ 在 x_0 的某个邻域内有定义.

(1) 如果对于该邻域内的任意点 $x(x\neq x_0)$，都有 $f(x)<f(x_0)$，则称 $f(x_0)$ 为函数的极大值，且称点 x_0 为 $f(x)$ 的极大值点.

(2) 如果对于该邻域内的任意点 $x(x\neq x_0)$，都有 $f(x)>f(x_0)$，则称 $f(x_0)$ 为函数的极小值，且称点 x_0 为 $f(x)$ 的极小值点.

函数的极大值与极小值统称为函数的极值，使函数取得极值的点称为函数的极值点.

注意 函数的极值概念是局部概念，与函数的最值是整体概念不同，一个函数的极值可以有多个，且极大值可能小于极小值，函数的极值只能出现在区间内部.

3.4.2 函数极值的判定和求法

定理 3.4.1(必要条件) 设函数 $f(x)$ 在点 x_0 处可导，且在点 x_0 取得极值，则函数在点 x_0 处的导数 $f'(x_0)=0$.

证明 如果 $f(x_0)$ 为极大值，则存在 x_0 的某个邻域，在此邻域内有 $f(x_0)\geqslant f(x_0+\Delta x)$，于是当 $\Delta x<0$ 时，有

$$\frac{f(x_0+\Delta x)-f(x_0)}{\Delta x}\geqslant 0$$

因此

$$f'(x_0)=\lim_{x\to 0-0}\frac{f(x_0+\Delta x)-f(x_0)}{\Delta x}\geqslant 0$$

当 $\Delta x>0$ 时，有

$$\frac{f(x_0+\Delta x)-f(x_0)}{\Delta x}\leqslant 0$$

因此

$$f'(x_0)=\lim_{x\to 0+0}\frac{f(x_0+\Delta x)-f(x_0)}{\Delta x}\leqslant 0$$

从而有

$$f'(x_0)=0$$

同理,可证极小值情形.

使函数的导数为 0 的点叫做函数的驻点(或稳定点).

定理 3.4.1 说明,可导函数的极值点一定是它的驻点,但反过来是否成立呢?即驻点是否一定为极值点呢?答案是否定的,如函数 $y=x^3$,它的驻点为 $x=0$,但该点非极值点.

另外,函数的不可导点也有可能成为极值点,如 $y=|x|$,$x\in[-1,1]$,$x=0$ 为该函数的不可导点,也为该函数的极值点.

综上,函数的极值点有 2 个来源,即驻点和不可导点,但如何确认它们是否为极值点,是极大值点还是极小值点呢?下面给出两个判别函数极值点的充分条件.

定理 3.4.2(第一充分条件) 设函数 $f(x)$在点 x_0 的一个邻域内连续,且可导(但$f'(x_0)$可以不存在).

(1) 如果在 x_0 的邻域内,当 $x<x_0$ 时,$f'(x)>0$;当 $x>x_0$ 时,$f'(x)<0$,则函数$f(x)$在点 x_0 取得极大值 $f(x_0)$.

(2) 如果在 x_0 的邻域内,当 $x<x_0$ 时,$f'(x)<0$;当 $x>x_0$ 时,$f'(x)>0$,则函数$f(x)$在点 x_0 取得极小值 $f(x_0)$.

(3) 如果在 x_0 的去心邻域内,$f'(x)$不改变符号,则 $f(x_0)$不是函数 $f(x)$的极值.

证明 当 x 取 x_0 左侧邻域的值时,$f'(x)>0$,根据函数单调性的判别法,函数 $f(x)$在 x_0 左侧邻域内是单调增加的,所以 $f(x)<f(x_0)$;当 x 取 x_0 右侧邻域的值时,$f'(x)<0$,函数 $f(x)$在 x_0 右侧邻域是单调减少的,所以 $f(x_0)>f(x)$,由极值的定义知,$f(x_0)$是$f(x)$的一个极大值.

类似地,可证明(2)和(3).

结合定理 3.4.1 和定理 3.4.2,得到求函数极值的一般步骤.

(1) 求函数的定义域;

(2) 求导数 $f'(x)$;

(3) 求 $f(x)$的全部驻点和导数不存在的点;

(4) 讨论各驻点及不可导点是否为极值点,是极大值点还是极小值点;

(5) 求各极值点的函数值,得到函数的全部极值.

例 3.4.1 求函数 $f(x)=(x+2)^2(x-1)^3$ 的极值.

解 (1)函数的定义域为$(-\infty,+\infty)$;

(2) 求导数,得

$$f'(x)=(x+2)(x-1)^2(5x+4)$$

(3) 令 $f'(x)=0$,得驻点

$$x_1=-2,x_1=-\frac{4}{5},x_3=1$$

(4) 列表讨论如下,见表 3.4.1.

表 3.4.1

x	$(-\infty,-2)$	-2	$(-2,-4/5)$	$-4/5$	$(-4/5,1)$	1	$(1,+\infty)$
$f'(x)$	+	0	−	0	+	0	+
$f(x)$	↗	极大值 0	↘	极小值 −8.398 08	↗	无极值	↗

由表 3.4.1 知，函数在 $x=-2$ 时取得极大值 $f(-2)=0$.
在 $x=-4/5$ 时，取得极小值 $f(-4/5)=-8.39808$.

例 3.4.2 求函数 $f(x)=(x^2-1)^3+1$ 的极值.

解 (1) 函数的定义域为 $(-\infty,+\infty)$；

(2) $f'(x)=3(x^2-1)^2\cdot 2x=6x(x+1)^2(x-1)^2$；

(3) 令 $f'(x)=0$，得驻点 $x_1=-1, x_2=0, x_3=1$；

(4) 列表讨论如下，见表 3.4.2.

表 3.4.2

x	$(-\infty,-1)$	-1	$(-1,0)$	0	$(0,1)$	1	$(1,+\infty)$
$f'(x)$	$-$	0	$-$	0	$+$	0	$+$
$f(x)$	↘		↘	极小值 0	↗		↗

由表 3.4.2 知，函数的极小值为 $f(0)=0$.

例 3.4.3 求函数 $y=(x-1)\sqrt[3]{x^2}$ 的极值.

解 (1) 函数的定义域为 $(-\infty,+\infty)$；

(2) $y'=\dfrac{5}{3}x^{\frac{2}{3}}-\dfrac{2}{3}x^{-\frac{1}{3}}=\dfrac{5x-2}{3\sqrt[3]{x}}$；

(3) 令 $y'=0$，得驻点 $x_1=\dfrac{2}{5}$，不可导点 $x_2=0$；

(4) 列表讨论如下，见表 3.4.3.

表 3.4.3

x	$(-\infty,0)$	0	$(0,2/5)$	$2/5$	$(2/5,+\infty)$
y'	$+$	不存在	$-$	0	$+$
y	↗	极大值 0	↘	极小值 $-\frac{3}{5}\sqrt[3]{\frac{4}{25}}$	↗

由表 3.4.3 知，函数的极大值 $f(0)=0$，极小值 $f\left(\dfrac{2}{5}\right)=-\dfrac{3}{5}\sqrt[3]{\dfrac{4}{25}}$.

如果函数 $f(x)$ 不仅在点 x_0 附近有一阶导数，而且在点 x_0 处存在二阶导数，则可用下面的极值存在的第二充分条件判断.

定理 3.4.3（第二充分条件） 设函数 $f(x)$ 在点 x_0 处具有二阶导数，且 $f'(x_0)=0, f''(x_0)\neq 0$.

(1) 如果 $f''(x_0)>0$，则函数 $f(x_0)$ 在 x_0 处取得极小值.

(2) 如果 $f''(x_0)<0$，则函数 $f(x)$ 在 x_0 处取得极大值.

证明 由导数定义及 $f'(x_0)=0, f''(x_0)>0$，得

$$0<f''(x_0)=\lim_{\Delta x\to 0}\frac{f'(x_0+\Delta x)-f'(x_0)}{\Delta x}=\lim_{\Delta x\to 0}\frac{f'(x_0+\Delta x)}{\Delta x}$$

令 $x_0+\Delta x=x$，则 $\Delta x=x-x_0$，上式化为

$$0<f''(x_0)=\lim_{x\to x_0}\frac{f'(x)}{x-x_0}$$

根据函数极限的性质，存在点 x_0 的某邻域，使在该邻域内恒有

$$0<\frac{f'(x)}{x-x_0}$$

所以，当 $x<x_0$ 时，$f'(x)<0$；当 $x>x_0$ 时，$f'(x)>0$，根据定理 3.4.2，函数在 x_0 处取得极小值.

类似地，可证明(2).

例 3.4.4 求函数 $y=\sin x+\cos x$ 在区间$[0,2\pi]$上的极值.

解 $f'(x)=\cos x-\sin x$，令 $f'(x)=0$，得 $x_1=\frac{\pi}{4}$，$x_2=\frac{5\pi}{4}$. 又

$$f''(x)=-\sin x-\cos x$$

因为 $f''\left(\frac{\pi}{4}\right)=-\sqrt{2}<0$，所以 $f(x)$在 $x=\frac{\pi}{4}$处取得极大值 $f\left(\frac{\pi}{4}\right)=\sqrt{2}$. 因为 $f''\left(\frac{5\pi}{4}\right)=\sqrt{2}>0$，所以 $f(x)$在 $x=\frac{5\pi}{4}$取得极小值 $f\left(\frac{5\pi}{4}\right)=-\sqrt{2}$.

习题 3.4

3.4.1 求下列函数的极值点和极值.

(1) $y=2x^3-3x^2$　　(2) $y=2x^3+3x^2-12x+1$

(3) $y=x-\ln(1+x^2)$　　(4) $y=x^2\ln x$

(5) $y=x+\tan x$　　(6) $y=e^{-x^2}$

3.4.2 求下列函数在指定区间内的极值.

(1) $f(x)=x+\sqrt{1-x}$，$x\in[-5,1]$

(2) $f(x)=\sqrt{5-4x}$，$x\in[-1,1]$

3.4.3 利用二阶导数，判断下列函数的极值.

(1) $y=2-(x+5)^2$

(2) $y=x^3-3x+1$

3.5 函数的最大值和最小值

在生产实际中，往往遇到这样一类问题：怎样才能使投入最少，而收益最大？它们在数学上，都可以归结为求函数的最大值和最小值问题.

在闭区间$[a,b]$ 上的连续函数 $f(x)$，一定存在最大值和最小值. 显然，$f(x)$的最大值和最小值只可能在闭区间$[a,b]$的端点或者开区间(a,b)内部的极值点取得，而极值点只可能发生在驻点或导数不存在的点处. 因此，得到求闭区间上连续函数最值的一般步骤.

(1) 求函数 $f(x)$的导数，并求出 $f(x)$在开区间(a,b)上所有的驻点和导数不存在的点；

(2) 求各驻点、导数不存在的点及区间端点的函数值；

(3) 比较上述函数值，其中最大的就是最大值，最小的就是最小值.

例 3.5.1 求函数 $y=\sqrt[3]{(x^2-2x)^2}$在区间$[0,3]$上的最大值和最小值.

解 (1) 求函数的导数,得 $y'=\frac{4(x-1)}{3\sqrt[3]{x^2-2x}}$,令 $y'=0$,得驻点 $x_1=1$ 及不可导点 $x_2=2$;

(2) $f(0)=0, f(1)=1, f(2)=0, f(3)=\sqrt[3]{9}$;

(3) 易知函数在[0,3]上的最大值为 $f(3)=\sqrt[3]{9}$,最小值为 $f(0)=f(2)=0$.

注意 在实际问题中,如果可导函数 $y=f(x)$ 在某区间内只有一个驻点 x_0,而该问题本身在此区间内必有最大值或最小值,则 $f(x_0)$ 就是所要求的最值.

例 3.5.2 用一块边长为 48 cm 的正方形铁皮做一完整的铁盒时,在铁皮的角各截去一个大小相同的小正方形(如图 3.5.1 所示),截去的小正方形边长为多少时,做出的铁盒容积最大?

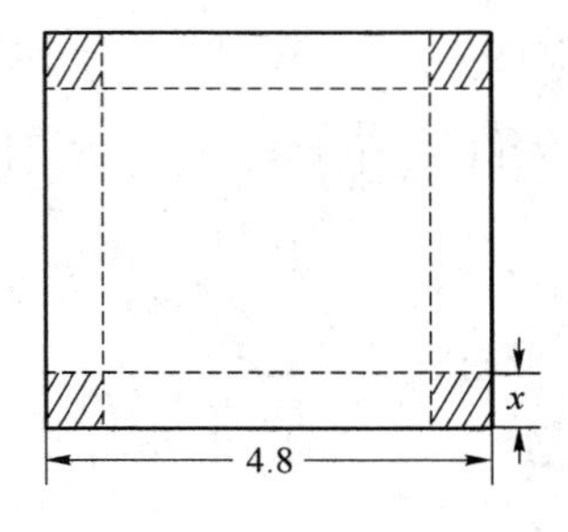

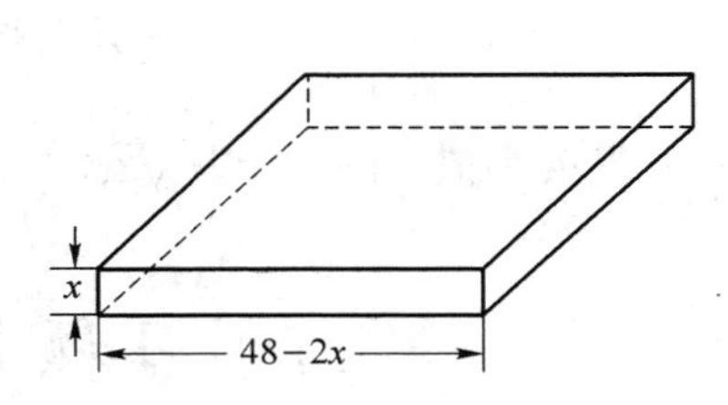

图 3.5.1

解 设截去的小正方形的边长为 x (cm),铁盒容积为 V (cm^3),根据题意,得

$$V=x(48-2x)^2 \qquad (0<x<24)$$

$$V'=(48-2x)^2+2x(48-2x)(-2)$$
$$=12(24-x)(8-x)$$

令 $V'=0$,得 $x_1=24$(舍去),$x_2=8$.

因为铁盒存在最大容积,且在开区间(0,24)内有唯一驻点 $x=8$,因此在该驻点处,函数 V 取得最大值,即当截去的小正方形的边长为 8 cm 时,铁盒容积最大.

例 3.5.3 甲、乙两村合用一变压器(如图 3.5.2 所示),变压器设在输电干线何处时,所需电线最短.

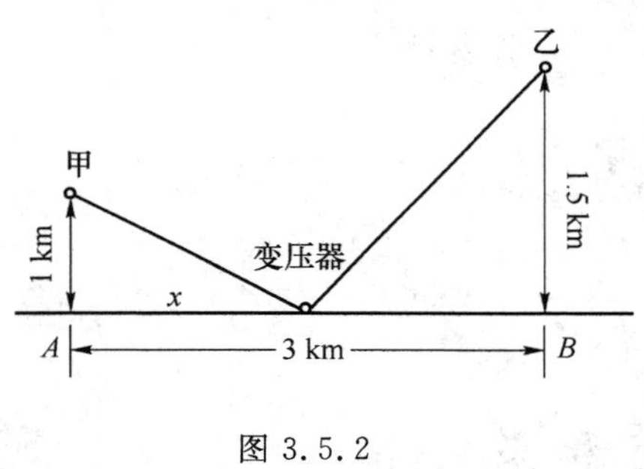

图 3.5.2

解 设变压器安装在距 A x (km)处,所需电线总长 y (km),则

$$y=\sqrt{1+x^2}+\sqrt{(3-x)^2+1.5^2}$$

$$y'=\frac{x}{\sqrt{1+x}}-\frac{3-x}{\sqrt{(3-x)^2+1.5^2}}$$

令 $y'=0$,得 $x=1.2$ km.

由于[0,3]上函数 y 只有唯一驻点 $x=1.2$,所以当变压器设在输电线距 A 1.2 km 处时,所需电线最短.

例 3.5.4 某产品生产 x 个单位的总成本为 $C(x)=\frac{1}{12}x^3-5x^2+170x+300$,每单位产品的价格是 134 元,求使利润最大的产量.

解 生产 x 个单位的利润为

$$L(x)=R(x)-C(x)$$
$$=134x-\left(\frac{1}{12}x^3-5x^2+170x+300\right)$$
$$=-\frac{1}{12}x^3+5x^2-36x-300$$
$$L'(x)=-\frac{1}{4}x^2+10x-36=-\frac{1}{4}(x-36)(x-4)$$
$$L''(x)=-\frac{1}{2}x+10$$

令 $L'(x)=0$,得 $x_1=36,x_2=4$. 因为

$$L''(36)=-8<0$$

所以,$L(x)$在 $x=36$ 有极大值. 又因为

$$L''(4)=4>0$$

所以,$L(x)$在 $x=4$ 有极小值. 由于 $L(0)=-300$,且当 $x>36$ 时,$L'(x)<0$,即函数 $L(x)$单调减小,因此 $L(36)=996$ 是 $L(x)$的最大值.

习题 3.5

3.5.1 求下列函数在指定区间上的最大值和最小值.

(1) $y=2-3x^2+4x^3,x\in[1,2]$

(2) $y=x+\sqrt{1+x},x\in[-1,3]$

(3) $y=x^4-8x^2+1,x\in[-3,3]$

(4) $y=x(x-1)^{\frac{1}{3}},x\in[-2,2]$

3.5.2 设两正数之和为定值 A,求其积的最大值.

3.5.3 要建造一个体积为 50 cm^3 的有盖圆柱形仓库,高和底面半径为多少时,用料最省?

3.5.4 要围一矩形场地,一边利用房屋的一堵墙,其他三面用长为 20 cm 的篱笆围成,怎样围才能使面积最大?最大面积是多少?

3.5.5 一火车锅炉每小时消耗的费用与火车行驶速度的立方成正比,已知当车速为 20 km/h时,每小时耗煤价值 40 元,其他费用每小时 200 元,甲、乙两地相距 S(km),火车行驶速度为多少时,才能使火车由甲地开往乙地的总费用最少?

3.5.6 内接于半径为 R 的球内的圆柱体,其高为多少时体积最大?

3.5.7 如图 3.5.3 所示,一渔艇停泊在距岸 9 km 处,假定海岸线是直线,今派人送信给距艇$3\sqrt{34}$ km处的海岸渔站,如果送信人步速为 5 km/h,船速为 4 km/h,应在何处登陆再走,方可使抵达渔站的时间最省?

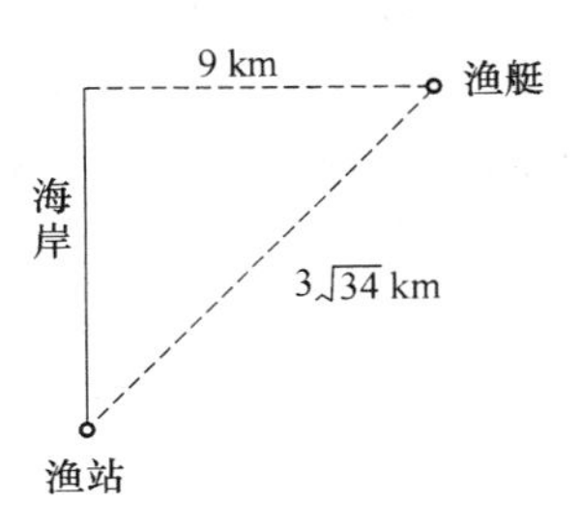

图 3.5.3

3.5.8 设生产某种产品 x 个单位的生产费用为

$$C(x)=900+20x+x^2$$

问 x 为多少时，平均费用最低？最低的平均费用是多少？

3.5.9　某厂每批生产某种产品 x 个单位的费用为

$$C(x)=5x+200$$

得到的收入为

$$R(x)=10x-0.01x^2$$

问每批生产多少个单位时，才能使利润最大？

3.6　曲线的凹凸性与拐点

我们已经研究了函数的单调性与极值，但为了准确地描绘函数的图形，还必须研究曲线的凹凸性与拐点.

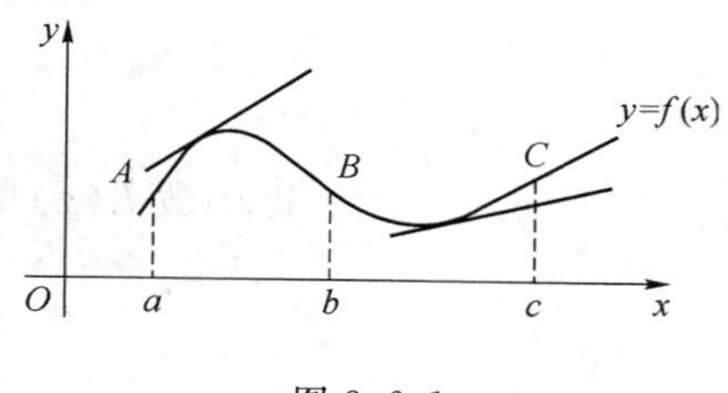

图 3.6.1

如图 3.6.1 所示，曲线弧 AB 在区间 (a,b) 内是向上凸起的，此时 AB 位于该弧上任一点切线的下方，曲线弧 BC 在区间 (b,c) 内是向下凹入的，此时 BC 位于该弧上任一点切线上方.

据此，给出曲线凹凸性的定义如下.

定义 3.6.1　设曲线弧的方程为 $y=f(x)$，且曲线弧上的每一点都有切线. 如果在某区间内，该曲线弧位于曲线上任一点切线的上方，则称曲线弧在该区间内是凹的；如果该曲线弧位于曲线上任一点切线的下方，则称曲线弧在该区间内是凸的.

定义 3.6.2　连续曲线凹凸的分界点，称为曲线的拐点. 如图 3.6.1 中的点 $B(b,f(b))$ 为曲线 $y=f(x)$ 的拐点.

关于曲线凹凸性的判定，有如下定理.

定理 3.6.1　设函数 $f(x)$ 在 (a,b) 内有二阶导数，则：

(1) 如果在 (a,b) 内，$f''(x)>0$，则曲线 $y=f(x)$ 在 (a,b) 内是凹的；

(2) 如果在 (a,b) 内，$f''(x)<0$，则曲线 $y=f(x)$ 在 (a,b) 内是凸的.

例 3.6.1　判定曲线 $y=x^3$ 的凹凸性.

解　(1) 函数的定义域为 $(-\infty,+\infty)$；

(2) $y'=3x^2$，$y''=6x$；

(3) 当 $x<0$ 时，$y''<0$，$x>0$ 时，$y''>0$.

所以，曲线在 $(-\infty,0)$ 是凸的，在 $(0,+\infty)$ 是凹的.

由拐点的定义知道，如果函数 $f(x)$ 的二阶导数 $f''(x)$ 在点 x_0 的左、右附近异号，则点 $(x_0,f(x_0))$ 就是曲线 $y=f(x)$ 上的一个拐点；如果函数 $f(x)$ 的二阶导数 $f''(x)$ 在点 x_0 的左、右附近同号，则点 $(x_0,f(x_0))$ 不是曲线 $y=f(x)$ 的拐点.

例 3.6.2　求曲线 $y=x^4-2x^3+1$ 的凹凸区间和拐点.

解　(1) 函数的定义域为 $(-\infty,+\infty)$；

(2) $y'=4x^3-6x^2$，$y''=12x^2-12x=12x(x-1)$；

(3) 令 $y''=0$，得 $x_1=0$，$x_2=1$；

(4) 列表讨论(其中"∩"表示曲线为凸，"∪"表示曲线为凹)，见表 3.6.1.

表 3.6.1

x	$(-\infty,0)$	0	$(0,1)$	1	$(1,+\infty)$
$f''(x)$	+	0	−	0	+
$f(x)$	∪	拐点 $(0,1)$	∩	拐点 $(1,0)$	∪

由表 3.6.1 知，曲线在$(0,1)$内是凸的，在$(-\infty,0)$和$(1,+\infty)$内是凹的，曲线的拐点为$(0,1)$，$(1,0)$.

例 3.6.3 求曲线 $y=\sqrt[3]{x-4}+2$ 的凹凸区间和拐点.

解 (1) 函数的定义域为$(-\infty,+\infty)$；

(2) $y'=\frac{1}{3}(x-4)^{-\frac{2}{3}}$，$y''=-\frac{2}{9}(x-4)^{-\frac{5}{3}}$；

(3) 不可导点 $x=4$；

(4) 列表讨论，见表 3.6.2.

表 3.6.2

x	$(-\infty,4)$	4	$(4,+\infty)$
y''	+	不存在	−
y	∪	拐点 $(4,2)$	∩

由表 3.6.2 知，$y=\sqrt[3]{x-4}+2$ 的凹区间为$(-\infty,4)$，凸区间为$(4,+\infty)$，拐点为$(4,2)$.

例 3.6.4 判断曲线 $y=(2x-1)^4+1$ 是否有拐点.

解 (1) 函数的定义域为$(-\infty,+\infty)$；

(2) $y'=8(2x-1)^3$，$y''=48(2x-1)^2$；

(3) 令 $y''=0$，得 $x=\frac{1}{2}$.

由于当 $x\neq\frac{1}{2}$时，恒有 $y''>0$，即在 $x=\frac{1}{2}$附近，y''符号未发生变化，因此$\left(\frac{1}{2},1\right)$不是曲线的拐点，该曲线没有拐点.

习题 3.6

3.6.1 判断下列曲线的凹凸性.

(1) $y=2^x$ (2) $y=\log_2 x$

(3) $y=x^3-3x$ (4) $y=\frac{1}{x^2}$

3.6.2 求下列曲线的凹凸区间和拐点.

(1) $y=\frac{1}{x^2+1}$ (2) $y=(1+x)^4$

(3) $y=2x^3-6x^2+8x-1$ (4) $y=\ln(1+x^2)$

3.6.3 已知曲线 $y=ax^3+bx^2$ 上有拐点$(1,3)$，求 a,b 的值.

3.7 函数图形的描绘

3.7.1 曲线的水平渐近线和铅直渐近线

看下面两个例子.

(1) 当 $x \to -\infty$ 时,曲线 $y=1+2^x$ 无限接近直线 $y=1$,因此 $y=1$ 是曲线的一条渐近线(如图 3.7.1 所示).

(2) 当 $x \to -1^+$ 时,曲线 $y=\ln(x+1)$ 无限接近于直线 $x=-1$,因此 $x=-1$ 是曲线的一条渐近线(如图 3.7.2 所示).

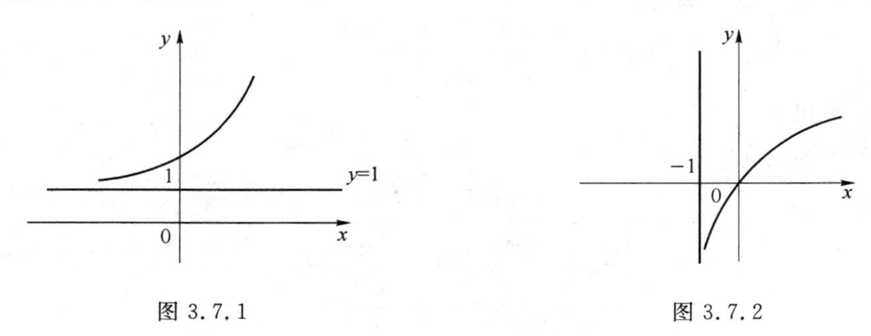

图 3.7.1　　　　图 3.7.2

定义 3.7.1　一般地,如果当自变量 $x \to \infty$($x \to +\infty$ 或 $x \to -\infty$)时,函数 $f(x)$ 的极限为 A,即

$$\lim_{x \to \infty} f(x)=A$$

则直线 $y=A$ 称为曲线 $y=f(x)$ 的一条水平渐近线.

定义 3.7.2　如果当自变量 $x \to x_0$($x \to x_0^+$ 或 $x \to x_0^-$)时,函数 $f(x)$ 的极限为无穷大,即

$$\lim_{x \to x_0} f(x)=\infty$$

则直线 $x=x_0$ 称为曲线 $y=f(x)$ 的一条铅直渐近线.

例 3.7.1　求曲线 $f(x)=\dfrac{x-1}{x-2}$ 的渐近线.

解　因为

$$\lim_{x \to \infty} f(x)=\lim_{x \to \infty}\frac{x-1}{x-2}=1$$

所以,曲线有水平渐近线 $y=1$. 又因为

$$\lim_{x \to 2} f(x)=\lim_{x \to 2}\frac{x-1}{x-2}=\infty$$

所以,曲线有铅直渐近线 $x=2$.

例 3.7.2　求曲线 $y=\dfrac{x^2}{2x^2-x-1}$ 的渐近线.

解　因为

$$\lim_{x \to \infty}\frac{x^2}{2x^2-x-1}=\frac{1}{2}$$

所以,直线 $y=\dfrac{1}{2}$ 是该曲线的一条水平渐近线. 又因为

$$\lim_{x\to-\frac{1}{2}}\frac{x^2}{2x^2-x-1}=\infty,\lim_{x\to1}\frac{x^2}{2x^2-x-1}=\infty$$

所以，直线 $x=-\frac{1}{2}$，$x=1$ 是该曲线的两条铅直渐近线.

3.7.2 函数图形的描绘

从前使用的列表描点法作图存在很多不足，由于选点无针对性，函数图形的许多重要性态无法得到精确表达.现在利用导数这一工具，通过对曲线的单调性、凹凸性、极值及拐点的准确把握，便能够准确而快捷地描绘出函数的图形.

利用导数描绘函数图形的一般步骤如下.

(1) 确定函数 $y=f(x)$ 的定义域，并讨论函数的奇偶性；

(2) 求出 $f'(x)$，$f''(x)$，解出 $f'(x)=0$，$f''(x)=0$ 在函数定义域内的全部实根，并求出所有使一阶导数 $f'(x)$ 与二阶导数 $f''(x)$ 不存在的点；

(3) 把函数的定义域分为几个部分区间，列表讨论函数的单调性与极值，曲线的凹凸性与拐点；

(4) 确定曲线的渐近线；

(5) 结合极值点、拐点以及必要的辅助点，把它们连成光滑的曲线，从而得到函数 $y=f(x)$ 的图形.

例 3.7.3 作函数 $y=x^3-3x^2$ 的图形.

解 (1) 函数的定义域为 $(-\infty,+\infty)$，非奇非偶函数.

(2) $y'=3x^2-6x=3x(x-2)$，令 $y'=0$，得 $x_1=0$，$x_2=2$.

$y''=6(x-1)$，令 $y''=0$，$x_3=1$.

(3) 列表讨论，见表 3.7.1.

表 3.7.1

x	$(-\infty,0)$	0	$(0,1)$	1	$(1,2)$	2	$(2,+\infty)$
y'	+	0	−	−	−	0	+
y''	−	−	−	0	+	+	+
y	↗	极小值 0	↘	拐点 $(1,-2)$	↘	极小值 -4	↗

其中，符号“↗”表示曲线凸且单调增加，“↘”表示曲线凸且单调减少，“↗”表示曲线凹且单调增加，“↘”表示曲线凹且单调减少.

(4) 曲线 $y=x^3-3x^2$ 无渐近线.

(5) 取辅助点 $(-1,-4)$ 和 $(3,0)$，综合上述结果，描绘图形如图 3.7.3 所示.

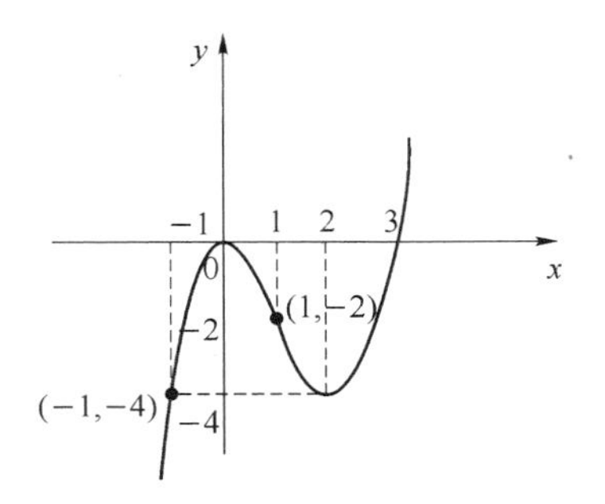

图 3.7.3

例 3.7.4 作函数 $y=e^{-x^2}$ 的图形.

解 (1) 函数的定义域为 $(-\infty,+\infty)$，因为

$$f(-x)=e^{-(-x)^2}=e^{-x^2}=f(x)$$

所以，$f(x)$ 为偶函数，图形关于 y 轴对称；

(2) $y'=-2xe^{-x^2}$，令 $y'=0$，得 $x=0$；

$y''=2(2x^2-1)e^{-x^2}$，令 $y''=0$，得 $x=\pm\frac{\sqrt{2}}{2}$；

(3) 列表讨论，见表 3.7.2；

表 3.7.2

x	$\left(-\infty,-\frac{\sqrt{2}}{2}\right)$	$-\frac{\sqrt{2}}{2}$	$\left(-\frac{\sqrt{2}}{2},0\right)$	0	$\left(0,\frac{\sqrt{2}}{2}\right)$	$\frac{\sqrt{2}}{2}$	$\left(\frac{\sqrt{2}}{2},+\infty\right)$
y'	+	+	+	0	−	−	−
y''	+	0	−	−	−	0	+
y	↗	拐点 $\left(-\frac{\sqrt{2}}{2},e^{-\frac{1}{2}}\right)$	↗	极大值 1	↘	拐点 $\left(\frac{\sqrt{2}}{2},e^{-\frac{1}{2}}\right)$	↘

(4) 因为 $\lim\limits_{x\to\infty}e^{-x^2}=0$，所以直线 $y=0$ 为水平渐近线；

(5) 综上，描绘图形如图 3.7.4 所示.

例 3.7.5 作函数 $y=\frac{e^x}{1+x}$ 的图形.

解 (1) 函数定义域为 $(-\infty,-1)\cup(-1,+\infty)$，非奇非偶函数；

(2) $y'=\frac{xe^x}{(1+x)^2}$，令 $y'=0$，得 $x=0$，

$y''=\frac{e^x(x^2+1)}{(1+x)^3}$，无拐点；

(3) 列表讨论，见表 3.7.3；

表 3.7.3

x	$(-\infty,-1)$	$(-1,0)$	0	$(0,+\infty)$
$f'(x)$	−	−	0	+
$f''(x)$	−	−	+	+
$f(x)$	↘	↘	极小值 1	↗

(4) 由于 $\lim\limits_{x\to-\infty}\frac{e^x}{1+x}=0$，$\lim\limits_{x\to-1}\frac{e^x}{1+x}=\infty$，所以，曲线的水平渐近线为 $y=0$，铅直渐近线为 $x=-1$；

(5) 据以上讨论，给出函数图形，如图 3.7.5 所示.

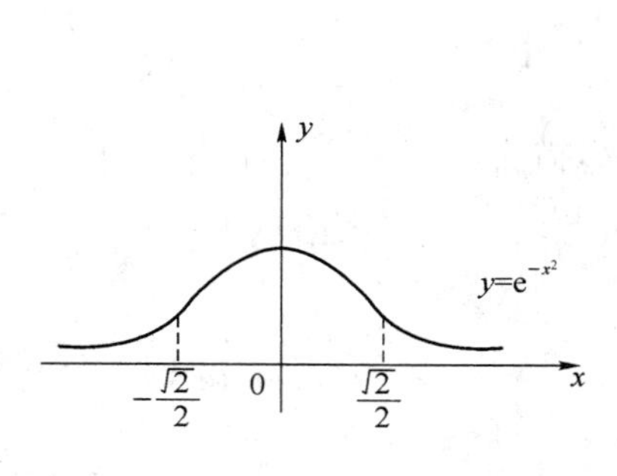

图 3.7.4

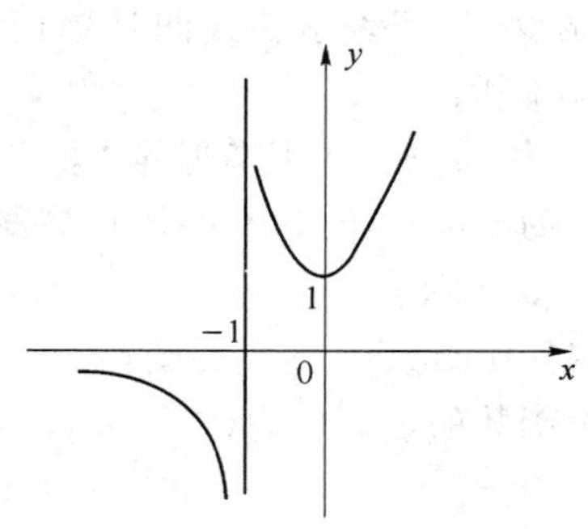

图 3.7.5

习题 3.7

3.7.1　求下列曲线的渐近线.

(1) $y=\frac{1}{1-x^2}$　　(2) $y=\frac{1}{x^2-4x+5}$

(3) $y=e^{\frac{1}{x}}$　　(4) $y=\frac{\ln x}{x(x-1)}$

3.7.2　作出下列函数的图形.

(1) $y=(x+1)(x-2)^2$　　(2) $y=\frac{x}{x+1}$

(3) $y=x-\ln(x+1)$　　(4) $y=e^{-x^2}$

(5) $y=xe^{-x}$　　(6) $y=\frac{2x-1}{(x-1)^2}$

3.8　曲　率

在一些工程技术和力学问题上,需要考虑到曲线的弯曲程度.例如,火车转弯时,如果弯道太短,会造成火车脱轨,但弯道太长,又会使得造价过高.又例如,机床的转轴在载荷的作用下会产生弯曲,在设计时对转轴的弯曲,必须有一定的限制.这些都要定量地研究曲线的弯曲程度,在数学上用曲率来表示曲线的弯曲程度.作为曲率的预备知识,先来讨论弧微分概念.

3.8.1　弧微分

设函数 $y=f(x)$ 在区间 (a,b) 内具有连续导数,即 $f'(x)$ 连续.在曲线 $y=f(x)$ 上取一定点 $M(x_0,y_0)$ 作为计算弧长的起点,点 $M(x,y)$ 是曲线上的任意一点,并规定有向弧段 $\overset{\frown}{M_0M}$ 的值为 s,简称为弧 s,且满足下列条件:

(1) 以 x 增大的方向作为有向曲线的正方向,有向弧段 $\overset{\frown}{M_0M}$ 的长度为 $|s|$;

(2) 当有向弧段 $\overset{\frown}{M_0M}$ 的方向与曲线的正向一致时,$s>0$,相反时,$s<0$.

显然,$s=\overset{\frown}{M_0M}$ 是 x 的函数,即 $s=s(x)$,且 $s(x)$ 是 x 的单调增加函数.

下面来求函数 $s=s(x)$ 的微分,简称为弧微分.

当 x 增大到 $x+dx$ 时,函数 $s=s(x)$ 的增量为 $\Delta s=\overset{\frown}{MM_1}$,如图 3.8.1 所示,点 M 处的切线 MT 的纵坐标增量为 dy,因此 $|MT|=\sqrt{(dx)^2+(dy)^2}=\sqrt{1+y'^2}\,dx$,可以证明当 $\Delta x\to 0$ 时,$\Delta s-|MT|$ 是 Δx 的高阶无穷小量,根据微分定义,有

$$ds=\sqrt{1+y'^2}\,dx \quad 或 \quad ds=\sqrt{(dx)^2+(dy)^2}$$

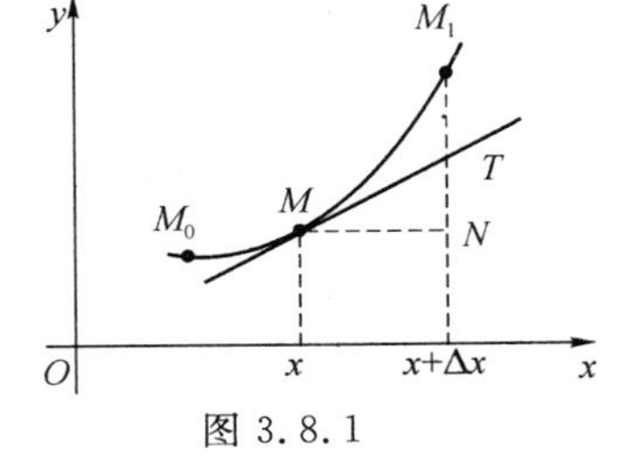

图 3.8.1

如果曲线的方程为参数方程 $\begin{cases}x=\varphi(t)\\ y=\psi(t)\end{cases}$ $(\alpha\leqslant t\leqslant\beta)$,此时

$$ds=\sqrt{\varphi'^2(t)+\psi'^2(t)}\,dt$$

3.8.2 曲率及其计算公式

曲线的弯曲程度(即曲率)与哪些因素有关?从图形上来分析.

如图 3.8.2 所示,$\overset{\frown}{MN}=\overset{\frown}{MN_1}$,具有公共点 M,当动点沿着曲线弧从点 M 移动到点 N 时,切线的转角为 α;当动点沿着曲线弧从点 M 移动到点 N_1 时,切线的转角为 α_1,从图 3.8.2中可以看出,转角 α 比 α_1 大,曲线弧$\overset{\frown}{MN}$的弯曲程度也比$\overset{\frown}{MN_1}$大.一般地,如果两弧的长度相等,则切线转角越大,曲线弧的弯曲程度也越大;反之,如果切线转角越小,曲线弧的弯曲程度也越小.

如图 3.8.3 所示,曲线弧$\overset{\frown}{MN}$和$\overset{\frown}{M_1N_1}$的切线转角都等于 α,且有$\overset{\frown}{MN}>\overset{\frown}{M_1N_1}$,从图 3.8.3 中可以看出,短的曲线弧$\overset{\frown}{M_1N_1}$比长的曲线弧$\overset{\frown}{MN}$弯曲程度大.一般地,如果两弧的转角相等,则曲线弧越短,曲线弧的弯曲程度就越大;反之,曲线弧越长,曲线弧的弯曲程度就越小.

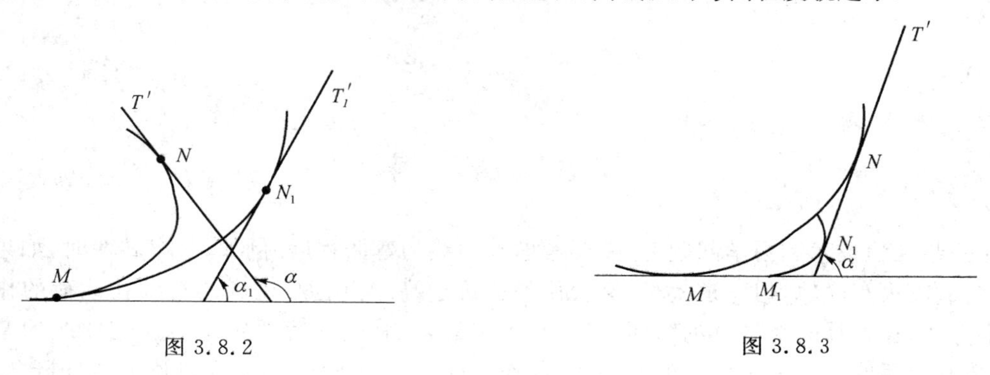

图 3.8.2　　　　图 3.8.3

综合上面分析,曲线弧的弯曲程度与曲线弧两端切线转角大小和曲线弧的长度有关,且与切线转角的大小成正比,与曲线弧长的长度成反比.

曲线弧$\overset{\frown}{MN}$的切线转角 $\Delta\alpha$ 与$\overset{\frown}{MN}$的弧长 Δs 之比的绝对值,称为该曲线弧的平均曲率,记做 $\overline{k}$,即

$$\overline{k}=\left|\frac{\Delta\alpha}{\Delta s}\right|$$

平均曲率表示的是某段曲线弧上的平均弯曲程度,为了更精确地反映曲线的弯曲程度,引入曲线在某一点的曲率定义.

定义 3.8.1 当点 N 沿曲线趋近于点 M 时,即 $\Delta s\to 0$ 时,曲线弧$\overset{\frown}{MN}$的平均曲率的极限,称为曲线在点 M 处的曲率,记做 k. 即

$$k=\lim_{\Delta s\to 0}\left|\frac{\Delta\alpha}{\Delta s}\right|$$

曲率 k 的单位为弧度/单位长度.

如果曲线 $y=f(x)$ 在闭区间$[a,b]$上连续,在开区间(a,b)内 y''存在,可以得到曲线上任意一点 $M(x,y)$处的曲率计算公式为

$$k=\frac{|y''|}{(1+y'^2)^{\frac{3}{2}}}$$

证明从略.

对于直线而言,切线与直线本身重合,当点沿直线移动时,切线的转角 $\Delta\alpha=0$,则$\frac{\Delta\alpha}{\Delta s}=0$,因而 $k=\left|\frac{d\alpha}{ds}\right|=0$,即直线上任意一点 M 处的曲率为 0.

例 3.8.1 求曲线 $y=\ln x$ 在 $x=1$ 处的曲率.

解
$$y'=\frac{1}{x},y'\Big|_{x=1}=1,y''=-\frac{1}{x^2},y''\Big|_{x=0}=-1$$

$$k=\frac{|y''|}{(1+y'^2)^{\frac{3}{2}}}\Big|_{x=1}=\frac{\sqrt{2}}{4}$$

例 3.8.2 抛物线 $y=ax^2+bx+c$ 上哪一点的曲率最大?

解
$$y'=2ax+b,y''=2a$$

$$k=\frac{|2a|}{[1+(2ax+b)^2]^{\frac{3}{2}}}$$

因为 k 的分子 $|2a|$ 是常数,只要分母最小,k 就最大,显然当 $2ax+b=0$ 时,k 有最大值 $|2a|$,而 $x=-\frac{b}{2a}$ 对应了抛物线的顶点.所以,抛物线在顶点处的曲率最大.

3.8.3 曲率圆和曲率半径

如图 3.8.4 所示,圆 C 与曲线 $y=f(x)$ 有以下关系:

(1) 在点 M 有公共的切线;

(2) 在点 M 有公共的凹向;

(3) 在点 M 有相同的曲率.

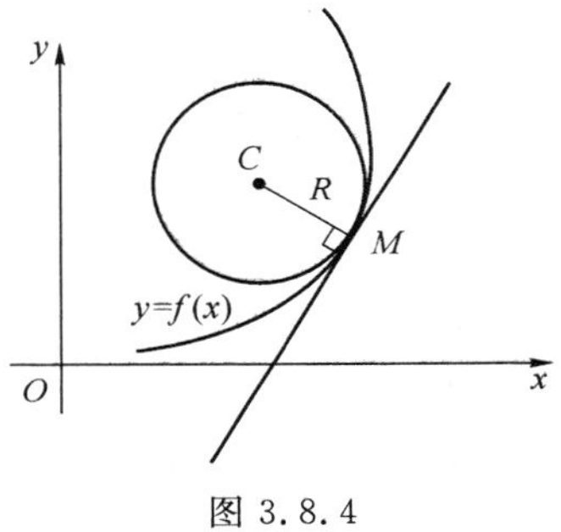

图 3.8.4

把同时满足以上 3 个条件的圆叫做曲线在点 M 的曲率圆.曲率圆的圆心 C 叫做曲线在 M 点的曲率中心.曲率圆的半径 R 叫做曲线在点 M 的曲率半径.

由定义 3.8.1 可知,曲率中心必位于曲线在点 M 的法线上,且在曲线的凹向一侧.

根据曲率圆的定义 3.8.1 可知,当曲线在点 M 的曲率 $k\neq 0$ 时,则曲线在点 M 处的曲率半径和曲率之间有如下关系:

$$R=\frac{1}{k}\quad 或\quad k=\frac{1}{R}$$

则曲线上一点处的曲率(非 0)与曲率半径互为倒数.

例 3.8.3 求等边双曲线 $xy=1$ 在点(1,1)的曲率半径.

解 先计算曲率,由 $xy=1$,有 $y=\frac{1}{x}$,于是

$$y'=-\frac{1}{x^2},y''=\frac{2}{x^3}$$

$$y'\Big|_{x=1}=-1,y''\Big|_{x=1}=2$$

代入曲率计算公式,得

$$k=\left|\frac{2}{[1+(-1)^2]^{\frac{3}{2}}}\right|=\frac{\sqrt{2}}{2}$$

从而曲率半径为

$$R=\frac{1}{k}=\sqrt{2}$$

例 3.8.4 设工件内表面的截线为抛物线 $y=0.4x^2$.现在要用砂轮磨削其内表面,直径多大的砂轮比较合适?

解 为了在磨削时不使砂轮与工件接触处附近的部分工件磨去太多,砂轮的半径应小于或等于抛物线上各点处的曲率半径中的最小值.由例 3.8.2 知,抛物线在其顶点处的曲率最大.也就是说,抛物线在顶点的曲率半径最小.因此,问题成为求抛物线在顶点处的曲率半径.

因为

$$y'=0.8x, y''=0.8$$

$$y'\Big|_{x=0}=0, y''\Big|_{x=0}=0.8$$

所以

$$R=\frac{(1+0^2)^{\frac{3}{2}}}{0.8}=1.25$$

所以,选用砂轮的半径不得超过 1.25 单位长.

习题 3.8

3.8.1 求下列曲线的弧微分.

(1) $y=3x^2-2x+1$　　(2) $y=2x^3+5$

(3) $y=\ln x$　　(4) $y=\sin x$

(5) $\begin{cases} x=a(t-\sin t) \\ y=a(1-\cos t) \end{cases}$ $(a>0)$

3.8.2 求下列曲线在给定点的曲率.

(1) $y=x^3, x\in(1,1)$

(2) $y=4x-x^3, x\in(2,0)$

(3) $y=\tan x, x\in\left(\frac{\pi}{4},1\right)$

(4) $y=\ln(1+x), x\in(0,0)$

3.8.3 求下列曲线在给定点的曲率和曲率半径.

(1) $y=x^2+1, x\in(1,2)$

(2) $y=x\cos x, x\in(0,0)$

(3) $y=\sin 2x, x\in\left(\frac{\pi}{4},1\right)$

(4) $y=\sin^4 x-\cos^4 x, x\in(0,-1)$

3.9 导数的经济意义

导数和微分在经济学中有许多应用,下面主要介绍经济学中的边际分析和弹性分析.

3.9.1 边际分析

在经济分析中,通常用“平均”和“边际”两个概念来描述函数 y 关于自变量 x 的变化情况.“平均”概念就是函数 $y=f(x)$在以 x_0 和 $x_0+\Delta x$ 为端点的区间上的平均变化率,即$\frac{\Delta y}{\Delta x}$;“边际”概念就是在 x 的某个值的“边缘上”函数 y 的变化率,即函数 y 的瞬时变化率$\lim\limits_{\Delta x\to 0}\frac{\Delta y}{\Delta x}$,即函数 $y=f(x)$在点 $x=x_0$ 处的导数.

一般地，设函数 $y=f(x)$ 可导，则导数 $f'(x)$ 叫做边际函数，成本函数 $C=C(Q)$ 的导数 $C'(Q)$ 叫做边际成本，收入函数 $R=R(Q)$ 的导数 $R'(Q)$ 叫做边际收入，利润函数 $L=L(Q)$，导数 $L'(Q)$ 叫做边际利润.

例 3.9.1 设某产品的成本函数为

$$C(Q)=0.001Q^3-0.3Q^3+50Q+1\,500$$

其中，Q 为产量，求：

(1) 边际成本函数；

(2) 当 $Q=50$ 时的总成本、平均成本及边际成本；

(3) 当 $Q=50,100,200$ 时的边际成本，并给予经济解释.

解 (1) 边际成本函数为

$$C'(Q)=0.003Q^2-0.6Q+50$$

(2) 当 $Q=50$ 时，总成本为

$$C(50)=0.001\times50^3-0.3\times50^2+50\times50+1\,500=3\,375$$

平均成本为 $$\overline{C}(50)=\frac{C(50)}{50}=67.5$$

边际成本为 $C'(50)=0.003\times50^2-0.6\times50+50=27.5$

(3) $$C'(100)=0.003\times100^2-0.6\times100+50=20$$

$$C'(200)=0.003\times200^2-0.6\times200+50=50$$

$C'(50)=27.5$，说明当产量为 50 单位时，再增加 1 单位产量，生产成本增加 27.5；

$C'(100)=20$，$C'(200)=50$，说明当生产第 101 单位、第 201 单位产品的成本约分别为 20 和 50.

例 3.9.2 已知某产品的价格 P 是销售量 Q 的函数 $P(Q)=(90-0.3Q)$ 元. 试求销量 50 件产品时的边际收益.

解 总收益函数 $$R(Q)=P(Q)\cdot Q=90Q-0.3Q^2$$

边际收益 $$R'(Q)=90-0.6Q$$

$R'(50)=90-0.6\times50=60$，它说明当销售 50 件后，再增加销售 1 件时所增加的总收益为 60 元.

例 3.9.3 设某产品的需求方程为 $P+0.1Q=80$，总成本函数为 $C(Q)=5\,000+20Q$，其中 Q 为销售量，P 为价格，求边际利润函数，并计算 $Q=150$ 和 $Q=400$ 时的边际利润，解释所得结果的经济意义.

解 因为总收益函数 $R(Q)=P\cdot Q$，故总利润为

$$\begin{aligned}L(Q)&=R(Q)-C(Q)=(80-0.1Q)Q-(5\,000+20Q)\\&=-0.1Q^2+60Q-5\,000\end{aligned}$$

边际利润为

$$L'(Q)=-0.2Q+60$$

所以，$L'(150)=60-30=30$，$L'(400)=60-80=-20$.

其经济定义为：当销售量 $Q=150$ 单位时，再多销售 1 单位产品，利润就增加 30 个单位，当销售量为 $Q=400$ 单位时，再多销售 1 单位产品，利润反而减少 20 个单位.

3.9.2 函数的弹性

边际函数问题是研究函数的绝对变化率，实际中还需要研究函数的相对变化率. 在经济学中，把一个经济量对另一个经济量变化的反应程度称为弹性或弹性系数. 例如，商品的需求量对价格相对变化的反应灵敏程度称为需求的价格弹性.

定义 3.9.1 设某个经济函数 $y=f(x)$ 可导，自变量在 x 处的改变量为 Δx，函数 y 的相

应改变量为 Δy，$\frac{\Delta x}{x}$ 和 $\frac{\Delta y}{y}$ 分别表示自变量在 x 处和函数在 y 处的相对改变量. 当 $\Delta x \to 0$ 时，它们的比值极限

$$\lim_{\Delta x \to 0}\frac{\frac{\Delta y}{y}}{\frac{\Delta x}{x}}=\lim_{\Delta x \to 0}\frac{\Delta y}{\Delta x}\cdot\frac{x}{y}=\frac{xf'(x)}{f(x)}$$

称为 y 对 x 的弹性，记为 $\eta(x)$.

弹性 $\eta(x)$ 一般为 x 的函数，称为弹性函数，弹性在 x_0 处的值 $\eta(x_0)=\frac{x_0 f'(x_0)}{f(x_0)}$ 称为在 x_0 处的点弹性. 当 $|\Delta x|$ 较小时，$\frac{\frac{\Delta y}{y_0}}{\frac{\Delta x}{x_0}}\approx\eta(x_0)$，$\frac{\Delta y}{y_0}\approx\eta(x_0)\cdot\frac{\Delta x}{x_0}$. 所以，当 x 在 x_0 处增加 1% 时，函数 y 相应地增加 $\eta(x_0)$%，说明函数 $f(x)$ 在 x 处的弹性反映了随着 x 的变化函数 $f(x)$ 变化幅度的大小，即 $f(x)$ 对自变量 x 变化反应的灵敏度.

设需求量 Q 是价格 P 的函数 $Q=f(P)$，若 $f(P)$ 在 P 处可导，则

$$\eta(P)=f'(P)\frac{P}{Q}$$

称为需求函数在 P 点的需求对价格的弹性，或称需求弹性，它反映了需求量对价格 P 变化反应的灵敏度，即 $\eta(P)$ 表示单价为 P 时，单价每变动 1%，需求量将变动 $\eta(P)$%. 由于需求函数为单调减函数，所以需求弹性为负值.

例 3.9.4 设某种商品需求量 $Q=Ae^{-\frac{P}{10}}$，其中 $A>0$ 是最大需求量，$P>0$ 为商品价格，求：

(1) 需求对价格的弹性 $\eta(P)$；

(2) 当 $P=8$ 元、10 元、15 元时的需求弹性，并说明其经济意义.

解 (1)

$$\eta(P)=Q'\frac{P}{Q}=\frac{P\left(-\frac{1}{10}Ae^{-\frac{P}{10}}\right)}{Ae^{-\frac{P}{10}}}=-\frac{P}{10}$$

(2) 当 $P=8$ 元时，$\eta(8)=-\frac{8}{10}=-0.8$，说明需求量减少的幅度低于价格上涨的幅度，即价格上涨 1%，需求相应减少 0.8%.

当 $P=10$ 元时，$\eta(10)=-\frac{10}{10}=-1$，说明价格和需求量变动的幅度相同，即价格提高 1%，需求量相应减少 1%.

当 $P=15$ 时，$\eta(15)=-\frac{15}{10}=-1.5$，说明需求量减少的幅度大于价格上升的幅度，即价格降低 1%，需求量将增加 1.5%.

设需求函数为数 $Q=Q(P)$，则收益函数为 $R=P\cdot Q(P)$.

$$\begin{aligned}R'(P)&=Q(P)+PQ'(P)=Q(P)\left[1+Q'(P)\frac{P}{Q(P)}\right]\\&=Q(P)[1+\eta(P)]\end{aligned}$$

当 $-1<\eta(P)<0$ 时，$R'(P)>0$，$R(P)$ 是增函数，即价格上升时收益会随之增加，此时可适当提价，以增加销售收入.

当 $-1<\eta(P)<0$ 时，称需求为低弹性，此时价格的变化只引起需求量的微小变化，需求量

主要已不是由价格来确定的，生活必需品的需求多属此情形.

当 $\eta(P)<-1$ 时，$R'(P)<0$，$R(P)$ 为减函数，即价格下调时，总收益反而增加，故应采取降价措施，薄利多销，可使总收入增加. 当 $\eta(P)<-1$ 时，称需求是有弹性的，此时价格变化将引起需求量的极大变化，奢侈品的需求多属此情形.

当 $\eta(P)=-1$ 时，$R'(P)=0$，此时总收益达到最大值，无须调整价格，当 $\eta=-1$ 时称需求有单位弹性，这时价格上升的百分数与需求下降的百分数相同.

习题 3.9

3.9.1 某化工厂日产能力最高为 1 000 吨，每日产品的总成本 C(单位：元)是日产量 Q(单位：吨)的函数

$$C(Q)=1\,000+7Q+60\sqrt{Q}, Q\in[0,1\,000]$$

求：(1) 当日产量为 100 吨时的总成本和平均成本；

(2) 当日产量从 100 吨增加到 144 吨时总成本的平均变化率；

(3) 日产量为 100 吨和 144 吨时的边际成本.

3.9.2 某产品的价格与销售量的关系为 $P+0.2Q=20$，求销售量为 40 时的总收益、平均收益和边际收益.

3.9.3 某产品的总成本函数为 $C(Q)=1\,500+360Q+3Q^2$，其中 Q 为日产量(单位：吨)，若每吨售价 600 元.

(1) 求边际成本、边际利润；

(2) 当日产量为 30 吨、40 吨、45 吨时的边际利润，并解释其经济意义.

3.9.4 设市场上食用油的需求函数为 $Q=100P^{-0.25}$，求需求量 Q 对价格 P 的弹性.

3.9.5 设某商品的需求量 Q 与价格 P 的函数关系为 $Q=100\mathrm{e}^{-0.2P}$.

(1) 求需求弹性 $\eta(P)$；

(2) 当价格 P 分别为 4,6 时，要使销售收入有所增加，应采取何种价格措施？

(3) P 为何值时，总收益最大？最大收益为多少？

3.9.6 某产品每件价格 50 元时，每批可售出 1 000 件，若每件每降价 1 元，则可相应地多销售 100 件，又设生产这种产品的固定成本为 8 000 元，变动成本为每件 20 元.

(1) 求利润最大时的销售量及最大利润值；

(2) 求利润最大时的边际收益与边际成本.

小　　结

一、中值定理

1. 罗尔定理

设函数 $f(x)$ 满足下列条件：

(1) 在闭区间 $[a,b]$ 上连续；

(2) 在开区间 (a,b) 内可导；

(3) $f(a)=f(b)$.

则至少存在一点 $\xi\in(a,b)$，使得 $f'(\xi)=0$.

2. 拉格朗日中值定理

设函数 $f(x)$满足下列条件：

(1) 在闭区间$[a,b]$上连续；

(2) 在开区间(a,b)内可导.

则至少存在一点 $\xi\in(a,b)$,使得

$$f'(\xi)=\frac{f(b)-f(a)}{b-a}$$

二、罗必达法则

1. $\frac{0}{0}$型和$\frac{\infty}{\infty}$型未定式的罗必达法则

如果 $f(x)$和 $g(x)$满足下列条件：

(1) $\lim\limits_{x\to a}f(x)=\lim\limits_{x\to a}g(x)=0$(或$\infty$)；

(2) 在点 a 的某去心邻域内,$f(x)$与 $g(x)$可导,且 $g'(x)\neq0$；

(3) $\lim\limits_{x\to a}\frac{f'(x)}{g'(x)}$存在(或$\infty$).

则

$$\lim_{x\to a}\frac{f(x)}{g(x)}=\lim_{x\to a}\frac{f'(x)}{g'(x)}$$

2. 其他类型未定式的极限

$0\cdot\infty$型、$\infty-\infty$型、0^0 型、1^∞型、∞^0 型等未定式均可转化为$\frac{0}{0}$型或$\frac{\infty}{\infty}$型未定式来计算.

三、函数的性态

1. 函数的单调性定理

设函数 $f(x)$在$[a,b]$上连续,在(a,b)内可导,则：

(1) 如果在(a,b)内,$f'(x)>0$,那么函数 $f(x)$在$[a,b]$上单调增加；

(2) 如果在(a,b)内,$f'(x)<0$,那么函数 $f(x)$在$[a,b]$上单调减少.

2. 函数的极值与最值

(1) 极大值与极小值的定义

(2) 极值的必要条件

如果 x_0 是函数 $f(x)$的极值点,则 x_0 必为函数 $f(x)$的驻点或不可导点.

(3) 极值的第 1 充分条件

设函数 $f(x)$在点 x_0 的某邻域$(x_0-\delta,x_0+\delta)$内连续,在去心邻域内可导.

① 如果当 $x\in(x_0-\delta,x_0)$时,$f'(x)>0$;当 $x\in(x_0,x_0+\delta)$时,$f'(x)<0$,那么函数$f(x)$在 x_0 处取得极大值.

② 如果当 $x\in(x_0-\delta,x_0)$时,$f'(x)<0$;当 $x\in(x_0,x_0+\delta)$时,$f'(x)>0$,那么函数$f(x)$在 x_0 处取得极小值.

③ 如果当 $x\in(x_0-\delta,x_0)\cup(x_0,x_0+\delta)$时,恒有 $f'(x)>0$,或恒有 $f'(x)<0$,那么函数$f(x)$在 x_0 处没有极值.

(4) 极值的第 2 充分条件

设函数 $y=f(x)$在点 x_0 处具有二阶导数,且 $f'(x_0)=0$,$f''(x_0)\neq0$.

① 若 $f''(x_0)<0$,则函数 $y=f(x)$ 在 x_0 处取得极大值.

② 若 $f''(x_0)>0$,则函数 $y=f(x)$ 在 x_0 处取得极小值.

(5)函数极值的计算方法

① 求出导数 $f'(x)$以及不可导点.

② 求出函数 $f(x)$的全部驻点.

③ 考查 $f(x)$的每一个驻点,不可导点的左、右两侧附近的符号,由第 1 充分条件到这些点是否为极值点,是极大值点还是极小值点,或求出二阶导数,由第 2 充分条件判别.

④ 求出各极值点处的函数值,就是函数 $f(x)$的全部极值.

(6) 闭区间上连续函数的最值计算方法

① 求出 $f(x)$在(a,b)内的所有驻点和不可导点.

② 求出驻点、不可导点以及端点的函数值.

③ 比较以上函数值,最大的即为最大值,最小的即为最小值.

3. 曲线的凹凸性与拐点

(1) 曲线的凹凸性及拐点定义

(2) 曲线凹凸性判别定理

设函数 $f(x)$在$[a,b]$上连续,在(a,b)内具有二阶导数.

① 若在(a,b)内,$f''(x)>0$,则函数 $f(x)$在(a,b)内是凹的.

② 若在(a,b)内,$f''(x)<0$,则函数 $f(x)$在(a,b)内是凸的.

(3) 确定拐点及凹凸区间的方法

① 求 $f''(x)$,并求出在所讨论区间内的 $f''(x)$不存在的点.

② 令 $f''(x)=0$,求出位于所讨论区间内的所有实根.

③ $f''(x)=0$ 的点和使 $f''(x)$不存在的点将 $f(x)$的定义域分成若干区间,由 $f''(x)$在这些区间的符号确定其是凹的或凸的.

④ 在所讨论的区间讨论 $f''(x)=0$ 的点和 $f''(x)$不存在的点的左、右两侧的符号,确定该点是否为拐点.

4. 曲线的水平渐近线与铅直渐近线

(1) 若$\lim\limits_{x\to x_0} f(x)=\infty$,则曲线有铅直渐近线 $x=x_0$.

(2) 若$\lim\limits_{x\to\infty} f(x)=c$,则曲线有水平渐近线 $y=c$.

四、曲率

1. 弧微分公式

$$ds=\sqrt{(dx)^2+(dy)^2}$$

2. 曲率及其计算公式

(1) 曲率定义

(2) 曲率计算公式

$$k=\left|\frac{d\alpha}{ds}\right|=\left|\frac{y''}{(1+y'^2)^{\frac{3}{2}}}\right|$$

(3) 曲率圆与曲率半径

五、导数在经济上的应用

1. 边际分析

边际函数概念:设函数 $y=f(x)$可导,则 $f'(x)$称边际函数.

经济学中一些常见的边际函数:边际成本函数、边际收入函数、边际利润函数等.

2. 函数的弹性

(1) 函数 $y=f(x)$在点 x 处弹性公式

$$y=\frac{x}{f(x)}f'(x)$$

(2) 函数 $y=f(x)$在点 x 处弹性 η 的意义

当自变量变化 1%时,函数变化的百分数为$|\eta|$%.

复习题三

1. 用罗必达法则求下列极限.

(1) $\lim\limits_{x\to 0}\left(\frac{1}{x}-\frac{1}{e^x-1}\right)$　　(2) $\lim\limits_{x\to+\infty}\frac{(\ln x)^2}{x}$

(3) $\lim\limits_{x\to 0}\frac{e^x+e^{-x}-2}{\sin^2 x}$　　(4) $\lim\limits_{x\to\pi}(x-\pi)\tan\frac{x}{2}$

(5) $\lim\limits_{x\to 0}\left[(\cos x)^{\frac{1}{\sin^2 x}}\right]$　　(6) $\lim\limits_{x\to+\infty}x^{\frac{1}{x}}$

2. 利用函数的单调性,证明不等式.

(1) $x>\ln(1+x)$　　$(x>0)$

(2) $\arctan x\leqslant x$　　$(x\geqslant 0)$

3. 求下列各函数的极值.

(1) $y=\sin x+\cos x, x\in[0,2\pi]$　　(2) $y=x^2+1-\ln x, x>0$

(3) $y=x^2e^{-x}$　　(4) $y=2-\sqrt[3]{(x-1)^2}$

4. 求下列函数在指定区间的最大值和最小值.

(1) $y=3x^4-4x^3-12x^2+1, x\in[-3,3]$

(2) $y=x+3\sqrt[3]{1-x}, x\in[-1,2]$

(3) $y=\frac{x^2}{1+x}, x\in\left[-\frac{1}{2},1\right]$

(4) $y=2\tan x-\tan^2 x, x\in\left[0,\frac{\pi}{3}\right]$

5. 求下列曲线的凹凸区间与拐点.

(1) $y=\frac{1}{4-2x+x^2}$　　(2) $y=xe^x$

6. 作下列函数的图形.

(1) $y=xe^{-x^2}$　　(2) $y=\frac{2x-1}{(x-1)^2}$

7. 求抛物线 $y=1-x^2(0<x\leqslant 1)$的切线与两个坐标轴围成的三角形的面积的最小值.

8. 设某厂生产某产品的固定成本为 60 000 元,可变成本为 $20Q$,Q 为产量,假定产销平衡,价格函数为

$$P=\left(60-\frac{Q}{1\,000}\right)\text{元}$$

Q为多少时,该厂能获得最大利润?其利润是多少?

第4章 不定积分

一元函数积分学包括两个重要的基本概念，即不定积分和定积分.本章主要介绍不定积分的概念、性质及求不定积分的基本方法.

4.1 不定积分的概念

4.1.1 原函数的概念

1. 分析

在微分学中，讨论了求已知函数的导数或微分的问题.但在实际问题中，常常会遇到与此相反的问题，例如：

(1) 已知物体在时刻 t 的运动速度是 $v(t)=s'(t)$，求物体的运动方程 $s=s(t)$；

(2) 已知曲线上任一点处的切线斜率 $k=F'(x)$，求曲线的方程 $y=F(x)$.

总结这类问题的共同点：它们都是已知一个函数的导数 $F'(x)=f(x)$，求原来的函数 $F(x)$的问题，为此先引进原函数的概念.

2. 原函数的定义

设函数 $F(x)$与 $f(x)$在区间 I 上都有定义，若

$$F'(x)=f(x) \text{ 或 } \mathrm{d}F(x)=f(x)\mathrm{d}x, x\in I$$

则称 $F(x)$为 $f(x)$在区间 I 上的一个原函数.

3. 关于原函数的几个问题

(1) 原函数存在的条件，即函数 $f(x)$应具备什么条件才能保证它的原函数一定存在.这个问题将在第5章中进行讨论.这里先给出它的结论.

定理 4.1.1 如果函数 $f(x)$在某区间上连续，那么在该区间上的原函数一定存在.

(2) 如果函数 $f(x)$的原函数存在，那么原函数一共有多少个？

定理 4.1.2 如果函数 $f(x)$有原函数，那么它就有无数多个原函数.

证明 设函数 $F(x)$是函数 $f(x)$的一个原函数，即

$$F'(x)=f(x)$$

则
$$[F(x)+C]'=f(x) \qquad (C\text{ 为任意常数})$$

所以，$F(x)+C$ 也是 $f(x)$的原函数.

因此，原函数的个数为无数多个.

(3) 任意两个原函数之间有什么关系？

定理 4.1.3 函数 $f(x)$的任意两个原函数的差是一个常数.

证明 设 $F(x)$和 $G(x)$都是 $f(x)$的原函数，即

$$F'(x)=f(x), G'(x)=f(x)$$

于是
$$[G(x)-F(x)]'=G'(x)-F'(x)=f(x)-f(x)=0$$

根据导数恒为 0 的函数必为常数,可知

$$G(x)-F(x)=C \qquad (C\text{ 为任意常数})$$

即

$$G(x)=F(x)+C$$

(4) 结论:若 $f(x)$在某区间上连续,则在该区间上的原函数一定存在,且存在无数个原函数,任意两个原函数之间只相差一个常数.

例 4.1.1 求函数 $f(x)=\cos x$ 的一个原函数.

解 因为$(\sin x)'=\cos x$,所以 $\sin x$ 是 $\cos x$ 的一个原函数.

例 4.1.2 求函数 $f(x)=x^4$ 的一个原函数.

解 因为$\left(\frac{1}{5}x^5\right)'=x^4$,所以$\frac{1}{5}x^5$ 是 x^4 的一个原函数.

4.1.2 不定积分的定义

设 $F(x)$为函数 $f(x)$的一个原函数,把函数 $f(x)$的所有原函数 $F(x)+C$(C 为任意常数)叫做函数 $f(x)$的不定积分,记做

$$\int f(x)\mathrm{d}x = F(x)+C$$

其中,"$\int$"称为积分号,$f(x)$称为被积函数,$f(x)\mathrm{d}x$ 称为被积表达式,x 称为积分变量,C 称为积分常数.

为方便起见,在不致发生混淆的情况下,不定积分也简称为积分,把求不定积分的运算和方法分别称为积分运算和积分方法.

例 4.1.3 求下列不定积分.

(1) $\int x^3\mathrm{d}x$　　　　(2) $\int \sin x\mathrm{d}x$

解 (1) 因为$\left(\frac{1}{4}x^4\right)'=x^3$,即$\frac{1}{4}x^4$ 是 x^3 的一个原函数. 所以

$$\int x^3\mathrm{d}x = \frac{1}{4}x^4+C$$

(2) 因为$(-\cos x)'=\sin x$,即$-\cos x$ 是 $\sin x$ 的一个原函数. 所以

$$\int \sin x\mathrm{d}x = -\cos x+C$$

例 4.1.4 用微分法验证等式$\int \cos(2x+5)\mathrm{d}x=\frac{1}{2}\sin(2x+5)+C$.

解 因为$\left[\frac{1}{2}\sin(2x+5)\right]'=\cos(2x+5)$,即$\frac{1}{2}\sin(2x+5)$是 $\cos(2x+5)$的一个原函数. 所以

$$\int \cos(2x+5)\mathrm{d}x = \frac{1}{2}\sin(2x+5)+C$$

4.1.3 不定积分的性质

因为$\int f(x)\mathrm{d}x$ 是 $f(x)$ 的原函数,所以根据不定积分的定义,有

性质 4.1.1 $\left[\int f(x)\mathrm{d}x\right]'=f(x)$ 或 $\mathrm{d}\left[\int f(x)\mathrm{d}x\right]=f(x)\mathrm{d}x$

又因为 $F'(x)=f(x)$，即 $F(x)$是 $f(x)$即 $F'(x)$的原函数. 所以有性质 4.1.2.

性质 4.1.2 $\int F'(x)\mathrm{d}x = F(x) + C$ 或 $\int \mathrm{d}F(x) = F(x) + C$

由此可见，微分和积分互为逆运算，当积分符号“$\int$”与微分符号“d”连在一起时或互相抵消或抵消后相差一个常数.

注意 (1) 性质 4.1.1 中对函数 $f(x)$先求不定积分后求导数，那么结果仍为 $f(x)$.

例如
$$\left(\int \frac{\sqrt{1+\ln x}}{x^2}\mathrm{d}x\right)' = \frac{\sqrt{1+\ln x}}{x^2}$$
$$\mathrm{d}\left(\int \frac{\cos^3 x}{1+\sin x}\mathrm{d}x\right) = \frac{\cos^3 x}{1+\sin x}\mathrm{d}x$$

(2) 性质 4.1.2 中对 $F(x)$先求导后求不定积分，那么结果为 $F(x)+C$.

例如
$$\int \mathrm{d}(2x\cos x^2) = 2x\cos x^2 + C$$
$$\int [x^3(\mathrm{e}^{5x}+\sin 2x)]'\mathrm{d}x = x^3(\mathrm{e}^{5x}+\sin 2x) + C$$

4.1.4 不定积分的几何意义

一般地，函数 $f(x)$ 的一个原函数 $F(x)$ 的图形叫做函数 $f(x)$ 的积分曲线，不定积分 $\int f(x)\mathrm{d}x$ 在几何上表示由积分曲线 $y=F(x)$ 沿 y 轴上下平移 $|C|$ 个单位而得到的一族曲线(称为积分曲线族).

如图 4.1.1 所示，$y=x^2+C$ 的图形可由抛物线 $y=x^2$ 沿 y 轴方向移动 $|C|$ 个单位得到.
因为
$$[F(x)+C]'=f(x)$$
所以，积分曲线族上横坐标相同的点处的切线的斜率都相等，即这些点处切线都平行，如图 4.1.2 所示.

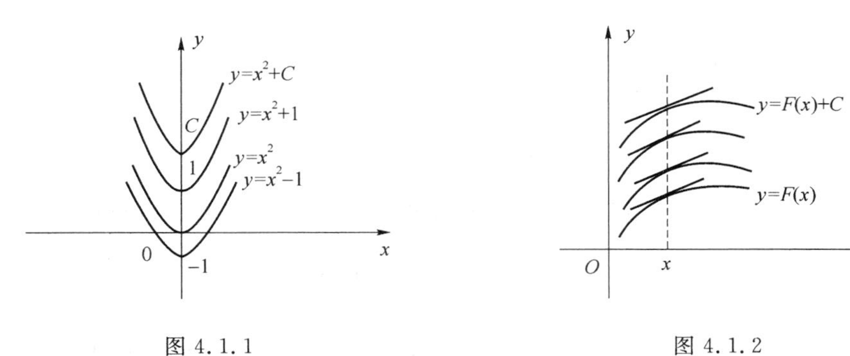

图 4.1.1　　　　图 4.1.2

习题 4.1

4.1.1 求下列函数的一个原函数.

(1) $f(x)=\mathrm{e}^{3x}$　　(2) $f(x)=5^x$

(3) $f(x)=x^6$　　(4) $f(x)=\sin x+\cos x$

4.1.2 用不定积分的定义求下列不定积分.

(1) $\int \csc^2 x\mathrm{d}x$　　(2) $\int \mathrm{e}^x\mathrm{d}x$

(3) $\int 3^x\mathrm{d}x$　　(4) $\int (3+\cos x)\mathrm{d}x$

(5) $\int x^{-6}\mathrm{d}x$　　(6) $\int 6x\mathrm{d}x$

4.1.3　写出下列各式的结果.

(1) $\left(\int \frac{\sqrt[3]{1+\ln x}}{x}\mathrm{d}x\right)'$　　(2) $\int [x^3\mathrm{e}^x(\sin x+\cos^3 x)]'\mathrm{d}x$

(3) $\int \mathrm{d}(\mathrm{e}^{2x}\sin x^2)$　　(4) $\mathrm{d}\left(\int \frac{\sin^3 x}{1+\cos 2x}\mathrm{d}x\right)$

4.1.4　试证函数 $F_1(x)=\ln(a_1x)$ 与 $F_2(x)=\ln(a_2x)$ 是同一个函数的原函数($a_1>a_2>0$).

4.2　不定积分的运算法则与直接积分法

4.2.1　不定积分的基本公式

由于求不定积分与求导数互为逆运算,因此由一个导数公式可以相应地写出一个不定积分公式.

例如
$$\int x^\alpha\mathrm{d}x=\frac{1}{\alpha+1}x^{\alpha+1}+C \quad (\alpha\neq -1)$$

因为
$$\left(\frac{1}{\alpha+1}x^{\alpha+1}\right)'=\frac{1}{\alpha+1}(x^{\alpha+1})'=\frac{1}{\alpha+1}(\alpha+1)x^{\alpha+1-1}=x^\alpha$$

所以
$$\int x^\alpha\mathrm{d}x=\frac{1}{\alpha+1}x^{\alpha+1}+C \quad (\alpha\neq -1)$$

又例如
$$\int \frac{1}{x}\mathrm{d}x=\ln|x|+C$$

(1) 当 $x>0$ 时,因为 $(\ln|x|)'=(\ln x)'=\frac{1}{x}$,所以
$$\int \frac{1}{x}\mathrm{d}x=\ln|x|+C$$

(2) 当 $x<0$ 时,因为 $(\ln|x|)'=[\ln(-x)]'=\frac{1}{-x}\cdot(-x)'=\frac{1}{x}$,所以
$$\int \frac{1}{x}\mathrm{d}x=\ln|x|+C$$

综上所述,不论 $x>0$ 或 $x<0$,都有 $\int \frac{1}{x}\mathrm{d}x=\ln|x|+C$.类似地,可以推出其他基本积分公式.

(1) $\int k\mathrm{d}x=kx+C$　　(2) $\int x^\alpha\mathrm{d}x=\frac{1}{\alpha+1}x^{\alpha+1}+C$

(3) $\int \frac{1}{x}\mathrm{d}x=\ln|x|+C$　　(4) $\int a^x\mathrm{d}x=\frac{a^x}{\ln a}+C$

(5) $\int \mathrm{e}^x\mathrm{d}x=\mathrm{e}^x+C$　　(6) $\int \cos x\mathrm{d}x=\sin x+C$

(7) $\int \sin x\mathrm{d}x = -\cos x + C$　　　(8) $\int \sec^2 x\mathrm{d}x = \tan x + C$

(9) $\int \csc^2 x\mathrm{d}x = -\cot x + C$　　　(10) $\int \frac{1}{\sqrt{1-x^2}}\mathrm{d}x = \arcsin x + C$

(11) $\int \frac{1}{1+x^2}\mathrm{d}x = \arctan x + C$

以上 11 个公式是求不定积分的基础，必须熟记.

例 4.2.1　求下列不定积分.

(1) $\int x^2\mathrm{d}x$　　　(2) $\int \frac{1}{x^3}\mathrm{d}x$　　　(3) $\int 2^x \mathrm{e}^x\mathrm{d}x$

解　(1) $\int x^2\mathrm{d}x = \frac{1}{2+1}x^{2+1} + C = \frac{1}{3}x^3 + C$

(2) $\int \frac{1}{x^3}\mathrm{d}x = \int x^{-3}\mathrm{d}x = \frac{1}{-3+1}x^{-3+1} + C = -\frac{1}{2x^2} + C$

(3) $\int 2^x\mathrm{e}^x\mathrm{d}x = \int (2\mathrm{e})^x\mathrm{d}x = \frac{(2\mathrm{e})^x}{\ln(2\mathrm{e})} + C$

4.2.2　不定积分的基本运算法则

法则 4.2.1　被积函数中不为零的常数因子可以提到积分符号外面，即

$$\int kf(x)\mathrm{d}x = k\int f(x)\mathrm{d}x \qquad (k \neq 0)$$

证明　因为

$$\left[k\int f(x)\mathrm{d}x\right]' = k\left[\int f(x)\mathrm{d}x\right]' = kf(x)$$

所以，$k\int f(x)\mathrm{d}x$ 是 $kf(x)$ 的原函数．于是

$$\int kf(x)\mathrm{d}x = k\int f(x)\mathrm{d}x + C$$

因为等号右边的 $k\int f(x)\mathrm{d}x$ 中含有任意常数，所以后面的 C 可以省略，所以

$$\int kf(x)\mathrm{d}x = k\int f(x)\mathrm{d}x$$

类似可证法则 4.2.2.

法则 4.2.2　两个函数代数和的不定积分等于各个函数的不定积分的代数和，即

$$\int [f(x) \pm g(x)]\mathrm{d}x = \int f(x)\mathrm{d}x \pm \int g(x)\mathrm{d}x$$

法则 4.2.2 中对于有限个函数的代数和也是成立的.

例 4.2.2　求不定积分$\int \left(\mathrm{e}^2 + \frac{1}{4x} - 2\cos x\right)\mathrm{d}x$.

解

$$\begin{aligned}\int \left(\mathrm{e}^2 + \frac{1}{4x} - 2\cos x\right)\mathrm{d}x &= \int \mathrm{e}^2\mathrm{d}x + \int \frac{1}{4x}\mathrm{d}x - \int 2\cos x\mathrm{d}x \\ &= \int \mathrm{e}^2\mathrm{d}x + \frac{1}{4}\int \frac{1}{x}\mathrm{d}x - 2\int \cos x\mathrm{d}x \\ &= \mathrm{e}^2 x + \frac{1}{4}\ln|x| - 2\sin x + C\end{aligned}$$

注意　在分项积分后，每个不定积分的结果都应有一个积分常数，但任意常数之间之和仍

是任意常数，因此最后结果只要写一个任意常数 C 即可.

4.2.3 直接积分法

1. 直接积分法定义

在求某些函数的不定积分时，将被积函数经过适当的恒等变形(包括代数变形与三角变形)，再利用积分基本公式与运算法则，或直接运用积分基本公式与运算性质，求不定积分的方法称做直接积分法.

2. 举例说明

例 4.2.3 求下列不定积分.

(1) $\int \frac{1-x^3+\sqrt{x}}{x}\mathrm{d}x$　　(2) $\int \tan^2 x\mathrm{d}x$

(3) $\int \frac{\cos^2 x-\sin^2 x}{\cos^2 x\sin^2 x}\mathrm{d}x$　　(4) $\int \frac{1+2x^2}{2x^2(1+x^2)}\mathrm{d}x$

(5) $\int \frac{3\cdot 2^x-5\cdot 3^x}{3^x}\mathrm{d}x$

(6) 一物体以速度 $v=(t^2+6t)$ m/s 作变速直线运动，当 $t=3$ s 时，$s=36$ m，求物体运动的方程.

解 (1) 不能直接用基本公式和法则，可先把被积函数化简，然后再积分.

$$\int \frac{1-x^3+\sqrt{x}}{x}\mathrm{d}x=\int\left(\frac{1}{x}-x^2+\frac{\sqrt{x}}{x}\right)\mathrm{d}x=\int\frac{1}{x}\mathrm{d}x-\int x^2\mathrm{d}x+\int x^{-\frac{1}{2}}\mathrm{d}x$$

$$=\ln|x|-\frac{1}{3}x^3+2\sqrt{x}+C$$

(2) $\int \tan^2 x\mathrm{d}x=\int(\sec^2 x-1)\mathrm{d}x=\int\sec^2 x\mathrm{d}x-\int\mathrm{d}x=\tan x-x+C$

(3) $$\int\frac{\cos^2 x-\sin^2 x}{\cos^2 x\cdot\sin^2 x}\mathrm{d}x=\int\left(\frac{1}{\sin^2 x}-\frac{1}{\cos^2 x}\right)\mathrm{d}x=\int(\csc^2 x-\sec^2 x)\mathrm{d}x$$

$$=\int\csc^2 x\mathrm{d}x-\int\sec^2 x\mathrm{d}x=-\cot x-\tan x+C$$

(4) $$\int\frac{1+2x^2}{2x^2(1+x^2)}\mathrm{d}x=\frac{1}{2}\int\frac{(1+x^2)+x^2}{x^2(1+x^2)}\mathrm{d}x=\frac{1}{2}\int\left(\frac{1}{x^2}+\frac{1}{1+x^2}\right)\mathrm{d}x$$

$$=\frac{1}{2}\left(-\frac{1}{x}+\arctan x\right)+C=\frac{1}{2}\left(\arctan x-\frac{1}{x}\right)+C$$

(5) $$\int\frac{3\cdot 2^x-5\cdot 3^x}{3^x}\mathrm{d}x=\int\left[3\cdot\left(\frac{2}{3}\right)^x-5\right]\mathrm{d}x=3\int\left(\frac{2}{3}\right)^x\mathrm{d}x-\int 5\mathrm{d}x$$

$$=3\cdot\frac{\left(\frac{2}{3}\right)^x}{\ln\left(\frac{2}{3}\right)}-5x+C=\frac{3}{\ln 2-\ln 3}\cdot\left(\frac{2}{3}\right)^x-5x+C$$

(6) 设物体的运动方程为 $s=s(t)$，依题意，有

$$s'(t)=v(t)=t^2+6t$$

所以

$$s(t)=\int(t^2+6t)\mathrm{d}t=\frac{1}{3}t^3+3t^2+C$$

把 $t=3$，$s=36$ 代入上式，得 $C=0$.

因此,所示物体的运动方程为

$$s(t)=\frac{1}{3}t^3+3t^2$$

习题 4.2

4.2.1 求下列不定积分.

(1) $\int \frac{1}{x^3}\mathrm{d}x$ (2) $\int x\sqrt{x}\,\mathrm{d}x$

(3) $\int \frac{(1-x)^2}{\sqrt[3]{x}}\mathrm{d}x$ (4) $\int \frac{x^2-2\sqrt{2}x+2}{x-\sqrt{2}}\mathrm{d}x$

(5) $\int \frac{\sqrt{1+x^2}}{\sqrt{1-x^4}}\mathrm{d}x$ (6) $\int \frac{3x^2}{1+x^2}\mathrm{d}x$

(7) $\int 3^{x+2}2^x\,\mathrm{d}x$ (8) $\int \frac{x^3-27}{x-3}\mathrm{d}x$

(9) $\int \frac{2\cdot 3^x-5\cdot 2^x}{2^x}\mathrm{d}x$ (10) $\int \frac{\cos 2x}{\cos x-\sin x}\mathrm{d}x$

(11) $\int \frac{1}{\cos^2 x\sin^2 x}\mathrm{d}x$ (12) $\int \frac{1+\cos^2 x}{1+\cos 2x}\mathrm{d}x$

4.2.2 在积分曲线族 $y=\int 5x^2\mathrm{d}x$ 中,求一通过点$(\sqrt{3},5\sqrt{3})$的曲线.

4.2.3 一物体以速度 $v=2t^2+3t$ m/s 作变速直线运动,当 $t=2$ s 时,$s=6$ m,求物体的运动方程.

4.3 换元积分法

利用直接积分法解决的不定积分问题是非常有限的.因此,有必要进一步探讨求不定积分的新的方法.4.3 节先介绍一种基本的积分法,即换元积分法.

换元积分法的目的是要通过适当的变量代换,使所求的积分简化为基本积分表中的积分.

4.3.1 第 1 类换元积分法

1. 分析

例如,求$\int 2\cos 2x\mathrm{d}x$,不能利用积分基本公式进行积分,先作如下变形,然后进行计算,得

$$\int 2\cos 2x\mathrm{d}x=\int \cos 2x\cdot 2\mathrm{d}x=\int \cos 2x\mathrm{d}(2x)$$

$$\xlongequal{令\ v=2x}\int \cos v\mathrm{d}v=\sin v+C$$

$$\xlongequal{回代\ v=2x}\sin 2x+C$$

证明 因为 $(\sin 2x+C)'=\cos 2x\cdot(2x)'=2\cos 2x$

所以 $$\int 2\cos 2x\mathrm{d}x=\sin 2x+C$$

成立.

2. 定理

设 $f(v)$具有原函数 $F(v)$, $v=\varphi(x)$可导,则 $F[\varphi(x)]$是 $f[\varphi(x)]\cdot\varphi'(x)$的原函数,即有换元公式

$$\int f[\varphi(x)]\cdot\varphi'(x)\mathrm{d}x=F[\varphi(x)]+C=\left[\int f(v)\mathrm{d}v\right]_{v=\varphi(x)} \tag{4.3.1}$$

这种换元积分法叫做第1类换元积分法(也称为凑微分法).

证明 设 $G(x)=F[\varphi(x)]$,利用复合函数求导法,得到

$$G'(x)=\frac{\mathrm{d}F}{\mathrm{d}v}\cdot\frac{\mathrm{d}v}{\mathrm{d}x}=f(v)\cdot\frac{\mathrm{d}v}{\mathrm{d}x}=f(v)\cdot v'=f[\varphi(x)]\cdot\varphi'(x)$$

即 $G(x)$ 是 $f[\varphi(x)]\cdot\varphi'(x)$ 的原函数. 所以有

$$\int f[\varphi(x)]\cdot\varphi'(x)\mathrm{d}x=G(x)+C=F[\varphi(x)]+C=\left[\int f(v)\mathrm{d}v\right]_{v=\varphi(x)}$$

从上述定理中看到,如果要求的积分可以表示上述公式中左边的形式,则令 $v=\varphi(x)$就化为右边 $f(v)$对 v 的积分,积分后再用 $\varphi(x)$代 v 就行了,下面举例说明换元公式(4.3.1)的应用.

例 4.3.1 求$\int(2x+1)^7\mathrm{d}x$.

解 设 $v=2x+1$,则 $\mathrm{d}v=2\mathrm{d}x$,于是

$$\begin{aligned}\int(2x+1)^7\mathrm{d}x&=\frac{1}{2}\int(2x+1)^7\cdot 2\mathrm{d}x\\&=\frac{1}{2}\int v^7\mathrm{d}v\\&=\frac{1}{16}v^8+C\\&=\frac{1}{16}(2x+1)^8+C\end{aligned}$$

当练习比较纯熟后,就可以不必把 v 写出来.

例 4.3.2 求$\int\mathrm{e}^{-5x}\mathrm{d}x$.

解 $$\int\mathrm{e}^{-5x}\mathrm{d}x=-\frac{1}{5}\int\mathrm{e}^{-5x}\cdot(-5)\mathrm{d}x=-\frac{1}{5}\int\mathrm{e}^{-5x}\mathrm{d}(-5x)=-\frac{1}{5}\mathrm{e}^{-5x}+C$$

例 4.3.3 求$\int\frac{1}{\sqrt{a^2-x^2}}\mathrm{d}x$.

解
$$\begin{aligned}\int\frac{1}{\sqrt{a^2-x^2}}\mathrm{d}x&=\frac{1}{a}\int\frac{1}{\sqrt{1-\left(\frac{x}{a}\right)^2}}\mathrm{d}x\\&=\frac{a}{a}\int\frac{\mathrm{d}\left(\frac{x}{a}\right)}{\sqrt{1-\left(\frac{x}{a}\right)^2}}\\&=\arcsin\frac{x}{a}+C\end{aligned}$$

例 4.3.4 求$\int x\sqrt{1+x^2}\mathrm{d}x$.

解
$$\begin{aligned}\int x\sqrt{1+x^2}\mathrm{d}x &= \frac{1}{2}\int 2x\sqrt{1+x^2}\mathrm{d}x = \frac{1}{2}\int(1+x^2)^{\frac{1}{2}}\mathrm{d}(x^2)\\ &= \frac{1}{2}\int(1+x^2)^{\frac{1}{2}}\mathrm{d}(1+x^2) = \frac{1}{3}(1+x^2)^{\frac{3}{2}}+C\\ &= \frac{1}{3}\sqrt{(1+x^2)^3}+C\end{aligned}$$

例 4.3.5 求$\int\frac{\mathrm{d}x}{x^2-a^2}$.

解
$$\begin{aligned}\int\frac{\mathrm{d}x}{x^2-a^2} &= \frac{1}{2a}\int\left(\frac{1}{x-a}-\frac{1}{x+a}\right)\mathrm{d}x\\ &= \frac{1}{2a}\left(\int\frac{1}{x-a}\mathrm{d}x-\int\frac{1}{x+a}\mathrm{d}x\right)\\ &= \frac{1}{2a}\left[\int\frac{1}{x-a}\mathrm{d}(x-a)-\int\frac{1}{x+a}\mathrm{d}(x+a)\right]\\ &= \frac{1}{2a}(\ln|x-a|-\ln|x+a|)+C\\ &= \frac{1}{2a}\ln\left|\frac{x-a}{x+a}\right|+C\end{aligned}$$

例 4.3.6 求$\int\frac{\mathrm{e}^{3x}}{2+\mathrm{e}^{3x}}\mathrm{d}x$.

解
$$\begin{aligned}\int\frac{\mathrm{e}^{3x}}{2+\mathrm{e}^{3x}}\mathrm{d}x &= \frac{1}{3}\int\frac{3\cdot\mathrm{e}^{3x}}{2+\mathrm{e}^{3x}}\mathrm{d}x = \frac{1}{3}\int\frac{1}{2+\mathrm{e}^{3x}}\mathrm{d}(\mathrm{e}^{3x})\\ &= \frac{1}{3}\int\frac{1}{2+\mathrm{e}^{3x}}\mathrm{d}(2+\mathrm{e}^{3x}) = \frac{1}{3}\ln(2+\mathrm{e}^{3x})+C\end{aligned}$$

例 4.3.7 求下列不定积分.

(1) $\int\tan x\mathrm{d}x$　　(2) $\int\cot x\mathrm{d}x$　　(3) $\int\csc x\mathrm{d}x$

解 (1) $\int\tan x\mathrm{d}x=\int\frac{\sin x}{\cos x}\mathrm{d}x=-\int\frac{1}{\cos x}\mathrm{d}\sin x=-\ln|\cos x|+C$

(2) $\int\cot x\mathrm{d}x=\int\frac{\cos x}{\sin x}\mathrm{d}x=\int\frac{\mathrm{d}\sin x}{\sin x}=\ln|\sin x|+C$

(3)
$$\begin{aligned}\int\csc x\mathrm{d}x &= \int\frac{1}{\sin x}\mathrm{d}x=\int\frac{1}{2\sin\frac{x}{2}\cos\frac{x}{2}}\mathrm{d}x\\ &= \int\frac{\mathrm{d}\left(\frac{x}{2}\right)}{\tan\frac{x}{2}\cos^2\frac{x}{2}}=\int\frac{\sec^2\frac{x}{2}}{\tan\frac{x}{2}}\mathrm{d}\left(\frac{x}{2}\right)\\ &= \int\frac{1}{\tan\frac{x}{2}}\mathrm{d}\left(\tan\frac{x}{2}\right)=\ln\left|\tan\frac{x}{2}\right|+C\\ &= \ln\left|\frac{1-\cos x}{\sin x}\right|+C=\ln|\csc x-\cot x|+C\end{aligned}$$

例 4.3.8 求$\int \sec x\mathrm{d}x$.

解 $$\int \sec x\mathrm{d}x=\int \frac{1}{\cos x}\mathrm{d}x=\int \frac{1}{\sin\left(x+\frac{\pi}{2}\right)}\mathrm{d}\left(x+\frac{\pi}{2}\right)$$

$$=\int \csc\left(x+\frac{\pi}{2}\right)\mathrm{d}\left(x+\frac{\pi}{2}\right)$$

$$=\ln\left|\left[\csc\left(x+\frac{\pi}{2}\right)-\cot\left(x+\frac{\pi}{2}\right)\right]\right|+C$$

$$=\ln|\sec x+\tan x|+C$$

4.3.2 第2类换元积分法

1. 分析

通常遇到第1类方法的相反情况，用第1类换元法不能求$\int f(v)\mathrm{d}v$，但适当地选择$v=\varphi(x)$后，求不定积分$\int f[\varphi(x)]\varphi'(x)\mathrm{d}x$却比较容易，这样也可按反方向来利用公式(4.3.1).

例如，求$\int \frac{1}{1+\sqrt{x}}\mathrm{d}x$不能用第1类换元法.

$$\int \frac{1}{1+\sqrt{x}}\mathrm{d}x \xlongequal[x=t^2]{\text{令}\sqrt{x}=t} \int \frac{1}{1+t}2t\,\mathrm{d}t=2\int\left(1-\frac{1}{1+t}\right)\mathrm{d}t$$

$$=2[t-\ln(1+t)]+C \xlongequal[t=\sqrt{x}]{\text{回代}} 2[\sqrt{x}-\ln(1+\sqrt{x})]+C$$

2. 定理

设$x=\psi(t)$是单调、可导的函数，并且$\psi(t)\neq 0$.

又设$f[\psi(t)]\cdot\psi'(t)$具有原函数$F(t)$，则$F[\psi^{-1}(x)]$是$f(x)$的原函数.有换元公式：

$$\int f(x)\mathrm{d}x \xlongequal{\text{令}x=\psi(t)} \int f[\psi(t)]\psi'(t)\mathrm{d}t \xlongequal{\text{积分}} F(t)+C \xlongequal{\text{回代}t=\psi^{-1}(x)} F[\psi^{-1}(x)]+C \tag{4.3.2}$$

通常把这样的积分方法称为第2类换元积分法(证明略).

3. 举例说明公式(4.3.2)的应用

例 4.3.9 求$\int \frac{x+1}{\sqrt[3]{3x+1}}\mathrm{d}x$.

解 被积函数含有根号，关键在于去除根号.

令$\sqrt[3]{3x+1}=t$，则$x=\frac{t^3-1}{3}$，于是

$$\mathrm{d}x=t^2\mathrm{d}t$$

所以 $$\int \frac{x+1}{\sqrt[3]{3x+1}}\mathrm{d}x=\int \frac{\frac{t^3-1}{3}+1}{t}\cdot t^2\mathrm{d}t=\int\left(\frac{t^4-t}{3}+t\right)\mathrm{d}t$$

$$=\frac{1}{3}\int t^4\mathrm{d}t-\frac{1}{3}\int t\mathrm{d}t+\int t\mathrm{d}t=\frac{1}{15}t^5+\frac{1}{3}t^2+C$$

$$=\frac{1}{15}\sqrt[3]{(3x+1)^5}+\frac{1}{3}\sqrt[3]{(3x+1)^2}+C$$

例 4.3.10 求$\int \sqrt{a^2-x^2}\mathrm{d}x(a>0)$.

解 根号内是二次式,联想到三角恒等式,利用$1-\sin^2 t=\cos^2 t$来消除根号.令

$$x=a\sin t \qquad \left(-\frac{\pi}{2}<t<\frac{\pi}{2}\right)$$

则

$$\sqrt{a^2-x^2}=\sqrt{a^2-a^2\sin^2 t}=a\cos t$$

$$\mathrm{d}x=\mathrm{d}(a\sin t)=(a\sin t)'\mathrm{d}t=a\cos t\mathrm{d}t$$

于是

$$\begin{aligned}\int \sqrt{a^2-x^2}\mathrm{d}x &= \int a\cos t\cdot a\cos t\mathrm{d}t = a^2\int \cos^2 t\mathrm{d}t \\ &= a^2\int \frac{1+\cos 2t}{2}\mathrm{d}t = \frac{a^2}{2}\left(t+\frac{1}{2}\sin 2t\right)+C \\ &= \frac{1}{2}a^2 t+\frac{1}{2}a^2\sin t\cdot\cos t+C\end{aligned}$$

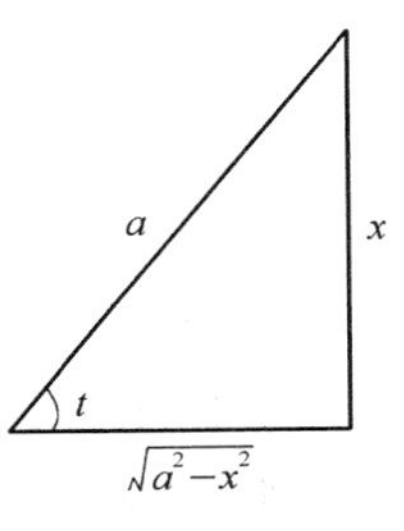

图 4.3.1

在上述结果中,要把t还原为x,必须求$t,\sin t,\cos t$.由$x=a\sin t$,得$\sin t=\frac{x}{a}$.于是,$t=\arcsin\frac{x}{a}$.

为了求$\cos t$,可根据$\sin t=\frac{x}{a}$作辅助直角三角形,即以t为锐角,斜边为a,角的对边为x(如图 4.3.1 所示).则另一边为$\sqrt{a^2-x^2}$,于是$\cos t=\frac{\sqrt{a^2-x^2}}{a}$.将$t,\sin t,\cos t$代入,得

$$\begin{aligned}\int \sqrt{a^2-x^2}\mathrm{d}x &= \frac{a^2}{2}\arcsin\frac{x}{a}+\frac{1}{2}a^2\cdot\frac{x}{a}\cdot\frac{\sqrt{a^2-x^2}}{a}+C \\ &= \frac{a^2}{2}\arcsin\frac{x}{a}+\frac{1}{2}x\sqrt{a^2-x^2}+C\end{aligned}$$

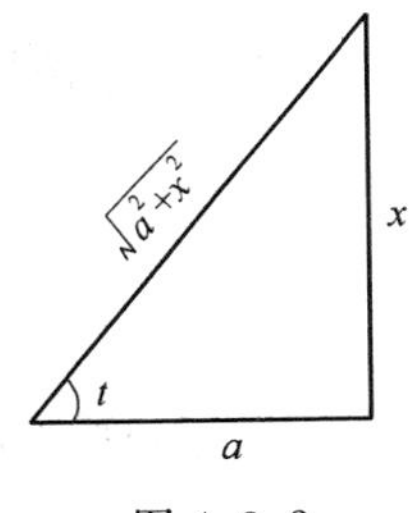

图 4.3.2

例 4.3.11 求$\int \frac{\mathrm{d}x}{\sqrt{a^2+x^2}}(a>0)$.

解 设$x=a\tan t\left(-\frac{\pi}{2}<x<\frac{\pi}{2}\right)$,则

$$\mathrm{d}x=a\sec^2 t\mathrm{d}t$$

$$\begin{aligned}\int \frac{\mathrm{d}x}{\sqrt{a^2+x^2}} &= \int \frac{a\sec^2 t\mathrm{d}t}{a\sec t} = \int \sec t\mathrm{d}t \\ &= \ln|\sec t+\tan t|+C'\end{aligned}$$

为了将$\sec t,\tan t$换成x的函数,根据$\tan t=\frac{x}{a}$作辅助直角三角形(如图 4.3.2 所示).

则

$$\sec t=\frac{\sqrt{a^2+x^2}}{a}$$

$$\tan t=\frac{x}{a}$$

所以

$$\begin{aligned}\int \frac{\mathrm{d}x}{\sqrt{a^2+x^2}} &= \ln\left|\frac{x}{a}+\frac{\sqrt{a^2+x^2}}{a}\right|+C' \\ &= \ln\left|x+\sqrt{a^2+x^2}\right|+C \qquad (\text{其中 } C=C'-\ln a)\end{aligned}$$

$\int \frac{\mathrm{d}x}{\sqrt{x^2-a^2}}(a>0)$可设 $x=\sec t$,可求得

$$\int \frac{\mathrm{d}x}{\sqrt{x^2-a^2}}=\ln\left|x+\sqrt{x^2-a^2}\right|+C$$

例 4.3.12 求$\int \frac{1}{x^2\sqrt{1+x^2}}\mathrm{d}x$.

解 令 $x=\frac{1}{t}$,则 $\mathrm{d}x=-\frac{1}{t^2}\mathrm{d}t$

因此

$$\int \frac{1}{x^2\sqrt{1+x^2}}\mathrm{d}x=\int \frac{-\frac{1}{t^2}}{\frac{1}{t^2}\sqrt{1+\frac{1}{t^2}}}\mathrm{d}t=-\int \frac{t}{\sqrt{1+t^2}}\mathrm{d}t$$

$$=-\sqrt{1+t^2}+C=-\sqrt{1+\frac{1}{x^2}}+C$$

$$=-\frac{\sqrt{1+x^2}}{x}+C$$

综上所述,有:

(1) 如例 4.3.1 中,被积函数含有根号,可直接令根号为 t,达到去根号的目的;

(2) 如例 4.3.2、例 4.3.3 中,被积函数中含有根号,并且根号内是二次式,可作

① 对$\sqrt{a^2-x^2}$,令 $x=a\sin t$

② 对$\sqrt{a^2+x^2}$,令 $x=a\tan t$

③ 对$\sqrt{x^2-a^2}$,令 $x=a\sec t$

进行代换,上述 3 种代换称为三角代换.

(3) 如例 4.3.12 中,形如$\int \frac{\mathrm{d}x}{x\sqrt{x^2\pm a^2}}$或$\int \frac{\mathrm{d}x}{x^2\sqrt{x^2\pm a^2}}$的不定积分通常可以利用倒数变换 $x=\frac{a}{t}$ 进行计算,这种代换通常称为倒代换.

4. 基本积分公式

本书内容涉及的某些积分,以后在求其他积分时,常常会遇到,可以作为公式用,现列出如下(编号接基本积分公式表).

(12) $\int \tan x\mathrm{d}x=-\ln|\cos x|+C$

(13) $\int \cot x\mathrm{d}x=\ln|\sin x|+C$

(14) $\int \sec x\mathrm{d}x=\ln|\sec x+\tan x|+C$

(15) $\int \csc x\mathrm{d}x=\ln|\csc x-\cot x|+C$

(16) $\int \frac{1}{x^2-a^2}\mathrm{d}x=\frac{1}{2a}\ln\left|\frac{x-a}{x+a}\right|+C$

(17) $\int \frac{1}{x^2+a^2}\mathrm{d}x=\frac{1}{a}\arctan\frac{x}{a}+C$

(18) $\int \frac{1}{\sqrt{a^2-x^2}}dx = \arcsin\frac{x}{a}+C \qquad (a>0)$

(19) $\int \sqrt{a^2-x^2}dx = \frac{a^2}{2}\arcsin\frac{x}{a}+\frac{1}{2}x\sqrt{a^2-x^2}+C$

(20) $\int \frac{1}{\sqrt{x^2\pm a^2}}dx = \ln\left|x+\sqrt{x^2\pm a^2}\right|+C \qquad (a>0)$

习题 4.3

4.3.1 在下列各等式右端的空格线上填入适当的系数,使等式成立.

(1) $e^{-x}dx =$ ________ $d(e^{-x})$

(2) $4xdx =$ ________ $d(x^2)$

(3) $\frac{1}{x}dx =$ ________ $d(6\ln|x|)$

(4) $3\sin x dx =$ ________ $d(\cos x)$

(5) $dx =$ ________ $d(4x+1)$

(6) $e^{5x}dx =$ ________ $d(e^{5x})$

4.3.2 用第 1 类换元法求下列不定积分.

(1) $\int \frac{e^{2x}}{1+e^{2x}}dx$

(2) $\int \sec^4 x dx$

(3) $\int \frac{\ln^5 x}{x}dx$

(4) $\int \frac{dx}{x^2+2x+3}$

(5) $\int e^{-3x}dx$

(6) $\int (4x-1)^5 dx$

(7) $\int \frac{1}{x^2}\tan\frac{1}{x}dx$

(8) $\int \frac{dx}{\cos^2 x\sqrt{\tan x-1}}$

4.3.3 用第 2 类换元积分法求下列不定积分.

(1) $\int \frac{1}{\sqrt{1+9x^2}}dx$

(2) $\int \frac{dx}{(1-x^2)^{\frac{3}{2}}}$

(3) $\int \frac{1}{\sqrt{x}+\sqrt[3]{x}}dx$

(4) $\int \sqrt{1+e^x}dx$

(5) $\int \frac{x}{\sqrt[3]{2x+1}}dx$

(6) $\int \frac{1}{\sqrt{x^2-9}}dx$

4.4 分部积分法

本节介绍另一种基本积分法,即分部积分法.

4.4.1 分部积分法的公式

设函数 $u=u(x)$ 及 $v=v(x)$ 具有连续导数,在微分学中关于两函数的乘积的导数公式是

$$(uv)'=uv'+u'v \tag{4.4.1}$$

把公式(4.4.1)改写成

$$uv'=(uv)'-u'v \tag{4.4.2}$$

等式两边积分，并利用不定积分的性质，得

$$\int uv'\mathrm{d}x = uv - \int vu'\mathrm{d}x \tag{4.4.3}$$

公式(4.4.3) 称为分部积分公式，如果求$\int uv'\mathrm{d}x$有困难，而求$\int vu'\mathrm{d}x$比较容易时，就可以利用分部积分公式求积分.

为简便起见，把公式(4.4.3)写成下面的形式：

$$\int u\mathrm{d}v = uv - \int v\mathrm{d}u \tag{4.4.4}$$

应用公式(4.4.4)将两个函数的乘积的积分化难为易. 一般地，选取 u 和 v 要考虑以下两点：

(1) v 要容易求解；

(2) $\int v\mathrm{d}u$ 要比$\int u\mathrm{d}v$ 容易积出.

4.4.2 应用分部积分公式举例

例 4.4.1 求$\int x\cos x\mathrm{d}x$.

解 设 $u=x, \mathrm{d}v=\cos x\mathrm{d}x, u\mathrm{d}v=x\cos x\mathrm{d}x$，则

$$\mathrm{d}u=\mathrm{d}x, v=\sin x, v\mathrm{d}u=\sin x\mathrm{d}x$$

则根据公式(4.4.4)，得到

$$\begin{aligned}\int x\cos x\mathrm{d}x &= x\sin x - \int \sin x\mathrm{d}x \\ &= x\sin x + \cos x + C\end{aligned}$$

熟练以后，不必再把 u, v 明白写出.

例 4.4.2 求$\int x^2 e^x \mathrm{d}x$.

解

$$\begin{aligned}\int x^2 e^x \mathrm{d}x &= \int x^2 \mathrm{d}(e^x) = x^2 e^x - \int e^x \mathrm{d}(x^2) \\ &= x^2 e^x - 2\int x e^x \mathrm{d}x = x^2 e^x - 2\int x\mathrm{d}(e^x) \\ &= x^2 e^x - 2\left(x e^x - \int e^x \mathrm{d}x\right) = x^2 e^x - 2x e^x + 2e^x + C \\ &= e^x(x^2 - 2x + 2) + C\end{aligned}$$

该题连续应用了两次分部积分.

例 4.4.3 求$\int e^x \cos x\mathrm{d}x$.

解

$$\begin{aligned}\int e^x \cos x\mathrm{d}x &= \int \cos x\mathrm{d}(e^x) = e^x \cos x - \int e^x \mathrm{d}(\cos x) \\ &= e^x \cos x + \int e^x \sin x\mathrm{d}x \\ &= e^x \cos x + \int \sin x\mathrm{d}(e^x) \\ &= e^x \cos x + e^x \sin x - \int e^x \mathrm{d}(\sin x) \\ &= e^x \cos x + e^x \sin x - \int e^x \cos x\mathrm{d}x\end{aligned}$$

把等式右边的 $-\int e^x \cos x dx$ 移到等式的左边，得

$$2\int e^x \cos x dx = e^x(\sin x + \cos x) + C_1$$

所以

$$\int e^x \cos x dx = \frac{1}{2}e^x(\sin x + \cos x) + C \qquad \left(其中\ C=\frac{1}{2}C_1\right)$$

例 4.4.4 求 $\int x\ln x\, dx$.

解

$$\int x\ln x\, dx = \int \ln x\, d\left(\frac{1}{2}x^2\right) = \frac{1}{2}x^2\ln x - \int \frac{1}{2}x^2 d(\ln x)$$

$$= \frac{1}{2}x^2\ln x - \frac{1}{2}\int x dx$$

$$= \frac{1}{2}x^2\ln x - \frac{1}{4}x^2 + C$$

例 4.4.5 求 $\int \arctan\sqrt{x} dx$.

解 先用换元法，设 $t=\sqrt{x}$，则 $x=t^2$，$dx=2tdt$，所以

$$\int \arctan\sqrt{x} dx = \int 2t \arctan t\, dt = \int \arctan t\, dt^2$$

$$= t^2\arctan t - \int \frac{t^2}{1+t^2}dt$$

$$= t^2\arctan t - \int\left(1-\frac{1}{1+t^2}\right)dt$$

$$= t^2\arctan t - t + \arctan t + C$$

$$= x\arctan\sqrt{x} - \sqrt{x} + \arctan\sqrt{x} + C$$

4.4.3 u 与 v 的选取方法

用分部积分法求积分时，关键在于恰当选取 u 与 v，观察例 4.4.1～例 4.4.5 可以看出，一般地，有：

(1) 对于 $\int x^m e^{ax} dx$，$\int x^m \cos ax dx$（m 为正整数）及 $\int x^m \sin ax dx$，均可取 $x^m = u$，其余为 dv，这样可使 x^m 的幂次降低一次，反复使用，可使被积函数剩下 e^{ax}，$\sin ax$，$\cos ax$；

(2) 对于 $\int x^m \ln x dx$，$\int x^m \arcsin x dx$，$\int x^m \arccos x dx$，$\int x^m \arctan x dx$，均可取 $x^m dx=dv$，其余为 u，这样可以去掉对数函数或反三角函数，从而使积分变成一个较原积分容易求的积分；

(3) 对于例 4.4.3 中，经两次分部积分后，出现了"循环现象"，这时可通过解方程的方法（移项）求得积分，这在分部积分中是一种常用的技巧，如求 $\int e^x \sin x$，$\int \sec^3 x dx$ 等.

习题 4.4

4.4.1 用分部积分法求下列不定积分.

(1) $\int x e^{-2x} dx$　　　　(2) $\int \arccos x dx$

(3) $\int \ln^2 x\mathrm{d}x$

(4) $\int x^2 \ln(1+x)\mathrm{d}x$

(5) $\int \mathrm{e}^{2x}\sin x\mathrm{d}x$

(6) $\int \frac{x\arctan x}{\sqrt{1+x^2}}\mathrm{d}x$

(7) $\int x^2\cos x\mathrm{d}x$

(8) $\int x\sin 2x\mathrm{d}x$

4.4.2 求下列不定积分.

(1) $\int (\tan^2 x+\tan^4 x)\mathrm{d}x$

(2) $\int \left(\frac{\sec x}{1+\tan x}\right)^2\mathrm{d}x$

(3) $\int \frac{\ln(\cos x)}{\cos^2 x}\mathrm{d}x$

(4) $\int \sin(\ln x)\mathrm{d}x$

(5) $\int x\sin x\cos x\mathrm{d}x$

(6) $\int (x^2+1)\cos 2x\mathrm{d}x$

(7) $\int \sec^3 x\mathrm{d}x$

(8) $\int \frac{1+\tan x}{\sin 2x}\mathrm{d}x$

4.5 积分表的应用

在实际工作中，常利用现成的积分表计算不定积分，所谓积分表就是把常用的积分公式汇集成表，在这种表中有大量的积分公式，这些公式按被积函数的类型加以分类而做成便于查阅的排列形式，求不定积分时可根据被积函数所属的类型而直接在这种积分表中查到相应的公式，或者经过适当的运算就可把被积函数化成表中相应的公式(如附录Ⅱ所示).

例 4.5.1 求$\int \sec^4 x\mathrm{d}x$.

解 如附录Ⅱ所示，属于八、含有三角函数的积分公式 74.

$$\int \sec^n x\mathrm{d}x=\frac{1}{n-1}\tan x\sec^{n-2} x+\frac{n-2}{n-1}\int \sec^{n-2} x\mathrm{d}x \qquad (n>1)$$

将 $n=4$ 代入，得

$$\int \sec^4 x\mathrm{d}x=\frac{1}{3}\tan x\sec^2 x+\frac{2}{3}\int \sec^2 \mathrm{d}x$$

由基本公式$\int \sec^2 x\mathrm{d}x=\tan x+C_1$，得

$$\int \sec^4 x\mathrm{d}x=\frac{1}{3}\tan x\sec^2 x+\frac{2}{3}\tan x+C$$

$$=\tan x+\frac{1}{3}\tan^3 x+C \qquad (其中 C=\frac{2}{3}C_1)$$

例 4.5.2 求$\int \frac{\mathrm{d}x}{\sqrt{x^2-3x+2}}$.

解 如附录Ⅱ所示，属于七、含有$\sqrt{a+bx+cx^2}$的积分公式 54.

$$\int \frac{\mathrm{d}x}{\sqrt{a+bx+cx^2}}=\frac{1}{\sqrt{c}}\ln\left|2cx+b+2\sqrt{c(a+bx+cx^2)}\right|+C \qquad (当 c>0)$$

将 $a=2,b=-3,c=1>0$ 代入公式，可得

$$\int \frac{\mathrm{d}x}{\sqrt{x^2-3x+2}}=\ln\left|2x-3+2\sqrt{x^2-3x+2}\right|+C$$

例 4.5.3 求$\int \frac{1}{9-x^2}\mathrm{d}x$.

解 如附录Ⅱ所示,属于三、含有 $a^2 \pm x^2$ 的积分公式 19.

$$\int \frac{\mathrm{d}x}{a^2-x^2} = \frac{1}{2a}\ln\left|\frac{a+x}{a-x}\right| + C$$

将 $a=3$ 代入,可得

$$\int \frac{1}{9-x^2}\mathrm{d}x = \frac{1}{6}\ln\left|\frac{3+x}{3-x}\right| + C$$

习题 4.5

4.5.1 求下列函数的不定积分(利用积分表).

(1) $\int (2+3x)^2\mathrm{d}x$ (2) $\int \left(\frac{x\mathrm{d}x}{3+2x}\right)\mathrm{d}x$

(3) $\int x^2\sqrt{3+4x}\,\mathrm{d}x$ (4) $\int \frac{\sqrt{5+6x}}{x^2}\mathrm{d}x$

(5) $\int \frac{x\mathrm{d}x}{(9+x^2)^2}\mathrm{d}x$ (6) $\int \frac{1}{x^3\sqrt{x^2-4}}\mathrm{d}x$

(7) $\int \sin^2 4x\mathrm{d}x$ (8) $\int \cos x\cos 3x\mathrm{d}x$

(9) $\int \mathrm{e}^x\cos 2x\mathrm{d}x$ (10) $\int \arccos\frac{x}{2}\mathrm{d}x$

(11) $\int \cos^4 x\mathrm{d}x$ (12) $\int \frac{1}{\sqrt{x^2-2x+1}}\mathrm{d}x$

4.6 不定积分在经济中的应用举例

由导数的经济意义可以知道,经济函数的导数是边际函数,因此对已知的边际函数求不定积分就可以得到原来的经济函数.

例如,如果已知边际成本函数为 $C'(x)$,则总成本函数为 $C(x)=\int C'(x)\mathrm{d}x$;如果已知边际收入函数 $R'(x)$,则总收入函数为 $R(x)=\int R'(x)\mathrm{d}x$,等等.

由于不定积分中含有任意常数,为了求出具体的经济函数,还需给出一个条件确定积分常数.

例 4.6.1 已知某产品的边际收入函数 $R'(x)=68-1.6x$,且 $R(0)=0$,试求总收入函数及需求函数.

解 总收入函数为

$$R(x)=\int R'(x)\mathrm{d}x=\int(68-1.6x)\mathrm{d}x=68x-0.8x^2+C$$

把 $R(0)=0$ 代入,得 $C=0$. 于是,所求总收入函数为

$$R(x)=68x-0.8x^2$$

而单价
$$P=\frac{R(x)}{x}-\frac{68x-0.8x^2}{x}=68-0.8x$$

于是，需求函数为

$$x=f(P)=\frac{68-P}{0.8}=85-\frac{5}{4}P$$

所以，该产品的总收入函数为 $R(x)=68x-0.8x^2$，需求函数为 $x=85-\frac{5}{4}P$.

例 4.6.2 已知产品的边际成本函数为 $C'(x)=4x-6x^2$，且当 $x=8$ 时，总成本 $C(8)=100$，试求总成本函数 $C(x)$.

解 总成本函数为

$$\begin{aligned}C(x)&=\int C'(x)\mathrm{d}x=\int(4x-6x^2)\mathrm{d}x\\&=2x^2-2x^3+C\end{aligned}$$

将 $x=8$，$C(8)=100$ 代入得 $C=996$，所以总成本函数为 $C(x)=2x^2-2x^3+996$.

例 4.6.3 某产品在日产量为 x 件时的边际成本为 $0.4x+1$(元/件)，且固定成本为 375 元，每件销售价为 21 元. 假设产品可以全部售出，试求该产品的日产量为多少时获最大利润，并求此时的利润.

解 设边际成本 $C'(x)$，则 $C'(x)=0.4x+1$，于是总成本函数为 $C(x)=\int C'(x)\mathrm{d}x$，则

$$C(x)=\int(0.4x+1)\mathrm{d}x=0.2x^2+x+C_0$$

把 $C_0=375$ 代入，得总成本函数为

$$C(x)=0.2x^2+x+375$$

设每日的总收入函数为 $R(x)$，总利润函数为 $L(x)$，P 为产品单价，则

$$R(x)=Px,P=21$$

则
$$\begin{aligned}L(x)&=R(x)-C(x)=21x-(0.2x^2+x+375)\\&=20x-0.2x^2-375\end{aligned}$$

根据求函数最值的方法，得

$$L'(x)=20-0.4x$$

令 $L'(x)=0$，得 $x=50$. 又 $L''(x)=-0.4<0$，所以当日产量 $x=50$ 件时，总利润最大，最大利润值为

$$L(50)=20\times50-0.2\times50^2-375=125\text{ 元}$$

习题 4.6

4.6.1 已知某产品的边际成本为 $C'(x)=x^2-6x+80$. 其中，x 为产量，又已知固定成本为 1 200 元，求总成本函数.

4.6.2 已知某种商品的需求函数 $x=100-5P$. 其中，x 为需求量(单位：件)，P 为单价(单位：元/件)，又已知此商品的边际成本为 $C'(x)=10-0.2x$，且 $C(0)=10$，试确定当销售单价为多少时，总利润为最大？并求此时的利润值.

4.6.3 已知某产品的边际产量函数 $Q'(x)=7x^2-3x+1$，且 $x=1$ 时，总产量 $Q(1)=0$，试求总产量函数 $Q(x)$.

4.6.4　已知某产品的边际收入函数 $R'(x)=100-1.3x$，且 $R(0)=0$，试求总收入函数及需求函数.

4.6.5　某种产品日产量为 x 件时边际成本为 $C'(x)=0.6x+1$(元/件)，且固定成本为150元，每件售价为 19 元. 假设产品可以全部销售出，试求该产品的日产量为多少时，可获得最大利润？并求出最大利润.

小　　结

一、原函数的概念

1. 定义

若 $f(x)$是定义在某区间上的函数，如果存在一个函数 $F(x)$，使得对于该区间上任一点 x，都有 $F'(x)=f(x)$或 $\mathrm{d}[F(x)]=f(x)\mathrm{d}x$，那么 $F(x)$就称为函数 $f(x)$在该区间上的一个原函数.

2. 原函数存在的条件

$f(x)$在某区间上连续，则 $f(x)$在该区间上原函数存在.

3. 原函数的个数

若 $f(x)$的原函数存在，则存在无限个原函数.

4. $f(x)$的任意两个原函数之间的关系

函数 $f(x)$的任意两个原函数的差是一个常数.

二、不定积分的定义

函数 $f(x)$的全部原函数称做 $f(x)$的不定积分，记做 $\int f(x)\mathrm{d}x = F(x)+C$.

三、不定积分的性质

性质 1　$\left[\int f(x)\mathrm{d}x\right]' = f(x)$ 或 $\mathrm{d}\left[\int f(x)\mathrm{d}x\right] = f(x)\mathrm{d}x$

性质 2　$\int F'(x)\mathrm{d}x = F(x)+C$ 或 $\int \mathrm{d}F(x) = F(x)+C$

四、不定积分的几何意义

不定积分 $\int f(x)\mathrm{d}x$ 在几何上表示由积分曲线 $y=F(x)$ 沿着 y 轴上下平移 $|C|$ 个单位而得到的一族曲线.

五、不定积分的基本公式

略.

六、不定积分的运算法则

法则 1　$\int kf(x)\mathrm{d}x = k\int f(x)\mathrm{d}x \qquad (k\neq 0)$

法则 2 $\int[f(x)\pm g(x)]\mathrm{d}x=\int f(x)\mathrm{d}x\pm\int g(x)\mathrm{d}x$

法则 2 对于有限个函数的代数和的情形也成立.

七、求不定积分的方法

1. 直接积分法

直接用积分基本公式与运算性质,或者对被积函数进行适当恒等变形,再利用积分基本公式与运算法则,求不定积分的方法.

2. 换元积分法

(1) 第 1 类换元法: $\int f[\varphi(x)]\varphi'(x)\mathrm{d}x=\left[\int f(v)\mathrm{d}v\right]_{v=\varphi(x)}$.

(2) 第 2 类换元法: 适当地选取变量代换 $x=\psi(t)$, 将积分 $\int f(x)\mathrm{d}x$ 化为积分 $\int f[\psi(t)]\psi'(t)\mathrm{d}t$,从而求出结果,代换过程如下.

$$\int f(x)\mathrm{d}x\xlongequal{令 x=\psi(t)}\int f[\psi(t)]\psi'(t)\mathrm{d}t\xlongequal{积分}F(t)+C\xlongequal{回代 t=\psi^{-1}(x)}F[\psi^{-1}(x)]+C$$

其中,$\psi(t)$单调可微,且 $\psi'(t)\neq0$.

(3) 分部积分法: $\int u\mathrm{d}v=uv-\int v\mathrm{d}u$.

八、积分表

积分表中含有大量的积分公式,见附录.

九、不定积分在经济中的应用举例

若设边际成本函数为 $C'(x)$,边际收入函数为 $R'(x)$,总利润函数为 $L(x)$,则

总成本函数 $\quad C(x)=\int C'(x)\mathrm{d}x$

总收入函数 $\quad R(x)=\int R'(x)\mathrm{d}x$

总利润函数 $\quad L(x)=$ 总收入函数 $R(x)-$ 总成本函数 $C(x)$

需求函数 $\quad x=\dfrac{R(x)}{P}$ (P 为产品单价)

复习题四

1. 填空题

(1) 已知 $f'(2x)=\varphi(x)$,则 $\int\varphi(x)\mathrm{d}x=$________;

(2) 已知 $f(x)$的一个原函数为 e^{-2x},则 $f'(x)=$________;

(3) $\int(5^x+x^5)\mathrm{d}x=$________;

(4) 若函数 $f(x)$具有一阶连续导数,则 $\int f'(x)\cos[f(x)]\mathrm{d}x=$________.

2. 求下列不定积分.

(1) $\int \frac{1}{\sqrt{2gh}}\mathrm{d}h$

(2) $\int \sqrt[m]{x^n}\mathrm{d}x$

(3) $\int \frac{\sqrt{1+x^2}}{\sqrt{1-x^4}}\mathrm{d}x$

(4) $\int \mathrm{e}^{x^2}x\mathrm{d}x$

(5) $\int \mathrm{e}^x\sin(\mathrm{e}^x)\mathrm{d}x$

(6) $\int \frac{x^2\mathrm{d}x}{\sqrt{9-x^2}}$

(7) $\int x\sqrt{3x^2+4}\mathrm{d}x$

(8) $\int \frac{1}{\sqrt{2x-3}+1}\mathrm{d}x$

(9) $\int \frac{\sqrt{9^2-x^2}}{x^4}\mathrm{d}x$

(10) $\int \sin\sqrt{x}\mathrm{d}x$

(11) $\int x^2\cos wx\mathrm{d}x$

(12) $\int \arctan x\mathrm{d}x$

3. (1) 设有一条曲线，其上任意点(x,y)处法线斜率是该点横坐标平方与四次方之和，且曲线通过(1,1)点，求该曲线方程.

(2) 设有一曲线 $y=f(x)$，它与直线 $y=3x$ 在点(2,6)处相切，又 $f''(x)=4$，求此曲线方程.

(3) 物体由静止开始运动，在任意时刻 t 的速度为 $v=6t^2$ m/s，求在第 3 s 末时物体离开出发点的距离. 需要多少时间，物体才能离开出发点 250 m?

第 5 章　定积分及其应用

定积分是积分学中又一重要概念，本章先从两个实际问题出发，引入定积分的定义，然后讨论它的性质、计算方法及其在几何、物理方面的应用.

5.1　定积分的概念及性质

5.1.1　定积分问题举例

1. 曲边梯形的面积

设 $f(x)$ 在 $[a,b]$ 上非负，连续，由直线 $x=a,x=b,y=0$ 及曲线 $y=f(x)$ 所围成的图形（如图 5.1.1 所示）称为曲边梯形，其中曲线弧称为曲边.

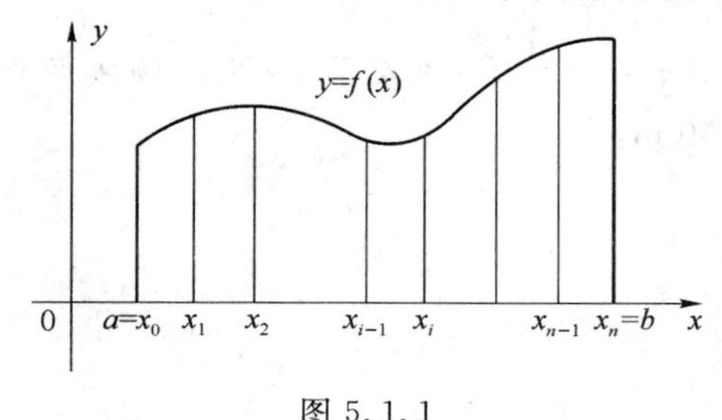

图 5.1.1

如何计算曲边梯形的面积？矩形的高是不变的，它的面积为

$$\text{矩形面积}=\text{高}\times\text{宽}$$

而曲边梯形在底边上各处的高 $f(x)$ 是变动的，因此它的面积不能直接用矩形的面积公式来计算. 然而，由于曲边梯形的高 $f(x)$ 在 $[a,b]$ 上是连续变化的. 因此，如果把区间 $[a,b]$ 分割成许多小区间，即把大曲边梯形分割成许多小曲边梯形，在每个小区间上用其中某一点处的高来代替小曲边梯形的边高，那么每个小曲边梯形就可以近似地用区间的小矩形来代替.

就以所有这些小矩形的面积之和作为曲边梯形面积的近似值，当分割无限细密，并使得每一个小区间的长度都趋于 0 时，得到的近似值就无限地接近于曲边梯形的面积. 因此，其极限就可定义为该曲边梯形的面积. 这样，就得到了一种求曲边梯形面积的方法，现将其具体步骤详述如下.

(1) 分割. 在 $[a,b]$ 中任意插入若干个分点

$$a=x_0<x_1<x_2<\cdots<x_{n-1}<x_n=b$$

把 $[a,b]$ 分成了 n 个小区间

$$[x_0,x_1],[x_1,x_2],\cdots,[x_{n-1},x_n]$$

它们的长度依次为

$$\Delta x_1=x_1-x_0,\Delta x_2=x_2-x_1,\cdots,\Delta x_n=x_n-x_{n-1}$$

第 i 个小区间的长度记为 $\Delta x_i(i=1,2,\cdots,n)$，即

$$\Delta x_i=x_i-x_{i-1}\quad(i=1,2,\cdots,n)$$

过各个分点作垂直于 x 轴的直线，把曲边梯形分成 n 个小曲边梯形，第 i 个小曲边梯形的面积为 $\Delta A_i(i=1,2,\cdots,n)$，则曲边梯形的面积为

$$A=\Delta A_1+\Delta A_2+\cdots+\Delta A_n=\sum_{i=1}^{n}\Delta A_i$$

(2) 近似代替.在第 i 个小区间$[x_{i-1},x_i]$上任取一点 ξ_i,以$[x_{i-1},x_i]$为底,$f(\xi_i)$为高的小矩形近似代替相应的小曲边梯形的面积 ΔA_i,即

$$\Delta A_i\approx f(\xi_i)\Delta x_i\quad(i=1,2,\cdots,n)$$

(3) 求和.将每个小矩形的面积相加,得到整个曲边梯形的面积的近似值,即

$$A=\sum_{i=1}^{n}\Delta A_i\approx\sum_{i=1}^{n}f(\xi_i)\Delta x_i$$

(4) 取极限.当分点个数 n 无限增大,且使所分小区间长度的最大值 $\lambda=\max\{\Delta x_1,\Delta x_2,\cdots,\Delta x_n\}$趋于 0 时,和式 $\sum_{i=1}^{n}f(\xi_i)\Delta x_i$ 的极限就是曲边梯形的面积,即

$$A=\lim_{\lambda\to 0}\sum_{i=1}^{n}f(\xi_i)\Delta x_i$$

2. 变速直线运动的路程

设某物体作变速直线运动,已知速度 $v=v(t)$是时间区间$[T_1,T_2]$上 t 的连续函数,且 $v(t)\geqslant 0$,计算物体在这段时间内所经过的路程 s.

对于匀速直线运动,有公式

路程=速度×时间

但是,此问题中,速度不是匀速的而是随时间变化的,因此所求路程 s 不能直接按匀速运动的路程公式计算.然而,物体运动的速度函数 $v=v(t)$是连续的,在很短一段时间内,速度的变化很小,近似于等速.因此,如果把这段时间$[T_1,T_2]$分小,在小段时间内,以匀速运动代替变速运动,那么就可以算出这小段时间内路程的近似值;再求和,得到整个路程的近似值;最后通过对这段时间$[T_1,T_2]$无限细分的极限过程,这时所有部分路程的近似值之和的极限,就是所求变速直线运动的路程的精确值.

具体计算步骤如下:

在时间$[T_1,T_2]$内任意插入若干个分点

$$T_1=t_0<t_1<t_2<\cdots<t_{n-1}<t_n=T_2$$

把$[T_1,T_2]$分成 n 个小段

$$[t_0,t_1],[t_1,t_2],\cdots,[t_{n-1},t_n]$$

各小段时间的长依次为

$$\Delta t_1=t_1-t_0,\Delta t_2=t_2-t_1,\cdots,\Delta t_n=t_n-t_{n-1}$$

相应地,在各段时间内物体经过的路程依次为

$$\Delta s_1,\Delta s_2,\cdots,\Delta s_n$$

在时间$[t_{i-1},t_i]$上任取一个时刻 $\xi_i(t_{i-1}\leqslant\xi_i\leqslant t_i)$,以 ξ_i 时的速度 $v(\xi_i)$来代替$[t_{i-1},t_i]$上各个时刻的速度,得到部分路程 Δs_i 的近似值,即

$$\Delta s_i\approx v(\xi_i)\Delta t_i\qquad(i=1,2,\cdots,n)$$

于是,这 n 段部分路程的近似值之和就是所求变速直线运动路程 s 的近似值,即

$$s\approx v(\xi_1)\Delta t_1+v(\xi_2)\Delta t_2+\cdots+v(\xi_n)\Delta t_n=\sum_{i=1}^{n}v(\xi_i)\Delta t_i$$

记 $\lambda=\max\{\Delta t_1,\Delta t_2,\cdots,\Delta t_n\}$,当 $\lambda\to 0$ 时,取上述和式的极限,即得变速直线运动的路程为

$$s=\lim_{\lambda\to 0}\sum_{i=1}^{n}v(\xi_i)\Delta t_i$$

5.1.2 定积分定义

从上述两个问题中可以看到，一个是几何问题，另一个是物理问题，尽管具体内容不同，但在反映数量关系上，都可以归结为一个特定和式的极限.撇开它们的具体内容，抓住它们在数量关系上共同的本质与特性加以概括，就可以抽象出定积分的定义 5.1.1.

定义 5.1.1 设函数 $f(x)$在区间$[a,b]$上有定义且有界，在$[a,b]$中任意插入若干分点

$$a=x_0<x_1<x_2<\cdots<x_{n-1}<x_n=b$$

把区间$[a,b]$分成 n 个小区间

$$[x_0,x_1],[x_1,x_2],\cdots,[x_{n-1},x_n]$$

各个小区间的长度依次为

$$\Delta x_1=x_1-x_0,\Delta x_2=x_2-x_1,\cdots,\Delta x_n=x_n-x_{n-1}$$

在每个小区间$[x_{i-1},x_i]$上取一点 $\xi_i(x_{i-1}\leqslant\xi_i\leqslant x_i)$，做函数值 $f(\xi_i)$与小区间长度 Δx_i 的乘积 $f(\xi_i)\Delta x_i(i=1,2,\cdots,n)$，并做出和

$$S=\sum_{i=1}^{n}f(\xi_i)\Delta x_i$$

设 $\lambda=\max\{\Delta x_1,\Delta x_2,\cdots,\Delta x_n\}$，如果当 $\lambda\to 0$ 时，和式的极限

$$\lim_{\lambda\to 0}\sum_{i=1}^{n}f(\xi_i)\Delta x_i$$

存在，且此极限与对区间$[a,b]$的分法及对 ξ_i 的取值无关，则称这个极限值为函数 $f(x)$在区间$[a,b]$上的定积分(简称积分)，记做$\int_a^b f(x)\mathrm{d}x$，此时也称函数 $f(x)$在区间$[a,b]$上可积. 即

$$\int_a^b f(x)\mathrm{d}x=\lim_{\lambda\to 0}\sum_{i=1}^{n}f(\xi_i)\Delta x_i$$

其中，$f(x)$叫做被积函数，$f(x)\mathrm{d}x$ 叫做被积表达式，x 叫做积分变量，a 叫做积分下限，b 叫做积分上限，$[a,b]$叫做积分区间.

根据定积分的定义 5.1.1，曲边梯形的面积和变速直线运动的路程可分别表述如下.

(1) 由连续曲线 $y=f(x)(f(x)\geqslant 0)$与直线 $x=a,x=b,y=0$ 所围成的曲边梯形的面积等于函数 $f(x)$在$[a,b]$上的定积分，即

$$A=\int_a^b f(x)\mathrm{d}x$$

(2) 变速直线运动的物体所走的路程等于其速度 $v=v(t)$在时间区间$[T_1,T_2]$上的定积分，即

$$s=\int_{T_1}^{T_2}v(t)\mathrm{d}t$$

注意 (1) 定积分的实质是表示一个值，这个值只与被积函数 $f(x)$和积分区间$[a,b]$有关，与积分变量所用的记号无关，即

$$\int_a^b f(x)\mathrm{d}x=\int_a^b f(u)\mathrm{d}u=\int_a^b f(t)\mathrm{d}t$$

(2) 在定积分的定义 5.1.1 中，规定

$$\int_a^b f(x)\mathrm{d}x = -\int_b^a f(x)\mathrm{d}x$$

而当 $a = b$ 时，$\int_a^b f(x)\mathrm{d}x = 0$，即$\int_a^a f(x)\mathrm{d}x = 0$.

(3) 可以证明，当函数 $f(x)$在闭区间$[a,b]$上连续或只有有限个第 1 类间断点时，函数 $f(x)$ 在$[a,b]$ 上可积，即定积分$\int_a^b f(x)\mathrm{d}x$ 是存在的.

例 5.1.1 根据定积分的定义 5.1.1，证明 $\int_a^b C\mathrm{d}x=C(b-a)$，其中 C 为常数.

证明 被积函数 $f(x)=C$ 是常数，由定积分的定义 5.1.1，得

$$\int_a^b C\mathrm{d}x = \lim_{\lambda\to 0}\sum_{i=1}^{n} f(\xi_i)\cdot\Delta x_i = \lim_{\lambda\to 0}\sum_{i=1}^{n} C\cdot\Delta x_i$$

$$= \lim_{\lambda\to 0} C\sum_{i=1}^{n}\Delta x_i = \lim_{\lambda\to 0} C(b-a) = C(b-a)$$

5.1.3 定积分的几何意义

(1) 如果函数 $f(x)$在$[a,b]$上连续，且 $f(x)\geqslant 0$ 时，则定积分 $\int_a^b f(x)\mathrm{d}x$ 在几何上就表示由曲线 $y=f(x)$与直线 $x=a,x=b,y=0$ 所围成的曲边梯形的面积(如图 5.1.2 所示)，所围成的曲边梯形在 x 轴的上方.

(2) 如果 $f(x)$在$[a,b]$上连续，且 $f(x)\leqslant 0$ 时，由曲线 $y=f(x)$与直线 $x=a,x=b,y=0$所围成的曲边梯形在 x 轴的下方(如图 5.1.3 所示)，此时所围成的曲边梯形的面积为

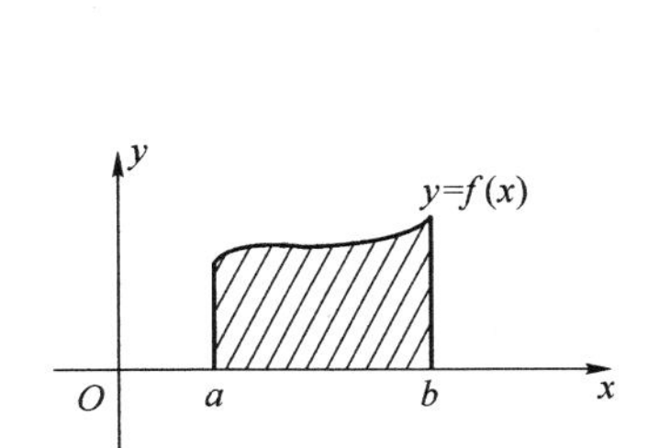

图 5.1.2

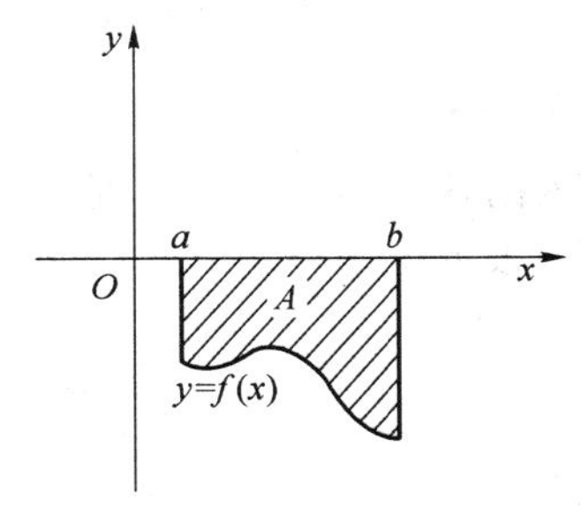

图 5.1.3

$$A = \lim_{\lambda\to 0}\sum_{i=1}^{n}[-f(\xi_i)]\Delta x_i = -\lim_{\lambda\to 0}\sum_{i=1}^{n} f(\xi_i)\Delta x_i = -\int_a^b f(x)\mathrm{d}x$$

即

$$\int_a^b f(x)\mathrm{d}x = -A$$

也就是说，当 $f(x)\leqslant 0$ 时，$\int_a^b f(x)\mathrm{d}x$ 等于曲边梯形面积的负值.

(3) 如果 $f(x)$在$[a,b]$上连续，且有时取正值，有时取负值(如图 5.1.4 所示)，则有

$$\int_a^b f(x)\mathrm{d}x = A_1 - A_2 + A_3$$

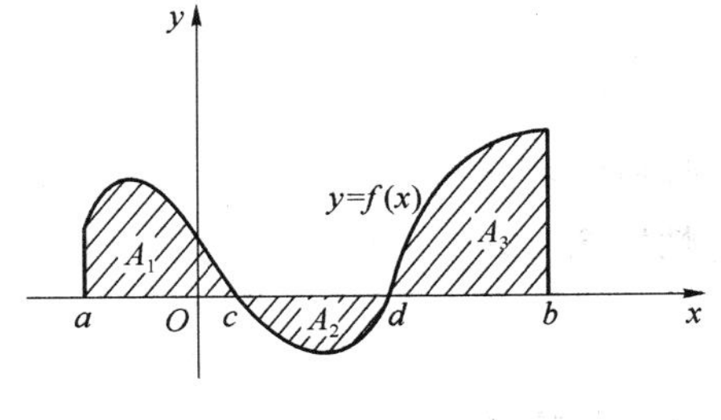

图 5.1.4

综上可得定积分几何意义：函数 $f(x)$ 在区间 $[a,b]$ 上的定积分 $\int_a^b f(x)\mathrm{d}x$ 在几何上表示由曲线 $y=f(x)$ 与直线 $x=a, x=b, y=0$ 所围成曲边梯形面积的代数和.

例 5.1.2 用定积分表示图 5.1.5 中各阴影部分的面积，并根据定积分的几何意义求出其值.

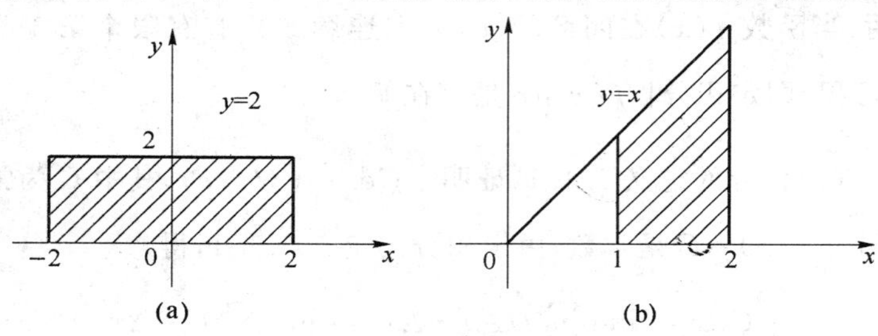

图 5.1.5

解 (1)在图 5.1.5(a)中，被积函数 $f(x)=2$ 在 $[-2,2]$ 上连续，且 $f(x)=2>0$，根据定积分的定义 5.1.1，阴影部分的面积为

$$A=\int_{-2}^{2} 2\mathrm{d}x=2\times 4=8$$

(2) 在图 5.1.5(b)中，被积函数 $f(x)=x$ 在区间 $[1,2]$ 上连续，且 $f(x)>0$，根据定积分的几何意义，阴影部分的面积为

$$A=\int_{1}^{2} x\mathrm{d}x=\frac{1}{2}(1+2)\times 1=\frac{3}{2}$$

5.1.4 定积分的基本性质

下面介绍几个定积分的基本性质，并假定涉及的定积分都是存在的.

性质 5.1.1 $$\int_a^b kf(x)\mathrm{d}x=k\int_a^b f(x)\mathrm{d}x \quad (k\text{ 为常数})$$

即积分号内的常数因子可以提到积分号外.

证明 根据定积分定义 5.1.1，得

$$\int_a^b kf(x)\mathrm{d}x=\lim_{\lambda\to 0}\sum_{i=1}^{n} kf(\xi_i)\Delta x_i=k\lim_{\lambda\to 0}\sum_{i=1}^{n} f(\xi_i)\Delta x_i=k\int_a^b f(x)\mathrm{d}x$$

性质 5.1.2 $$\int_a^b [f(x)\pm g(x)\mathrm{d}x]\mathrm{d}x=\int_a^b f(x)\mathrm{d}x\pm\int_a^b g(x)\mathrm{d}x$$

即两个函数的代数和的积分等于两个函数的积分的代数和.

证明 $$\begin{aligned}\int_a^b [f(x)\pm g(x)]\mathrm{d}x&=\lim_{\lambda\to 0}\sum_{i=1}^{n}[f(\xi_i)\pm g(\xi_i)]\Delta x_i\\&=\lim_{\lambda\to 0}\sum_{i=1}^{n} f(\xi_i)\Delta x_i\pm\lim_{\lambda\to 0}\sum_{i=1}^{n} g(\xi_i)\Delta x_i\\&=\int_a^b f(x)\mathrm{d}x\pm\int_a^b g(x)\mathrm{d}x\end{aligned}$$

这个性质对有限个可积函数的代数和的情形都适用.

性质 5.1.3（可加性） 对于任意 3 个数 a,b,c，总有

$$\int_a^b f(x)\mathrm{d}x=\int_a^c f(x)\mathrm{d}x+\int_c^b f(x)\mathrm{d}x$$

有两种情况：

(1) $a<c<b$，如图 5.1.6(a)所示，即分点 c 在 $[a,b]$ 上，则

$$\int_a^b f(x)\mathrm{d}x = A_1 + A_2 = \int_a^c f(x)\mathrm{d}x + \int_c^b f(x)\mathrm{d}x$$

(2) $a<b<c$，如图 5.1.6(b)所示，即插入点 c 在$[a,b]$外，则

$$\int_a^b f(x)\mathrm{d}x = \int_a^c f(x)\mathrm{d}x - \int_b^c f(x)\mathrm{d}x = \int_a^c f(x)\mathrm{d}x + \int_c^b f(x)\mathrm{d}x$$

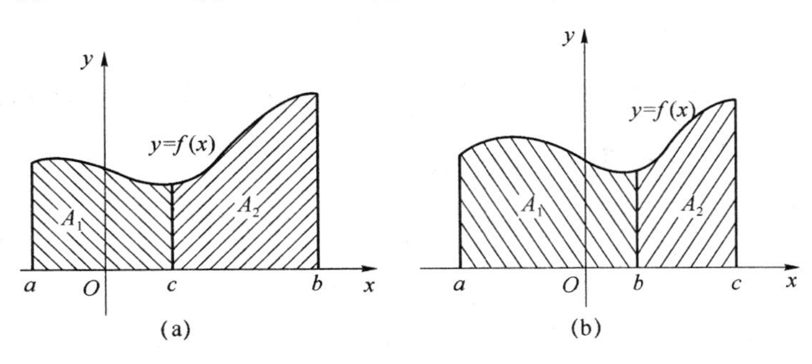

图 5.1.6

注意 当 c 点在$[a,b]$的左边(即 $c<a<b$ 时)，性质 5.1.3 同样成立.

性质 5.1.4(保号性) 如果在$[a,b]$上，$f(x)\geqslant 0$，则$\int_a^b f(x)\mathrm{d}x \geqslant 0$.

证明 由 $f(x)\geqslant 0$ 及 $\Delta x_i = x_i - x_{i-1} > 0$，得$\sum\limits_{i=1}^{n} f(\xi_i)\Delta x_i \geqslant 0$.

根据极限的保号性，可知

$$\int_a^b f(x)\mathrm{d}x = \lim_{\lambda\to 0}\sum_{i=1}^{n} f(\xi_i)\Delta x_i \geqslant 0$$

性质 5.1.5 如果在$[a,b]$上，$f(x)\geqslant g(x)$，则$\int_a^b f(x)\mathrm{d}x \geqslant \int_a^b g(x)\mathrm{d}x$.

证明 令

$$F(x)=f(x)-g(x)$$

因为

$$f(x)\geqslant g(x)$$

所以 $F(x)\geqslant 0$，即$\int_a^b F(x)\mathrm{d}x \geqslant 0$.

$$\begin{aligned}\int_a^b F(x)\mathrm{d}x &= \int_a^b [f(x)-g(x)]\mathrm{d}x \\ &= \int_a^b f(x)\mathrm{d}x - \int_a^b g(x)\mathrm{d}x \geqslant 0\end{aligned}$$

所以

$$\int_a^b f(x)\mathrm{d}x \geqslant \int_a^b g(x)\mathrm{d}x$$

性质 5.1.6(估值性) 设 M 及 m 分别是 $f(x)$在区间$[a,b]$上的最大值和最小值，则

$$m(b-a)\leqslant \int_a^b f(x)\mathrm{d}x \leqslant M(b-a)$$

证明 因为 $m\leqslant f(x)\leqslant M$，由性质 5.1.5，得$\int_a^b m\,\mathrm{d}x \leqslant \int_a^b f(x)\mathrm{d}x \leqslant \int_a^b M\mathrm{d}x$，即

$$m(b-a)\leqslant \int_a^b f(x)\mathrm{d}x \leqslant M(b-a)$$

性质 5.1.7(中值定理) 如果函数 $f(x)$在$[a,b]$上连续，则在$[a,b]$上至少存在一个点 ξ，使得

$$\int_a^b f(x)\mathrm{d}x = f(\xi)(b-a) \qquad (a\leqslant \xi \leqslant b)$$

证明　由性质 5.1.6,有

$$m(b-a) \leqslant \int_a^b f(x)\mathrm{d}x \leqslant M(b-a)$$

两边同除以 $b-a$,得

$$m \leqslant \frac{1}{b-a}\int_a^b f(x)\mathrm{d}x \leqslant M$$

即 $\frac{1}{b-a}\int_a^b f(x)\mathrm{d}x$ 是介于函数 $f(x)$ 的最大值与最小值之间的数,根据闭区间上连续函数的介值定理,在闭区间 $[a,b]$ 上至少存在一点 ξ,使得

$$f(\xi) = \frac{1}{b-a}\int_a^b f(x)\mathrm{d}x \quad (a \leqslant \xi \leqslant b)$$

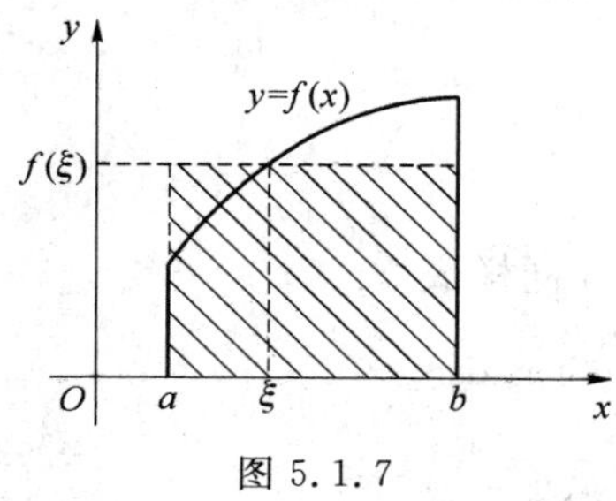

图 5.1.7

即

$$\int_a^b f(x)\mathrm{d}x = f(\xi)(b-a) \quad (a \leqslant \xi \leqslant b)$$

如图 5.1.7 所示,曲边梯形的面积等于以 $f(\xi)$ 为高,以 $b-a$ 为底的矩形的面积,其中 $f(\xi)$ 叫做曲线 $y=f(x)$ 的平均高度,通常称 $f(\xi)=\frac{1}{b-a}\int_a^b f(x)\mathrm{d}x$ 为函数 $f(x)$ 在区间 $[a,b]$ 上的平均值.

习题 5.1

5.1.1　用定积分表示下列曲线所围成的平面图形的面积.

(1) 由曲线 $y=x^2$,直线 $x=1$,$x=2$ 及 x 轴所围成的曲边梯形.

(2) 由曲线 $y=x^2-5x-4$,直线 $x=-1$,$x=5$ 及 x 轴所围成的曲边梯形.

5.1.2　用定积分表示下列阴影部分的面积.

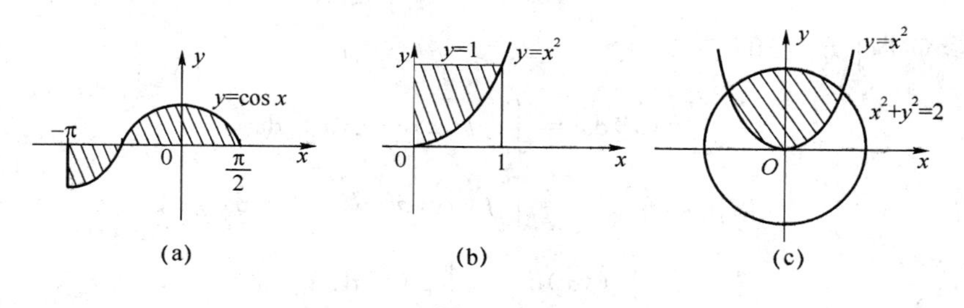

图 5.1.8

5.1.3　根据定积分的几何意义求下列定积分的值.

(1) $\int_{-1}^{1} 2x\mathrm{d}x$　　(2) $\int_{-2}^{2} (x+1)\mathrm{d}x$

(3) $\int_{-1}^{1} \sqrt{1-x^2}\mathrm{d}x$　　(4) $\int_{-2}^{4} (-\frac{1}{2}x-2)\mathrm{d}x$

5.1.4　比较下列各对定积分值的大小.

(1) $\int_0^1 x\mathrm{d}x$ 与 $\int_0^1 x^2\mathrm{d}x$　　(2) $\int_1^2 \ln x\mathrm{d}x$ 与 $\int_1^2 \ln^2 x\mathrm{d}x$

(3) $\int_1^2 x\mathrm{d}x$ 与 $\int_1^2 x^2\mathrm{d}x$

5.1.5 估计下列各积分的值.

(1) $\int_1^4 (x^2+1)\mathrm{d}x$　　　　(2) $\int_{\frac{\pi}{4}}^{\frac{5\pi}{4}} (1+\sin^2 x)\mathrm{d}x$

5.1.6 计算 $f(x)=x^2$ 在 $[0,1]$ 上函数值的平均值 $\overline{y}$.

5.2 微积分基本公式

用定积分的定义来计算定积分的值,即按分割、近似代替、求和、取极限的方法计算定积分值不是一件容易的事.实际上,除了一些特殊的情形外,用这种方法计算定积分的值往往是行不通的.因此,5.2 节介绍微积分基本公式(也称牛顿-莱布尼兹公式),为定积分的计算提供一种简便、有效的计算方法.

5.2.1 变速直线运动中位置函数与速度函数的关系

如果物体作变速直线运动,速度为 $v(t)$,那么从 $t=a$ 变到 $t=b$ 时,物体经过的路程为 $s=\int_a^b v(t)\mathrm{d}t$.另外,如果在时刻 t 物体经过的路程为 $s(t)$,那么当 t 从 a 变到 b 时,路程 $s=s(b)-s(a)$(如图 5.2.1 所示),所以有

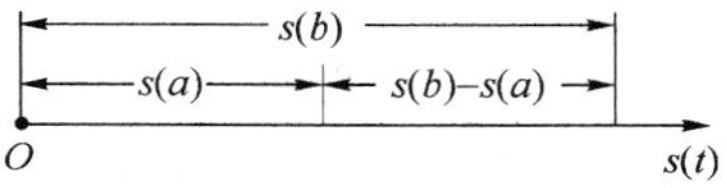

图 5.2.1

$$\int_a^b v(t)\mathrm{d}t = s(b)-s(a) \tag{5.2.1}$$

也就是说,速度函数 $v(t)$ 在 $[a,b]$ 上的定积分等于路程函数 $s(t)$ 从 a 变到 b 时的增量(改变量),即 $s(t)$ 在上、下限处的函数值之差.

而且注意到,$v(t)=s'(t)$,即 $s(t)$ 是 $v(t)$ 的一个原函数.由此思考如果函数 $F'(x)=f(x)$,那么

$$\int_a^b f(x)\mathrm{d} = F(b)-F(a)$$

是否成立?

5.2.2 积分上限的函数及其导数

设函数 $y=f(x)$ 在 $[a,b]$ 上连续,令

$$\phi(x) = \int_a^x f(t)\mathrm{d}t,\quad x\in[a,b]$$

对于 $[a,b]$ 中任意给定的值 x,$\phi(x)$ 都有唯一确定的值与之对应(如图 5.2.2 所示).因此,$\phi(x)$ 是定义在 $[a,b]$ 上的一个函数.在这个函数中,积分上限 x 是自变量,所以把它称为积分上限的函数,或称为变上限的定积分.

定理 5.2.1 如果函数 $f(x)$ 在区间 $[a,b]$ 上连续,那么积分上限的函数 $\phi(x)=\int_a^x f(t)\mathrm{d}t$ 在 $[a,b]$ 上可导,且

$$\phi'(x) = \frac{\mathrm{d}}{\mathrm{d}x}\int_a^x f(t)\mathrm{d}t = f(x)$$

证明 按导数定义，只需证$\lim\limits_{\Delta x\to 0}\dfrac{\Delta\phi(x)}{\Delta x}=f(x)$即可，给自变量 x 以增量 Δx，$x+\Delta x\in[a,b]$，函数 $\phi(x)$的增量 $\Delta\phi(x)$为(如图 5.2.3 所示)

$$\Delta\phi(x)=\phi(x+\Delta x)-\phi(x)=\int_a^{x+\Delta x}f(t)\mathrm{d}t-\int_a^x f(t)\mathrm{d}t$$
$$=\int_a^x f(t)\mathrm{d}t+\int_x^{x+\Delta x}f(t)\mathrm{d}t-\int_a^x f(t)\mathrm{d}t=\int_x^{x+\Delta x}f(t)\mathrm{d}t$$

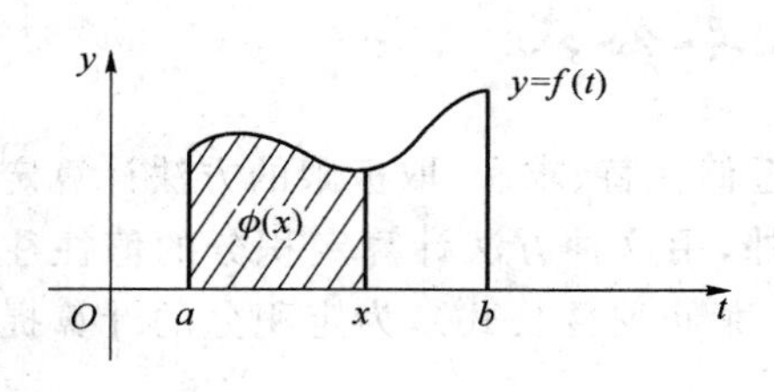

图 5.2.2

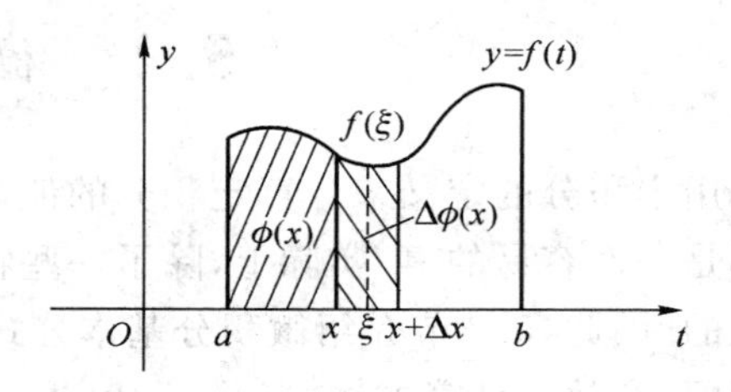

图 5.2.3

由积分中值定理，得

$$\Delta\phi(x)=\int_x^{x+\Delta x}f(t)\mathrm{d}t=f(\xi)\Delta x\quad(\xi\text{ 介于 }x\text{ 与 }x+\Delta x\text{ 之间})$$

因为 $f(t)$在$[a,b]$上连续，所以当 $\Delta x\to 0$ 时，$\xi\to x$，$f(\xi)\to f(x)$，即

$$\lim_{\Delta x\to 0}\frac{\Delta\phi(x)}{\Delta x}=\lim_{\Delta x\to 0}f(\xi)=\lim_{\xi\to x}f(\xi)=f(x)$$

即

$$\phi'(x)=\frac{\mathrm{d}}{\mathrm{d}x}\int_a^x f(t)\mathrm{d}t=f(x)$$

定理 5.2.1 说明，积分上限的函数 $\phi(x)=\int_a^x f(t)\mathrm{d}t$ 是函数 $f(x)$ 在$[a,b]$上的一个原函数，这就肯定了连续函数的原函数是一定存在的，因而定理 5.2.1 也称为连续函数的原函数存在定理.

例 5.2.1 求下列函数的导数.

(1) $F(x)=\int_1^x\sin^2 t\,\mathrm{d}t$

(2) $F(x)=\int_x^1\sin^2 t\,\mathrm{d}t$

(3) $F(x)=\int_1^{x^2}\sin^2 t\,\mathrm{d}t$

解 (1)
$$F'(x)=\frac{\mathrm{d}}{\mathrm{d}x}\int_1^x\sin^2 t\,\mathrm{d}t=\sin^2 x$$

(2) 因为
$$F(x)=-\int_1^x\sin^2 t\,\mathrm{d}t$$

所以
$$F'(x)=\frac{\mathrm{d}}{\mathrm{d}x}\left(-\int_1^x\sin^2 t\,\mathrm{d}t\right)=-\sin^2 x$$

(3) 因为 $F(x)=\int_1^{x^2}\sin^2 t\,\mathrm{d}t$ 是 x 的复合函数，其中 $u=x^2$，所以利用复合函数的求导法则，得

$$F'(x)=\frac{\mathrm{d}}{\mathrm{d}x}\int_{1}^{x^2}\sin^2 t\,\mathrm{d}t=\frac{\mathrm{d}}{\mathrm{d}u}\int_{1}^{u}\sin^2 t\,\mathrm{d}t\cdot\frac{\mathrm{d}u}{\mathrm{d}x}=\sin^2 u\cdot 2x=2x\sin^2 x^2$$

5.2.3 微积分基本公式

定理 5.2.2（微积分基本公式） 如果函数 $F(x)$ 是连续函数 $f(x)$ 在区间 $[a,b]$ 上的一个原函数，那么

$$\int_a^b f(x)\mathrm{d}x=F(b)-F(a)$$

证明 由定理 5.2.1 可知，$\phi(x)=\int_a^x f(t)\mathrm{d}x$ 是 $f(x)$ 在 $[a,b]$ 上的一个原函数，又由题设可知，$F(x)$ 也是 $f(x)$ 在 $[a,b]$ 上的一个原函数，由原函数的性质可知，同一函数的两个原函数的差是一个常数，即

$$F(x)-\int_a^x f(t)\mathrm{d}t=C \qquad (a\leqslant x\leqslant b)$$

将 $x=a$ 代入上式，得

$$F(a)=C$$

于是

$$\int_a^x f(t)\mathrm{d}t=F(x)-F(a)$$

将 $x=b$ 代入上式，得

$$\int_a^b f(t)\mathrm{d}t=F(b)-F(a)$$

把积分变量换成 x，得

$$\int_a^b f(x)\mathrm{d}t=F(b)-F(a)$$

定理 5.2.2 为定积分的计算提供了简便、有效的方法，称为微积分基本公式. 这个公式是由牛顿和莱布尼兹在相近的时间内先后发现的，因此也称为牛顿-莱布尼兹公式.

为方便起见，以后把 $F(b)-F(a)$ 记为 $[F(x)]_a^b$ 或 $F(x)\big|_a^b$，于是微积分基本公式又可写为

$$\int_a^b f(x)\mathrm{d}x=[F(x)]_a^b=F(x)\big|_a^b=F(b)-F(a)$$

例 5.2.2 计算 $\int_0^1 x^2\mathrm{d}x$.

解 由 $\left(\frac{x^3}{3}\right)'=x^2$ 可知，$\frac{x^3}{3}$ 是 x^2 的一个原函数.

所以
$$\int_0^1 x^2\mathrm{d}x=\frac{x^3}{3}\bigg|_0^1=\frac{1^3}{3}-\frac{0^3}{3}=\frac{1}{3}$$

例 5.2.3 计算 $\int_\pi^{2\pi}\sin x\,\mathrm{d}x$.

解 由 $(-\cos x)'=\sin x$ 可知，$-\cos x$ 是 $\sin x$ 的一个原函数. 所以

$$\int_\pi^{2\pi}\sin x\,\mathrm{d}x=-\cos x\bigg|_\pi^{2\pi}=-\cos 2\pi-(-\cos\pi)=-1-1=-2$$

例 5.2.4 计算 $\int_0^2|1-x|\mathrm{d}x$.

解 由于被积函数是分段函数,则

$$|1-x|=\begin{cases}1-x, & 0\leqslant x\leqslant 1\\ x-1, & 1\leqslant x\leqslant 2\end{cases}$$

由定积分的可加性,得

$$\begin{aligned}\int_0^2|1-x|\,\mathrm{d}x&=\int_0^1(1-x)\,\mathrm{d}x+\int_1^2(x-1)\,\mathrm{d}x\\&=\left[x-\frac{1}{2}x^2\right]_0^1+\left[\frac{1}{2}x^2-x\right]_1^2\\&=1\end{aligned}$$

习题 5.2

5.2.1 求下列各函数的导数.

(1) $F(x)=\int_x^5\sqrt{1+t^2}\,\mathrm{d}t$ (2) $F(x)=\int_0^{x^2}\sqrt{1+t^2}\,\mathrm{d}t$

(3) $F(x)=\int_{\sin x}^{\cos x}t\,\mathrm{d}t$

5.2.2 求下列定积分.

(1) $\int_4^9\sqrt{x}(1+\sqrt{x})\,\mathrm{d}x$ (2) $\int_0^1\frac{1}{\sqrt{4-x^2}}\,\mathrm{d}x$

(3) $\int_0^1\frac{1}{\mathrm{e}^x+\mathrm{e}^{-x}}\,\mathrm{d}x$ (4) $\int_{-4}^4(|x|+x)\,\mathrm{d}x$

(5) $\int_0^{\frac{\pi}{4}}\tan^2\theta\,\mathrm{d}\theta$ (6) $\int_0^{\pi}|\sin x|\,\mathrm{d}x$

5.2.3 求极限.

(1) $\lim\limits_{x\to 0}\frac{\int_0^x\cos t^2\,\mathrm{d}t}{x}$ (2) $\lim\limits_{x\to+\infty}\frac{\left(\int_0^{x^2}\mathrm{e}^{t^2}\,\mathrm{d}t\right)^2}{\int_0^{x^2}\mathrm{e}^{2t^2}\,\mathrm{d}t}$

5.2.4 设 $f(x)=\begin{cases}x^2+2, & \text{当 } x\leqslant 1 \text{ 时}\\ 4-x, & \text{当 } x>1 \text{ 时}\end{cases}$,求 $\int_0^3 f(x)\,\mathrm{d}x$.

5.3 定积分的换元积分法和分部积分法

应用微积分基本公式计算定积分,首先必须求出被积函数的原函数,对于能利用直接积分及凑微分求出原函数的定积分来说也许比较简单,但在大多数情况下要用换元积分法和分部积分法来计算定积分.下面就来讨论定积分的这两种计算方法.

5.3.1 定积分的换元积分法

例 5.3.1 求 $\int_0^4\frac{\mathrm{d}x}{1+\sqrt{x}}$.

解法 1:

$$\int \frac{\mathrm{d}x}{1+\sqrt{x}} \xlongequal{令\sqrt{x}=t} \int \frac{2t}{1+t}\mathrm{d}t = 2\int\left(1-\frac{1}{1+t}\right)\mathrm{d}t$$

$$= 2(t-\ln|1+t|)+C \xlongequal{回代} 2(\sqrt{x}\ \ln|1+\sqrt{x}|)+C$$

于是
$$\int_0^4 \frac{\mathrm{d}x}{1+\sqrt{x}} = 2[\sqrt{x}-\ln|1+\sqrt{x}|]_0^4 = 4-2\ln 3$$

解法 2： 设$\sqrt{x}=t$，即 $x=t^2(t>0)$.

当 $x=0$ 时，$t=0$；当 $x=4$ 时，$t=2$.

$$\int_0^4 \frac{\mathrm{d}x}{1+\sqrt{x}} = \int_0^2 \frac{2t}{1+t}\mathrm{d}t = 2\int_0^2\left(1-\frac{1}{1+t}\right)\mathrm{d}t = 2[t-\ln|1+t|]_0^2 = 4-2\ln 3$$

解法 2 显然比解法 1 要简单一些，因为它省略了回代这一步，而这一步在定积分计算中往往还比较复杂.

定理 5.3.1（定积分的换元积分法） 设 $f(x)$在$[a,b]$上连续，且 $x=\varphi(t)$满足条件：

(1) $\varphi(\alpha)=a$，$\varphi(\beta)=b$；

(2) 当 t 从 α 变化到 β 时，$\varphi(t)$单调地从 a 变化到 b；

(3) $\varphi'(t)$在$[\alpha,\beta]$（或$[\beta,\alpha]$）上连续.

则有
$$\int_a^b f(x)\mathrm{d}x = \int_\alpha^\beta f[\varphi(t)]\varphi'(t)\mathrm{d}t$$

上式称为定积分的换元公式.

对定理 5.3.1 不作证明，但作如下理解：

(1) 被积函数在相应区间内连续，t 与 x 是一一对应关系；

(2) 换元时必须换限，且原上限对新上限，原下限对新下限.

例 5.3.2 求定积分$\displaystyle\int_1^3 \frac{\mathrm{d}x}{\sqrt{x}+\sqrt{x^3}}$.

解 令$\sqrt{x}=t$，$x=t^2(t>0)$，则 $\mathrm{d}x=2t\,\mathrm{d}t$.

当 $x=1$ 时，$t=1$；当 $x=3$ 时，$t=\sqrt{3}$. 于是

$$\int_1^3 \frac{\mathrm{d}x}{\sqrt{x}+\sqrt{x^3}} = 2\int_1^{\sqrt{3}} \frac{t\,\mathrm{d}t}{t+t^3} = 2\int_1^{\sqrt{3}} \frac{\mathrm{d}t}{1+t^2} = 2[\arctan t]_1^{\sqrt{3}} = 2\left(\frac{\pi}{3}-\frac{\pi}{4}\right) = \frac{\pi}{6}$$

例 5.3.3 计算$\displaystyle\int_0^a \sqrt{a^2-x^2}\mathrm{d}x$.

解 设 $x=a\sin t$，则 $\mathrm{d}x=a\cos t\,\mathrm{d}t$，且当 $x=0$ 时，$t=0$；当 $x=a$ 时，$t=\frac{\pi}{2}$. 于是

$$\int_0^a \sqrt{a^2-x^2}\mathrm{d}x = a^2\int_0^{\frac{\pi}{2}} \cos^2 t\,\mathrm{d}t = \frac{a^2}{2}\int_0^{\frac{\pi}{2}}(1+\cos 2t)\mathrm{d}t = \frac{a^2}{2}\left[t+\frac{1}{2}\sin 2t\right]_0^{\frac{\pi}{2}} = \frac{\pi a^2}{4}$$

例 5.3.4 计算$\displaystyle\int_0^{\frac{\pi}{2}} \cos^5 x\sin x\,\mathrm{d}x$.

解 设 $t=\cos x$，则 $\mathrm{d}t=-\sin x\,\mathrm{d}x$，且当 $x=0$ 时，$t=1$；当 $x=\frac{\pi}{2}$时，$t=0$. 于是

$$\int_0^{\frac{\pi}{2}} \cos^5 x \sin x \, dx = -\int_1^0 t^5 \, dt = \int_0^1 t^5 \, dt = \left[\frac{t^6}{6}\right]_0^1 = \frac{1}{6}$$

在例 5.3.4 中，如果不明显地写出新变量 t，那么定积分的上、下限就不要变更. 现在用这种记法计算如下.

$$\int_0^{\frac{\pi}{0}} \cos^5 x \sin x \, dx = -\int_0^{\frac{\pi}{2}} \cos^5 x \, d(\cos x) = -\left[\frac{\cos^6 x}{6}\right]_0^{\frac{\pi}{2}} = -\left(0 - \frac{1}{6}\right) = \frac{1}{6}$$

例 5.3.5 证明

(1) 若 $f(x)$ 在 $[-a,a]$ 上连续，且为偶函数，则

$$\int_{-a}^{a} f(x) dx = 2\int_0^a f(x) dx$$

(2) 若 $f(x)$ 在 $[-a,a]$ 上连续，且为奇函数，则

$$\int_{-a}^{a} f(x) dx = 0$$

证明 因为

$$\int_{-a}^{a} f(x) dx = \int_{-a}^{0} f(x) dx + \int_0^a f(x) dx$$

令 $x=-t$，则 $dx=-dt$. 当 $x=-a$ 时，$t=a$；当 $x=0$ 时，$t=0$. 于是

$$\int_{-a}^{0} f(x) dx = -\int_a^0 f(-t) dt = \int_0^a f(-t) dt = \int_0^a f(-x) dx$$

$$\int_{-a}^{a} f(x) dt = \int_0^a f(-x) dx + \int_0^a f(x) dx = \int_0^a [f(-x) + f(x)] dx$$

(1) 若 $f(x)$ 为偶函数，则

$$f(x)+f(-x)=2f(x)$$

所以

$$\int_{-a}^{a} f(x) dx = 2\int_0^a f(x) dx$$

(2) 若 $f(x)$ 为奇函数，则

$$f(x)+f(-x)=0$$

所以

$$\int_{-a}^{a} f(x) dx = 0$$

例 5.3.5 的结果可以作为定理使用，在计算对称区间上的定积分时，如能判断被积函数的奇偶性，便可使计算简化.

例 5.3.6 计算定积分.

(1) $\int_{-\sqrt{3}}^{\sqrt{3}} \frac{x^5 \sin^2 x}{1 + x^2 + x^4} dx$

(2) $\int_{-1}^{1} e^{|x|} dx$

解 (1) 因为

$$f(-x) = \frac{(-x)^5 \sin^2(-x)}{1+(-x)^2+(-x)^4} = -\frac{x^5 \sin^2 x}{1+x^2+x^4} = -f(x)$$

所以 $\frac{x^5 \sin^2 x}{1+x^2+x^4}$ 是奇函数. 所以

$$\int_{-\sqrt{3}}^{\sqrt{3}} \frac{x^5 \sin^2 x}{1 + x^2 + x^4} dx = 0$$

(2) 因为被积函数 $f(x)=e^{|x|}$ 是偶函数，所以

$$\int_{-1}^{1}\mathrm{e}^{|x|}\mathrm{d}x=2\int_{0}^{1}\mathrm{e}^{|x|}\mathrm{d}x=2\int_{0}^{1}\mathrm{e}^{x}\mathrm{d}x=2[\mathrm{e}^{x}]_{0}^{1}=2(\mathrm{e}-1)$$

5.3.2 定积分的分部积分法

依据不定积分的分部积分法,可得

$$\begin{aligned}\int_{a}^{b}u(x)v'(x)\mathrm{d}x&=\left[\int u(x)v'(x)\mathrm{d}x\right]_{a}^{b}\\&=\left[u(x)v(x)-\int v(x)u'(x)\mathrm{d}x\right]_{a}^{b}\\&=[u(x)v(x)]_{a}^{b}-\int_{a}^{b}v(x)u'(x)\mathrm{d}x\end{aligned}$$

简记做
$$\int_{a}^{b}u\,\mathrm{d}v=[uv]_{a}^{b}-\int_{a}^{b}v\,\mathrm{d}u$$

这就是定积分的分部积分公式.公式表明,原函数已经积出的部分可以先用上、下限代入.

例 5.3.7 计算$\int_{0}^{\frac{1}{2}}\arcsin x\,\mathrm{d}x$.

解
$$\begin{aligned}\int_{0}^{\frac{1}{2}}\arcsin x\,\mathrm{d}x&=[x\arcsin x]_{0}^{\frac{1}{2}}-\int_{0}^{\frac{1}{2}}\frac{x}{\sqrt{1-x^{2}}}\mathrm{d}x\\&=\frac{1}{2}\cdot\frac{\pi}{6}+[\sqrt{1-x^{2}}]_{0}^{\frac{1}{2}}=\frac{\pi}{12}+\frac{\sqrt{3}}{2}-1\end{aligned}$$

例 5.3.8 计算$\int_{0}^{\frac{\pi}{2}}x^{2}\cos x\,\mathrm{d}x$.

解
$$\begin{aligned}\int_{0}^{\frac{\pi}{2}}x^{2}\cos x\,\mathrm{d}x&=\int_{0}^{\frac{\pi}{2}}x^{2}\mathrm{d}(\sin x)=[x^{2}\sin x]_{0}^{\frac{\pi}{2}}-2\int_{0}^{\frac{\pi}{2}}x\sin x\,\mathrm{d}x\\&=\frac{\pi^{2}}{4}+2\int_{0}^{\frac{\pi}{2}}x\mathrm{d}(\cos x)=\frac{\pi^{2}}{4}+[2x\cos x]_{0}^{\frac{\pi}{2}}-2\int_{0}^{\frac{\pi}{2}}\cos x\,\mathrm{d}x\\&=\frac{\pi^{2}}{4}-[2\sin x]_{0}^{\frac{\pi}{2}}=\frac{\pi^{2}}{4}-2\end{aligned}$$

例 5.3.9 计算$\int_{0}^{4}\mathrm{e}^{\sqrt{x}}\mathrm{d}x$.

解 令$\sqrt{x}=t$,则$x=t^{2}$,$\mathrm{d}x=2t\,\mathrm{d}t$,且当$x=0$时,$t=0$;当$x=4$时,$t=2$. 所以

$$\begin{aligned}\int_{0}^{4}\mathrm{e}^{\sqrt{x}}\mathrm{d}x&=2\int_{0}^{2}t\mathrm{e}^{t}\mathrm{d}t=2\int_{0}^{2}t\,\mathrm{d}\mathrm{e}^{t}\\&=[2t\mathrm{e}^{t}]_{0}^{2}-2\int_{0}^{2}\mathrm{e}^{t}\mathrm{d}t=4\mathrm{e}^{2}-[2\mathrm{e}^{t}]_{0}^{2}\\&=4\mathrm{e}^{2}-2\mathrm{e}^{2}+2=2(\mathrm{e}^{2}+1)\end{aligned}$$

习题 5.3

5.3.1 计算下列定积分.

(1) $\int_{4}^{9}\frac{\sqrt{x}}{\sqrt{x}-1}\mathrm{d}x$　　(2) $\int_{\ln 3}^{\ln 8}\sqrt{1+\mathrm{e}^{x}}\mathrm{d}x$

(3) $\int_1^2 \frac{dx}{x\sqrt{x^2-1}}$　　　　(4) $\int_0^1 \frac{dx}{1+e^x}$

(5) $\int_0^{\sqrt{2}} \sqrt{2-x^2}dx$　　　　(6) $\int_0^3 \frac{x}{1+\sqrt{x+1}}dx$

5.3.2　计算下列定积分.

(1) $\int_0^1 xe^{-x}dx$　　　　(2) $\int_{\frac{1}{e}}^{e} |\ln x| dx$

(3) $\int_0^{\frac{\pi}{2}} e^x \sin 2x\, dx$　　　　(4) $4\int_0^{\frac{\pi}{2}} x\sin x\, dx$

(5) $\int_1^2 x\lg x dx$　　　　(6) $\int_{\frac{\pi}{4}}^{\frac{\pi}{3}} \frac{x}{\sin^2 x}dx$

5.3.3　利用函数的奇偶性计算下列定积分.

(1) $\int_{-\pi}^{\pi} x^4 \sin x\, dx$　　　　(2) $\int_{-\frac{\pi}{2}}^{\frac{\pi}{2}} 4\cos^4 \theta\, d\theta$

(3) $\int_{-\frac{1}{2}}^{\frac{1}{2}} \frac{(\arcsin x)^2}{\sqrt{1-x^2}}dx$　　　　(4) $\int_{-5}^{5} \frac{x^3\sin^2 x}{x^4+2x^2+1}dx$

5.3.4　设 $f(x)$ 在 $[-b,b]$ 上连续,证明

$$\int_{-b}^{b} f(x)dx = \int_{-b}^{b} f(-x)dx$$

5.3.5　证明 $\int_0^1 x^m(1-x)^n dx = \int_0^1 x^n(1-x)^m dx$.

5.4　广义积分

前面讨论的定积分 $\int_a^b f(x)$ 都是被积函数 $f(x)$ 在区间 $[a,b]$ 上连续或只存在有限个第 1 类间断点的条件下计算的,称这类积分为常义积分.在实际问题中,还常常需要计算积分区间为无穷区间或被积函数在有限区间上无界的定积分,这类定积分称为广义积分,前者是无穷区间上的广义积分,后者是无界函数的广义积分.

5.4.1　无穷区间上的广义积分

先看一个例子.

例 5.4.1　求由曲线 $y=e^{-x}$,x 轴及 y 轴右侧所围成的开口曲边梯形的面积(如图 5.4.1 所示).

解　由于 $x\to+\infty$,所以积分区间应当是 $[0,+\infty]$,这是一个无限区间,而前面学的定积分的各分区间都是有限区间 $[a,b]$,所以不能直接用定积分计算其面积.如果任取 $b>0$,则在区间 $[0,b]$ 上的曲边梯形的面积为(如图 5.4.2 所示).

$$\int_0^b e^{-x}dx = -\left[e^{-x}\right]_0^b = -(e^{-b}-1) = 1-\frac{1}{e^b}$$

显然 b 越大,这个曲边梯形的面积就越接近所求的开口曲边梯形的面积.因此,当 $b\to+\infty$ 时,曲边梯形面积的极限

$$\lim_{b\to+\infty}\int_0^b e^{-x}dx=\lim_{b\to+\infty}\left(1-\frac{1}{e^b}\right)=1$$

就是所求曲边梯形的面积.

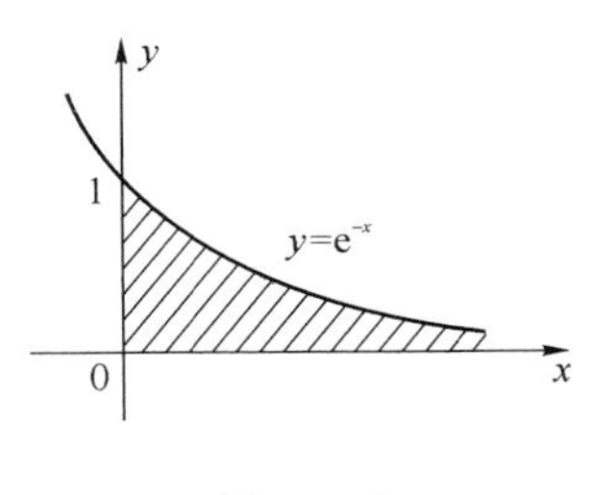

图 5.4.1

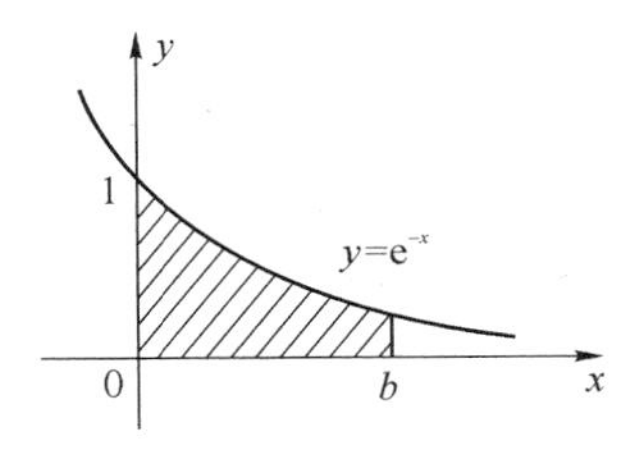

图 5.4.2

定义 5.4.1 设函数 $f(x)$在区间$[a,+\infty)$上连续，任取 $b>a$，如果极限 $\lim\limits_{b\to+\infty}\int_a^b f(x)dx$ 存在，那么就称这个极限为 $f(x)$ 在区间$[a,+\infty)$ 上的广义积分，记为$\int_a^{+\infty}f(x)dx$，即

$$\int_a^{+\infty}f(x)dx=\lim_{b\to+\infty}\int_a^b f(x)dx$$

这时就称广义积分 $\int_a^{+\infty}f(x)dx$ 收敛，如果 $\lim\limits_{b\to+\infty}\int_a^b f(x)dx$ 不存在，就称广义积分发散.

同样，可以定义函数 $f(x)$在区间$(-\infty,b]$和$(-\infty,+\infty)$上的广义积分分别为

$$\int_{-\infty}^b f(x)dx=\lim_{a\to-\infty}\int_a^b f(x)dx$$

$$\begin{aligned}\int_{-\infty}^{+\infty}f(x)dx&=\int_{-\infty}^{c}f(x)dx+\int_c^{+\infty}f(x)dx\\&=\lim_{a\to-\infty}\int_a^c f(x)dx+\lim_{b\to+\infty}\int_c^b f(x)dx\end{aligned}$$

由牛顿-莱希尼兹公式，可知

$$\int_a^{+\infty}f(x)dx=\lim_{b\to+\infty}[F(b)-F(a)]=F(x)\Big|_a^{+\infty}$$

其中，$F(x)$是 $f(x)$在$[a,+\infty)$上的原函数，而 $F(+\infty)$是表示函数 $F(x)$当 $x\to+\infty$时的极限值. 这样省略了极限符号，书写更简单.

同理，在$(-\infty,b]$和$(-\infty,+\infty)$上的广义积分可分别简写为

$$\int_{-\infty}^b f(x)dx=F(x)\Big|_{-\infty}^b=F(b)-F(-\infty)$$

$$\int_{-\infty}^{+\infty}f(x)dx=F(x)\Big|_{-\infty}^{+\infty}=F(+\infty)-F(-\infty)$$

例 5.4.2 求下列广义积分.

(1) $\int_e^{+\infty}\frac{1}{x\ln x}dx$

(2) $\int_{-\infty}^{+\infty}\frac{1}{1+x^2}dx$

解 (1) $$\begin{aligned}\int_e^{+\infty}\frac{1}{x\ln x}dx&=\int_e^{+\infty}\frac{1}{\ln x}d(\ln x)=\lim_{b\to+\infty}[\ln|\ln x|]_e^b\\&=\lim_{b\to+\infty}\ln\ln b=+\infty\end{aligned}$$

所以，广义积分$\int_{e}^{+\infty} \frac{1}{x\ln x}\mathrm{d}x$发散.

(2) $\int_{-\infty}^{+\infty} \frac{1}{1+x^2}\mathrm{d}x = \arctan x\Big|_{-\infty}^{+\infty} = \lim\limits_{x\to+\infty}\arctan x - \lim\limits_{x\to-\infty}\arctan x$

$$= \frac{\pi}{2} - \left(-\frac{\pi}{2}\right) = \pi$$

例 5.4.3 讨论$\int_{1}^{+\infty} \frac{1}{x^p}\mathrm{d}x$的敛散性.

解 (1) 当$p = 1$时，有

$$\int_{1}^{+\infty} \frac{1}{x^p}\mathrm{d}x = \int_{1}^{+\infty} \frac{1}{x}\mathrm{d}x = \ln|x|\Big|_{1}^{+\infty} = +\infty$$

(2) 当$p \neq 1$时，有

$$\int_{1}^{+\infty} \frac{1}{x^p}\mathrm{d}x = \left[\frac{x^{1-p}}{1-p}\right]_{1}^{+\infty} = \lim_{b\to+\infty}\frac{b^{1-p}}{1-p} - \frac{1}{1-p}$$

$$= \begin{cases} +\infty, & p < 1 \\ \dfrac{1}{p-1}, & p > 1 \end{cases}$$

所以，当$p > 1$时，$\int_{1}^{+\infty} \frac{1}{x^p}\mathrm{d}x$收敛；当$p \leqslant 1$时，$\int_{1}^{+\infty} \frac{1}{x^p}\mathrm{d}x$发散.

5.4.2 无界函数的广义积分

例 5.4.4 求由曲线$y = \frac{1}{\sqrt{x}}(0 < x \leqslant 1)$与$x$轴所围成的图形的面积(如图 5.4.3 所示).

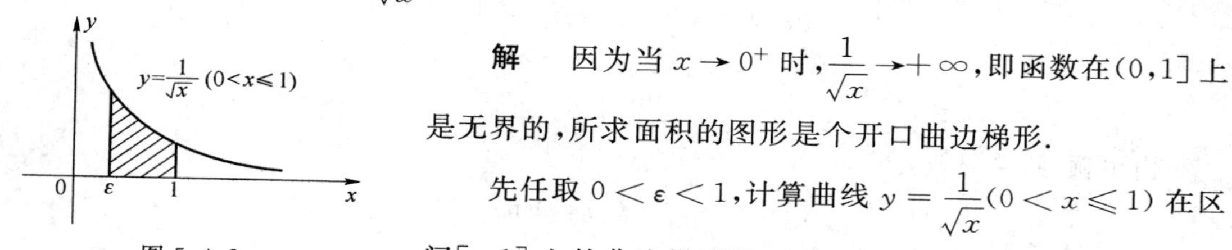

图 5.4.3

解 因为当$x \to 0^+$时，$\frac{1}{\sqrt{x}} \to +\infty$，即函数在$(0,1]$上是无界的，所求面积的图形是个开口曲边梯形.

先任取$0 < \varepsilon < 1$，计算曲线$y = \frac{1}{\sqrt{x}}(0 < x \leqslant 1)$在区间$[\varepsilon,1]$上的曲边梯形的面积

$$\int_{\varepsilon}^{1} \frac{1}{\sqrt{x}}\mathrm{d}x = \left[2\sqrt{x}\right]_{\varepsilon}^{1} = 2(1-\sqrt{\varepsilon})$$

显然，当$\varepsilon \to 0^+$时，此曲边梯形面积的极限

$$\lim_{\varepsilon\to0^+}\int_{\varepsilon}^{1} \frac{1}{\sqrt{x}}\mathrm{d}x = \lim_{\varepsilon\to0^+}2(1-\sqrt{\varepsilon}) = 2$$

就是所求开口曲边梯形的面积.

定义 5.4.2 设函数$f(x)$在$(a,b]$内连续，且$\lim\limits_{x\to a^+}f(x) = \infty$，取$\varepsilon > 0$，称极限$\lim\limits_{\varepsilon\to0^+}\int_{a+\varepsilon}^{b} f(x)\mathrm{d}x$为$f(x)$在$(a,b]$内的广义积分，记为$\int_{a}^{b} f(x)\mathrm{d}x$，即

$$\int_{a}^{b} f(x)\mathrm{d}x = \lim_{\varepsilon\to0^+}\int_{a+\varepsilon}^{b} f(x)\mathrm{d}x$$

若此极限存在，称广义积分$\int_{a}^{b} f(x)\mathrm{d}x$收敛；若此极限不存在，则称广义积分$\int_{a}^{b} f(x)\mathrm{d}x$发散.

这时，点$x = a$称为函数$f(x)$的瑕点，无界函数的广义积分也称为瑕积分.

同样,可定义瑕点为 b 时的广义积分为

$$\int_a^b f(x)\mathrm{d}x = \lim_{\varepsilon \to 0^+} \int_a^{b-\varepsilon} f(x)\mathrm{d}x$$

同样,当 $a < c < b$ 时,c 为瑕点的广义积分为

$$\int_a^b f(x)\mathrm{d}x = \int_a^c f(x)\mathrm{d}x + \int_c^b f(x)\mathrm{d}x = \lim_{\varepsilon \to 0^+} \int_a^{c-\varepsilon} f(x)\mathrm{d}x + \lim_{\varepsilon \to 0^+} \int_{c+\varepsilon}^b f(x)\mathrm{d}x$$

此时,当且仅当上式右边两个瑕积分都收敛时,$\int_a^b f(x)\mathrm{d}x$ 才收敛.

例 5.4.5 讨论$\int_{-1}^1 \frac{\mathrm{d}x}{x^2}$ 的敛散性.

解 因为$\lim\limits_{x \to 0} \frac{1}{x^2} = \infty$,所以 $x = 0$ 是 $f(x)$ 的瑕点. 于是

$$\int_{-1}^1 \frac{1}{x^2}\mathrm{d}x = \int_{-1}^0 \frac{1}{x^2}\mathrm{d}x + \int_0^1 \frac{1}{x^2}\mathrm{d}x = \lim_{\varepsilon \to 0^+} \left(-\frac{1}{x}\right)\Big|_{-1}^{-\varepsilon} + \lim_{\varepsilon \to 0^+} \left(-\frac{1}{x}\right)\Big|_{\varepsilon}^1$$

$$= \lim_{\varepsilon \to 0^+} \left(\frac{1}{\varepsilon} - 1\right) + \lim_{\varepsilon \to 0^+} \left(-1 - \frac{1}{\varepsilon}\right) = +\infty$$

所以,广义积分$\int_{-1}^1 \frac{1}{x^2}\mathrm{d}x$ 发散.

如果没有考虑被积函数的瑕点,就会得到错误的结果.

$$\int_{-1}^1 \frac{1}{x^2}\mathrm{d}x = \left[-\frac{1}{x}\right]_{-1}^1 = -1 - 1 = -2$$

例 5.4.6 计算$\int_0^1 \frac{1}{\sqrt{1-x^2}}\mathrm{d}x$.

解 因为 $\lim\limits_{x \to 1} \frac{1}{\sqrt{1-x^2}} = \infty$,$x = 1$ 是瑕点,则

$$\int_0^1 \frac{1}{\sqrt{1-x^2}}\mathrm{d}x = \lim_{\varepsilon \to 0} \int_0^{1-\varepsilon} \frac{1}{\sqrt{1-x^2}}\mathrm{d}x = \lim_{\varepsilon \to 0} \arcsin x \Big|_0^{1-\varepsilon}$$

$$= \lim_{\varepsilon \to 0} \arcsin(1-\varepsilon) = \frac{\pi}{2}$$

习题 5.4

5.4.1 判断下列广义积分的敛散性,如果收敛,计算出它的值.

(1) $\int_1^{+\infty} \frac{1}{x^2}\mathrm{d}x$ (2) $\int_0^{+\infty} \frac{2x}{1+x^2}\mathrm{d}x$

(3) $\int_0^{+\infty} x\mathrm{e}^{-x^2}\mathrm{d}x$ (4) $\int_{\mathrm{e}}^{+\infty} \frac{1}{x\ln^2 x}\mathrm{d}x$

5.4.2 计算下列广义积分.

(1) $\int_0^1 \frac{x}{\sqrt{1-x^2}}\mathrm{d}x$ (2) $\int_{\frac{\pi}{4}}^{\frac{\pi}{2}} \frac{1}{\cos^2 x}\mathrm{d}x$

(3) $\int_1^{\mathrm{e}} \frac{\mathrm{d}x}{x\sqrt{1-\ln x}}$ (4) $\int_0^2 \frac{1}{(x-1)^2}\mathrm{d}x$

5.4.3 讨论广义积分$\int_0^1 \frac{1}{x^p}\mathrm{d}x \,(p > 0)$ 的敛散性.

5.5 定积分的应用

5.5.1 微元法

定积分在实践中有着广泛的应用，而在应用时，一般采用微元法来解决实际问题. 为了说明这种方法，先回顾一下在 5.1 节中讨论过的求曲边梯形面积的方法和步骤.

设 $f(x)$ 在区间$[a,b]$上连续，且 $f(x) \geqslant 0$，求曲线 $y=f(x)$，$x=a$，$x=b$ 和 $y=0$ 围成的曲边梯形的面积.

(1) 分割，把曲边梯形分割成 n 个窄曲边梯形，第 i 个曲边梯形的面积为 ΔA_i.

(2) 计算近似值

$$\Delta A_i \approx f(\xi_i)\Delta x_i \qquad (i=1,2,\cdots,n)$$

(3) 求和，于是曲边梯形面积的近似值为

$$A=\sum_{i=1}^{n}\Delta A_i \approx \sum_{i=1}^{n} f(\xi_i)\Delta x_i \qquad (i=1,2,\cdots,n)$$

(4) 取极限，得曲边梯形的面积为

$$A=\lim_{\lambda\to 0}\sum_{i=1}^{n} f(\xi_i)\Delta x_i=\int_a^b f(x)\mathrm{d}x$$

把这几个步骤归结成一个定积分，但过程比较烦琐. 一般地，如果某一实际问题如果与上述求曲边梯形的面积一样，符合下列条件：

(1) 所求量 A 是与一个变量 x 的变化区间$[a,b]$有关的量；

(2) 所求量 A 对于区间$[a,b]$具有可加性，也就是说，如果把区间$[a,b]$分成若干个小区间，所求量 A 等于各小区间上部分量的总和；

(3) 部分量 ΔA_i 的近似值可以表示为 $f(\xi_i)\Delta x_i$.

那么，就可以考虑用定积分来表示这个量 A，计算这个量 A 的步骤为：

(1) 根据具体问题，选取积分变量(假定为 x)，确定积分区间$[a,b]$；

(2) 假设把区间$[a,b]$分成几个小区间，任取其中一小区间$[x,x+\mathrm{d}x]$，求出相应这一小区间部分量 ΔA 的近似值，如果 ΔA 能近似地表示为$[a,b]$上一个连续函数在 x 处的值 $f(x)$ 与 $\mathrm{d}x$ 的乘积，就把 $f(x)\mathrm{d}x$ 称为量 A 的微元(或元素)，记做

$$\mathrm{d}A=f(x)\mathrm{d}x$$

(3) 以所求量 A 的元素 $f(x)\mathrm{d}x$ 为被积表达式，在区间$[a,b]$上做定积分，得

$$A=\int_a^b f(x)\mathrm{d}x$$

这就是所求量 A 的积分表达式.

这种解决问题的方法称为微元法(或元素法).

关于微元 $\mathrm{d}A=f(x)\mathrm{d}x$，再说明两点：

(1) $f(x)\mathrm{d}x$ 作为 ΔA 的近似表达式，应该足够准确，确切地说，就是要求其差是关于 Δx 的高阶无穷小. 即 $\Delta A-f(x)\mathrm{d}x=o(\Delta x)$. 这样就可知，称做微元的量 $f(x)\mathrm{d}x$，实际上是所求量的微分 $\mathrm{d}A$；

(2) 具体怎样求微分呢?这是问题的关键,这要分析问题的实际意义及数量关系,一般按在局部$[x, x+\mathrm{d}x]$上,以"常代变"、"匀代不匀"、"直代曲"的思路(局部线性化),写出局部上所求量的近似值,即为微元$\mathrm{d}A = f(x)\mathrm{d}x$.

下面应用微元法来解决一些实际问题.

5.5.2　定积分在几何上的应用

1. 平面图形的面积

根据定积分的几何意义,当$f(x)$在$[a,b]$上为正时,$f(x)$与$x=a, x=b, y=0$所围成的曲边梯形的面积为$A=\int_a^b f(x)\mathrm{d}x$;而当$f(x)$在$[a,b]$上为负时,$f(x)$与$x=a, x=b, y=0$所围成的曲边梯形的面积为$A=-\int_a^b f(x)\mathrm{d}x$(如图 5.5.1 所示).

而当平面图形是由两条曲线$y=f(x), y=g(x), x=a$和$x=b$围成的,且$f(x)\geqslant g(x)$时,则面积$A=\int_a^b[f(x)-g(x)]\mathrm{d}x$,其中面积微元为$\mathrm{d}A=[f(x)-g(x)]\mathrm{d}x$(如图 5.5.2 所示).

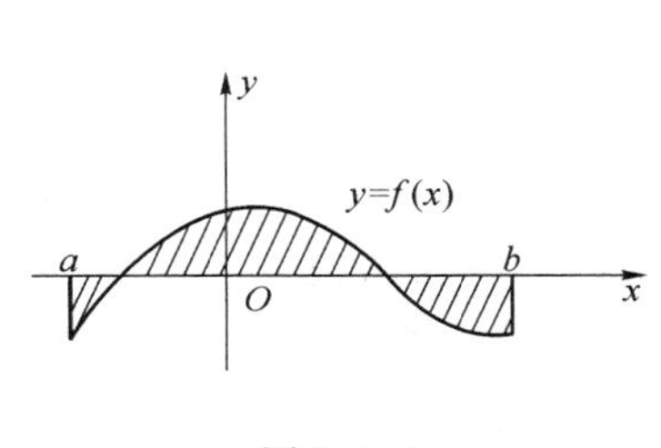

图 5.5.1

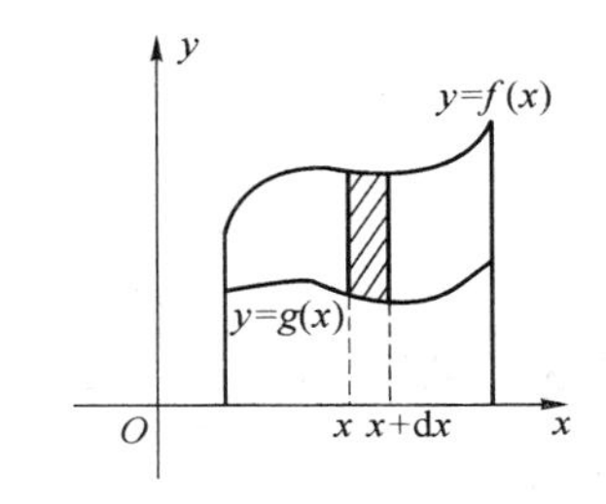

图 5.5.2

同样,当选取y做积分变量时,即由连续曲线$x=\varphi(y), x=\psi(y)(\varphi(y)\geqslant\psi(y))$和$y=c$,$y=d$所围成的图形,其面积$A=\int_c^d[\varphi(y)-\psi(y)]\mathrm{d}y$,其中面积微元为$\mathrm{d}A=[\varphi(y)-\psi(y)]\mathrm{d}y$(如图 5.5.3 所示).

例 5.5.1　求由两条抛物线$y=x^2, y^2=x$所围成的图形的面积.

解　如图 5.5.4 所示.

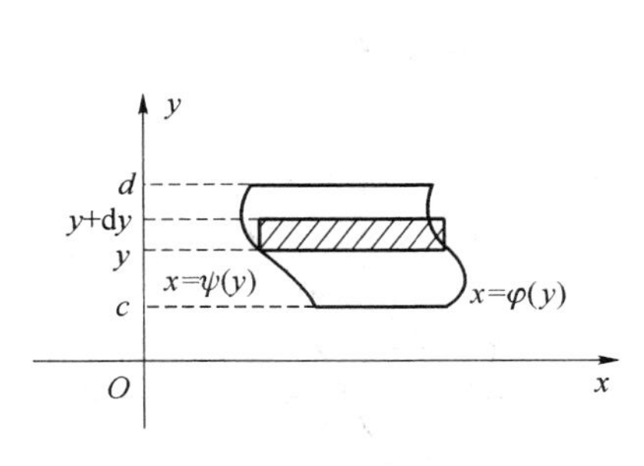

图 5.5.3

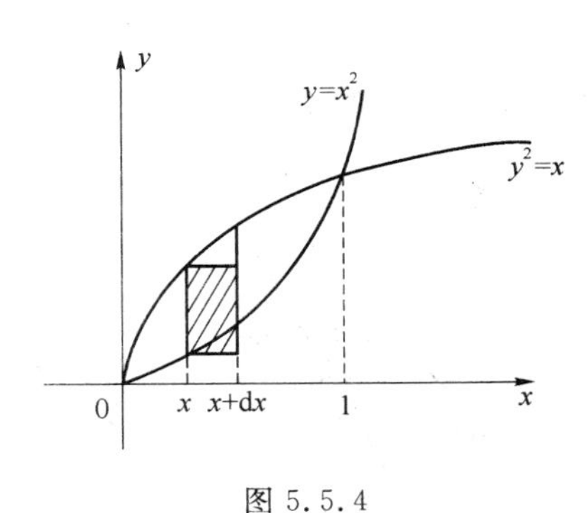

图 5.5.4

解方程组$\begin{cases} y^2=x \\ y=x^2 \end{cases}$,得交点$(0,0)$,$(1,1)$,取$x$为积分变量,面积微元$\mathrm{d}A=(\sqrt{x}-x^2)\mathrm{d}x$.

图形面积为

$$A = \int_0^1 (\sqrt{x} - x^2)\mathrm{d}x = \left[\frac{2}{3}x^{\frac{3}{2}} - \frac{1}{3}x^3\right]_0^1 = \frac{1}{3}$$

例 5.5.2 求椭圆$\frac{x^2}{a^2} + \frac{y^2}{b^2} = 1$的面积.

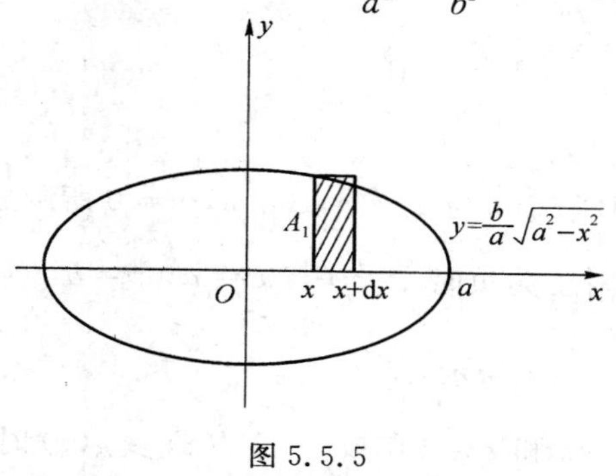

图 5.5.5

解 如图 5.5.5 所示,由$\frac{x^2}{a^2} + \frac{y^2}{b^2} = 1$,得$y = \pm\frac{b}{a}\cdot\sqrt{a^2 - x^2}$.

根据椭圆的对称性,椭圆的面积被坐标轴分成了 4 等分,即$A = 4A_1$.

$$\mathrm{d}A_1 = \frac{b}{a}\sqrt{a^2 - x^2}\mathrm{d}x$$

$$A = 4\int_0^a \frac{b}{a}\sqrt{a^2 - x^2}\mathrm{d}x = \frac{4b}{a}\int_0^a \sqrt{a^2 - x^2}\mathrm{d}x$$

由定积分的几何意义,可知

$$\int_0^a \sqrt{a^2 - x^2}\mathrm{d}x = \frac{1}{4}\pi a^2 (\text{圆面积的}\frac{1}{4})$$

$$A = \frac{4b}{a}\cdot\frac{1}{4}\pi a^2 = \pi ab$$

特别地,当$a = b = r$时,得圆的面积公式$A = \pi r^2$.

例 5.5.3 求抛物线$y^2 = 2x$与直线$y = x - 4$围成的图形的面积.

解 解方程组$\begin{cases} y^2 = 2x \\ y = x - 4 \end{cases}$,得交点(2,-2),(8,4).

(1) 取x为积分变量(如图 5.5.6 所示),在[0,2]和[2,8]上,图形的曲边是不同的曲线,因此把图形分成两部分计算.

在[0,2]上
$$A_1 = 2\int_0^2 \sqrt{2x}\mathrm{d}x = \frac{16}{3}$$

在[2,8]上
$$\mathrm{d}A_2 = \left[\sqrt{2x} - (x - 4)\right]\mathrm{d}x$$

$$A_2 = \int_2^8 (\sqrt{2x} - x + 4)\mathrm{d}x = \frac{38}{3}$$

所以
$$A = A_1 + A_2 = 18$$

(2) 取y为积分变量,积分区间为[-2,4](如图 5.5.7 所示),面积微元$\mathrm{d}A = \left(y + 4 - \frac{1}{2}y^2\right)\mathrm{d}y$.

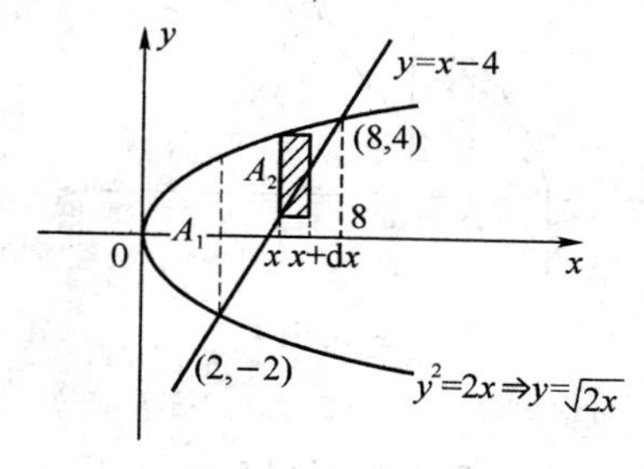

图 5.5.6

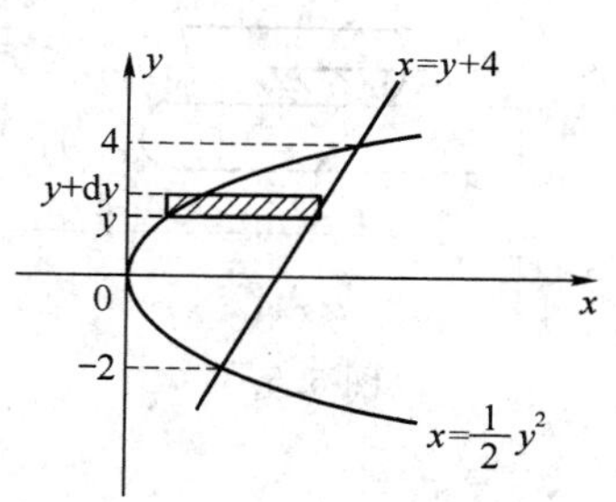

图 5.5.7

$$A=\int_{-2}^{4}\left(y+4-\frac{1}{2}y^2\right)\mathrm{d}y=18$$

由此可见,积分变量若选取恰当,可使计算简便.

2. 旋转体的体积

设一旋转体是由曲线 $y=f(x)$,$x=a$,$x=b$ 及 x 轴所围成的曲边梯形绕 x 轴旋转一周而成的(如图5.5.8 所示),求它的体积.

取积分变量 x,积分区间$[a,b]$,$x\in[a,b]$,过 x 点垂直于 x 轴的截面面积为

$$A(x)=\pi|f(x)|^2=\pi f^2(x)$$

于是,体积微元
$$\mathrm{d}v=\pi f^2(x)\mathrm{d}x$$

体积
$$V=\int_a^b \pi f^2(x)\mathrm{d}x=\pi\int_a^b f^2(x)\mathrm{d}x$$

类似可知,由曲线 $x=\varphi(y)$,$y=c$,$y=d$ 及 y 轴所围成的曲边梯形绕 y 轴旋转一周而成的旋转体的体积(如图 5.5.9 所示)为

$$V=\pi\int_c^d \varphi^2(y)\mathrm{d}y$$

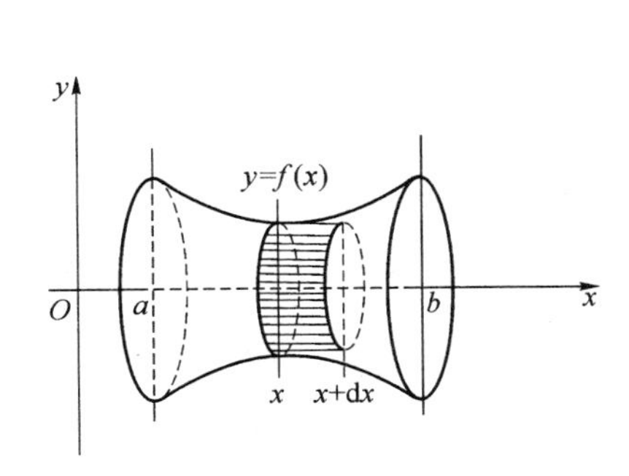

图 5.5.8

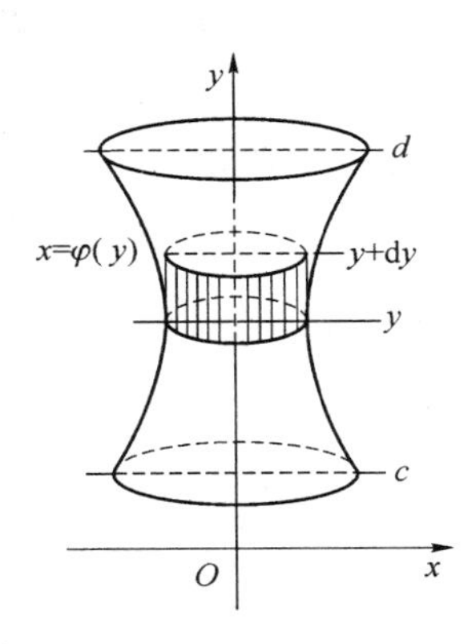

图 5.5.9

例 5.5.4 求椭圆 $\frac{x^2}{a^2}+\frac{y^2}{b^2}=1(a>b>0)$ 绕 x 轴旋转而成的旋转体的体积(如图 5.5.10 所示).

解 由图形的对称性,可得旋转体的体积为

$$V=2\int_0^a \pi\frac{b^2}{a^2}(a^2-x^2)\mathrm{d}x=\frac{2\pi b^2}{a^2}\int_0^a(a^2-x^2)\mathrm{d}x$$

$$=\frac{2\pi b^2}{a^2}\left[a^2x-\frac{1}{3}x^3\right]_0^a=\frac{4}{3}\pi ab^2$$

特别地,当 $a=b=r$ 时,旋转椭球体就变成了半径为 r 的球体,其体积为 $V=\frac{4}{3}\pi r^3$.

例 5.5.5 求由抛物线 $y=\sqrt{x}$ 与直线 $y=0$,$y=1$ 和 y 轴围成的平面图形绕 y 轴旋转而成的旋转体的体积.

解 如图 5.5.11 所示,取 y 为积分变量,积分区间为$[0,1]$.

$$V=\int_0^1 \pi(y^2)^2\mathrm{d}y=\pi\int_0^1 y^4\mathrm{d}y=\left[\frac{\pi}{5}y^5\right]_0^1=\frac{\pi}{5}$$

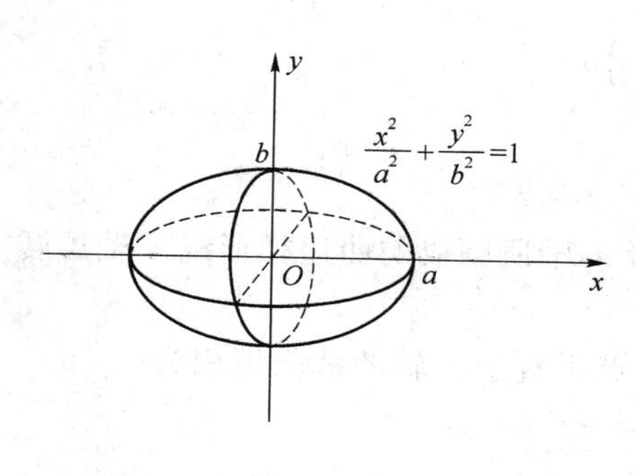

图 5.5.10

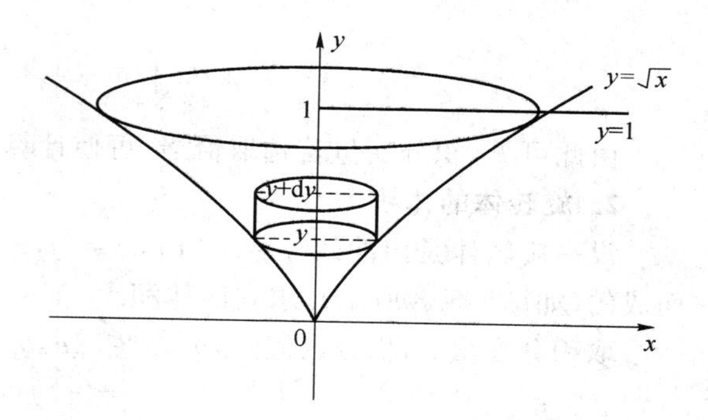

图 5.5.11

3. 曲线的弧长

设函数 $y=f(x)$ 在 $[a,b]$ 上具有一阶连续的导数,计算曲线 $y=f(x)$ 从 $x=a$ 到 $x=b$ 这一段的弧长,可用微元法解决.

(1) 取积分变量 x,积分区间 $[a,b]$;

(2) 在 $[x,x+\mathrm{d}x]$ 上求弧微元 $\mathrm{d}L$(如图 5.5.12 所示);

$$\mathrm{d}L=\sqrt{(\mathrm{d}x)^2+(\mathrm{d}y)^2}=\sqrt{1+(y')^2}\,\mathrm{d}x$$

(3) 取定积分得弧长.

$$L=\int_a^b\sqrt{1+(y')^2}\,\mathrm{d}x$$

注意 计算弧长时,由于被积函数始终为正,因而要求积分下限小于上限.

例 5.5.6 两根电线杆之间的电线,由于自身重量成曲线,这一曲线称为悬链线(如图 5.5.13 所示), 其方程为 $y=\frac{a}{2}(\mathrm{e}^{\frac{x}{a}}+\mathrm{e}^{-\frac{x}{a}})(a>0)$,求从 $-b$ 到 b 这段曲线的长度.

解 $$\mathrm{d}L=\sqrt{1+(y')^2}\,\mathrm{d}x=\sqrt{1+\frac{1}{4}(\mathrm{e}^{\frac{x}{a}}-\mathrm{e}^{-\frac{x}{a}})^2}\,\mathrm{d}x=\frac{1}{2}(\mathrm{e}^{\frac{x}{a}}+\mathrm{e}^{-\frac{x}{a}})\mathrm{d}x$$

$$L=\int_{-b}^b\mathrm{d}L=\frac{1}{2}\int_{-b}^b(\mathrm{e}^{\frac{x}{a}}+\mathrm{e}^{-\frac{x}{a}})\mathrm{d}x$$

$$=\int_0^b(\mathrm{e}^{\frac{x}{a}}+\mathrm{e}^{-\frac{x}{a}})\mathrm{d}x=a(\mathrm{e}^{\frac{x}{a}}-\mathrm{e}^{-\frac{x}{a}})\Big|_0^b=a(\mathrm{e}^{\frac{b}{a}}-\mathrm{e}^{-\frac{b}{a}})$$

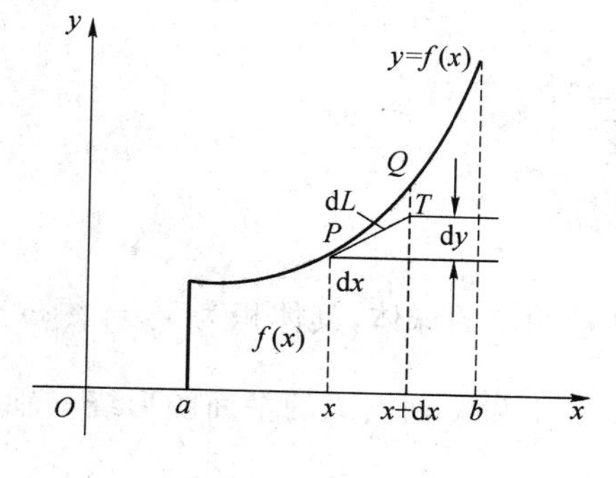

图 5.5.12

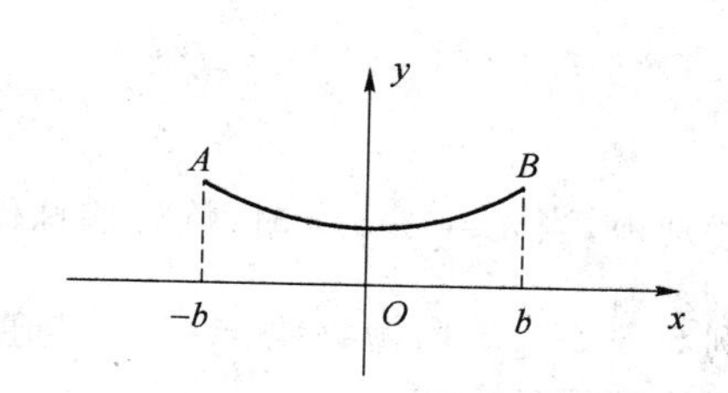

图 5.5.13

5.5.3 定积分在物理上的应用

定积分在物理上也有广泛的应用,如变力做功、变速运动、液体的静压力、平均值等问题.

1. 功

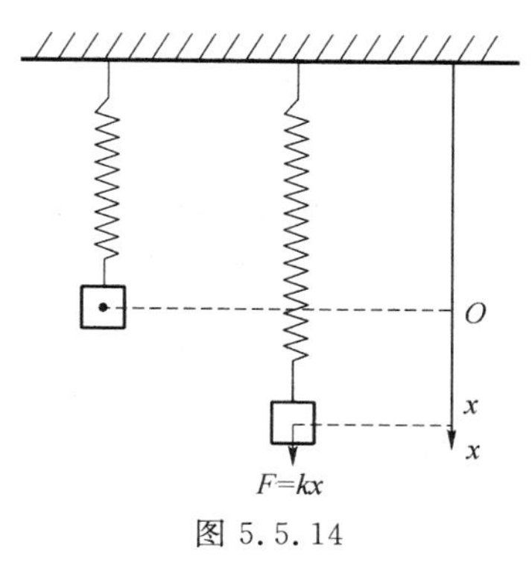

图 5.5.14

例 5.5.7 已知弹簧每拉长 0.02 m 要用 9.8 N 的力，求把弹簧拉长 0.1 m 所做的功(如图 5.5.14 所示).

解 由于在弹性限度内，拉伸(或压缩)弹簧所需的力 F 和弹簧的伸长量(或压缩量)x 成正比，所以

$$F = kx \qquad (k\text{ 为比例系数})$$

由题意，知 $x = 0.02$ m 时，$F = 9.8$ N，代入得

$$k = 4.9 \times 10^2$$

于是，得到变力函数 $F = 4.9 \times 10^2 x$.

取 x 为积分变量，积分区间为$[0,0.1]$.

在$[0,0.1]$上取任一小区间$[x,x+\mathrm{d}x]$，与它对应的变力 F 所做的功近似于常力所做的功，于是得功微元

$$\mathrm{d}w = 4.9 \times 10^2 x\,\mathrm{d}x$$

于是，所求功为

$$w = \int_0^{0.1} 4.9 \times 10^2 x\,\mathrm{d}x = 4.9 \times 10^2 \left[\frac{x^2}{2}\right]_0^{0.1} = 2.45 \text{ J}$$

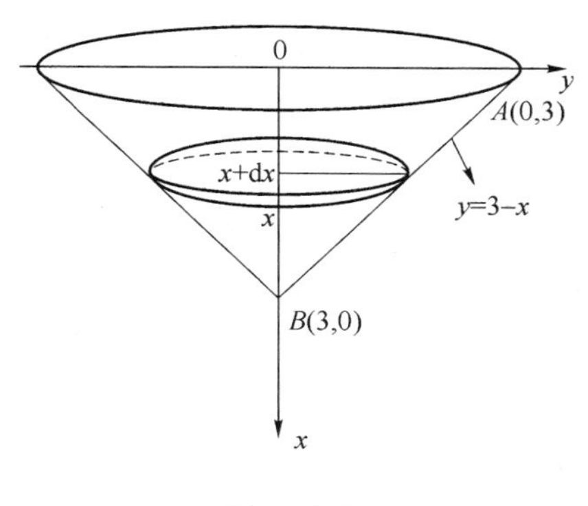

图 5.5.15

例 5.5.8 底面半径为 3 m，高为 3 m 的圆锥形储水池内装满水，求抽尽其中的水所做的功($\rho = 10^3$ kg/m^3).

解 如图 5.5.15 所示，取 x 为积分变量，积分区间为$[0,3]$，在$[0,3]$上任取小区间$[x,x+\mathrm{d}x]$，与它对应的小薄层水的重近似于以 $y = 3 - x$ 为底面半径，以 $\mathrm{d}x$ 为高的小水柱的重量 $\rho g \pi y^2$(N)，把小水柱抽出所做的功近似于克服这个小水柱的重量所做的功，于是做功微元为

$$\mathrm{d}w = 9.8\rho\pi(3-x)^2 x\mathrm{d}x$$

所求功为

$$w = \int_0^3 9.8\rho\pi(3-x)^2 x\mathrm{d}x = 9.8\rho\pi\int_0^3 (9x - 6x^2 + x^3)\mathrm{d}x$$

$$= 9.8\rho\pi\left[\frac{9}{2}x^2 - 2x^3 + \frac{x^4}{4}\right]_0^3 = 9.8\rho\pi \times 6.75 \approx 207\ 711 \text{ J}$$

2. 水压力

由物理学知识可知，在水深为 h 处的压强为 $P = \rho g h$，这里 ρ 是水的密度，g 是重力加速度. 如果有一面积为 A 的平板水平地放置在水深为 h 处，那么平板一侧所受的水压力为

$$p = \rho g h A$$

然而在实际中，常需要计算与液面垂直放置的平板一侧所受的压力. 由于平板上各个位置距液面的距离不一样，平板上的压力并不是处处相等的，这时不能直接用上面的公式来计算，但可以用微元法的思想来解决这种压力计算问题.

例 5.5.9 设有一形状为等腰梯形的闸门，铅直竖立于水中，其上底 8 m，下底 4 m，高 6 m，闸门顶齐水面，求水对闸门的压力.

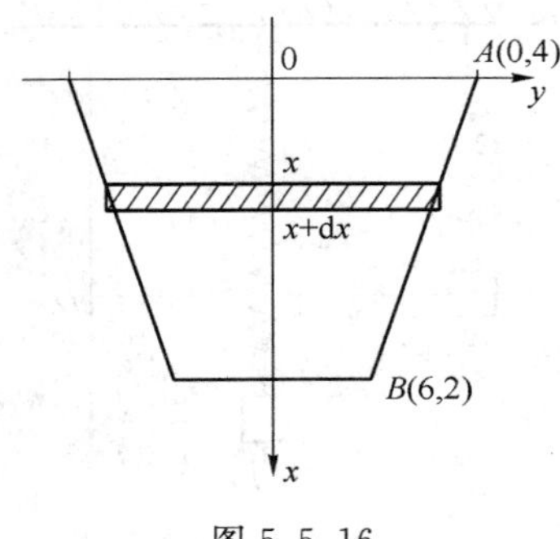

图 5.5.16

解　如图 5.5.16 所示，建直角坐标系.

直线 AB 的方程为

$$y=-\frac{1}{3}x+4$$

取 x 为积分变量，积分区间为$[0,6]$，闸门所受压力微元为

$$\begin{aligned}\mathrm{d}P&=\rho gx\times 2\left(-\frac{1}{3}x+4\right)\mathrm{d}x\\&=2\times 9.8\times 10^3\times\left(4-\frac{1}{3}x\right)x\,\mathrm{d}x\end{aligned}$$

闸门所受压力为

$$\begin{aligned}P&=2\times 9.8\times 10^3\times\int_0^6\left(4x-\frac{x^2}{3}\right)\mathrm{d}x\\&=2\times 9.8\times 10^3\times\left[2x^2-\frac{1}{9}x^3\right]_0^6\\&\approx 9.40\times 10^5\ \mathrm{N}\end{aligned}$$

3. 平均值

给一组有限个数值，只需要把这些数相加，然后除以个数，就可以算出这一组数的平均值. 但在实际中，常常需要计算一个连续函数在某个区间上一切值的平均值，如计算一段时间内的平均气温、平均速度、平均功等. 仍然可以用微元法的思想来解决这个问题，连续函数 $y=f(x)$ 在区间 $[a,b]$ 上的平均值等于函数 $f(x)$ 在$[a,b]$ 上的定积分除以区间$[a,b]$ 的长度 $b-a$，即

$$\overline{y}=\frac{1}{b-a}\int_a^b f(x)\mathrm{d}x$$

例 5.5.10　某公路管理处在城市高速公路出口处，记录了几个星期内车辆平均行驶速度. 统计数据表明，一个普通工作日的下午 1:00 ～ 6:00 之间此口在时刻 t 的平均车速为

$$v(t)=2t^3-21t^2+60t+40\ (\mathrm{km/h})$$

左右，试计算下午 1:00 ～ 6:00 内平均车辆行驶速度.

解
$$\begin{aligned}\overline{v}&=\frac{1}{6-1}\int_1^6 v(t)\mathrm{d}t=\frac{1}{5}\int_1^6(2t^3-21t^2+60t+40)\mathrm{d}t\\&=\frac{1}{5}\left[\frac{1}{2}t^4-7t^3+30t^2+40t\right]_1^6=78.5\ \mathrm{km/h}\end{aligned}$$

习题 5.5

5.5.1　求由下列曲线所围成平面图形的面积.

(1) $y=\sqrt{x}$ 及 $y=x$.

(2) $y=x,y=2x$ 及 $y=2$.

(3) $y=\sin x,y=\cos x,x=0$ 及 $x=\dfrac{\pi}{2}$.

(4) $y=\ln x,y=\ln a,y=\ln b\ (b>a>0)$ 及 $x=0$.

5.5.2　求抛物线 $y=-x^2+4x-3$ 及在点$(0,-3)$，$(3,0)$ 处的切线所围成的图形的面积.

5.5.3　求由下列曲线所围成的平面图形绕指定坐标旋转而成的旋转体体积.

(1) $y=\ln x,y=0,y=\ln 5,x=0$；绕 y 轴.

(2) $y^2=x,x^2=y$；绕 x 轴.

(3) $y=x^2, y=4$；绕 x 轴.

(4) $y=x^2, y=x$；绕 x 轴.

5.5.4　求曲线 $y=x^{\frac{3}{2}}$ 上从 $x=0$ 到 $x=4$ 之间的一段弧的长度.

5.5.5　已知曲线 $y=\frac{1}{x}$，直线 $y=4x, x=2$ 及 x 轴围成一平面图形. 求：

(1) 此平面图形的面积；

(2) 此平面图形绕 x 轴旋转而得到的旋转体的体积.

5.5.6　已知弹簧每拉长 0.01 m 要用 5 N 的力，求把弹簧拉长 0.1 m 所做的功.

5.5.7　一水平放置的水管，其断面是直径为 6 m 的圆，求当水半满，水管一端的竖立闸门上所受的压力.

5.5.8　计算曲线 $y=\int_0^x \sqrt{\sin t}\,\mathrm{d}t$ 上，从 $x=0$ 到 $x=\pi$ 这一段的长度.

5.5.9　半径为 10 m 的半球形水池盛满了水，把池水全部抽尽，需做多少功？

5.5.10　一物体以速度 $v=3t^2-2t$ (m/s) 作直线运动，求它在 $t=0$ 到 $t=2$ s 这一段时间内的平均速度.

小　　结

一、主要内容

1. 定积分的定义

$$\int_a^b f(x)\mathrm{d}x=\lim_{\lambda\to 0}\sum_{i=1}^n f(\xi_i)\Delta x_i$$

2. 定积分的几何意义

在几何上，定积分 $\int_a^b f(x)\mathrm{d}x$ 的值表示在 $x=a$ 与 $x=b$ 之间 x 轴上方的各曲边梯形的面积之和减去 x 轴下方的各曲边梯形面积之和.

3. 定积分的基本性质

(1) $\int_a^b kf(x)\mathrm{d}x=k\int_a^b f(x)\mathrm{d}x$

(2) $\int_a^b [f(x)\pm g(x)]\mathrm{d}x=\int_a^b f(x)\mathrm{d}x\pm\int_a^b g(x)\mathrm{d}x$

(3) $\int_a^b f(x)\mathrm{d}x=\int_a^c f(x)\mathrm{d}x+\int_c^b f(x)\mathrm{d}x$

(4) 如在 $[a,b]$ 上，$f(x)\geqslant 0$，则 $\int_a^b f(x)\mathrm{d}x\geqslant 0$.

(5) 如在 $[a,b]$ 上，$f(x)\geqslant g(x)$，则 $\int_a^b f(x)\mathrm{d}x\geqslant\int_a^b g(x)\mathrm{d}x$.

(6) 如 M 和 m 是 $f(x)$ 在 $[a,b]$ 上的最大值和最小值，则

$$m(b-a)\leqslant\int_a^b f(x)\mathrm{d}x\leqslant M(b-a)$$

(7) 如 $f(x)$ 在 $[a,b]$ 上连续，则在 $[a,b]$ 上至少存在一个点 ξ，使得

$$\int_a^b f(x)\mathrm{d}x=f(\xi)(b-a)\qquad(a\leqslant\xi\leqslant b)$$

4. 积分上限的函数的导数

$$\phi'(x)=\frac{\mathrm{d}}{\mathrm{d}x}\int_a^x f(t)\mathrm{d}t=f(x)$$

5. 微积分基本公式(牛顿-莱布尼兹公式)

设函数 $f(x)$ 在$[a,b]$上连续,$F(x)$ 是 $f(x)$ 在(a,b) 上任意一原函数,那么

$$\int_a^b f(x)\mathrm{d}x=F(b)-F(a)$$

6. 定积分的换元积分法

$$\int_a^b f(x)\mathrm{d}x=\int_\alpha^\beta f[\varphi(t)]\varphi'(t)\mathrm{d}t$$

7. 定积分的分部积分法

$$\int_a^b u\mathrm{d}v=[uv]_a^b-\int_a^b v\mathrm{d}u$$

8. 无穷区间上的广义积分

$$\int_a^{+\infty}f(x)\mathrm{d}x=\lim_{b\to+\infty}\int_a^b f(x)\mathrm{d}x$$

$$\int_{-\infty}^b f(x)\mathrm{d}x=\lim_{a\to-\infty}\int_a^b f(x)\mathrm{d}x$$

$$\int_{-\infty}^{+\infty}f(x)\mathrm{d}x=\int_{-\infty}^0 f(x)\mathrm{d}x+\int_0^{+\infty}f(x)\mathrm{d}x$$

9. 无界函数的广义积分

如 $\lim\limits_{x\to a}f(x)=\infty$,则$\int_a^b f(x)\mathrm{d}x=\lim\limits_{\varepsilon\to0^+}\int_{a+\varepsilon}^b f(x)\mathrm{d}x$.

如 $\lim\limits_{x\to b}f(x)=\infty$,则$\int_a^b f(x)\mathrm{d}x=\lim\limits_{\varepsilon\to0^+}\int_a^{b-\varepsilon}f(x)\mathrm{d}x$.

如 $a<c<b$,$\lim\limits_{x\to c}f(x)=\infty$,则

$$\int_a^b f(x)\mathrm{d}x=\lim_{\varepsilon\to0^+}\int_a^{c-\varepsilon}f(x)\mathrm{d}x+\lim_{\varepsilon\to0^+}\int_{c+\varepsilon}^b f(x)\mathrm{d}x$$

10. 用微元法解决实际问题的一般步骤

(1) 建立直角坐标系,确定积分变量和积分区间.

(2) 在积分区间任取$[x,x+\mathrm{d}x]$,根据实际问题找出所求量的微元(如面积微元、体积微元、做功微元).

$$\mathrm{d}A=f(x)\mathrm{d}x$$

(3) 取积分,求出所求量 $A=\int_a^b f(x)\mathrm{d}x$.

二、考点提示

(1) 定积分的概念和性质.

(2) 变上限定积分及其导数.

(3) 牛顿-莱布尼兹公式.

(4) 定积分的换元积分法和分部积分法.

(5) 广义积分的概念及计算.

(6) 定积分的应用.

复习题五

1. 判断题

(1) $\frac{d}{dx}\int_1^2 \frac{dx}{1+x^2} = \frac{1}{1+x^2}$ (　　)

(2) $\int_1^2 \left(\frac{1}{1+x^2}\right)' dx = \left[\frac{1}{1+x^2}\right]_1^2 = -\frac{3}{10}$ (　　)

(3) $\int_0^{4\pi} \sin x \, dx = 0$ (　　)

(4) $\int_{-2}^{2} \frac{\sin^2 x}{2+\cos x} dx = 0$ (　　)

(5) 因为 $f(x) = x^3$ 为奇函数,则$\int_{-\infty}^{+\infty} x^3 dx = 0$ (　　)

2. 选择题

(1) $\int_0^5 |2x-4| dx =$ (　　).

A. 11　　B. 12　　C. 13　　D. 14

(2) 设 $f'(x)$ 连续,则变上限积分$\int_a^x f(t)dt$ 是(　　).

A. $f'(x)$ 的一个原函数　　B. $f'(x)$ 的全体原函数

C. $f(x)$ 的一个原函数　　D. $f(x)$ 的全体原函数

(3) 设函数 $f(x)$ 在$[a,b]$上连续,则由曲线 $y = f(x)$ 与直线 $x = a, x = b, y = 0$ 所围成的平面图形的面积为(　　).

A. $\int_a^b f(x)dx$　　B. $\left|\int_a^b f(x)dx\right|$

C. $\int_a^b |f(x)| dx$　　D. $f(\xi)(b-a), a < \xi < b$

(4) 定积分$\int_a^b f(x)dx$ 是(　　).

A. 一个常数　　B. $f(x)$ 的一个原函数

C. 一个函数族　　D. 一个非负数

3. 填空题

(1) 设有一质量非均匀的细棒,长度为 l,取棒的一端为原点,设细棒上任一点处的线密度为 $\rho(x)$,用定积分表示细棒的质量 $M =$ ________;

(2) $\int_0^1 \sqrt{1-x^2} dx =$ ________;

(3) $\int_0^{2\pi} \cos x \, dx =$ ________;

(4) $\frac{d}{dx}\int_x^0 \sin t^2 dt =$ ________;

(5) $\int_{-\pi}^{\pi} x^3 \sin^2 x \, dx =$ ________;

(6) $\int_0^{\pi} x \sin x \, dx =$ ________;

(7) $\int_0^{+\infty} \frac{x}{(1+x)^3} \mathrm{d}x =$ ________.

4. 计算题

(1) $\int_0^2 \frac{1}{1+2x} \mathrm{d}x$

(2) $\int_0^1 \frac{\mathrm{d}x}{\sqrt{4-x^2}}$

(3) $\int_0^4 \sqrt{x^2+9}\, \mathrm{d}x$

(4) $\int_{\frac{\pi}{3}}^{\pi} \sin\left(x+\frac{\pi}{3}\right) \mathrm{d}x$

(5) $\int_0^{\sqrt{2}} \sqrt{2-x^2}\, \mathrm{d}x$

(6) $\int_{-1}^1 \frac{x\,\mathrm{d}x}{\sqrt{5-4x}}$

(7) $\int_1^4 \frac{\mathrm{d}x}{1+\sqrt{x}}$

(8) $\int_{\frac{3}{4}}^1 \frac{\mathrm{d}x}{\sqrt{1-x}-1}$

(9) $\int_0^1 t\mathrm{e}^{\frac{-t^2}{2}} \mathrm{d}t$

(10) $\int_1^{\mathrm{e}^2} \frac{\mathrm{d}x}{x\sqrt{1+\ln x}}$

(11) $\int_{-2}^0 \frac{\mathrm{d}x}{x^2+2x+2}$

(12) $\int_0^{\pi} \sqrt{1+\cos 2x}\, \mathrm{d}x$

5. 讨论下列广义积分的敛散性.

(1) $\int_2^{+\infty} \frac{\mathrm{d}x}{x^2-2x+2}$

(2) $\int_{-\infty}^0 \frac{2x}{x^2+2} \mathrm{d}x$

(3) $\int_0^1 \frac{\arcsin x}{\sqrt{1-x^2}} \mathrm{d}x$

(4) $\int_2^3 \frac{1}{\sqrt{x-2}} \mathrm{d}x$

6. 求曲线 $y=\sin x, y=\cos x$ 在 $x=0, x=\pi$ 之间围成的图形的面积.

7. 求曲线 $y=x^2$ 与直线 $y=2x+3$ 所围成的平面图形的面积.

8. 由 $y=x^3, x=1$ 和 $y=0$ 所围成的图形分别绕 x 轴和 y 轴旋转，计算所得两个旋转体的体积.

9. 计算 $y=\frac{1}{3}\sqrt{x}(3-x)$ 上相应于 $1 \leqslant x \leqslant 3$ 的一段弧长.

10. 由实验知道，弹簧在拉伸过程中，需要的力 F(单位:N) 与伸长量 S(单位:cm) 成正比，即

$$F=ks \quad (k \text{ 为比例常数})$$

如果把弹簧由原长拉伸 6 m，计算所做的功.

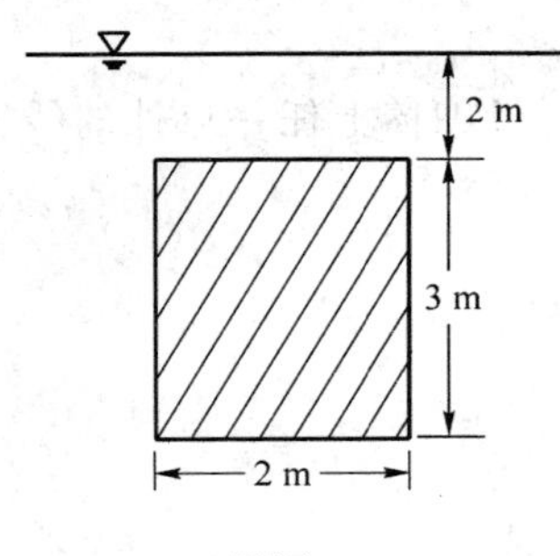

题图 11

11. 有一闸门，它的形状和尺寸如题图 11 所示，水面超过门顶 2 m，求闸门所受的水压力.

12. 公司每天要支付仓库的租金、保管费、保证金等都与商品的库存量有关，现有一公司每 30 天会收到 1 200 箱巧克力，随后每天以一定的比例售给零售商. 已知到货后的 x 天，公司的库存量是 $I(x)=1\,200-40\sqrt{30x}$(箱)，一箱巧克力的保管费是 0.05 元. 公司平均每天要支付多少保管费?

第6章　微分方程

6.1　微分方程的一般概念

本节通过具体例子来说明微分方程的有关概念.

例 6.1.1　某曲线在任意一点处的切线斜率为该点横坐标的2倍,且曲线通过点(2,4),求这个曲线方程.

解　设所求曲线方程为 $y=y(x)$,由题意知,$y=y(x)$应满足方程

$$\frac{\mathrm{d}y}{\mathrm{d}x}=2x \tag{6.1.1}$$

且满足条件:当 $x=2$ 时,$y=4$.　　　(6.1.2)

对(6.1.1)式两端积分,得

$$y=\int 2x\mathrm{d}x=x^2+C \tag{6.1.3}$$

其中,C 为任意常数,把条件(6.1.2)式代入(6.1.3)式,得

$$C=0$$

即得所求曲线方程为

$$y=x^2 \tag{6.1.4}$$

例 6.1.2　质量为 m 的物体,受重力作用自由下落,试求物体下落的距离随时间变化的规律.

解　设所求的下落距离关于时间的函数为 $s=s(t)$,选取坐标系,使 s 轴铅直向下,原点在起始点处,根据牛顿定理,未知函数 $s=s(t)$应满足方程

$$\frac{\mathrm{d}^2 s}{\mathrm{d}t^2}=g \tag{6.1.5}$$

由于自由落体的初始位置和初始速度均为0,未知函数 $s=s(t)$满足条件

$$\begin{cases} s\big|_{t=0}=0 \\ \dfrac{\mathrm{d}s}{\mathrm{d}t}\Big|_{t=0}=0 \end{cases} \tag{6.1.6}$$

对(6.1.5)式两端积分一次,得

$$\frac{\mathrm{d}s}{\mathrm{d}t}=gt+C_1 \tag{6.1.7}$$

再积分一次,得

$$s(t)=\frac{1}{2}gt^2+C_1t+C_2 \tag{6.1.8}$$

其中,C_1,C_2 都是常数.

将条件$\dfrac{\mathrm{d}s}{\mathrm{d}t}\Big|_{t=0}=0$ 代入(6.1.7)式,得

$$C_1=0$$

将条件 $s|_{t=0}=0$ 代入(6.1.8)式,得

$$C_2=0$$

把 C_1,C_2 的值代入(6.1.8)式,得

$$s(t)=\frac{1}{2}gt^2 \tag{6.1.9}$$

(6.1.1)式和(6.1.5)式都是含有未知函数的导数式.一般地,把含有未知函数的导数(或微分)的方程称为微分方程.微分方程中出现的未知函数的最高阶导数的阶数,称为微分方程的阶.例如,方程(6.1.1)是一阶微分方程,方程(6.1.5)是二阶微分方程.

如果把某个函数以及它的各阶导数代入微分方程,能使方程成为恒等式,这个函数就称为微分方程的解.例如,(6.1.3)式和(6.1.4)式都是微分方程(6.1.1)的解,(6.1.8)式和(6.1.9)式都是微分方程(6.1.5)的解.

微分方程的解有两种不同形式,一种是解中含有任意常数,且独立的任意常数的个数正好与方程的阶数相同,这样的解称为微分方程的通解;另一种是解中不含有任意常数,称为特解.通常可按照问题所给的条件从通解中确定任意常数的待定值,如(6.1.3)式和(6.1.8)式分别是方程(6.1.1)和方程(6.1.5)的通解,(6.1.4)式和(6.1.9)式分别是方程(6.1.1)和方程(6.1.5)的特解.

用来确定特解的条件,如(6.1.2)式和(6.1.6)式,称为定解条件(也称为初始条件).

习题 6.1

6.1.1 指出下列各方程是否为微分方程?若是微分方程,说出它的阶数.

(1) $y'=x^2+5$　　(2) $x^2\mathrm{d}y+y^2\mathrm{d}x=0$

(3) $y^2=x^2+3x-1$　　(4) $(y')^2+y-4x=0$

(5) $y^{(5)}-2y^{(3)}+y'+2y=0$　　(6) $\frac{\mathrm{d}^4s}{\mathrm{d}t^4}+s=s^4$

6.1.2 验证下列各题中所给的函数或隐函数是否为所给微分方程的解?若是,指出是通解还是特解.其中,C_1,C_2 均为任意常数.

(1) $y=\mathrm{e}^{-3x}+\frac{1}{3},\frac{\mathrm{d}y}{\mathrm{d}x}+3y=1$

(2) $y=\mathrm{e}^{x}+\mathrm{e}^{-x},y''-2y'+y=0$

(3) $x^2-xy+y^2=0,(x-2y)y'=2x-y$

(4) $y=C_1\mathrm{e}^{-x}+C_2\mathrm{e}^{-2x}-\left(\frac{1}{2}x^2+x\right)\mathrm{e}^{-2x},y''+3y'+2y=x\mathrm{e}^{-2x}$

6.1.3 验证 $\mathrm{e}^y+C_1=(x+C_2)^2$ 是微分方程 $y''+(y')^2=2\mathrm{e}^{-y}$ 的通解,并求满足初始条件 $y|_{x=0}=0,y'|_{x=0}=\frac{1}{2}$ 的特解.

6.2 一阶微分方程

一阶微分方程的一般形式为 $\frac{\mathrm{d}y}{\mathrm{d}x}=F(x,y)$ 或 $F(x,y,y')=0$.

下面介绍几种常用的一阶微分方程的基本类型及其解法.

6.2.1　变量可分离的微分方程

形如

$$\frac{\mathrm{d}y}{\mathrm{d}x}=f(x)g(y) \tag{6.2.1}$$

的微分方程称为变量可分离微分方程.它的特点是等式的右边可以分解成两个函数的乘积,其中一个只是 x 的函数 $f(x)$,另一个只是 y 的函数 $g(y)$.

用 $\frac{1}{g(y)}\mathrm{d}x$ 乘以(6.2.1)式的两边,它变成

$$\frac{\mathrm{d}y}{g(y)}=f(x)\cdot\mathrm{d}x \tag{6.2.2}$$

两边积分,得

$$\int\frac{1}{g(y)}\mathrm{d}y=\int f(x)\mathrm{d}x$$

不定积分算出后就得到(6.2.1)式的通解,需要理解下述思想.

从(6.2.1)式变形到(6.2.2)式,就是把变量分离,即把含有未知函数 y 的因子以及未知函数的微分 $\mathrm{d}y$ 集中到等式的一边,而把含有自变量 x 的因子以及自变量的微分 $\mathrm{d}x$ 集中到等式的另一边,变量分离后两边求不定积分就可以求得它的通解.这种方法称为分离变量法.

例 6.2.1　求 $\frac{\mathrm{d}y}{\mathrm{d}x}=\frac{y^2}{x^3}$ 的通解.

解　这是一个变量可分离的微分方程,分离变量,得

$$\frac{\mathrm{d}y}{y^2}=\frac{1}{x^3}\mathrm{d}x$$

两边积分,得

$$\int\frac{1}{y^2}\mathrm{d}y=\int\frac{1}{x^3}\mathrm{d}x$$

$$-\frac{1}{y}=-\frac{1}{2x^2}+C$$

整理后,得

$$y=\frac{2x^2}{1-2Cx^2}$$

例 6.2.2　求方程 $\frac{\mathrm{d}y}{\mathrm{d}x}=10^{x+y}$ 满足初始条件 $y|_{x=1}=0$ 的特解.

解　原方程可以改写为

$$\frac{\mathrm{d}y}{\mathrm{d}x}=10^x10^y$$

分离变量,得

$$10^{-y}\mathrm{d}y=10^x\mathrm{d}x$$

两边积分,得

$$\int 10^{-y}\mathrm{d}y=\int 10^x\mathrm{d}x$$

$$-10^{-y}\frac{1}{\ln 10}=10^x\ \frac{1}{\ln 10}+C_1$$

化简，得
$$10^x+10^{-y}=-C_1\ln 10$$
令
$$-C_1\ln 10=C$$
于是
$$10^x+10^{-y}=C$$
把初始条件 $y|_{x=1}=0$ 代入上式，求得 $C=11$. 于是，所求微分方程的特解为
$$10^x+10^{-y}=11$$

例 6.2.3 求微分方程$\frac{\mathrm{d}y}{\mathrm{d}x}-2xy=0$ 的通解.

解 将方程分离变量，得
$$\frac{\mathrm{d}y}{y}=2x\mathrm{d}x$$
两边积分，得
$$\int\frac{1}{y}\mathrm{d}y=\int 2x\mathrm{d}x$$
即
$$\ln|y|=x^2+C_1$$
于是
$$|y|=\mathrm{e}^{x^2+C_1}=\mathrm{e}^{C_1}\mathrm{e}^{x^2}$$
去绝对值，得
$$y=\pm\mathrm{e}^{C_1}\mathrm{e}^{x^2}$$
因为$\pm\mathrm{e}^{C_1}$仍是任意常数，令 $C=\pm\mathrm{e}^{C_1}\neq0$，得方程的通解为
$$y=C\mathrm{e}^{x^2}\quad(C\neq0)$$

可以验证，$C=0$ 时，$y=0$ 也是原方程的解，因此通解中的 C 可为任意常数.

6.2.2 齐次微分方程

形如
$$\frac{\mathrm{d}y}{\mathrm{d}x}=f\left(\frac{y}{x}\right)$$
的方程称为齐次方程，它的特点是方程的右端是以$\frac{y}{x}$为变量的函数 $f\left(\frac{y}{x}\right)$，齐次方程的解法是作变量代换
$$\frac{y}{x}=u$$
即
$$y=ux$$
那么
$$y'=u+x\frac{\mathrm{d}u}{\mathrm{d}x}$$
代入原方程，得到以 u 为未知函数的可分离变量的微分方程.

例 6.2.4 求 $y'=1+\frac{y}{x}$的通解.

解 令$\frac{y}{x}=u$，即 $y=ux$，则 $y'=xu'+u$，代入原方程，得
$$xu'+u=1+u$$
即
$$x\frac{\mathrm{d}u}{\mathrm{d}x}=1$$
分离变量，得
$$\mathrm{d}u=\frac{1}{x}\mathrm{d}x$$
积分，得
$$u=\ln|x|+C$$
回代变量，得
$$\frac{y}{x}=\ln|x|+C$$
即
$$y=x(\ln|x|+C)$$

为方程的通解.

例 6.2.5 求 $2xy^2\frac{dy}{dx}-2y^3=x^3\frac{dy}{dx}$的通解.

解 此方程不明显呈现是哪类方程,但只要整理一下,可化成

$$(2xy^2-x^3)\frac{dy}{dx}=2y^3$$

即

$$\frac{dy}{dx}=\frac{2y^3}{2xy^2-x^3}$$

对上式右边分子、分母除以 x^3,得

$$\frac{dy}{dx}=\frac{2\left(\frac{y}{x}\right)^2}{2\left(\frac{y}{x}\right)^2-1}$$

令 $\frac{y}{x}=u$,即 $y=ux$,则$\frac{dy}{dx}=\frac{du}{dx}x+u$,代入,得

$$\frac{du}{dx}x+u=\frac{2u^2}{2u^2-1}$$

移项并通分,得

$$\frac{du}{dx}x=\frac{u}{2u^2-1}$$

分离变量,得

$$\frac{2u^2-1}{u}du=\frac{1}{x}dx$$

即

$$\left(2u-\frac{1}{u}\right)du=\frac{1}{x}dx$$

两边积分,得

$$u^2-\ln|u|=\ln|x|+C_1$$

化为

$$u^2-C_1=\ln|xu|$$

两边取指数函数,得

$$xu=e^{u^2-C_1}=e^{C_1}e^{u^2}$$

把 $u=\frac{y}{x}$代入,并令 $C=e^{C_1}$,即有

$$y=Ce^{\left(\frac{y}{x}\right)^2}$$

是方程的通解.

6.2.3 一阶线性微分方程

形如

$$\frac{dy}{dx}+P(x)y=Q(x) \tag{6.2.3}$$

的方程称为一阶线性微分方程,其中 $P(x)$和 $Q(x)$都是 x 的连续函数.它的特点是方程中出现的未知函数 y 及其导数$\frac{dy}{dx}$都是一次的.当 $Q(x)\equiv 0$ 时,方程(6.2.3)称为一阶线性齐次微分方程;当 $Q(x)\neq 0$ 时,方程(6.2.3)称为一阶非齐次线性微分方程.

例如

$$3y'+2y=x^2$$

$$y'+\frac{1}{x}y=\frac{\sin x}{x}$$
$$y'+(\sin x)y=0$$
所含 y' 和 y 都是一次的，所以它们都是线性微分方程，这 3 个方程中，前两个是非齐次的，而最后一个是齐次的.

又如，下列一阶微分方程

$$y'-y^2=0(y^2\ \text{不是}\ y\ \text{的一次式})$$
$$y'-\sin y=0(\sin y\ \text{不是}\ y\ \text{的一次式})$$
$$yy'+y=x(\text{含有}\ y,y'\text{项})$$

都不是线性微分方程.

为了求方程(6.2.3)的解，先把 $Q(x)$ 换成 0，而得到

$$\frac{\mathrm{d}y}{\mathrm{d}x}+P(x)y=0 \tag{6.2.4}$$

方程(6.2.4)是对应于方程(6.2.3)的一阶线性齐次微分方程.

而方程(6.2.4)是可分离变量的，分离变量后，得

$$\frac{\mathrm{d}y}{y}=-P(x)\mathrm{d}x$$

两边积分，得

$$\ln|y|=-\int P(x)\mathrm{d}x+C_1 \tag{6.2.5}$$

由(6.2.5)式，得

$$|y|=\mathrm{e}^{-\int P(x)\mathrm{d}x+C_1}=\mathrm{e}^{C_1}\mathrm{e}^{-\int P(x)\mathrm{d}x}$$
$$y=\pm\mathrm{e}^{C_1}\mathrm{e}^{-\int P(x)\mathrm{d}x}$$

因为 $\pm\mathrm{e}^{C_1}$ 仍为不等于 0 的常数，故可令 $C=\pm\mathrm{e}^{C_1}\neq 0$，从而得方程(6.2.4)的通解

$$y=C\mathrm{e}^{-\int P(x)\mathrm{d}x} \tag{6.2.6}$$

其实在(6.2.6)式中，当 $C=0$ 时，得 $y=0$，它仍是方程(6.2.4)的一个解.因而，(6.2.6)式中的任意常数 C 可以为 0 值.因此，常数 C 可以取任意实数.

因为(6.2.4)式是(6.2.3)式对应的一阶线性齐次方程，如果(6.2.3)式仍然按一阶线性齐次方程的求解法去解，那么由(6.2.3)式可得

$$\frac{\mathrm{d}y}{y}=\left[\frac{Q(x)}{y}-P(x)\right]\mathrm{d}x$$

两边积分，得

$$\ln y=\int\frac{Q(x)}{y}\mathrm{d}x-\int P(x)\mathrm{d}x$$

即

$$y=\mathrm{e}^{\int\frac{Q(x)}{y}\mathrm{d}x-\int P(x)\mathrm{d}x}=\mathrm{e}^{\int\frac{Q(x)}{y}\mathrm{d}x}\mathrm{e}^{-\int P(x)\mathrm{d}x} \tag{6.2.7}$$

观察(6.2.7)式，方程(6.2.3)的解可以分为两部分的乘积，一部分是 $\mathrm{e}^{-\int P(x)\mathrm{d}x}$，这是(6.2.4)式的解；另一部分是 $\mathrm{e}^{\int\frac{Q(x)}{y}\mathrm{d}x}$，因为其中 y 是 x 的函数，因而可将 $\mathrm{e}^{\int\frac{Q(x)}{y}\mathrm{d}x}$ 看做是 x 的一个函数，设 $\mathrm{e}^{\int\frac{Q(x)}{y}\mathrm{d}x}=C(x)$，于是(6.2.7)式可表示为

$$y = C(x)\mathrm{e}^{-\int P(x)\mathrm{d}x} \tag{6.2.8}$$

用(6.2.8)式与(6.2.6)式对照，就是将相应的一阶线性齐次微分方程的通解(6.2.6)式中的常数 C 换成 $C(x)$ 来代替. 因此，只要求出 $C(x)$，就可以求得方程(6.2.3)的解.

将(6.2.8)式对 x 求导，得

$$\begin{aligned} y' &= C'(x)\mathrm{e}^{-\int P(x)\mathrm{d}x} + C(x)\left[\mathrm{e}^{-\int P(x)\mathrm{d}x}\right]' \\ &= C'(x)\mathrm{e}^{-\int P(x)\mathrm{d}x} - P(x)C(x)\mathrm{e}^{-\int P(x)\mathrm{d}x} \end{aligned}$$

代入方程(6.2.3)，有

$$C'(x)\mathrm{e}^{-\int P(x)\mathrm{d}x} = Q(x)$$

即

$$C'(x) = Q(x)\mathrm{e}^{\int P(x)\mathrm{d}x}$$

两边积分，得

$$C(x) = \int Q(x)\mathrm{e}^{\int P(x)\mathrm{d}x}\mathrm{d}x + C$$

将上式代入(6.2.8)式，得

$$y = \mathrm{e}^{-\int P(x)\mathrm{d}x}\left[\int Q(x)\mathrm{e}^{\int P(x)\mathrm{d}x}\mathrm{d}x + C\right] \tag{6.2.9}$$

这就是一阶线性非齐次微分方程(6.2.3)的通解，其中各个不定积分都只表示了对应的被积函数的一个原函数.

上述求一阶线性非齐次微分方程通解的方法是将对应一阶线性齐次微分方程的通解中的常数 C 用一个函数 $C(x)$ 来代替，然后再去求出这个待定的函数 $C(x)$，这种方法称为解微分方程的常数变易法.

(6.2.9)式也可以写成下面的形式：

$$y = \mathrm{e}^{-\int P(x)\mathrm{d}x}\int Q(x)\mathrm{e}^{\int P(x)\mathrm{d}x}\mathrm{d}x + C\mathrm{e}^{-\int P(x)\mathrm{d}x} \tag{6.2.10}$$

(6.2.10)式中右端第 2 项恰好是方程(6.2.3)所对应的一阶线性齐次微分方程(6.2.4)的通解，而第 1 项可以看做通解公式(6.2.9)中取 $C=0$ 得到的一个特解. 由此可知，一阶线性非齐次微分方程的通解等于它的一个特解与对应的一阶线性齐次微分方程的通解之和.

例 6.2.6 分别利用(6.2.9)式和常数变易法求解微分方程.

$$y' - \frac{2}{x+1}y = (x+1)^3$$

解 (1) 公式法

这是一阶非齐次线性微分方程，这里

$$P(x) = -\frac{2}{x+1},\ Q(x) = (x+1)^3$$

将它们代入(6.2.9)式，得

$$\begin{aligned} y &= \mathrm{e}^{\int \frac{2}{x+1}\mathrm{d}x}\left[\int (x+1)^3\mathrm{e}^{\int \frac{-2}{x+1}\mathrm{d}x}\mathrm{d}x + C\right] \\ &= \mathrm{e}^{2\ln(x+1)}\left[\int (x+1)^3\mathrm{e}^{-2\ln(x+1)}\mathrm{d}x + C\right] \\ &= (x+1)^2\left[\int (x+1)^3(x+1)^{-2}\mathrm{d}x + C\right] \end{aligned}$$

$$= (x+1)^2\left[\int (x+1)\mathrm{d}x + C\right]$$

$$= (x+1)^2\left[\frac{1}{2}(x+1)^2 + C\right]$$

(2) 常数变易法

先求与原方程对应的一阶线性齐次方程 $y'-\frac{2}{x+1}y=0$ 的通解.

分离变量,得

$$\frac{\mathrm{d}y}{y}=\frac{2}{x+1}\mathrm{d}x$$

两边积分,得

$$\ln|y|=2\ln|1+x|+\ln|C|$$

化简,得

$$y=C(1+x)^2$$

将上式中的任意常数 C 换成 $C(x)$,即设原方程的通解为

$$y=C(x)(1+x)^2 \tag{6.2.11}$$

对上式求导,得

$$y'=C'(x)(1+x)^2+2C(x)(1+x)$$

把 y,y' 代入原方程

$$y'-\frac{2}{x+1}y=(x+1)^3$$

得

$$C'(x)(1+x)^2+2C(x)(1+x)-\frac{2}{x+1}C(x)(1+x)^2=(1+x)^3$$

化简,得

$$C'(x)=1+x$$

两边积分,得

$$C(x)=\frac{1}{2}(1+x)^2+C$$

代回到(6.2.11)式,即得原方程的通解为

$$y=(1+x)^2\left[\frac{1}{2}(1+x)^2+C\right]$$

例 6.2.7 求微分方程 $x^2\mathrm{d}y+(2xy-x+1)\mathrm{d}x=0$ 满足初始条件 $y|_{x=1}=0$ 的特解.

解 原方程改写成

$$\frac{\mathrm{d}y}{\mathrm{d}x}+\frac{2}{x}y=\frac{x-1}{x^2}$$

这是一阶非齐次线性微分方程,$P(x)=\frac{2}{x}$,$Q(x)=\frac{x-1}{x^2}$代入通解公式(6.2.9),得

$$y = \mathrm{e}^{-\int\frac{2}{x}\mathrm{d}x}\left(\int\frac{x-1}{x^2}\mathrm{e}^{\int\frac{2}{x}\mathrm{d}x}\mathrm{d}x + C\right)$$

$$= x^{-2}\left(\int\frac{x-1}{x^2}\mathrm{e}^{\ln x^2}\mathrm{d}x + C\right)$$

$$= x^{-2}\left[\int (x-1)\mathrm{d}x + C\right]$$

$$= x^{-2}\left[\frac{1}{2}(x-1)^2 + C\right]$$

将 $x=1, y=0$ 代入上式,得

$$C=0$$

所以,方程的特解为

$$y=\frac{1}{2}x^{-2}(x-1)^2=\frac{1}{2}-\frac{1}{x}+\frac{1}{2x^2}$$

6.2 节研究的都是一阶微分方程,它们的类型及其解法归纳如表 6.2.1 所示.

表 6.2.1

类型		微分方程	解法
可分离变量		$\frac{dy}{dx}=f(x)g(y)$	变量分离,再两边积分
齐次方程		$\frac{dy}{dx}=f\left(\frac{y}{x}\right)$	令 $\frac{y}{x}=u$,将原方程化为关于 u,x 的方程,再分离变量
一阶线性	齐次	$\frac{dy}{dx}+P(x)y=0$	变量分离,再两边积分或用公式 $y=Ce^{-\int P(x)dx}$
	非齐次	$\frac{dy}{dx}+P(x)y=Q(x)$	用常数变易法或用公式 $y=e^{-\int P(x)dx}\left[\int Q(x)e^{\int P(x)dx}dx+C\right]$

习题 6.2

6.2.1 求下列微分方程的通解.

(1) $(1+x^2)y'=\arctan x$

(2) $yy'-e^{y^2+3x}=0$

(3) $\sin x\,dy=2y\cos x\,dx$

(4) $(x+1)y'+1=2e^{-y}$

6.2.2 求下列微分方程的通解.

(1) $y'=\frac{y}{x}+\tan\frac{y}{x}$

(2) $y^2dx+(x^2-xy)dy=0$

(3) $y'=(x+y)^2$

6.2.3 求下列一阶线性微分方程的通解.

(1) $y'-2xy=e^{x^2}\cos x$

(2) $xy'=y+\frac{x}{\ln x}$

(3) $xy'+y=e^x$

(4) $(1+x^2)y'-2xy=(1+x^2)^2$

(5) $(x+y^3)dy=y\,dx$

6.2.4 求下列微分方程满足初始条件的特解.

(1) $2y'+y=3,y|_{x=0}=10$

(2) $(t+1)\frac{dx}{dt}+x=2e^{-t},x|_{t=1}=0$

(3) $\frac{di}{dt}+\frac{R}{L}i=\frac{E_0}{L},i|_{t=0}=0$

6.3 可降阶的高阶微分方程

二阶及二阶以上的微分方程统称为高阶微分方程. 6.3 节主要研究 3 种能把阶数降低而成为一阶方程的微分方程.

6.3.1 $y^{(n)}=f(x)$类型的 n 阶微分方程

原方程即$\frac{\mathrm{d}y^{(n-1)}}{\mathrm{d}x}=f(x)$,这是把 $y^{(n-1)}$ 当做未知函数的一阶微分方程,直接积分得 $y^{(n-1)}=\int f(x)\mathrm{d}x+C$,对此继续不断用这种方法就可以求得原方程的解.

例 6.3.1 求 $y'''=1-\sin x$ 的通解.

解 对方程两边积分,得

$$y''=\int(1-\sin x)\mathrm{d}x=x+\cos x+C_1$$

再对上式积分,得

$$y'=\frac{1}{2}x^2+\sin x+C_1x+C_2$$

再积分,得

$$y=\frac{1}{6}x^3-\cos x+\frac{C_1}{2}x^2+C_2x+C_3$$

6.3.2 $y''=f(x,y')$类型的二阶微分方程

它的主要特点是未知函数 y 没有明显出现,出现的是 x,y',y''. 如果设 $y'=p$,那么 $y''=\frac{\mathrm{d}p}{\mathrm{d}x}=p'$,那么原方程就成为$\frac{\mathrm{d}p}{\mathrm{d}x}=f(x,p)$,这是关于 p 的一阶方程,如能求得其通解 $p=\varphi(x,C_1)$,则由 $y'=p$,得 $y'=\varphi(x,C_1)$,对此积分就能求得原方程的通解为

$$y=\int\varphi(x,C_1)\mathrm{d}x+C_2$$

例 6.3.2 求微分方程$(1+x^2)y''=2xy'$满足初始条件$y|_{x=0}=1,y'|_{x=0}=3$ 的特解.

解 所给方程是 $y''=f(x,y')$型的,设 $y'=p$,代入方程后,得

$$\frac{\mathrm{d}p}{\mathrm{d}x}=\frac{2x}{1+x^2}p$$

分离变量后,得

$$\frac{1}{p}\mathrm{d}p=\frac{2x}{1+x^2}\mathrm{d}x$$

两边积分,得

$$\ln|p|=\ln(1+x^2)+\ln C_1$$

化简为

$$p=y'=C_1(1+x^2)$$

由条件 $y'|_{x=0}=3$,得 $C_1=3$,所以

$$y'=3(1+x^2)$$

两边积分,得

$$y=x^3+3x+C_2$$

又由条件 $y|_{x=0}=1$,得 $C_2=1$. 于是,所求的特解为

$$y=x^3+3x+1$$

例 6.3.3 求 $y''+\frac{1}{x}y'=1$ 的通解.

解 此方程是 $y''=f(x,y')$ 型的,设 $y'=p,y''=\frac{\mathrm{d}p}{\mathrm{d}x}$,代入方程后,得 $\frac{\mathrm{d}p}{\mathrm{d}x}+\frac{1}{x}p=1$,这是关于 p 的一阶线性非齐次方程,代入通解公式,得

$$\begin{aligned} p &= \mathrm{e}^{-\int\frac{1}{x}\mathrm{d}x}\left(\int 1\cdot \mathrm{e}^{\int\frac{1}{x}\mathrm{d}x}\mathrm{d}x+C_1\right) \\ &= \frac{1}{x}\left(\int x\mathrm{d}x+C_1\right) \\ &= \frac{1}{x}\left(\frac{1}{2}x^2+C_1\right) \\ &= \frac{1}{2}x+C_1\frac{1}{x} \end{aligned}$$

即

$$y'=\frac{1}{2}x+C_1\frac{1}{x}$$

两边积分,得原方程的通解为

$$y=\frac{1}{4}x^2+C_1\ln|x|+C_2$$

6.3.3 $y''=f(y,y')$ 类型的微分方程

它的特点是自变量 x 不明显出现,出现 y,y' 及 y''.

令 $y'=p$,则

$$y''=\frac{\mathrm{d}(y')}{\mathrm{d}x}=\frac{\mathrm{d}p}{\mathrm{d}x}=\frac{\mathrm{d}p}{\mathrm{d}y}\frac{\mathrm{d}y}{\mathrm{d}x}=p\frac{\mathrm{d}p}{\mathrm{d}y}$$

原方程化为

$$p\frac{\mathrm{d}p}{\mathrm{d}y}=f(y,p)$$

这是一个以 y 为自变量,p 为未知函数的一阶微分方程,如果能求得它的通解 $p=\varphi(y,C_1)$,则

$$y'=\varphi(y,C_1)$$

即

$$\frac{\mathrm{d}y}{\mathrm{d}x}=\varphi(y,C_1)$$

分离变量后,得

$$\frac{\mathrm{d}y}{\varphi(y,C_1)}=\mathrm{d}x$$

于是,原方程的通解为

$$x=\int\frac{\mathrm{d}y}{\varphi(y,C_1)}+C_2$$

例 6.3.4 求 $yy''=(y')^2$ 的通解.

解 此方程不明显含 x,令 $y'=p,y''=p\frac{\mathrm{d}p}{\mathrm{d}y}$,代入原方程,得

$$yp\frac{\mathrm{d}p}{\mathrm{d}y}=(p)^2\quad(p=y'\neq 0)$$

化简,分离变量,得

$$\frac{\mathrm{d}p}{p}=\frac{1}{y}\mathrm{d}y$$

积分,得

$$\ln|p|=\ln|y|+\ln C_1$$

即 $$p=C_1y$$

也就是 $$\frac{dy}{dx}=C_1y$$

再分离变量,得 $$\frac{1}{C_1y}dy=dx$$

两边积分,得

$$x=\frac{1}{C_1}\ln|y|+C_2$$

或

$$y=e^{C_1(x-C_2)}$$

例 6.3.5 求 $y''+\frac{1}{y}(y')^3=0$ 满足 $y(0)=1$ 及 $y'(0)=1$ 的特解.

解 这个方程不明显出现 x,令 $y'=p$, $y''=p\frac{dp}{dy}$,代入原方程,得

$$p\frac{dp}{dy}+\frac{p^3}{y}=0$$

分离变量,得 $$-\frac{dp}{p^2}=\frac{dy}{y}$$

积分,得

$$\frac{1}{p}=\ln|y|+C_1$$

用初始条件 $x=0,y=1,y'=p=1$ 代入,得

$$C_1=1$$

所以 $$\frac{1}{p}=1+\ln|y|$$

即 $$p=\frac{1}{1+\ln|y|}$$

故 $$\frac{dy}{dx}=\frac{1}{1+\ln|y|}$$

再分离变量,得

$$(1+\ln|y|)dy=dx$$

积分,得 $$y\ln|y|=x+C_2$$

再用初始条件 $y(0)=1$,得 $C_2=0$,故所求方程的特解为

$$y\ln|y|=x$$

6.3 节研究了 3 种可降阶类型的高阶微分方程,它们都是通过适当的代换降为一阶微分方程后再去求解的.

(1) $y^{(n)}=f(x)$型,令 $y^{(n-1)}=u$,使原方程降为$\frac{du}{dx}=f(x)$,由此求出 u,得 $y^{(n-1)}$,继续不断这样做 n 次,即可求得 y.

(2) $y''=f(x,y')$型,令 $y'=p$(此时 $y''=\frac{dp}{dx}$),使原方程降阶为关于 p 的一阶方程$\frac{dp}{dx}=f(x,p)$,由此求得 p,再解 $y'=p$,求得通解.

(3) $y''=f(y,y')$型,令 $y'=p$(此时 $y''=p\dfrac{\mathrm{d}p}{\mathrm{d}y}$),使原方程降为关于 p 的一阶方程$p\dfrac{\mathrm{d}p}{\mathrm{d}y}=f(y,p)$,由此求得 p,再解 $y'=p$,求得通解.

注意区别(2),(3)中一个是 $y''=\dfrac{\mathrm{d}p}{\mathrm{d}x}$,另一个是 $y''=p\dfrac{\mathrm{d}p}{\mathrm{d}y}$.

习题 6.3

6.3.1 解下列各微分方程.

(1) $y''=\mathrm{e}^{3x}+\dfrac{1}{x}$　　(2) $y^{(3)}=x-1$

(3) $y^{(3)}=\cos x+4\mathrm{e}^{3x}$　　(4) $y^{(4)}=x+\sin x$

6.3.2 解下列各微分方程.

(1) $y''(\mathrm{e}^{-x}+1)+y'=0$　　(2) $y''+\dfrac{1}{x}y'=1$

(3) $\begin{cases}y''-\dfrac{1}{x\ln x}y'=0\\ y(\mathrm{e})=2,y'(\mathrm{e})=1\end{cases}$　　(4) $2yy''=(y')^2+1$

(5) $\begin{cases}y''=3\sqrt{y}\\ y|_{x=0}=1,y'|_{x=0}=2\end{cases}$

6.4 二阶线性微分方程解的结构

形如
$$y''+p(x)y'+Q(x)y=f(x) \tag{6.4.1}$$
的方程,称为二阶线性微分方程,其中系数 $P(x)$,$Q(x)$及 $f(x)$都是 x 的已知函数.这个方程的特点是方程关于 y'',y'和 y 都是一次的,这也正是线性这个名词的含义.

$f(x)$称为方程的自由项,$f(x)\equiv 0$ 时所得方程
$$y''+P(x)y'+Q(x)y=0 \tag{6.4.2}$$
称为对应于方程(6.4.1)的二阶线性齐次微分方程,而方程(6.4.1)称为二阶线性非齐次微分方程.

6.4.1 二阶线性齐次微分方程解的结构

定理 6.4.1 如果 y_1 与 y_2 是方程(6.4.2)的两个解,那么
$$y=C_1y_1+C_2y_2 \tag{6.4.3}$$
也是方程(6.4.2)的解,其中 C_1 与 C_2 是任意常数.

证明 将(6.4.3)式代入方程(6.4.2)的左边,得
$$(C_1y_1+C_2y_2)''+P(x)(C_1y_1+C_2y_2)'+Q(x)(C_1y_1+C_2y_2)=$$
$$C_1y_1''+C_2y_2''+P(x)C_1y_1'+P(x)C_2y_2'+Q(x)C_1y_1+Q(x)C_2y_2=$$
$$C_1[y_1''+P(x)y_1'+Q(x)y_1]+C_2[y_2''+P(x)y_2'+Q(x)y_2]$$
由于 y_1 和 y_2 是方程(6.4.2)的解,即

$$y_1''+P(x)y_1'+Q(x)y_1=0$$
$$y_2''+P(x)y_2'+Q(x)y_2=0$$

因此

$$(C_1y_1+C_2y_2)''+P(x)(C_1y_1+C_2y_2)'+Q(x)(C_1y_1+C_2y_2)=0$$

所以,(6.4.3)式是方程(6.4.2)的解.

定理6.4.1表明了齐次线性微分方程的解具有解的叠加性.

叠加起来的解(6.4.3)式从形式上看含有 C_1 与 C_2 两个任意常数,但它还不一定是方程(6.4.2)的通解.例如,$y_1=\sin 2x$ 和 $y_2=2\sin 2x$ 都是方程 $y''+4y=0$ 的解,把 y_1 和 y_2 叠加为(6.4.3)式的形式:

$$\begin{aligned}y=C_1y_1+C_2y_2&=C_1\sin 2x+2C_2\sin 2x\\&=(C_1+2C_2)\sin 2x\\&=C\sin 2x\quad (C=C_1+2C_2)\end{aligned}$$

由于只有一个独立的任意常数,所以它不是二阶微分方程 $y''+4y=0$ 的通解.

那么在什么情况下(6.4.3)式才是方程(6.4.2)的通解呢?定义6.4.1解决了这个问题.

定义6.4.1 对于两个都不恒等于0的函数 y_1 与 y_2,如果存在一个常数 C,使 $y_2=Cy_1$,那么把函数 y_1 与 y_2 称为线性相关;否则,就称为线性无关.

显然,对于两个线性无关的函数 y_1 和 y_2,恒有

$$\frac{y_2}{y_1}\neq C\quad (y_1\neq 0)$$

例如,$y_1=\sin 2x$,$y_2=\cos 2x$,当 $x\neq\frac{n\pi}{2}$时,有

$$\frac{y_2}{y_1}=\frac{\cos 2x}{\sin 2x}=\cot 2x\neq 常数$$

所以,$y_1=\sin 2x$,$y_2=\cos 2x$ 是线性无关的.

又如

$$y_1=\sin 2x,\quad y_2=2\sin 2x$$

而

$$\frac{y_2}{y_1}=\frac{2\sin 2x}{\sin 2x}=2$$

所以,$y_1=\sin 2x$,$y_2=2\sin 2x$ 是线性相关的.

有了两个函数线性无关的概念后,理解通解结构定理6.4.2.

定理6.4.2 如果 y_1 与 y_2 是齐次线性微分方程(6.4.2)的两个线性无关的特解,那么

$$y=C_1y_1+C_2y_2$$

就是方程(6.4.2)的通解,其中 C_1 和 C_2 是任意常数(证明从略).

例如,$y_1=\sin 2x$ 与 $y_2=\cos 2x$ 可以验证是方程 $y''+4y=0$ 的两个特解,而且 y_1 与 y_2 是线性无关的,那么 $y=C_1\sin 2x+C_2\cos 2x$ 就是方程 $y''+4y=0$ 的通解了.

6.4.2 二阶线性非齐次微分方程解的结构

已经知道一阶线性非齐次微分方程的通解是由两部分组成的,一部分是一阶线性非齐次微分方程本身的一个特解,另一部分是对应的一阶线性齐次微分方程的通解.实际上,二阶非齐次线性微分方程的通解也有同样的结构.

定理6.4.3 设 y^* 是二阶非齐次线性微分方程

$$y''+P(x)y'+Q(x)y=f(x)\tag{6.4.4}$$

的一个特解，Y 是对应方程(6.4.4)的二阶线性齐次微分方程的通解，那么

$$y=y^*+Y$$

是二阶线性非齐次微分方程(6.4.4)的通解(y^*，Y 的求法后面介绍).

例如，方程 $y''+4y=x^2$，可以验证函数 $y^*=\frac{1}{4}x^2-\frac{1}{8}$ 是它的一个特解，而对应的齐次方程 $y''+4y=0$ 的通解为 $Y=C_1\sin 2x+C_2\cos 2x$.

因此，$y=C_1\sin 2x+C_2\cos 2x+\frac{1}{4}x^2-\frac{1}{8}$ 是方程 $y''+4y=x^2$ 的通解.

为了便于记忆，归纳定理 6.4.2、定理 6.4.3，如表 6.4.1 所示.

表 6.4.1

类　型	微分方程	解的结构
齐次	$y''+P(x)y'+Q(x)y=0$	$y=C_1y_1+C_2y_2$，y_1 与 y_2 是方程的两个线性无关的解
非齐次	$y''+P(x)y'+Q(x)y=f(x)$	$y=Y+y^*$，Y 是对应齐次方程的通解，y^* 是非齐次方程的一个特解

定理 6.4.4　如果 y_1^* 和 y_2^* 分别是微分方程

$$y''+P(x)y'+Q(x)y=f_1(x)$$

和

$$y''+P(x)y'+Q(x)y=f_2(x)$$

的解，那么 $C_1y_1^*+C_2y_2^*$ 是微分方程

$$y''+P(x)y'+Q(x)y=C_1f_1(x)+C_2f_2(x)$$

的解，其中 C_1 和 C_2 是两个常数.

习题 6.4

6.4.1　下列各组函数中，哪些是线性相关的？哪些是线性无关的？

(1) x 与 x^2.　　(2) x 与 $3x$.

(3) e^{2x} 与 $2e^{3x}$.　　(4) e^{-x} 与 e^x.

(5) e^{x^2} 与 xe^{x^2}.　　(6) $\sin 2x$ 与 $\sin x\cos x$.

6.4.2　验证 $y_1=\cos\omega x$，$y_2=\sin\omega x$ 都是方程 $y''+\omega^2y=0$ 的解，并写出该方程的通解.

6.4.3　验证 $y_1=e^{x^2}$，$y_2=xe^{x^2}$ 都是方程 $y''-4xy'+(4x^2-2)y=0$ 的解，并写出微分方程的通解.

6.4.4　验证并说明 $y=C_1e^x+C_2e^{2x}+\frac{1}{12}e^{5x}$($C_1$，$C_2$ 是任意常数)是微分方程 $y''-3y'+2y=e^{5x}$ 的通解.

6.5　二阶常系数齐次线性微分方程

在方程 $y''+P(x)y'+Q(x)y=0$ 中，如果 y' 和 y 的系数均为常数，即

$$y''+py'+qy=0\quad(其中\ p,q\ 为常数)\tag{6.5.1}$$

则称方程(6.5.1)为二阶常系数齐次线性微分方程.

由解的结构定理6.4.2可知，方程(6.5.1)的通解是由它的两个线性无关的特解分别乘以任意常数相加得到的，因此求方程(6.5.1)的通解关键在于求出方程两个线性无关的特解 y_1 和 y_2. 知道一阶常系数齐次方程 $y'+py=0$ 的通解是 $y=Ce^{-px}$，它的特点是 y 和 y' 都是指数函数. 因此，可以设想方程(6.5.1)的解也是一个指数函数，$y=e^{rx}$(r 为常数)，它与它的各阶导数都只相差一个常数因子. 因此，只要选择适当的 r 的值，就可得到满足方程(6.5.1)的解. 为此，将 $y=e^{rx}$ 和它的一、二阶导数 $y'=re^{rx}$，$y''=r^2e^{rx}$ 代入方程(6.5.1)，得到

$$e^{rx}(r^2+pr+q)=0$$

因为 $e^{rx}\neq0$，所以上式成立的充要条件是

$$r^2+pr+q=0 \tag{6.5.2}$$

这就是说，如果函数 $y=e^{rx}$ 是微分方程(6.5.1)的解，那么 r 必须满足方程(6.5.2). 反之，若 r 是方程(6.5.2)的一个根，于是就有

$$e^{rx}(r^2+pr+q)=0$$

因此，e^{rx} 是方程(6.5.1)的一个特解.

方程(6.5.2)是以 r 为未知数的一元二次方程，把它称为微分方程(6.5.1)的特征方程，其中 r^2 和 r 的系数及常数项恰好依次是微分方程(6.5.1)中 y''，y' 及 y 的系数. 特征方程的根 r_1 和 r_2 称为特征根.

特征根是一元二次方程的根，按一元二次方程根的判别式，有下列3种不同的情形.

1. 特征根是两个不相等的实根

$$r_1\neq r_2$$

根据上面的讨论，$y_1=e^{r_1x}$，$y_2=e^{r_2x}$ 是微分方程(6.5.1)的两个特解，且

$$\frac{y_1}{y_2}=\frac{e^{r_1x}}{e^{r_2x}}=e^{(r_1-r_2)x}\neq\text{常数}$$

即这两个特解是线性无关的. 所以，微分方程(6.5.1)的通解为

$$y=C_1e^{r_1x}+C_2e^{r_2x} \tag{6.5.3}$$

例 6.5.1 求微分方程 $y''-2y'-3y=0$ 的通解.

解 微分方程的特征方程为

$$r^2-2r-3=0$$

$$(r-3)(r+1)=0$$

特征根为 $r_1=3$，$r_2=-1$($r_1\neq r_2$)，所以微分方程的通解为

$$y=C_1e^{3x}+C_2e^{-x}$$

2. 特征根是两个相等的实根

$$r_1=r_2$$

因为 $r_1=r_2$，所以只能得到微分方程(6.5.1)的一个特解 $y_1=e^{r_1x}$，要得到通解，就需要找一个与 y_1 线性无关的特解 y_2，要满足

$$\frac{y_2}{y_1}=u(x)\neq\text{常数}$$

即

$$y_2=u(x)\cdot y_1$$

其中，$u(x)$ 是待定的函数，下面来求 $u(x)$.

由于 y_2 应满足微分方程(6.5.1)，将 y_2 求导，得

$$y'_2=u'(x)e^{r_1x}+r_1u(x)e^{r_1x}=[u'(x)+r_1u(x)]e^{r_1x}$$

$$y_2''=[u''(x)+r_1u'(x)]e^{r_1x}+[u'(x)+r_1u(x)]r_1e^{r_1x}$$
$$=[u''(x)+2r_1u'(x)+r_1^2u(x)]e^{r_1x}$$

将 y_2''，y_2'，y_2 代入方程(6.5.1)，得

$$[u''(x)+2r_1u'(x)+r_2^2(x)]e^{r_1x}+p[u'(x)+r_1u(x)]e^{r_1x}+qu(x)e^{r_1x}=0$$

整理后，得

$$[u''(x)+(2r_1+p)u'(x)+(r_1^2+pr_1+q)u(x)]e^{r_1x}=0$$

上式中，因为特征根 r_1 是特征方程的重根，所以 $r_1^2+pr_1+q=0$，$2r_1+p=0$(根据二次方程根与系数的关系，有 $r_1+r_2=2r_1=-p$)，于是得

$$u''(x)=0$$

因为要得到一个不为常数的 $u(x)$，并且 $u''(x)=0$，所以不妨选取 $u(x)=x$，这时可得 $y_2=x\cdot e^{r_1x}$.

因此，微分方程的通解为

$$y=(C_1+C_2x)e^{r_1x} \tag{6.5.4}$$

例 6.5.2 求微分方程 $s''+4s'+4s=0$ 的通解及满足条件 $s|_{t=0}=1$ 和 $s'|_{t=0}=0$ 的特解.

解 方程的特征方程为

$$r^2+4r+4=0$$

所以，特征根为 $$r_1=r_2=-2$$

因此，微分方程的通解为 $$s=(C_1+C_2t)e^{-2t}$$

为确定满足初始条件的特解，将上式对 t 求导，得

$$s'=(C_2-2C_1-2C_2t)e^{-2t}$$

将初始条件 $s|_{t=0}=1$ 和 $s'|_{t=0}=0$ 分别代入以上两式，得

$$\begin{cases}C_1=1\\C_2-2C_1=0\end{cases}$$

解得 $$C_1=1,C_2=2$$

因此，微分方程的特解为 $$s=(1+2t)e^{-2t}$$

3. 特征根是一对共轭复数根

$$r_1=\alpha+i\beta,\quad r_2=\alpha-i\beta\quad(\alpha,\beta\text{ 是实数，且 }\beta\neq 0)$$

此时，$y_1=e^{(\alpha+\beta i)x}$ 和 $y_2=e^{(\alpha-\beta i)x}$ 是微分方程(6.5.1)的两个线性无关的特解，但这两个解含有复数，不便于应用，为了得到微分方程(6.5.1)不含有复数的解，可以利用欧拉公式

$$e^{i\theta}=\cos\theta+i\sin\theta$$

把 y_1 和 y_2 改写成为

$$y_1=e^{(\alpha+\beta i)x}=e^{\alpha x}e^{\beta ix}=e^{\alpha x}(\cos\beta x+i\sin\beta x)$$
$$y_2=e^{(\alpha-\beta i)x}=e^{\alpha x}e^{-\beta ix}=e^{\alpha x}(\cos\beta x-i\sin\beta x)$$

取它们的和，再除以 2；取它们的差，再除以 2i，得到

$$\frac{1}{2}(y_1+y_2)=e^{\alpha x}\cos\beta x$$

$$\frac{1}{2i}(y_1-y_2)=e^{\alpha x}\sin\beta x$$

根据定理 6.4.1，可知 $e^{\alpha x}\cos\beta x$ 和 $e^{\alpha x}\sin\beta x$ 仍然是方程(6.5.1)的解，又因为当 $x\neq\frac{n\pi}{\beta}$ 时，

$\frac{y_1}{y_2}=\frac{e^{\alpha x}\cos\beta x}{e^{\alpha x}\sin\beta x}=\cot\beta x\neq$常数. 所以,它们是线性无关的,因此得到微分方程(6.5.1)的通解为

$$y=e^{\alpha x}(C_1\cos\beta x+C_2\sin\beta x) \tag{6.5.5}$$

例 6.5.3 求微分方程 $y''+2y'+5y=0$ 的通解.

解 方程的特征方程为

$$r^2+2r+5=0$$

特征根为

$$r_1=-1+2i,\quad r_2=-1-2i$$

所以,微分方程的通解为

$$y=e^{-x}(C_1\cos 2x+C_2\sin 2x)$$

根据以上讨论,将二阶常系数齐次线性微分方程 $y''+py'+qy=0$ 的通解归纳如表 6.5.1 所示.

表 6.5.1

特征方程 $r^2+pr+q=0$ 的两个特征根 r_1,r_2	微分方程 $y''+py'+qy=0$ 的通解
(1) 特征根是两个不相等的实根 $r_1\neq r_2$	$y=C_1e^{r_1x}+C_2e^{r_2x}$
(2) 特征根是两个相等的实根 $r_1=r_2$	$y=(C_1+C_2x)e^{r_1x}$
(3) 特征根是一对共轭复数根 $r_1=\alpha+\beta i, r_2=\alpha-\beta i$	$y=e^{\alpha x}(C_1\cos\beta x+C_2\sin\beta x)$

习题 6.5

6.5.1 已知特征方程的根为下面的形式,试写出相应的二阶齐次微分方程和它们的通解.

(1) $r_1=2, r_2=-1$　　(2) $r_1=r_2=2$

(3) $r_1=-1+i, r_2=-1-i$

6.5.2 求下列微分方程的通解.

(1) $y''+y'-2y=0$　　(2) $y''-9y=0$

(3) $y''-4y'=0$　　(4) $y''+y=0$

(5) $y''-4y'+5y=0$

6.5.3 求下列微分方程满足初始条件的特解.

(1) $y''-4y'+3y=0, y|_{x=0}=6, y'|_{x=0}=0$

(2) $4y''+4y'+y=0, y|_{x=0}=2, y'|_{x=0}=0$

(3) $\frac{d^2s}{dt^2}+2\frac{ds}{dt}+s=0, s|_{t=0}=4, \left.\frac{ds}{dt}\right|_{t=0}=2$

(4) $I''(t)+2I'(t)+5I(t)=0, I(0)=2, I'(0)=0$

6.6 二阶常系数非齐次线性微分方程

二阶常系数非齐次线性微分方程的一般形式是

$$y''+py'+qy=f(x) \tag{6.6.1}$$

其中,p 和 q 是常数.

根据定理 6.4.3 可知,求方程(6.6.1)的通解时,可以先求出它的对应的齐次方程

$$y''+py'+qy=0 \tag{6.6.2}$$

的通解 Y 和方程(6.6.1)的一个特解 y^*，然后把它们相加，得 $y=y^*+Y$，它就是方程(6.6.1)的通解，而 Y 的求法在 6.5 节已讨论了，所以在这里讨论非齐次微分方程(6.6.1)的一个特解就可以了. 对于这个问题，对 $f(x)$ 取以下 3 种常见形式进行讨论.

1. $f(x)=P_n(x)$，其中 $P_n(x)$ 是 x 的一个 n 次多项式

此时方程为

$$y''+py'+q=P_n(x) \tag{6.6.3}$$

因为一个多项的导数仍是多项式，而且次数比原来降低一次. 因此，当 $q\neq0$ 时，方程(6.6.3)的特解 y^* 仍为一个 n 次多项式，记为 $Q_n(x)$；当 $q=0$，而 $p\neq0$ 时，$y^{*\prime}$ 就是一个 n 次多项式. 也就是说，y^* 应是一个 $n+1$ 次多项式 $Q_{n+1}(x)$. 类似地，当 $p=q=0$ 时，y^* 可以是一个 $n+2$ 次多项式.

例 6.6.1 求微分方程 $y''+y=2x^2-3$ 的一个特解.

解 $P_m(x)=2x^2-3$ 是一个二次多项式，而 $q=1\neq0$，所以可设该方程的一个特解也是一个二次多项式，因此设

$$y^*=Ax^2+Bx+C$$

其中，A,B,C 为待定系数，为求得 A,B,C 的值，将 y^* 求导后代入方程，得

$$Ax^2+Bx+(2A+C)=2x^2-3$$

上式是一个恒等式，所以两边的同次项系数必须相等，即有

$$\begin{cases}A=2\\B=0\\2A+C=-3\end{cases}$$

解此方程组，得

$$A=2,B=0,C=-7$$

于是，得所求方程的一个特解为

$$y^*=2x^2-7$$

例 6.6.2 求微分方程 $y''-2y'=3x+1$ 的通解.

解 对应的齐次方程的特征方程为

$$r^2-2r=0$$

特征根为

$$r_1=2,r_2=0$$

于是，微分方程 $y''-2y'=0$ 的通解为

$$Y=C_1\mathrm{e}^{2x}+C_2$$

再求方程的一个特解 y^*，因为 $P_n(x)=3x+1$ 是一次多项式，而 $q=0,p=-2\neq0$，所以特解应是一个二次多项式，因此设

$$y^*=Ax^2+Bx+C$$

将 y^* 求导，并代入原方程，得

$$-4Ax+(2A-2B)=3x+1$$

比较两边系数，得

$$\begin{cases}-4A=3\\2A-2B=1\end{cases}$$

解得 $A=-\dfrac{3}{4},B=-\dfrac{5}{4}$，这里 C 可以任取，为方便，取 $C=0$.

因此，得到原方程的通解为

$$y=C_1\mathrm{e}^{2x}+C_2-\frac{3}{4}x^2-\frac{5}{4}x$$

2. $f(x)=P_n(x)\mathrm{e}^{\lambda x}$，其中 $P_n(x)$ 是一个 n 次多项式，λ 为常数

此时方程为

$$y''+py'+qy=P_n(x)\mathrm{e}^{\lambda x} \tag{6.6.4}$$

因为方程(6.6.4)的右端是一个 n 次多项式与一个指数函数 $\mathrm{e}^{\lambda x}$ 的乘积，与方程(6.6.3)一样，可以推测方程(6.6.4)的一个特解是某个多项式 $Q_m(x)$ 与指数函数 $\mathrm{e}^{\lambda x}$ 的乘积，为此设

$$y^*=Q_m(x)\mathrm{e}^{\lambda x}$$

将 y^* 求导，代入方程(6.6.4)，得

$$[Q''_m(x)\mathrm{e}^{\lambda x}+2\lambda Q'_m(x)\mathrm{e}^{\lambda x}+\lambda^2Q_m(x)\mathrm{e}^{\lambda x}]+p[Q'_m(x)\mathrm{e}^{\lambda x}+\lambda Q_m(x)\mathrm{e}^{\lambda x}]+qQ_m(x)\mathrm{e}^{\lambda x}=P_n(x)\mathrm{e}^{\lambda x}$$

整理，得

$$Q''_m(x)+(2\lambda+p)Q'_m(x)+(\lambda^2+p\lambda+q)Q_m(x)=P_n(x)$$

当 $\lambda^2+p\lambda+q\neq 0$（即 λ 不是对应齐次特征方程的根）时，$Q_m(x)$ 也应该是一个 n 次多项式，即 $m=n$.

当 $\lambda^2+p\lambda+q=0$，而 $2\lambda+p\neq 0$（即 λ 是特征根，但不是重根）时，$Q'_m(x)$ 是 n 次多项式，故 $Q_m(x)$ 是 $n+1$ 次多项式.

当 $\lambda^2+p\lambda+q=0$，而且 $2\lambda+p=0$（即 λ 是特征方程的重根）时，$Q''_m(x)=P_n(x)$，那么 $Q_m(x)$ 应该是 $n+2$ 次多项式.

综上所述，可有下面的结论.

方程(6.6.4)的特解具有形式

$$y^*=x^kQ_n(x)\mathrm{e}^{\lambda x}$$

其中，$Q_n(x)$ 是一个与 $P_n(x)$ 有相同次数的多项式，k 是一个整数.

$$k=\begin{cases}0, & \text{当 }\lambda\text{ 不是特征根时}\\ 1, & \text{当 }\lambda\text{ 是特征单根时}\\ 2, & \text{当 }\lambda\text{ 是特征重根时}\end{cases}$$

例 6.6.3 求微分方程 $y''-5y'+6y=\mathrm{e}^x$ 的一个特解.

解 $P_n(x)=1,\lambda=1$.

特征方程 $r^2-5r+6=(r-3)(r-2)=0$ 的根 $r_1=3,r_2=2$，故 $\lambda=1$ 不是特征根，所以 $k=0$. 设

$$y^*=A\mathrm{e}^x$$

其中 A 待定，将 y^* 求导代入原方程，得

$$A\mathrm{e}^x-5A\mathrm{e}^x+6A\mathrm{e}^x=\mathrm{e}^x$$

化简，得

$$2A\mathrm{e}^x=\mathrm{e}^x$$

比较系数，得

$$A=\frac{1}{2}$$

故

$$y^*=\frac{1}{2}\mathrm{e}^x$$

为原方程的一个特解.

例 6.6.4 求微分方程 $y''+6y'+9y=5xe^{-3x}$ 的通解.

解 该方程对应的特征方程为

$$r^2+6r+9=0$$

特征根为

$$r_1=r_2=-3$$

于是,得到齐次方程的通解为

$$Y=(C_1+C_2x)e^{-3x}$$

原方程中 $f(x)=5xe^{-3x}$,其中 $P_n(x)=5x$ 是一次多项式,$\lambda=-3$ 是特征方程的重根,因此取 $k=2$,所以设特解为

$$y^*=x^2(Ax+B)e^{-3x}$$

求 $y^{*\prime}$,$y^{*\prime\prime}$,得

$$y^{*\prime}=e^{-3x}[-3Ax^3+(3A-3B)x^2+2Bx]$$

$$y^{*\prime\prime}=e^{-3x}[9Ax^3+(-18A+9B)x^2+(6A-12B)x+2B]$$

代入方程,化简,得

$$(6Ax+2B)e^{-3x}=5xe^{-3x}$$

比较系数,得

$$\begin{cases}6A=5\\2B=0\end{cases}$$

解得 $A=\dfrac{5}{6}$,$B=0$,因此 $y^*=\dfrac{5}{6}x^3e^{-3x}$.

于是,原方程的通解为

$$y=Y+y^*=\left(\frac{5}{6}x^3+C_2x+C_1\right)e^{-3x}$$

3. $f(x)=P_n(x)e^{\alpha x}\cos\beta x$ 或 $P_n(x)e^{\alpha x}\sin\beta x$,其中 $P_n(x)$ 是 x 的 n 次多项式,α,β 都是常数

可以由欧拉公式,将 $f(x)$ 看成 $f(x)=P_n(x)e^{(\alpha+\beta i)x}$,此时它可以看成第 2 种情况($\alpha+\beta i=\lambda$).

此时,设特解为

$$y^*=x^kQ_n(x)e^{(\alpha+\beta i)x}$$

其中

$$k=\begin{cases}0, & \text{当 } \alpha+\beta i \text{ 不是特征根时}\\1, & \text{当 } \alpha+\beta i \text{ 是特征根时}\end{cases}$$

然后,对 y^* 求导,代入原方程,求出 $Q_n(x)$ 中的系数,即得 y^* 的表达式. 其中 y^* 的实部为 $f(x)=P_n(x)e^{\alpha x}\cos\beta x$ 的特解,y^* 的虚部为 $f(x)=P_n(x)e^{\alpha x}\sin\beta x$ 的特解.

例 6.6.5 求微分方程 $y''+3y'+2y=e^{-x}\cos x$ 的一个特解.

解 $f(x)=e^{-x}\cos x$,这里 $P_n(x)=1$,$\alpha=-1$,$\beta=1$,求出方程 $y''+3y'+2y=e^{(-1+i)x}$ 的一个特解的实部就是原方程的一个特解.

因为 $\lambda=-1+i$ 不是微分方程的特征方程的根,所以设

$$y^*=Ae^{(-1+i)x}$$

则

$$y^{*\prime}=A(-1+i)e^{(-1+i)x},\quad y^{*\prime\prime}=-2Aie^{(-1+i)x}$$

代入方程,得

$$y''+3y'+2y=e^{(-1+i)x}$$

整理,得

$$(-1+i)A=1$$

所以

$$A=-\frac{1}{2}-\frac{i}{2}$$

所以
$$y^* = \left(-\frac{1}{2}-\frac{\mathrm{i}}{2}\right)\mathrm{e}^{(-1+\mathrm{i})x}$$
$$= \left(-\frac{1}{2}-\frac{\mathrm{i}}{2}\right)(\cos x+\mathrm{i}\sin x)\mathrm{e}^{-x}$$
$$= \mathrm{e}^{-x}\left[\left(-\frac{1}{2}\cos x+\frac{1}{2}\sin x\right)+\mathrm{i}\left(-\frac{1}{2}\cos x-\frac{1}{2}\sin x\right)\right]$$
取其实部为原方程的一个特解，为
$$y^* = \frac{1}{2}\mathrm{e}^{-x}(\sin x-\cos x)$$

例 6.6.6 求 $y''+3y'+2y=\mathrm{e}^{-x}\cos x+x$ 的通解.

解 (1) 先求对应齐次方程的通解 Y.

由于特征方程 $r^2+3r+2=0$ 的根 $r_1=-1, r_2=-2$，所以
$$y=C_1\mathrm{e}^{-x}+C_2\mathrm{e}^{-2x}$$
(2) 求 $y''+3y'+2y=\mathrm{e}^{-x}\cos x$ 的一个特解 y_1^*，由例 6.6.5 可知
$$y_1^* = \frac{1}{2}\mathrm{e}^{-x}(\sin x-\cos x)$$
(3) 求 $y''+3y'+2y=x$ 的一个特解 y_2^*.

由于 $f(x)=x$，且 $q=2\neq 0$，所以该方程的一个特解 $y_2^*=Ax+B, y_2^{*\prime}=A, y_2^{*\prime\prime}=0$，代入方程，得
$$0+3A+2Ax+2B=x$$
即
$$2Ax+(3A+2B)=x$$
比较系数，得
$$\begin{cases}2A=1\\3A+2B=0\end{cases}\Rightarrow A=\frac{1}{2}, B=-\frac{3}{4}$$
因此
$$y_2^* = \frac{1}{2}x-\frac{3}{4}$$
(4) 由线性非齐次方程解的结构得原方程的通解.
$$y=C_1\mathrm{e}^{-x}+C_2\mathrm{e}^{-2x}+\frac{1}{2}\mathrm{e}^{-x}(\sin x-\cos x)+\frac{x}{2}-\frac{3}{4}$$
根据以上的讨论，将方程 $y''+py'+qy=f(x)$ 的特解形式归纳如表 6.6.1 所示.

表 6.6.1

$f(x)$的形式	y^*的形式
$f(x)=P_n(x)$	当 $q\neq 0$ 时，$y^*=Q_n(x)$ 当 $q=0, p\neq 0$ 时，$y^*=Q_{n+1}(x)$ 当 $q=p=0$ 时，$y^*=Q_{n+2}(x)$
$f(x)=P_n(x)\mathrm{e}^{\lambda x}$	$y^*=x^kQ_n(x)\mathrm{e}^{\lambda x}$ 当 λ 不是特征根时，$k=0$ 当 λ 是特征单根时，$k=1$ 当 λ 是特征重根时，$k=2$
$f(x)=P_n(x)\mathrm{e}^{\alpha x}\cos\beta x$ 或 $f(x)=P_n(x)\mathrm{e}^{\alpha x}\sin\beta x$	$y^*=x^kQ_n(x)\mathrm{e}^{(\alpha+\beta\mathrm{i})x}$ 当 $\alpha+\beta\mathrm{i}$ 不是特征根时，$k=0$ 当 $\alpha+\beta\mathrm{i}$ 是特征根时，$k=1$

习题 6.6

6.6.1 写出下列微分方程的特解形式.

(1) $y''+5y'+4y=3x^2+1$

(2) $3y''-8y=x^3$

(3) $y''+3y'=(3x^2+1)e^{-3x}$

(4) $4y''+12y'+9y=e^{-\frac{3}{2}x}$

6.6.2 求下列微分方程的通解.

(1) $2y''+5y'=5x^2-2x-1$

(2) $y''+3y'+2y=3xe^{-x}$

(3) $y''+4y=x\cos x$

(4) $y''-2y'+5y=e^x\sin 2x$

小　　结

一、微方程的基本概念

要求了解微分方程的阶、解、初始条件、通解和特解的基本概念.

1. 微分方程

含有未知函数的导数(或微分)的方程称为微分方程,在微分方程中出现的函数的最高阶导数的阶数,称为微分方程的阶.

2. 微分方程的解

如果把某个函数以及它的各阶导数代入微分方程,能使方程成为恒等式,就称这个函数为微分方程的解,如果解中含有独立的任意常数的个数与方程的阶数相同,称这样的解为微分方程的通解,如果解中不含任意常数,称为特解,用来确定特解的条件称为定解条件(也称初始条件).

二、一、二阶线性微分方程解的结构

	齐次线性微分方程及其解的结构	非齐次线性微分方程及其解的结构
一阶	方程 $\frac{dy}{dx}+P(x)y=0$ 通解 $y=Ce^{-\int P(x)dx}$	方程 $\frac{dy}{dx}+P(x)y=Q(x)$ 通解 $y=Y+y^*$ 其中,$Y=Ce^{-\int P(x)dx}$,$y^*=e^{-\int P(x)dx}\int Q(x)e^{\int P(x)dx}dx$
二阶	方程 $y''+Py'+qy=0$ 通解 $y=C_1y_1+C_2y_2$ 其中,C_1,C_2 是任意常数,且$\frac{y_1}{y_2}\neq$常数	方程 $y''+Py'+qy=f(x)$ 通解 $y=Y+y^*$ 其中,Y 是对应齐次方程的通解,y^* 是非齐次方程的一个特解

三、一、二阶线性微分方程通解的求法

	齐次线性微分方程通解的求法	非齐次线性微分方程通解的求法
一阶	方程 $\frac{dy}{dx}+P(x)\cdot y=0$ (1) 分离变量 $\frac{dy}{y}=-P(x)dx$ (2) 两边积分，得 $y=Ce^{-\int P(x)dx}$ 或用公式直接代入求得	方程 $\frac{dy}{dx}+P(x)y=Q(x)$ 方法1 (1)求出对应齐次的通解 $y=C\cdot e^{-\int P(x)dx}$ (2)用常数变量法，设 $y=C(x)\cdot e^{-\int P(x)dx}$ 代入方程，求出(3) $y=e^{-\int P(x)dx}\left[\int Q(x)e^{\int P(x)dx}dx+C\right]$ 方法2 用公式直接代入求得
二阶	方程 $y''+Py'+qy=0$ 通解的求法 (1) 写出特征方程 $r^2+Pr+q=0$ (2) 求出特征根 r_1 和 r_2 (3) 按 r_1 和 r_2 3 种不同情况求出方程的通解	方程 $y''+Py'+qy=f(x)$ 通解求法(1)求出对应齐次方程通解 Y (2) 按 $f(x)$ 的 3 种不同形式求出特解 y^* (3) 写出非齐次方程的通解 $y=Y+y^*$

四、可降阶的高阶微分方程的解法

方　　程	特　　点	通 解 求 法
(1) $y^{(n)}=f(x)$	仅出现 $y^{(n)}$	两边积 n 次分
(2) $y''=f(x,y')$	方程中不显含 y，只出现 x,y' 和 y''	(1) 作变换 $u=y'$，将原方程化为一阶方程 $u'=f(x,u)$ (2) 求出 $u'=f(x,u)$ 的通解 $u=g(x,C_1)$ (3) 由 $u=y'=g(x,C_1)$ 积分，得原方程的通解 $y=\int g(x,C_1)dx+C_2$
(3) $y''=f(y,y')$	方程中不显含 x，只出现 y,y' 和 y''	(1) 作变换 $P=y'$，则 $y''=P\frac{dP}{dy}$，将原方程化为一阶方程 $P\frac{dP}{dy}=f(y,P)$ (2) 求出 $P\frac{dP}{dy}=f(y,P)$ 的通解 $P=\varphi(y,C_1)$ (3) 由 $P=y'=\varphi(y,C_1)$，得 $\frac{dy}{\varphi(y,C_1)}=dx$ 两边积分，求得通解 $\int\frac{dy}{\varphi(y,C_1)}=x+C_2$

复习题六

1. 填空题

(1) $xy'''+2x^2y'^2+x^3y=x^4+1$ 是________阶微分方程；

(2) 已知 y_1 和 y_2 是 $y''+py'+qy=f(x)$ 对应的齐次方程的 2 个线性无关的特解，y^* 是 $y''+py'+qy=f(x)$ 的特解，那么 $y''+py'+qy=f(x)$ 的通解为________；

(3) 已知 $y_1=e^{mx}$ 是方程 $(x^2+1)\frac{d^2y}{dx^2}-2x\frac{dy}{dx}-y(ax^2+bx+c)=0$ 的一个特解，且 m 为已知常数，则 $a=$________，$b=$________，$c=$________；

(4) 微分方程 $y''-8y'+16y=x+e^{4x}$ 对应的特征方程为________；

(5) 已知微分方程 $y''-2y'+10y=37\cos x$，则它的特解应设为 $y^*=$________.

2. 选择题

(1) 下列方程中是可分变量的微分方程是(　　).

A. $y'=(\tan x)y+x^2-\cos x$　　B. $xe^{x^2-y}y'-y\ln y=0$

C. $y^3+x^2\frac{dy}{dx}=xy\frac{dy}{dx}$　　D. $xy'\ln x\sin y+\sin y(1-x\cos y)=0$

(2) 方程 $y'-2y=0$ 的通解是(　　).

A. $y=C\sin 2x$　　B. $y=Ce^{-2x}$

C. $y=Ce^{2x}$　　D. $y=Ce^{x}$

(3) 方程 $(1-x^2)y-xy'=0$ 的通解是(　　).

A. $y=C\sqrt{1-x^2}$　　B. $y=\frac{C}{\sqrt{1-x^2}}$

C. $y=Cxe^{-\frac{1}{2}x^2}$　　D. $y=-\frac{1}{2}x^3+Cx$

(4) 方程 $y''+2y'+2y=e^{-x}$ 的一个特解具有形式(　　).

A. $y=ae^{-x}$　　B. $y=(ax+b)e^{-x}$

C. $y=ax^2e^{-x}$　　D. $y=x(ax+b)e^{-x}$

(5) 方程 $y''-6y'+9y=x^2e^{3x}$ 的一个特解具有形式(　　).

A. $y=ax^2e^{3x}$　　B. $y=(ax^2+bx+c)e^{3x}$

C. $y=x(ax^2+bx+c)e^{3x}$　　D. $y=x^2(ax^2+bx+c)e^{3x}$

(6) 微分方程 $(y')^3+y''+xy^4=x$ 的阶数是(　　).

A. 1　　B. 2

C. 3　　D. 4

(7) $\begin{cases}xdy=ydx-dy\\ y(0)=2\end{cases}$ 的解是(　　).

A. $y=2(x+1)$　　B. $y^2=x$

C. $y=2x^3$　　D. $y=-2x$

3. 解下列微分方程.

(1) $y'+y\tan x=\sec x$　　(2) $y''+(y')^2=y'$

(3) $\begin{cases}y''(x^2+1)=2xy'\\ y(0)=1,y'(0)=3\end{cases}$　　(4) $y''+y'-2y=3xe^{x}$

(5) $y''+y=x^2+\cos x$

4. 一曲线过点(2,3)，它的任意点处的切线在两坐标轴之间的线段均在切点被平分，求此曲线方程.

5. 设质量为 m 的子弹，以初速度 v_0 打入土墙，所受阻力与速度成正比(比例系数为 $k>0$)，求子弹的运动规律.

第7章　多元函数微积分

前面各章介绍了一元函数及其微积分，但在工程技术和经济活动中，经常涉及多个自变量的函数问题，由于三元及三元以上的多元函数的微积分与二元函数没有本质差别，因此本章主要研究二元函数及其微分和积分．在研究多元函数的微积分之前，先介绍一些空间解析几何知识．

7.1　空间解析几何简介

7.1.1　空间直角坐标系

在空间任意选取一点 O，过点 O 作 3 条互相垂直的数轴，Ox、Oy、Oz 都以 O 为原点，取相同的单位长度，并按右手系确定其正方向(即将右手伸直，拇指朝上为 Oz 的正方向，其余手指的指向为 Ox 的正方向，四指弯曲 90°后的指向为 Oy 的正方向)，这样就构成了空间直角坐标系(如图 7.1.1 所示)，其中 O 称为坐标原点，x 轴、y 轴、z 轴称为该坐标系的坐标轴，每两条坐标轴确定的平面称为坐标平面，由 x 轴和 y 轴确定的坐标平面称为 xOy 面，类似地有 yOz 面、zOx 面．3 个坐标平面将空间分成 8 个部分，每一部分称为一个卦限(如图 7.1.2 所示)．

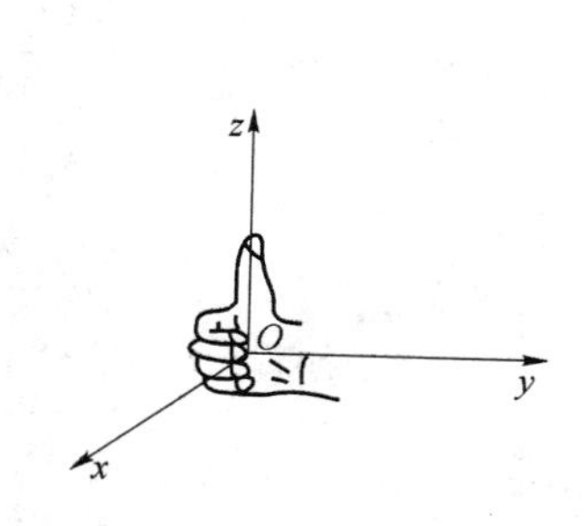

图 7.1.1

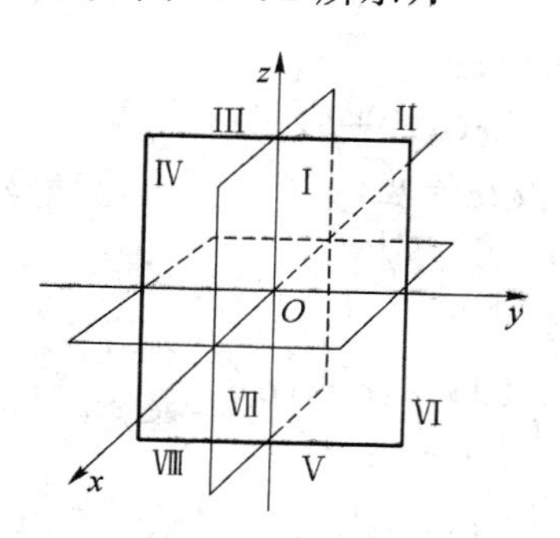

图 7.1.2

建立空间直角坐标系后，对于空间任意一点 M，过点 M 分别作 3 个垂直于 x 轴、y 轴和 z 轴的平面，它们与坐标轴的交点 P、Q、R 对应的 3 个实数依次为 x、y、z(如图 7.1.3 所示)，则点 M 唯一确定了一个有序数组 (x,y,z)；反之，任意给定一个有序数组 (x,y,z)，可以在 x、y、z 轴上分别取 3 点 P、Q、R，使它们的坐标分别为 x、y、z，过这 3 点分别作垂直于 x、y、z 轴的平面，这 3 个相互垂直的平面交于一点 M，则由有序数组 (x,y,z) 唯一确定了空间一个点 M．这样，通过空间直角坐标系建立了空间点 M 与有序数组 (x,y,z) 之间的一一对应关系，称这个有序数组为点 M 的坐标，记做 $M(x,y,z)$．

显然，原点 O 的坐标为 $(0,0,0)$，x 轴上任一点的坐标为 $(x,0,0)$，y 轴上任一点的坐标为 $(0,y,0)$，z 轴上任一点的坐标为 $(0,0,z)$，xOy 面上任一点的坐标为 $(x,y,0)$，yOz 面上任一点的坐标为$(0,y,z)$，zOx 面上任一点的坐标为$(x,0,z)$.

下面讨论空间两点的距离公式.

设 $M_1(x_1,y_1,z_1)$、$M_2(x_2,y_2,z_2)$是空间任意两点，过 M_1、M_2 分别作垂直于各坐标轴的平面，这 6 个平面组成一个长方体(如图 7.1.4 所示)，由于

$$|M_1M_2|^2=|M_1Q|^2+|QM_2|^2=|M_1P|^2+|PQ|^2+|QM_2|^2$$

且
$$|M_1P|=|x_2-x_1|,|PQ|=|y_2-y_1|,|QM_2|=|z_2-z_1|$$

所以
$$|M_1M_2|=\sqrt{(x_2-x_1)^2+(y_2-y_1)^2+(z_2-z_1)^2}$$

这就是空间任意两点间的距离公式.

特别地，任意一点 $M(x,y,z)$与坐标原点 $O(0,0,0)$之间的距离为

$$|OM|=\sqrt{x^2+y^2+z^2}$$

7.1.2 空间曲面与方程

在空间直角坐标系中，可以建立空间曲面与方程之间的对应关系.

定义 7.1.1 如果曲面 S 上任意一点的坐标(x,y,z)都满足方程 $F(x,y,z)=0$，而不在曲面 S 上的点的坐标都不满足方程 $F(x,y,z)=0$，则称 $F(x,y,z)=0$ 为曲面 S 的方程，而曲面 S 称为方程 $F(x,y,z)=0$ 的图形(如图 7.1.5 所示).

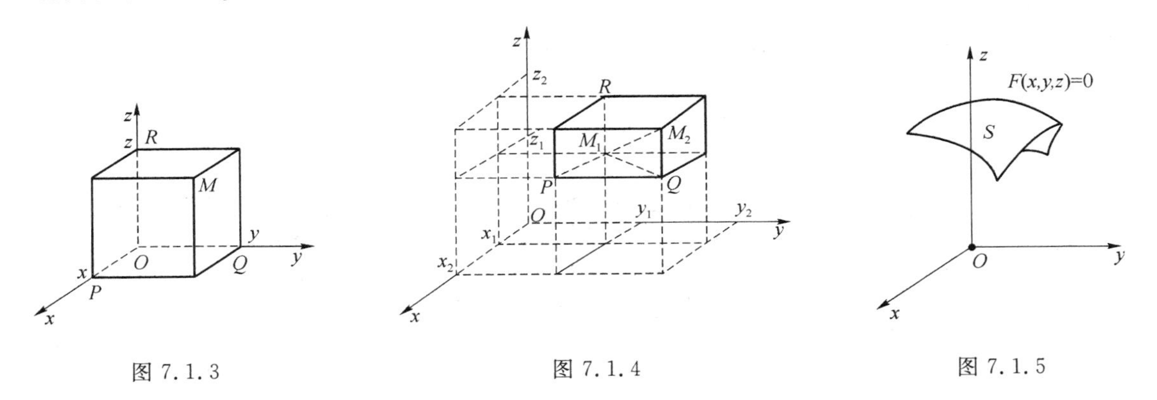

图 7.1.3　　图 7.1.4　　图 7.1.5

例 7.1.1 求与两定点 $M(-1,0,2)$，$N(3,1,1)$距离相等的点的轨迹方程.

解 设动点坐标为 $P(x,y,z)$，则有$|PM|=|PN|$. 由两点间距离公式，得

$$\sqrt{(x+1)^2+y^2+(z-2)^2}=\sqrt{(x-3)^2+(y-1)^2+(z-1)^2}$$

化简的轨迹方程为

$$4x+y-z-3=0$$

在例 7.1.1 中，所求的轨迹是线段 MN 的垂直平分面，它的方程是三元一次方程. 一般地，可以证明，空间平面的方程为 $Ax+By+Cz+D=0$，其中 A、B、C、D 都是常数，且 A、B、C、D 不全为 0.

例 7.1.2 作 $z=d$(d 为常数)的图形.

解 这是 $A=0$，$B=0$，$C=1$ 时的平面方程，不论 x、y 取何值，z 的值恒为 d. 所以，$z=d$ 的图形是平行于 xOy 面的平面(如图 7.1.6 所示).

在例 7.1.2 中，当 $d=0$ 时，得 $z=0$，它的图形是 xOy 面. 类似地可知，$x=0$、$y=0$ 分别表示 yOz 面、zOx 面.

例 7.1.3 求球心为点 $M_0(x_0,y_0,z_0)$，半径为 R 的球面方程.

解 设球面上任一点为 $P(x,y,z)$，则 $|PM_1|=R$，由两点间距离公式，得

$$\sqrt{(x-x_0)^2+(y-y_0)^2+(z-z_0)^2}=R$$

两边平方的球面方程为

$$(x-x_0)^2+(y-y_0)^2+(z-z_0)^2=R^2$$

特别地，当球心为原点时，球面方程为

$$x^2+y^2+z^2=R^2$$

例 7.1.4 作 $x^2+y^2=R^2$ 的图形.

解 方程 $x^2+y^2=R^2$ 在平面上表示以原点为圆心，半径为 R 的圆. 因为方程不含 z，所以只要 x 与 y 满足 $x^2+y^2=R^2$，空间点 (x,y,z) 必在该曲面上，因此这个方程所表示的曲面是由平行于 z 轴的直线沿 xOy 面上的圆 $x^2+y^2=R^2$ 移动而形成的圆柱面(如图 7.1.7 所示). 平面曲线 $x^2+y^2=R^2$ 称为它的准线，平行于 z 轴的直线称为它的母线.

例 7.1.5 作 $z=x^2+y^2$ 的图形.

解 因为 $x^2+y^2\geqslant 0$，所以曲面 $z=x^2+y^2$ 在 xOy 面的上方，且与该坐标面只有一个交点，用平面 $z=d(d>0)$ 截曲面，其截痕为圆 $x^2+y^2=d$，让平面 $z=d$ 向上移动，则截痕圆越来越大. 如用平面 $x=0$ 或 $y=0$ 去截曲面，则截痕方程分别为

$$z=y^2, z=x^2$$

表示 yOz 平面与 zOx 平面上的抛物线. 综合上述分析，可画出 $z=x^2+y^2$ 的图形(如图 7.1.8 所示).

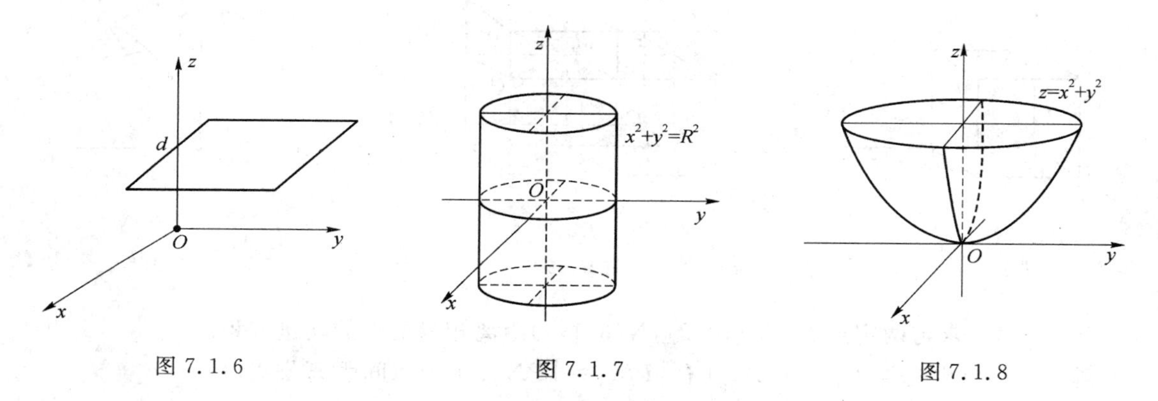

图 7.1.6　　　　图 7.1.7　　　　图 7.1.8

在例 7.1.4 与例 7.1.5 中讨论的方程均为三元二次方程，它们的图形均是曲面. 一般地，如果方程 $F(x,y,z)=0$ 是三元二次方程，则它的图形是曲面，称为二次曲面. 以下是一些常用的二次曲面的方程.

(1) 对称轴为 z 轴，底面半径为 R 的圆柱的侧面的方程为

$$x^2+y^2=R^2$$

对称轴为 y 轴，底面半径为 R 的圆柱的侧面的方程为

$$x^2+z^2=R^2$$

对称轴为 x 轴，底面半径为 R 的圆柱的侧面的方程为

$$y^2+z^2=R^2$$

(2) 球心在原点，半径为 R 的上半球面的方程为

$$x^2+y^2+z^2=R^2 \quad (z\geqslant 0)$$

(3) 方程 $x^2+y^2=z^2$ 所表示的曲面称为圆锥曲面,其图形如图 7.1.9 所示.

(4) 方程 $\frac{x^2}{a^2}+\frac{y^2}{b^2}+\frac{z^2}{c^2}=1(a>0,b>0,c>0)$ 所表示的曲面称为椭球面,其图形如图 7.1.10 所示.

(5) 方程 $\frac{x^2}{2p}+\frac{y^2}{2q}=z$($p$ 与 q 同号)所表示的曲面称为椭圆抛物面. 当 $p>0,q>0$ 时的图形如图 7.1.11 所示. 特别当 $p=q$ 时,方程 $x^2+y^2=2pz$ 所表示的曲面可看成由 xOy 面上的抛物线 $x^2=2pz$ 绕其对称轴旋转而成的曲面,这曲面也称为旋转抛物面.

(6) 方程 $-\frac{x^2}{2p}+\frac{y^2}{2q}=z$($p$ 与 q 同号)所表示的曲面称为双曲抛物面.

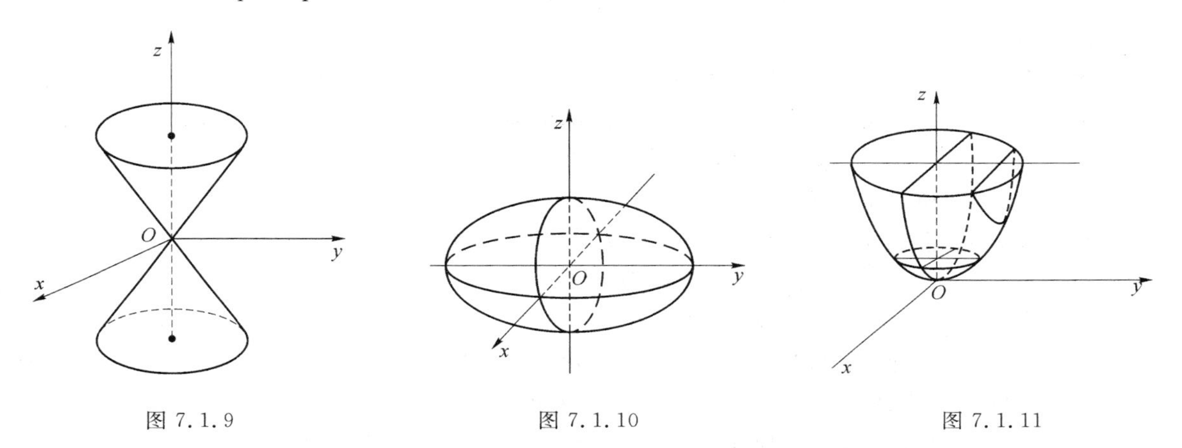

图 7.1.9　　图 7.1.10　　图 7.1.11

习题 7.1

7.1.1　在空间直角坐标系中作出下列各点.

A. (2,−1,3)　　B. (−2,−3,1)　　C. (1,2,−3)

D. (0,0,2)　　E. (−2,0,0)　　F. (0,−1,0)

7.1.2　求点 $M(1,-2,3)$ 到原点与各坐标轴的距离.

7.1.3　在 y 轴上求到点 $A(1,-2,1)$ 与 $B(2,1,-2)$ 等距离的点.

7.1.4　求证以 $A(4,3,1)$,$B(7,1,2)$,$C(5,2,3)$ 三点为顶点的三角形是等腰三角形.

7.1.5　求过点 $A(0,2,0)$ 且与 zOx 面平行的平面方程.

7.1.6　求球面 $x^2+y^2+z^2-2x+4y-6z=0$ 的球心与半径.

7.1.7　作出下列方程所表示的空间图形.

(1) $x^2+y^2=4$　　(2) $z=2x^2+4y^2$

7.2　多元函数

7.2.1　多元函数的概念

一元函数研究一个自变量对因变量的影响,但在很多自然现象及实际问题中,经常会遇到多个变量之间的依赖关系.

例 7.2.1 圆锥的体积和它的底半径 R,高 H 之间具有关系

$$V=\frac{1}{3}\pi R^2 H$$

对于 R,H 在一定范围内取一对确定的值,V 都有唯一确定的值与之对应.

例 7.2.2 设 R 是电阻 R_1,R_2 并联后的总电阻,由电学知道,它们之间具有关系

$$R=\frac{R_1 R_2}{R_1+R_2}$$

对于 R_1,R_2 在一定范围内取一对确定的值,R 都有唯一确定的值与之对应.

例 7.2.1 和例 7.2.2 的数量关系,虽意义不同,但都有共同的性质,抽出这些共性就可得出二元函数的概念.

定义 7.2.1 设在某一变化过程中有三个变量 x、y、z,如果对于变量 x、y 在其变化范围内所取的每一对数值,变量 z 按照某一法则 f,都有唯一确定的数值与之对应,则称 z 为 x、y 的二元函数,记做 $z=f(x、y)$,其中 x、y 称为自变量,z 称为因变量,自变量 x、y 的取值范围称为函数的定义域,通常记为 D.

类似地,可定义三元函数 $u=f(x,y,z)$ 以及三元以上的函数.

二元及二元以上的函数统称为多元函数.

对于自变量 x、y 的一组值,对应着 xOy 面上的一点 $P(x,y)$. 因此,二元函数也可以看做是平面上点的函数,即 $z=f(P)$,采用与一元函数求定义域相类似的方法,可以求出二元函数 $z=f(x,y)$ 的定义域 D,它在几何上通常是一个平面区域.

所谓平面区域是指整个 xOy 平面或 xOy 平面上由几条曲线所围成的部分,围成平面区域的曲线称为区域的边界,包含边界在内的区域称为闭区域,不包含边界在内的区域称为开区域,如果一个区域可以包含在一个以原点为圆心,半径适当大的圆内,则称该区域为有界区域,否则为无界区域.

例 7.2.3 求下列函数的定义域并画出图形.

(1) $z=\ln(x+y)$ (2) $z=\sqrt{1-x^2-y^2}$

解 (1) 由对数函数的定义可知,该函数的定义域是

$$D=\{(x,y)\mid x+y>0\}$$

它表示平面上以二、四象限的角平分线为边界的右上半平面区域(不包括边界直线在内),如图 7.2.1 所示.

(2) 要使函数有意义,必须

$$1-x^2-y^2\geqslant 0$$

即

$$x^2+y^2\leqslant 1$$

所以,函数定义域是

$$D=\{(x,y)\mid x^2+y^2\leqslant 1\}$$

它表示以原点为圆心,1 为半径的圆形区域(包括边界圆周在内),如图 7.2.2 所示.

设函数 $z=f(x,y)$ 的定义域为 D,对任意取定的点 $P(x,y)\in D$,必有唯一的数 $z=f(x,y)$ 与之对应. 这样,以 x 为横坐标,y 为纵坐标,z 为竖坐标在空间就确定一点 $M(x,y,z)$,当 (x,y) 选取 D 上的一切点时,得到一个点的集合为

$$\{(x,y,z)\mid z=f(x,y),(x,y)\in D\}$$

这就是二元函数 $z=f(x,y)$ 的图形(如图 7.2.3 所示).通常二元函数的图形是一张曲面.

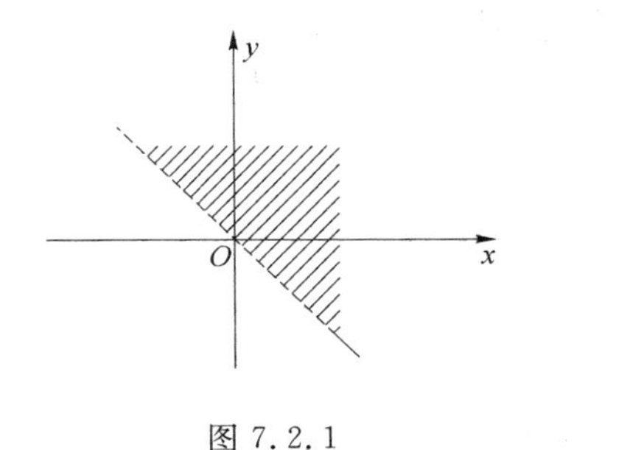

图 7.2.1

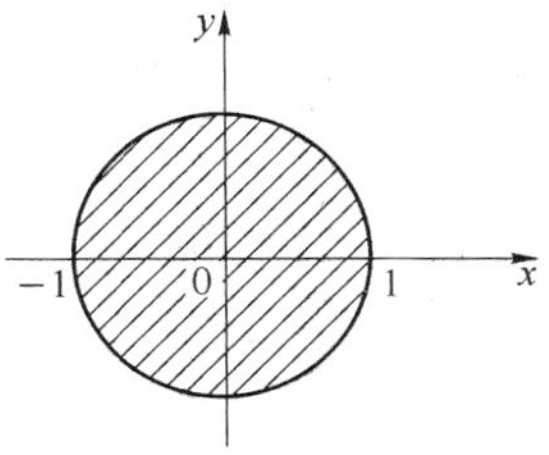

图 7.2.2

例 7.2.4 作二元函数 $z=\sqrt{1-x^2-y^2}$ 的图形.

解 由 $z=\sqrt{1-x^2-y^2}$ 两边平方,得

$$z^2=1-x^2-y^2$$

整理,得

$$x^2+y^2+z^2=1$$

上述方程表示以点(0,0,0)为球心,以 1 为半径的球面,方程 $z=\sqrt{1-x^2-y^2}$ 的图形为这个球面的上半部分,其定义域 $D=\{(x,y)\,|\,x^2+y^2\leqslant 1\}$ 是 xOy 面上的闭圆域(如图 7.2.4 所示).

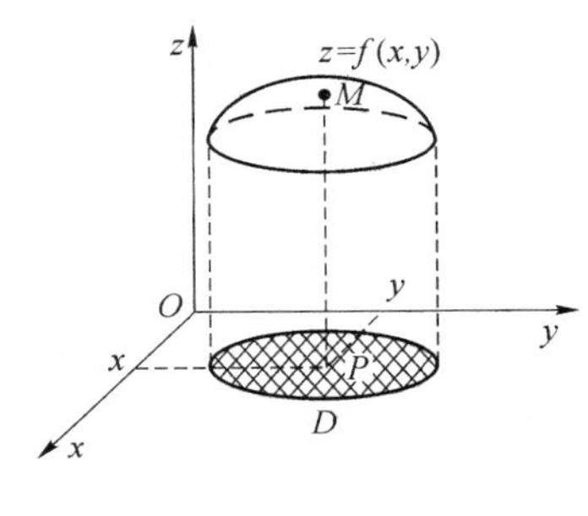

图 7.2.3

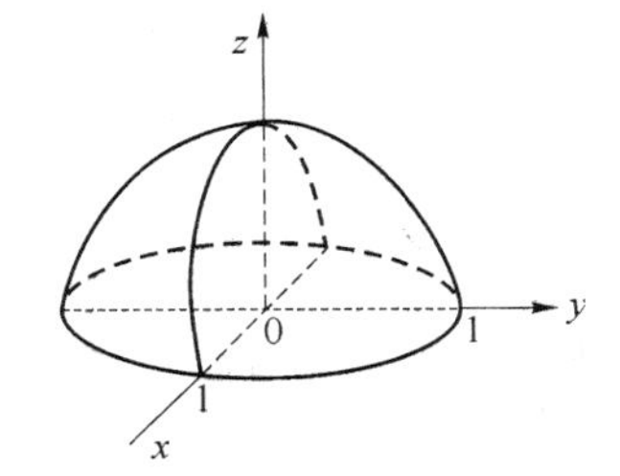

图 7.2.4

7.2.2 二元函数的极限

与一元函数类似,可以引入二元函数的极限与连续的概念,为叙述方便,先引入平面上点 $P_0(x_0,y_0)$ 的邻域概念.

设 $P_0(x_0,y_0)$ 是 xOy 面上一点,δ 是某一正数,则 xOy 面上所有与点 P_0 的距离小于 δ 的点的集合,称为点 P_0 的 δ 邻域,记做 $u(P_0,\delta)$,即

$$u(P_0,\delta)=\{(x,y)\,|\,\sqrt{(x-x_0)^2+(y-y_0)^2}<\delta\}$$

几何上,$u(P_0,\delta)$ 就是以 P_0 为圆心,δ 为半径的圆的内部,因此 δ 又称为邻域的半径.

定义 7.2.2 设函数 $z=f(x,y)$ 在点 $P_0(x_0,y_0)$ 的某个邻域内有定义(点 P_0 可以除外),如果当点 $P(x,y)$ 沿任意路径趋于点 $P_0(x_0,y_0)$ 时,$f(x,y)$ 趋于一个确定的常数 A,则称 A 是函数 $f(x,y)$ 当 $P(x,y)$ 趋于 $P_0(x_0,y_0)$ 时的极限,记做

$$\lim_{\substack{x\to x_0\\ y\to y_0}} f(x,y)=A \quad 或 \quad f(x,y)\to A(x\to x_0,y\to y_0)$$

上述二元函数的极限又叫做二重极限，二重极限是一元函数极限的推广，有关一元函数极限的运算法则和定理，都可以直接类推到二重极限，在此不详细叙述，仅举例说明.

例 7.2.5 求极限$\lim\limits_{\substack{x\to 2\\ y\to 0}}\dfrac{\sin(xy)}{y}$.

解 $\lim\limits_{\substack{x\to 2\\ y\to 0}}\dfrac{\sin(xy)}{y}=\lim\limits_{\substack{x\to 2\\ y\to 0}}\dfrac{x\cdot\sin(xy)}{x\cdot y}=\lim\limits_{\substack{x\to 2\\ y\to 0}}x\cdot\lim\limits_{\substack{x\to 2\\ y\to 0}}\dfrac{\sin(xy)}{xy}=2$

例 7.2.6 求极限 $\lim\limits_{\substack{x\to 0\\ y\to 0}}\dfrac{x^2+y^2}{\sqrt{2+x^2+y^2}-\sqrt{2}}$.

解 $\lim\limits_{\substack{x\to 0\\ y\to 0}}\dfrac{x^2+y^2}{\sqrt{2+x^2+y^2}-\sqrt{2}}=\lim\limits_{\substack{x\to 0\\ y\to 0}}\dfrac{(x^2+y^2)(\sqrt{2+x^2+y^2}+\sqrt{2})}{(\sqrt{2+x^2+y^2})^2-(\sqrt{2})^2}=\lim\limits_{\substack{x\to 0\\ y\to 0}}(\sqrt{2+x^2+y^2}+\sqrt{2})=2\sqrt{2}$

注意 由定义 7.2.2 知，二重极限的存在，是指 $P(x,y)$以任何方式趋于 $P_0(x_0,y_0)$时，函数都无限趋近于 A. 如果点 $P(x,y)$仅以某几种特殊方式(如沿着某定直线或定曲线)趋于 $P_0(x_0,y_0)$时，即使函数 $f(x,y)$趋于某一确定值，仍不能得出函数 $f(x,y)$的极限存在. 但反之，如果当 $P(x,y)$以不同方式趋于 $P_0(x_0,y_0)$时，$f(x,y)$趋于不同的值，则可断定函数 $f(x,y)$的极限不存在.

例 7.2.7 讨论极限 $\lim\limits_{\substack{x\to 0\\ y\to 0}}\dfrac{xy}{x^2+y^2}$是否存在.

解 因为当 $P(x,y)$沿直线 $y=0$ 趋于点(0,0)时，有

$$\lim_{\substack{x\to 0\\ y\to 0}}\frac{xy}{x^2+y^2}=\lim_{\substack{x\to 0\\ y\to 0}}\frac{x\cdot 0}{x^2+0^2}=0$$

而当点 $P(x,y)$沿直线 $y=x$ 趋于点(0,0)时，有

$$\lim_{\substack{x\to 0\\ y\to x}}\frac{x\cdot y}{x^2+y^2}=\lim_{\substack{x\to 0\\ y\to x}}\frac{x\cdot x}{x^2+x^2}=\frac{1}{2}$$

所以，极限 $\lim\limits_{\substack{x\to 0\\ y\to 0}}\dfrac{xy}{x^2+y^2}$不存在.

7.2.3 二元函数的连续性

有了二元函数的极限概念，就可以给出二元函数的连续性概念.

定义 7.2.3 设函数 $f(x,y)$在 $P_0(x_0,y_0)$的某个邻域内有定义，如果极限 $\lim\limits_{\substack{x\to 0\\ y\to 0}}f(x,y)$存在，且

$$\lim_{\substack{x\to x_0\\ y\to y_0}}f(x,y)=f(x_0,y_0)$$

则称二元函数 $f(x,y)$在 $P_0(x_0,y_0)$处连续. 如果函数 $f(x,y)$在区域 D 内的每一点都连续，则称 $f(x,y)$在区域 D 内连续.

与一元函数类似，二元连续函数的和、差、积、商(分母不为 0)及二元连续函数的复合函数都是连续函数，由此还可以得到，二元初等函数在其定义区域(指包含在定义域内的区域)内是连续的.

例 7.2.8 求下列极限.

(1) $\lim\limits_{\substack{x\to 1\\ y\to 2}}\dfrac{3x-y^2}{x^2+y^2}$ (2) $\lim\limits_{\substack{x\to 0\\ y\to 0}}\dfrac{xy}{\sqrt{xy+1}-1}$

解 (1) $f(x,y)=\dfrac{3x-y^2}{x^2+y^2}$是初等函数，且在点(1,2)有定义，所以在该点连续，所以

$$\lim_{\substack{x\to 1\\ y\to 2}}\frac{3x-y^2}{x^2+y^2}=\frac{3\times 1-2^2}{1^2+2^2}=-\frac{1}{5}$$

(2) 因为 $\lim\limits_{\substack{x\to 0\\ y\to 0}}\frac{xy}{\sqrt{xy+1}-1}=\lim\limits_{\substack{x\to 0\\ y\to 0}}(\sqrt{xy+1}+1)$，而函数 $f(x,y)=\sqrt{xy+1}+1$ 在点(0,0)连续，所以

$$\lim_{\substack{x\to 0\\ y\to 0}}\frac{xy}{\sqrt{xy+1}-1}=\lim_{\substack{x\to 0\\ y\to 0}}(\sqrt{xy+1}+1)=2$$

函数 $f(x,y)$ 不连续的点称为函数的间断点. 例如，由例 7.2.7 知，函数

$$f(x,y)=\begin{cases}\dfrac{xy}{x^2+y^2}, & x^2+y^2\neq 0\\ 0, & x^2+y^2=0\end{cases}$$

当 $x\to 0,y\to 0$ 时的极限不存在，所以点(0,0)是该函数的一个间断点.

习题 7.2

7.2.1 填空题

(1) 设 $f(x,y)=\dfrac{xy}{x^2+y^2}$，则 $f(-1,1)=$________，$f(x,2x)=$________；

(2) 设 $f(x,y)=xy+\dfrac{x}{y}$，则 $f\left(1,\dfrac{1}{2}\right)=$________，$f(x,1)=$________；

(3) $\lim\limits_{\substack{x\to 1\\ y\to 1}}\dfrac{x+y}{x^2-xy}=$________.

7.2.2 已知函数 $f(x,y)=x^2+y^2-xy\tan\dfrac{x}{y}$，试求 $f(2,2)$，$f(tx,ty)$.

7.2.3 求下列各函数的定义域.

(1) $z=x+\sqrt{y}$　　(2) $z=\dfrac{1}{\sqrt{1-x^2-y^2}}$

(3) $z=\sqrt{1-x^2}+\dfrac{1}{\sqrt{1-y^2}}$　　(4) $z=\ln(y-x)+\sqrt{1-x^2-y^2}$

(5) $z=\dfrac{1}{\sqrt{x-y}}+\dfrac{1}{y}$　　(6) $z=\dfrac{1}{\sqrt{1-x^2-y^2}}+\arcsin\dfrac{x}{y}$

7.2.4 求下列极限.

(1) $\lim\limits_{\substack{x\to 1\\ y\to 2}}\dfrac{x+y}{x-y}$　　(2) $\lim\limits_{\substack{x\to 0\\ y\to 0}}\dfrac{\sin(x^2+y^2)}{x^2+y^2}$

(3) $\lim\limits_{\substack{x\to 1\\ y\to 0}}\dfrac{\ln(x+e^y)}{x^2+y^2}$　　(4) $\lim\limits_{\substack{x\to 2\\ y\to 0}}\dfrac{1-xy}{x^2+y^2}$

(5) $\lim\limits_{\substack{x\to 0\\ y\to 1}}\dfrac{\sin(xy)}{y}$　　(6) $\lim\limits_{\substack{x\to 1\\ y\to 3}}\dfrac{xy-3}{\sqrt{xy+1}-2}$

7.2.5 指出下列函数的间断点.

(1) $f(x,y)=\dfrac{x-y}{x-y^2}$　　(2) $f(x,y)=\sin\dfrac{1}{x+y+1}$

7.3 偏导数

7.3.1 偏导数的概念

在第 2 章中,从研究函数关于自变量的变化率得到了一元函数的导数概念,对于多元函数,往往也需要计算在其他变量不变化(即视为常数)时,函数关于某个自变量的变化率,这个变化率就是多元函数对这个自变量的偏导数. 以二元函数 $z=f(x,y)$ 为例,把 y 看做常量,这时这就是 x 的一元函数. 因此,函数 $f(x,y)$ 对 x 的偏导数的定义完全与一元函数的导数的定义相仿,即有定义 7.3.1.

定义 7.3.1 设函数 $z=f(x,y)$ 在点 (x_0,y_0) 的某邻域内有定义,当自变量 y 保持定值 y_0,而自变量 x 在 x_0 处有增量 Δx 时,相应的函数有增量

$$f(x_0+\Delta x,y_0)-f(x_0,y_0)$$

如果极限

$$\lim_{\Delta x\to 0}\frac{f(x_0+\Delta x,y_0)-f(x_0,y_0)}{\Delta x}$$

存在,则称此极限值为函数 $z=f(x,y)$ 在点 (x_0,y_0) 处对 x 的偏导数,记做

$$\left.\frac{\partial z}{\partial x}\right|_{\substack{x=x_0\\y=y_0}},\left.\frac{\partial f}{\partial x}\right|_{\substack{x=x_0\\y=y_0}},\left.z_x\right|_{\substack{x=x_0\\y=y_0}}\quad \text{或}\quad f_x(x_0,y_0)$$

即

$$f_x(x_0,y_0)=\lim_{\Delta x\to 0}\frac{f(x_0+\Delta x,y_0)-f(x_0,y_0)}{\Delta x}$$

类似地,如果极限

$$\lim_{\Delta y\to 0}\frac{f(x_0,y_0+\Delta y)-f(x_0,y_0)}{\Delta y}$$

存在,那么称此极限为函数 $z=f(x,y)$ 在点 (x_0,y_0) 处对 y 的偏导数,记做

$$\left.\frac{\partial z}{\partial y}\right|_{\substack{x=x_0\\y=y_0}},\left.\frac{\partial f}{\partial y}\right|_{\substack{x=x_0\\y=y_0}},\left.z_y\right|_{\substack{x=x_0\\y=y_0}}\quad \text{或}\quad f_y(x_0,y_0)$$

即

$$f_y(x_0,y_0)=\lim_{\Delta y\to 0}\frac{f(x_0,y_0+\Delta y)-f(x_0,y_0)}{\Delta y}$$

二元函数偏导数的定义可以类推到三元及三元以上的函数.

如果函数 $z=f(x,y)$ 在区域 D 内每一点 (x,y) 处对 x 的偏导数都存在,这个偏导数仍是 x,y 的函数,则称这个函数为 $z=f(x,y)$ 对自变量 x 的偏导函数,记做

$$\frac{\partial z}{\partial x},\frac{\partial f}{\partial x},z_x\quad \text{或}\quad f_x(x,y)$$

即

$$f_x(x,y)=\lim_{\Delta x\to 0}\frac{f(x+\Delta x,y)-f(x,y)}{\Delta x}$$

类似地，可定义函数 $z=f(x,y)$ 对自变量 y 的偏导函数，记做

$$\frac{\partial z}{\partial y},\frac{\partial f}{\partial y},z_y \quad \text{或} \quad f_y(x,y)$$

即

$$f_y(x,y)=\lim_{\Delta y\to 0}\frac{f(x,y+\Delta y)-f(x,y)}{\Delta y}$$

在不致引起混淆的情况下，偏导函数也简称为偏导数.

在偏导数的定义中，将二元函数看成一个变量变动，另一个变量为常量的一元函数，因此偏导数的计算并不需要新的方法，仍然是一元函数导数的计算问题，即求 $f_x(x,y)$ 时，只要将 y 暂时看做常数，对变量 x 求导；求 $f_y(x,y)$ 时，只要将 x 暂时看做常量，对变量 y 求导.

例 7.3.1 求 $f(x,y)=x^2+3xy^2$ 在(1,2)处的偏导数.

解 将 y 看做常数，对 x 求导，得

$$f_x(x,y)=[x^2+3xy^2]'_x=2x+3y^2$$

所以

$$f_x(1,2)=2\times 1+3\times 2^2=14$$

将 x 看做常数，对 y 求导，得

$$f_y(x,y)=[x^2+3xy^2]'_y=6xy$$

所以

$$f_y(1.2)=6\times 1\times 2=12$$

例 7.3.2 设 $z=x^y(x>0)$，求 $\frac{\partial z}{\partial x},\frac{\partial z}{\partial y}$.

解 将 y 看做常数，则 $z=x^y$ 是关于 x 的幂函数，由幂函数的求导公式，得

$$\frac{\partial z}{\partial x}=yx^{y-1}$$

将 x 看做常数，则 $z=x^y$ 是关于 y 的指数函数，由指数函数的求导公式，得

$$\frac{\partial z}{\partial y}=x^y\ln x$$

例 7.3.3 求三元函数 $u=2xy+3yz+5zx$ 的偏导数.

解 将 y,z 看做常数，对 x 求导，得

$$\frac{\partial u}{\partial x}=2y+5z$$

将 x,z 看做常数，对 y 求导，得

$$\frac{\partial u}{\partial y}=2x+3z$$

将 x,y 看做常数，对 z 求导，得

$$\frac{\partial u}{\partial z}=5x+3y$$

根据一元函数导数的几何意义知，偏导数 $f_x(x_0,y_0)$ 和 $f_y(x_0,y_0)$ 在几何上，分别表示曲线

$$\begin{cases}z=f(x,y)\\ y=y_0\end{cases} \quad \text{和} \quad \begin{cases}z=f(x,y)\\ x=x_0\end{cases}$$

在点 $M(x_0, y_0, z_0)$ 处的切线关于 x 轴和 y 轴的斜率，如图 7.3.1 和图 7.3.2 所示.

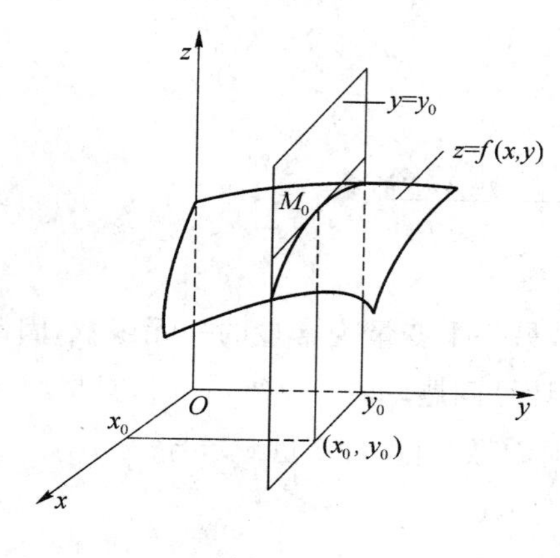

图 7.3.1

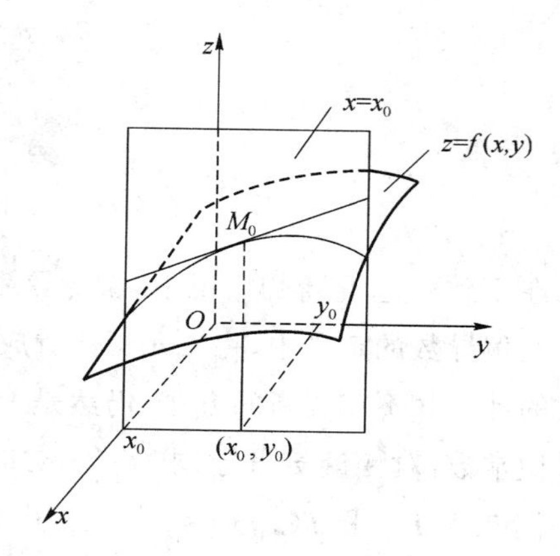

图 7.3.2

7.3.2 高阶偏导数

设函数 $z=f(x,y)$ 在区域 D 内具有偏导数

$$\frac{\partial z}{\partial x}=f_x(x,y), \frac{\partial z}{\partial y}=f_y(x,y)$$

则它们仍是 x,y 的函数，如果这两个偏导函数对 x 和对 y 的偏导数也存在，则称它们的偏导数为 $f(x,y)$ 的二阶偏导数. 根据求偏导数时对变量 x,y 的顺序不同，有以下 4 种情况.

(1) 两次都对 x 求偏导数，即 $\frac{\partial}{\partial x}\left(\frac{\partial z}{\partial x}\right)$，记做

$$\frac{\partial^2 x}{\partial x^2}, \frac{\partial^2 f}{\partial x^2}, z_{xx} \quad 或 \quad f_{xx}(x,y)$$

(2) 第 1 次对 x，第 2 次对 y 求偏导数，即 $\frac{\partial}{\partial y}\left(\frac{\partial z}{\partial x}\right)$，记做

$$\frac{\partial^2 z}{\partial x \partial y}, \frac{\partial^2 f}{\partial x \partial y}, z_{xy} \quad 或 \quad f_{xy}(x,y)$$

(3) 第 1 次对 y，第 2 次对 x 求偏导数，即 $\frac{\partial}{\partial x}\left(\frac{\partial z}{\partial y}\right)$，记做

$$\frac{\partial^2 z}{\partial y \partial x}, \frac{\partial^2 f}{\partial y \partial x}, z_{yx} \quad 或 \quad f_{yx}(x,y)$$

(4) 两次都对 y 求偏导数，即 $\frac{\partial}{\partial y}\left(\frac{\partial z}{\partial y}\right)$，记做

$$\frac{\partial^2 z}{\partial y^2}, \frac{\partial^2 f}{\partial y^2}, z_{yy} \quad 或 \quad f_{yy}(x,y)$$

其中，第(2)和第(3)两种偏导数 $f_{xy}(x,y)$ 和 $f_{yx}(x,y)$ 也称为二阶混合偏导数.

类似地，可定义三阶、四阶及 n 阶偏导数，二阶及二阶以上的偏导数统称为高阶偏导数.

例 7.3.4 设 $z=x^4+y^4-4x^2y^3$，求 $\frac{\partial^2 z}{\partial x^2}, \frac{\partial^2 z}{\partial y \partial x}, \frac{\partial^2 z}{\partial x \partial y}, \frac{\partial^2 z}{\partial y^2}, \frac{\partial^3 z}{\partial x^3}$.

解 $\frac{\partial z}{\partial x}=4x^3-8xy^3$

$$\frac{\partial^2 z}{\partial x^2}=12x^2-8y^3$$

$$\frac{\partial^2 z}{\partial x\partial y}=-24xy^2$$

$$\frac{\partial z}{\partial y}=4y^3-12x^2y^2$$

$$\frac{\partial^2 z}{\partial y^2}=12y^2-24x^2y$$

$$\frac{\partial^2 z}{\partial y\partial x}=-24xy^2$$

$$\frac{\partial^3 z}{\partial x^3}=24x$$

从例 7.3.4 看到，函数的两个二阶混合偏导数$\frac{\partial^2 z}{\partial y\partial x}$，$\frac{\partial^2 z}{\partial x\partial y}$是相等的. 对于一般二元函数 $z=f(x,y)$是否仍具有这个性质？定理 7.3.1 回答了这个问题.

定理 7.3.1 如果函数 $z=f(x,y)$的两个二阶混合偏导数$\frac{\partial^2 z}{\partial y\partial x}$，$\frac{\partial^2 z}{\partial x\partial y}$在区域 D 内连续，则在该区域内这两个二阶混合偏导数必相等.

定理 7.3.1 说明，只要两个混合偏导数连续，则它们与求导次序无关. 类似地，对于二阶以上的高阶混合偏导数，在混合偏导数连续的条件下，也与求导次序无关.

例 7.3.5 验证函数 $z=\ln\sqrt{x^2+y^2}$满足方程 $\frac{\partial^2 z}{\partial x^2}+\frac{\partial^2 z}{\partial y^2}=0$.

证明 因为 $z=\ln\sqrt{x^2+y^2}=\frac{1}{2}\ln(x^2+y^2)$，所以

$$\frac{\partial z}{\partial x}=\frac{2x}{2(x^2+y^2)}=\frac{x}{x^2+y^2},\quad \frac{\partial z}{\partial y}=\frac{y}{x^2+y^2}$$

$$\frac{\partial^2 z}{\partial x^2}=\frac{(x^2+y^2)-x\cdot 2x}{(x^2+y^2)^2}=\frac{y^2-x^2}{(x^2+y^2)^2}=-\frac{x^2-y^2}{(x^2+y^2)^2}$$

$$\frac{\partial^2 z}{\partial y^2}=\frac{(x^2+y^2)-y\cdot 2y}{(x^2+y^2)^2}=\frac{x^2-y^2}{(x^2+y^2)^2}$$

因此

$$\frac{\partial^2 z}{\partial x^2}+\frac{\partial^2 z}{\partial y^2}=0$$

例 7.3.5 中的方程$\frac{\partial^2 z}{\partial x^2}+\frac{\partial^2 z}{\partial y^2}=0$ 称为拉普拉斯(Laplace)方程，它是数学、物理方程中一种很重要的方程.

*7.3.3 偏导数的经济意义

在第 2 章 2.6 节中，讨论了导数的经济意义，偏导数也有类似的经济意义.

设有甲、乙两种相关商品，它们的价格分别为 P_1,P_2，需求量分别为 Q_1,Q_2，需求函数可表示为

$$Q_1=Q_1(P_1,P_2),\qquad Q_2=Q_2(P_1,P_2)$$

则需求量 Q_1 和 Q_2 关于价格 P_1 和 P_2 的偏导数$\frac{\partial Q_1}{\partial P_1}$和$\frac{\partial Q_1}{\partial P_2}$表示甲、乙两种商品的边际需求，

其中：

$\frac{\partial Q_1}{\partial P_1}$是 Q_1 关于自身价格的边际需求，表示甲商品价格 P_1 发生变化时，甲商品需求量 Q_1 的变化率；

$\frac{\partial Q_1}{\partial P_2}$是 Q_1 关于相关价格 P_2 的边际需求，表示乙商品价格 P_2 发生变化时，甲商品需求量 Q_1 的变化率.

对$\frac{\partial Q_2}{\partial P_1}$和$\frac{\partial Q_2}{\partial P_2}$可作类似的解释.

与一元函数类似，可定义二元函数的弹性概念.

当价格 P_2 不变，而 P_1 发生变化时，需求量 Q_1 和 Q_2 将随 P_1 变化而变化，需求量 Q_1 和 Q_2 对价格的弹性分别为

$$\eta_{11}=\frac{P_1}{Q_1}\cdot\frac{\partial Q_1}{\partial P_1}, \eta_{21}=\frac{P_1}{Q_2}\cdot\frac{\partial Q_2}{\partial P_1}$$

其中，η_{11}称为甲商品需求量 Q_1 对自身价格 P_1 的直接价格偏弹性，η_{21}称为乙商品需求量 Q_2 对相关价格 P_1 的交叉价格偏弹性.

类似地，可定义并解释

$$\eta_{12}=\frac{P_2}{Q_1}\cdot\frac{\partial Q_1}{\partial P_2}, \qquad \eta_{22}=\frac{P_2}{Q_2}\cdot\frac{\partial Q_2}{\partial P_2}$$

例 7.3.6 已知某商品需求量 Q_1 是该商品价格 P_1 与另一相关商品 P_2 的函数，且

$$Q_1=120-2P_1+15P_2$$

求当 $P_1=15, P_2=10$ 时，需求的直接价格偏弹性 η_{11}及交叉价格偏弹性 η_{12}.

解 当 $P_1=15, P_2=10$ 时，$Q_1=120-2\times15+15\times10=240$. 又

$$\frac{\partial Q_1}{\partial P_1}=-2, \qquad \frac{\partial Q_1}{\partial P_2}=15$$

所以

$$\eta_{11}=\frac{P_1}{Q_1}\cdot\frac{\partial Q_1}{\partial P_1}=-0.125, \qquad \eta_{12}=\frac{P_2}{Q_1}\cdot\frac{\partial Q_1}{\partial P_2}=0.625$$

习题 7.3

7.3.1 求下列各函数的偏导数.

(1) $z=x^5+4x^3y-2y^3+3xy+y$

(2) $z=\frac{xy}{x^2+y^2}$

(3) $z=(x+\sin y)\cdot y^2$

(4) $z=(x+y)\cdot e^{xy}$

(5) $z=\frac{e^{xy}}{e^x+e^y}$

(6) $z=2xy^2-\sqrt{x^2+y^2}$

(7) $z=(x+\sin x)^{y^2}$

(8) $z=\sqrt{\ln(xy)}$

7.3.2 求下列函数在指定点处的偏导数.

(1) $f(x,y)=x^3+y^3-2xy$，求 $f_x(2,1), f_y(2,1)$.

(2) $f(x,y)=\arctan\frac{y}{x}$，求 $f_x(1,2), f_y(1,1)$.

7.3.3　求下列函数的二阶偏导数.

(1) $z=x^2+2y^3-x^3y$　　(2) $z=\arctan\dfrac{y}{x}$

(3) $z=\cos(xy)$　　(4) $z=x^y$

(5) $z=x\cdot\ln(x+y)$　　(6) $z=\sin^2(ax+by)$ (a,b 是常数)

(7) $z=\dfrac{e^{x+y}}{e^x+e^y}$　　(8) $z=\arcsin(xy)$

7.3.4　设 $z=(1+x)^y$,求 $\left.\dfrac{\partial z}{\partial x}\right|_{\substack{x=1\\y=1}}$,$\left.\dfrac{\partial z}{\partial y}\right|_{\substack{x=0\\y=\frac{\pi}{2}}}$.

7.3.5　设 $z=e^x(\sin y+x\cdot\cos y)$,求 $\left.\dfrac{\partial^2 z}{\partial x^2}\right|_{\substack{x=0\\y=\frac{\pi}{2}}}$,$\left.\dfrac{\partial^2 z}{\partial y\partial x}\right|_{\substack{x=0\\y=\frac{\pi}{2}}}$.

7.3.6　设 $z=e^{-\left(\frac{1}{x}+\frac{1}{y}\right)}$,求证 $x^2\dfrac{\partial z}{\partial x}+y^2\dfrac{\partial z}{\partial y}=2z$.

7.3.7　设 $z=\ln(x^2+y^2)$,求 $\dfrac{\partial^3 z}{\partial x^2\partial y}$,$\dfrac{\partial^3 z}{\partial x\partial y^2}$.

*7.3.8　某工厂生产两种不同的产品,其产量为 x,y,总成本函数为

$$C(x,y)=3x^2+7x+8xy+6y+2y^2$$

(1) 求两种不同的边际成本.

(2) 确定当 $x=5,y=3$ 时,对 x 的边际成本.

*7.3.9　已知两种相关商品 A,B 的需求量 Q_1,Q_2 与它们的价格 P_1,P_2 之间的函数分别为

$$Q_1=\frac{P_2}{P_1},\qquad Q_2=P_1^{\frac{1}{2}}\cdot P_2^{-\frac{2}{3}}$$

求需求的直接价格弹性 η_{11} 和 η_{22},交叉价格弹性 η_{21} 和 η_{12}.

7.4　全微分

7.4.1　全微分的概念

已经讨论过一元函数 $y=f(x)$ 的增量问题,利用一元函数的导数,得到下面的近似公式

$$f(x+\Delta x)-f(x)\approx f'(x)\cdot\Delta x$$

因此,对于二元函数 $z=f(x,y)$,利用偏导数,也应有类似的近似公式

$$f(x+\Delta x,y)-f(x,y)\approx f_x(x,y)\cdot\Delta x$$

$$f(x,y+\Delta y)-f(x,y)\approx f_y(x,y)\cdot\Delta y$$

上面两式的左端分别称为二元函数对 x 和对 y 的偏增量,而右端分别称为二元函数对 x 和对 y 的偏微分.

但在实际问题中,有时需研究多元函数中一组变量都取得增量时因变量所获得的增量,即全增量问题.下面以二元函数为例来讨论.

定义 7.4.1　设函数 $z=f(x,y)$ 在点 (x,y) 的某个邻域内有定义,点 $(x+\Delta x,y+\Delta y)$ 在该邻域内,如果函数 $z=f(x,y)$ 在点 (x,y) 的全增量

$$\Delta z=f(x+\Delta x,y+\Delta y)-f(x,y)$$

可表示为

$$\Delta z=A\cdot\Delta x+B\cdot\Delta y+o(\rho)$$

其中，A、B 是 x、y 的函数，与 Δx、Δy 无关，$\rho=\sqrt{(\Delta x)^2+(\Delta y)^2}$，$o(\rho)$是一个比 ρ 高阶的无穷小，则称 $A\cdot\Delta x+B\cdot\Delta y$ 是二元函数 $z=f(x,y)$在点(x,y)处的全微分，记做 $\mathrm{d}z$，即

$$\mathrm{d}z=A\cdot\Delta x+B\cdot\Delta y$$

这时，也称二元函数 $z=f(x,y)$在点(x,y)处可微. 如果函数在区域 D 内各点处都可微，则称函数在 D 内可微.

由一元函数知，如果函数 $y=f(x)$在某一点可微. 那么，它一定在该点连续，且在该点可导. 对于二元函数 $z=f(x,y)$，也有类似的性质.

定理 7.4.1 如果函数 $z=f(x,y)$在点(x,y)处可微分，则它在点(x,y)处连续.

证明 因为函数 $z=f(x,y)$在点(x,y)处可微，所以由定义 7.4.1，得

$$\Delta z=f(x+\Delta x,y+\Delta y)-f(x,y)=A\cdot\Delta x+B\cdot\Delta y+o(\rho)$$

所以

$$\lim_{\substack{\Delta x\to 0\\ \Delta y\to 0}}\Delta z=\lim_{\substack{\Delta x\to 0\\ \Delta y\to 0}}[A\cdot\Delta x+B\cdot\Delta y+o(\rho)]=0$$

即

$$\lim_{\substack{\Delta x\to 0\\ \Delta y\to 0}}f(x+\Delta x,y+\Delta y)=f(x,y)$$

因此，函数 $f(x,y)$在点(x,y)处连续.

定理 7.4.2（可微的必要条件） 如果函数 $z=f(x,y)$在点(x,y)处可微，则它在点(x,y)处的两个偏导数$\frac{\partial z}{\partial x}$，$\frac{\partial z}{\partial y}$必存在，且

$$A=\frac{\partial z}{\partial x},B=\frac{\partial z}{\partial y}$$

证略.

习惯上，记 $\Delta x=\mathrm{d}x$，$\Delta y=\mathrm{d}y$，并分别称为自变量 x，y 的微分. 因此，函数的全微分又可写成

$$\mathrm{d}z=\frac{\partial z}{\partial x}\mathrm{d}x+\frac{\partial z}{\partial y}\mathrm{d}y$$

上式表明，全微分等于它的两个偏微分之和. 二元函数全微分的这一特性称为叠加原理.

注意 在一元函数中，知道可导与可微是等价的，但这个结论对多元函数是不成立的，即函数 $z=f(x,y)$在点(x,y)处的偏导数$\frac{\partial z}{\partial x}$和$\frac{\partial z}{\partial y}$都存在，不能保证函数在该点可微. 因此，定理 7.4.2 只是可微的必要条件.

定理 7.4.3（可微的充分条件） 如果函数 $z=f(x,y)$在点(x,y)处的两个偏导数$\frac{\partial z}{\partial x}$和$\frac{\partial z}{\partial y}$都连续，则函数在该点可微.

证略.

上述二元函数全微分的概念和公式都可类推到三元及三元以上的函数. 例如，如果三元函数 $u=f(x,y,z)$可微，则二元函数的叠加原理对它也成立，即它的全微分等于三个偏微分之和.

$$du=\frac{\partial u}{\partial x}dx+\frac{\partial u}{\partial y}dy+\frac{\partial u}{\partial z}dz$$

例 7.4.1 求函数 $z=x^2y$ 的全微分.

解 因为
$$\frac{\partial z}{\partial x}=2xy,\quad \frac{\partial z}{\partial y}=x^2$$
所以
$$dz=2xydx+x^2dy$$

例 7.4.2 求函数 $z=x^2y+\tan(x+y)$的全微分.

解 因为

$$\frac{\partial z}{\partial x}=2xy+\sec^2(x+y)$$

$$\frac{\partial z}{\partial y}=x^2+\sec^2(x+y)$$

所以

$$dz=[2xy+\sec^2(x+y)]dx+[x^2+\sec^2(x+y)]dy$$

例 7.4.3 求函数 $z=e^{xy}$在点(2,1)处的全微分.

解 因为

$$\frac{\partial z}{\partial x}=ye^{xy},\quad \frac{\partial z}{\partial y}=xe^{xy}$$

$$\left.\frac{\partial z}{\partial x}\right|_{\substack{x=2\\y=1}}=e^2,\quad \left.\frac{\partial z}{\partial y}\right|_{\substack{x=2\\y=1}}=2e^2$$

所以

$$\left.dz\right|_{\substack{x=2\\y=1}}=e^2dx+2e^2dy$$

7.4.2 全微分在近似计算中的应用

与一元函数的微分一样,可利用全微分进行近似计算.

由定理 7.4.3 知,当二元函数 $z=f(x,y)$在点(x,y)处的两个偏导数$\frac{\partial z}{\partial x}$和$\frac{\partial z}{\partial y}$都存在,且连续时,有

$$dz=f_x(x,y)\Delta x+f_y(x,y)\Delta y$$

当$|\Delta x|$,$|\Delta y|$都很小时,有

$$\Delta z\approx dz=f_x(x,y)\Delta x+f_y(x,y)\Delta y$$

因此,有近似公式

$$\Delta z\approx f_x(x,y)\Delta x+f_y(x,y)\Delta y$$

或

$$f(x+\Delta x,y+\Delta y)\approx f(x,y)+f_x(x,y)\Delta x+f_y(x,y)\Delta y$$

应用上述两个公式,可以计算二元函数 $z=f(x,y)$的全增量 Δz 及某点函数值的近似值.

例 7.4.4 当圆锥体变形时,它的底面半径由 30 cm 增大到 30.1 cm,高由 60 cm 减少到 59.5 cm,求圆锥体体积变化的近似值.

解 圆锥体体积为
$$V=\frac{1}{3}\pi r^2h$$

因为
$$dV=\frac{\partial V}{\partial r}\Delta r+\frac{\partial V}{\partial h}\Delta h=\frac{2}{3}\pi rh\Delta r+\frac{1}{3}\pi r^2\Delta h$$

所以

$$\Delta V \approx \frac{2}{3}\pi rh\Delta r + \frac{1}{3}\pi r^2 \Delta h$$

将 $r=30$，$\Delta r=0.1$，$h=60$，$\Delta h=-0.5$ 代入上式，得

$$\Delta V \approx \frac{2}{3}\pi \times 30 \times 60 \times 0.1 + \frac{1}{3}\pi \times 30^2 \times (-0.5) = -30\pi \text{ cm}^3$$

即圆锥体的体积约减少了 $30\pi \text{ cm}^3$.

例 7.4.5 计算$(0.99)^{2.02}$的近似值.

解 设 $f(x,y)=x^y$，取 $x=1$，$\Delta x=-0.01$，$y=2$，$\Delta y=0.02$.

则

$$f(1,2)=1$$

$$f_x(1.2)=yx^{y-1}\Big|_{\substack{x=1\\y=2}}=2$$

$$f_y(1.2)=x^y \cdot \ln x\Big|_{\substack{x=1\\y=2}}=0$$

所以

$$(0.99)^{2.02} \approx 1+2\times(-0.01)+0\times 0.01=0.98$$

习题 7.4

7.4.1 填空题

(1) 设 $z=\ln(xy)$，则 $dz=$________；

(2) 设 $z=xy$，$x=1$，$y=2$，$\Delta x=0.1$，$\Delta y=0.2$，则 $\Delta z=$________，$dz=$________.

7.4.2 求函数 $z=2x^2+3y^2$，当 $x=10$，$y=8$，$\Delta x=0.2$，$\Delta y=0.3$ 时的全微分和全增量.

7.4.3 求函数 $z=x^2y^3$ 当 $x=2$，$y=1$，$\Delta x=0.02$，$\Delta y=-0.01$ 时的全微分.

7.4.4 求下列函数的全微分.

(1) $z=x^3y-y^3x$ (2) $z=\ln\dfrac{x+y}{x-y}$

(3) $z=x\cdot\cos(x+y)$ (4) $z=\sqrt{\dfrac{x}{y}}$

(5) $z=\arctan\dfrac{x+y}{x-y}$ (6) $u=\sin(x^2+y^2+z^2)$

(7) $z=x\cdot\sin(x+y)$

7.4.5 矩形的长和宽分别为 10 cm 和 8 cm，当长增加 0.2 cm 宽减少 0.1 cm 时，求矩形面积变化的近似值.

7.4.6 求 $e^{1.02^2+0.97^2-2}$ 的近似值.

7.4.7 求 $\sqrt{(1.02)^3+(1.97)^3}$ 的近似值.

7.5 复合函数的偏导数

7.5.1 复合函数的偏导数

在一元函数中，研究了复合函数求导的链式法则，这一法则可推广到多元复合函数，设函

数 $z=f(u,v)$ 是变量 u、v 的函数，而 $u=u(x,y)$，$v=v(x,y)$ 又是 x、y 的函数，则

$$z=f(u(x,y),v(x,y))$$

是 x、y 的复合函数，其中 $u=u(x,y)$，$v=v(x,y)$ 称为中间变量.

函数变量之间的关系可用图 7.5.1(称为函数结构图)表示，由函数结构图可以看到，如果要求偏导数 $\frac{\partial z}{\partial x}$，则将 y 看做常数，让 x 变化，这时 x 的变化会使得变量 u 和 v 都发生变化. 因此，变量 z 的变化应是两部分变化的叠加，一部分是由于 u 的变化引起的，另一部分是由于 v 的变化引起的. 因此，有定理 7.5.1.

定理 7.5.1 如果函数 $z=f(u,v)$ 关于 u、v 有连续的一阶偏导数，又函数 $u=u(x,y)$、$v=v(x,y)$ 在点 (x,y) 有偏导数，则复合函数

$$z=f(u(x,y),v(x,y))$$

在点 (x,y) 处的偏导数存在，且

$$\frac{\partial z}{\partial x}=\frac{\partial z}{\partial u}\cdot\frac{\partial u}{\partial x}+\frac{\partial z}{\partial v}\cdot\frac{\partial v}{\partial x}$$

$$\frac{\partial z}{\partial y}=\frac{\partial z}{\partial u}\cdot\frac{\partial u}{\partial y}+\frac{\partial z}{\partial v}\cdot\frac{\partial v}{\partial y}$$

上述求导公式称为多元复合函数求导的链式法则.

例 7.5.1 设 $z=e^u\cos v$，而 $u=x+2y$，$v=x^2-y^2$，求 $\frac{\partial z}{\partial x}$，$\frac{\partial z}{\partial y}$.

解 按函数结构图(如图 7.5.1 所示)，因为

$$\frac{\partial z}{\partial u}=e^u\cos v,\quad \frac{\partial z}{\partial v}=-e^u\sin v,$$

$$\frac{\partial u}{\partial x}=1,\frac{\partial u}{\partial y}=2,\quad \frac{\partial v}{\partial x}=2x,\frac{\partial v}{\partial y}=-2y$$

所以，根据链式法则，得

$$\begin{aligned}\frac{\partial z}{\partial x}&=\frac{\partial z}{\partial u}\cdot\frac{\partial u}{\partial x}+\frac{\partial z}{\partial v}\cdot\frac{\partial v}{\partial x}\\&=e^u\cos v-e^u\sin v\,2x\\&=e^{x+2y}\cos(x^2-y^2)-2xe^{x+2y}\sin(x^2-y^2)\end{aligned}$$

$$\begin{aligned}\frac{\partial z}{\partial y}&=\frac{\partial z}{\partial u}\cdot\frac{\partial u}{\partial y}+\frac{\partial z}{\partial v}\cdot\frac{\partial v}{\partial y}\\&=2e^u\cos v+e^u\sin v\,2y\\&=2e^{x+2y}\cos(x^2-y^2)+2ye^{x+2y}\sin(x^2-y^2)\end{aligned}$$

二元复合函数求导的链式法则对三元及三元以上的复合函数也是成立的. 例如，设 $z=f(u,v,w)$，$u=\varphi(x,y)$，$v=\psi(x,y)$，$w=\omega(x,y)$(函数结构图如图 7.5.2 所示)，则

$$\frac{\partial z}{\partial x}=\frac{\partial z}{\partial u}\cdot\frac{\partial u}{\partial x}+\frac{\partial z}{\partial v}\cdot\frac{\partial v}{\partial x}+\frac{\partial z}{\partial w}\cdot\frac{\partial w}{\partial x}$$

$$\frac{\partial z}{\partial y}=\frac{\partial z}{\partial u}\cdot\frac{\partial u}{\partial y}+\frac{\partial z}{\partial v}\cdot\frac{\partial v}{\partial y}+\frac{\partial z}{\partial w}\cdot\frac{\partial w}{\partial y}$$

下面看链式法则的两种特殊情况.

设 $z=f(u,v,y)$，其中 $u=\varphi(x,y)$，$v=\psi(x,y)$(函数结构图如图 7.5.3 所示)，则

$$\frac{\partial z}{\partial x}=\frac{\partial z}{\partial u}\cdot\frac{\partial u}{\partial x}+\frac{\partial z}{\partial v}\cdot\frac{\partial v}{\partial x}$$

$$\frac{\partial z}{\partial y}=\frac{\partial z}{\partial u}\cdot\frac{\partial u}{\partial y}+\frac{\partial z}{\partial v}\cdot\frac{\partial v}{\partial y}+\frac{\partial f}{\partial y}$$

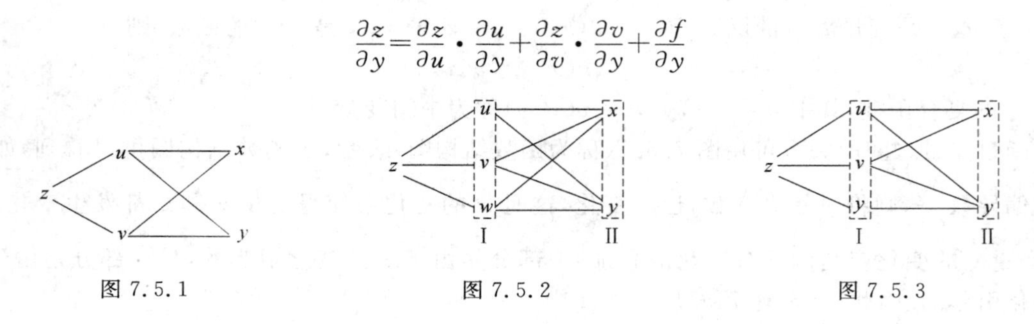

图 7.5.1　　　　图 7.5.2　　　　图 7.5.3

注意　(1)上式中，左端的$\frac{\partial z}{\partial y}$是关于整个 y 求导，右端的$\frac{\partial f}{\partial y}$仅关于第 3 个变量 y 求导，含义不同.

(2) 应用链式法则时，应根据函数结构图将变量分成若干层，各层中的变量都应看做是相互独立变化的变量，如图 7.5.3 所示，第Ⅰ层有 u、v、y 三个变量，求导时看做三个独立变量；第Ⅱ层有 x、y 两个变量，求导时将它们看做两个独立变量. 因此，从形式上看，上述两个公式可写成

$$\frac{\partial z}{\partial x}=\frac{\partial z}{\partial u}\cdot\frac{\partial u}{\partial x}+\frac{\partial z}{\partial v}\cdot\frac{\partial v}{\partial x}+\frac{\partial f}{\partial y}\cdot\frac{\partial y}{\partial x}$$

$$\frac{\partial z}{\partial y}=\frac{\partial z}{\partial u}\cdot\frac{\partial u}{\partial y}+\frac{\partial z}{\partial v}\cdot\frac{\partial v}{\partial y}+\frac{\partial f}{\partial y}\cdot\frac{\partial y}{\partial y}$$

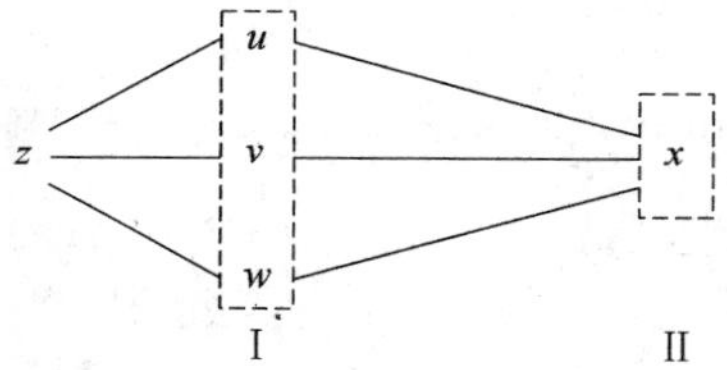

图 7.5.4

由于$\frac{\partial y}{\partial x}=0$，$\frac{\partial y}{\partial y}=1$，代入上式，即得原公式.

设 $z=f(u,v,w)$，其中 $u=\varphi(x)$，$v=\psi(x)$，$w=\omega(x)$(函数结构图如图 7.5.4 所示)，则

$$\frac{\mathrm{d}z}{\mathrm{d}x}=\frac{\partial z}{\partial u}\cdot\frac{\mathrm{d}u}{\mathrm{d}x}+\frac{\partial z}{\partial v}\cdot\frac{\mathrm{d}v}{\mathrm{d}x}+\frac{\partial z}{\partial w}\cdot\frac{\mathrm{d}w}{\mathrm{d}x}$$

上述导数称为全导数.

例 7.5.2　设 $z=\ln(3u+2v)$，$u=x^2$，$v=\cos x$，求$\frac{\mathrm{d}z}{\mathrm{d}x}$.

解

$$\begin{aligned}\frac{\mathrm{d}z}{\mathrm{d}x}&=\frac{\partial z}{\partial u}\cdot\frac{\mathrm{d}u}{\mathrm{d}x}+\frac{\partial z}{\partial v}\cdot\frac{\mathrm{d}v}{\mathrm{d}x}\\&=\frac{3}{3u+2v}2x+\frac{2}{3u+2v}(-\sin x)\\&=\frac{6x-2\sin x}{3x^2+2\cos x}\end{aligned}$$

例 7.5.3　设函数 $z=f(u,v)$对 u、v 具有连续偏导数，求 $z=f(xy,x^2+y^2)$的偏导数$\frac{\partial z}{\partial x}$及$\frac{\partial z}{\partial y}$.

解　设 $u=xy$，$v=x^2+y^2$，则

$$\frac{\partial u}{\partial x}=y,\frac{\partial u}{\partial y}=x,\frac{\partial v}{\partial x}=2x,\frac{\partial v}{\partial y}=2y$$

于是

$$\frac{\partial z}{\partial x}=\frac{\partial z}{\partial u}\cdot\frac{\partial u}{\partial x}+\frac{\partial z}{\partial v}\cdot\frac{\partial v}{\partial x}=yf_u(u,v)+2xf_v(u,v)$$

$$\frac{\partial z}{\partial y}=\frac{\partial z}{\partial u}\cdot\frac{\partial u}{\partial y}+\frac{\partial z}{\partial v}\cdot\frac{\partial v}{\partial y}=xf_u(u,v)+2yf_v(u,v)$$

7.5.2 隐函数的偏导数

在一元函数中，已介绍过用复合函数的求导法则求由方程

$$F(x,y)=0$$

所确定的隐函数 $y=f(x)$ 的导数的方法，现在来讨论它的求导公式.

把函数 $y=f(x)$ 代入方程 $F(x,y)=0$ 中，得恒等式

$$F(x,f(x))\equiv 0$$

它的左端 $F(x,f(x))$ 是一个复合函数，其函数结构图如图 7.5.5 所示，它的第Ⅰ层有 x 和 y 两个变量，第Ⅱ层只有 x 一个变量，利用链式法则，方程 $F(x,y)=0$ 两端对 x 求全导数，得

$$\frac{\partial F}{\partial x}+\frac{\partial F}{\partial y}\cdot\frac{\mathrm{d}y}{\mathrm{d}x}=0$$

如果 $\frac{\partial F}{\partial y}\neq 0$，则

$$\frac{\mathrm{d}y}{\mathrm{d}x}=-\frac{\frac{\partial F}{\partial x}}{\frac{\partial F}{\partial y}} \quad 或 \quad \frac{\mathrm{d}y}{\mathrm{d}x}=-\frac{F_x}{F_y}$$

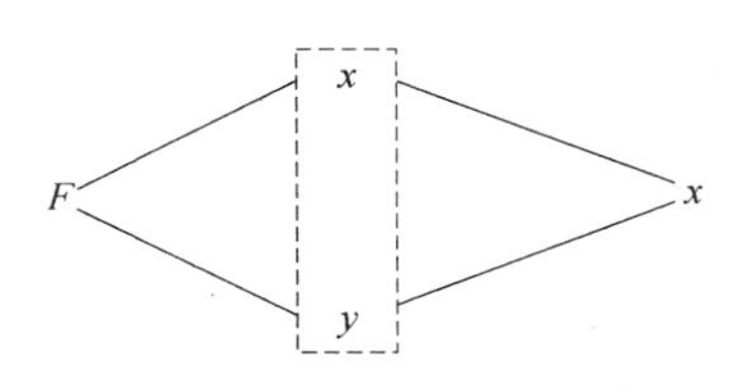

图 7.5.5

这就是由方程 $F(x,y)=0$ 所确定的隐函数 $y=f(x)$ 的求导公式.

例 7.5.4 求由方程 $3x^2+2xy^2-4x+5y+16=0$ 所确定的隐函数 $y=f(x)$ 的导数 $\frac{\mathrm{d}y}{\mathrm{d}x}$.

解 设 $F(x,y)=3x^2+2xy^2-4x+5y+16$，则

$$F_x=6x+2y^2-4,F_y=4xy+5$$

于是

$$\frac{\mathrm{d}y}{\mathrm{d}x}=-\frac{6x+2y^2-4}{4xy+5}$$

下面来讨论由三元方程

$$F(x,y,z)=0$$

所确定的隐函数

$$z=z(x,y)$$

的求偏导数的公式.

与推导一元隐函数的求导公式的方法类似，如果三元方程 $F(x,y,z)=0$ 可以确定 z 是 x、y 的二元函数 $z=y(x,y)$，则将它代入方程 $F(x,y,z)=0$ 中，得恒等式

$$F(x,y,z(x,y))\equiv 0$$

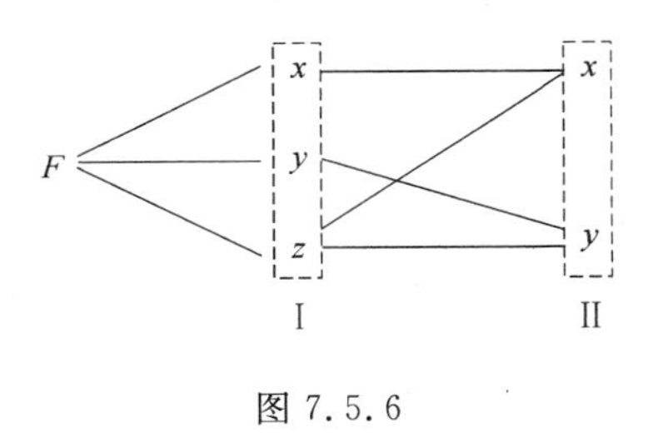

图 7.5.6

上式左端的函数是一个三元复合函数，其函数结构图如图 7.5.6 所示. 根据链式法则，恒等式两边分别对 x 和 y 求偏导数，得

$$F_x(x,y,z)+F_z(x,y,z)\frac{\partial z}{\partial x}=0$$

$$F_y(x,y,z)+F_z(x,y,z)\frac{\partial z}{\partial y}=0$$

当 $F_z(x,y,z)\neq 0$ 时，得

$$\frac{\partial z}{\partial x}=-\frac{F_x(x,y,z)}{F_z(x,y,z)}=-\frac{F_x}{F_z}$$

$$\frac{\partial z}{\partial y}=-\frac{F_y(x,y,z)}{F_z(x,y,z)}=-\frac{F_y}{F_z}$$

这就是二元隐函数的求导公式.

例 7.5.5 设 $x^3+y^3+z^3=3xyz$，求$\frac{\partial z}{\partial x},\frac{\partial z}{\partial y}$.

解 设 $F(x,y,z)=x^3+y^3+z^3-3xyz$，则

$$F_x=3x^2-3yz$$

$$F_y=3y^2-3xz$$

$$F_z=3z^2-3xy$$

于是

$$\frac{\partial z}{\partial x}=-\frac{x^2-yz}{z^2-xy}$$

$$\frac{\partial z}{\partial y}=-\frac{y^2-xz}{z^2-xy}$$

注意 $F_x(x,y,z),F_y(x,y,z),F_z(x,y,z)$是对第Ⅰ层变量 x、y、z 求导，因此应将它们看做一组独立的变量.

例 7.5.6 $x+y+z=e^{xyz}$，求$\frac{\partial z}{\partial x},\frac{\partial z}{\partial y}$.

解 设 $F(x,y,z)=x+y+z-e^{xyz}$，则

$$F_x=1-yze^{xyz}$$

$$F_y=1-xze^{xyz}$$

$$F_z=1-xye^{xyz}$$

于是

$$\frac{\partial z}{\partial x}=-\frac{1-yze^{xyz}}{1-xye^{xyz}},\quad \frac{\partial z}{\partial y}=-\frac{1-xze^{xyz}}{1-xye^{xyz}}$$

习题 7.5

7.5.1 设 $z=uv^2,u=\sin x,v=\cos x$，求$\frac{dz}{dx}$.

7.5.2 设 $z=u^2\ln v,u=2xy,v=2x-y$，求$\frac{\partial z}{\partial x},\frac{\partial z}{\partial y}$.

7.5.3 设 $z=\arcsin u,u=3x-2y$，求$\frac{\partial z}{\partial x},\frac{\partial z}{\partial y}$.

7.5.4 设 $z=e^{2x-y},x=2t^2,y=3t^3$，求$\frac{dz}{dt}$.

7.5.5 设 $z=uv+\sin t,u=e^t,v=\cos t$，求$\frac{dz}{dt}$.

7.5.6 设 $z=x\sin v+3x^2+e^v,v=x^2+y^2$，求$\frac{\partial z}{\partial x},\frac{\partial z}{\partial y}$.

7.5.7 设 $z=\arctan\frac{x}{y},x=u+v,y=u-v$，验证$\frac{\partial z}{\partial u}+\frac{\partial z}{\partial v}=\frac{u-v}{u^2+v^2}$.

7.5.8　设 $z=f(x^2+y^2,e^{xy})$ 具有一阶连续偏导数，求 $\frac{\partial z}{\partial x},\frac{\partial z}{\partial y}$.

7.5.9　设 $e^{xy}-xy^2=\sin y$，求 $\frac{dy}{dx}$.

7.5.10　设 $\ln(x^2+y^2)=\arctan\frac{y}{x}$，求 $\frac{dy}{dx}$.

7.5.11　设 $x^3+y^3+z^3-2xyz+1=0$，求 $\frac{\partial z}{\partial x},\frac{\partial z}{\partial y}$.

7.5.12　设 $\frac{x}{z}=\ln\frac{z}{y}$，求 $\frac{\partial z}{\partial x},\frac{\partial z}{\partial y}$.

7.5.13　设 $2\sin(x+2y-3z)=x+2y-3z$，证明 $\frac{\partial z}{\partial x}+\frac{\partial z}{\partial y}=1$.

7.5.14　设 $\phi(u,v)$ 具有连续偏导数，证明由方程 $\phi(cx-az,cy-bz)=0$ 所确定的函数 $z=f(x,y)$ 满足 $a\frac{\partial z}{\partial x}+b\frac{\partial z}{\partial y}=c$.

7.6　多元函数的极值

在一元函数中，用导数解决了函数的极值、最大值和最小值的问题. 同样，利用偏导数可解决多元函数的极值以及它的最大值、最小值的问题. 下面主要讨论二元函数，其他多元函数的情形可以类推.

7.6.1　极值及其求法

定义 7.6.1　设函数 $z=f(x,y)$ 在点 $P_0(x_0,y_0)$ 的某一邻域内有定义，如果对该邻域内任一异于 P_0 的点 $P(x,y)$，都有

$$f(x,y)<f(x_0,y_0)$$

则称函数 $z=f(x,y)$ 在点 $P_0(x_0,y_0)$ 处有极大值 $f(x_0,y_0)$；如果都有

$$f(x,y)>f(x_0,y_0)$$

则称函数 $z=f(x,y)$ 在点 $P_0(x_0,y)$ 处有极小值 $f(x_0,y_0)$. 函数的极大值和极小值统称为极值，使得函数取极值的点 $P_0(x_0,y_0)$ 称为极值点.

例如，函数 $z=f(x,y)=1-x^2-y^2$ 在 $(0,0)$ 处的函数值 $f(0,0)=1$，而当 $(x,y)\neq(0,0)$ 时，$f(x,y)=1-x^2-y^2<1$，所以在点 $(0,0)$ 处函数取得极大值 1（如图 7.6.1 所示）.

又如，可以看出，函数 $z=f(x,y)=2x^2+4y^2$ 在点 $(0,0)$ 处取得极小值 0（如图 7.6.2 所示）.

在一般情况下，函数的极值并不容易看出. 因此，与一元函数一样，需要研究二元函数极值存在的必要条件和充分条件.

定理 7.6.1（极值的必要条件）　设函数 $z=f(x,y)$ 在点 $P_0(x_0,y_0)$ 处有极值，且在点 $P_0(x_0,y_0)$ 处的两个偏导数 $f_x(x_0,y_0)$，$f_y(x_0,y_0)$ 都存在，则必有

$$f_x(x_0,y_0)=0,f_y(x_0,y_0)=0$$

证略.

类似于一元函数，满足方程组

$$\begin{cases} f_x(x,y)=0 \\ f_y(x,y)=0 \end{cases}$$

的点(x_0,y_0)称为函数$z=f(x,y)$的驻点，定理7.6.1说明，只要函数$z=f(x,y)$的两个偏导数存在，那么它的极值点一定是驻点. 但是，函数的驻点不一定是极值点. 例如，函数$z=x^2-y^2$在点$(0,0)$处的两个偏导数

$$f_x(0,0)=2x|_{(0,0)}=0, f_y(0,0)=2y|_{(0,0)}=0$$

所以，点$(0,0)$是函数$z=x^2-y^2$的驻点. 但由图7.6.3可知，$(0,0)$不是函数的极值点.

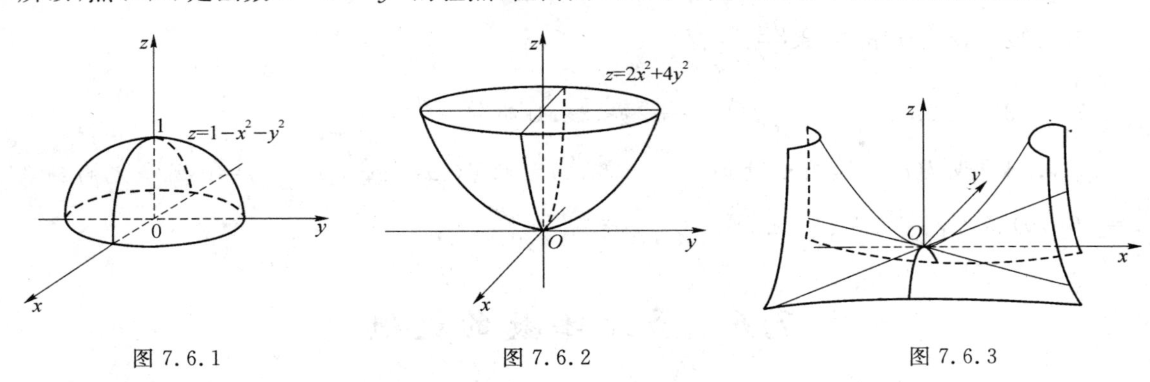

图7.6.1　　图7.6.2　　图7.6.3

如何判断驻点是不是极值点呢？在一元函数极值中，有一种方法是用函数在驻点处的二阶导数的符号去判断的，对于二元函数，也有类似的方法. 可以证明，有定理7.6.2.

定理7.6.2(极值的充分条件)　设函数$z=f(x,y)$在点$P_0(x_0,y_0)$的某一邻域内二阶连续偏导数，且$P_0(x_0,y_0)$是函数的驻点，即$f_x(x_0,y_0)=0, f_y(x_0,y_0)=0$，记

$$f_{xx}(x_0,y_0)=A$$
$$f_{xy}(x_0,y_0)=B$$
$$f_{yy}(x_0,y_0)=C$$

则

(1) $\Delta=B^2-AC<0$时，函数$z=f(x,y)$在点$P_0(x_0,y_0)$处有极值，且当$A<0$时，有极大值；当$A>0$时，有极小值.

(2) $\Delta=B^2-AC>0$时，函数$z=f(x,y)$在点$P_0(x_0,y_0)$处没有极值.

(3) $\Delta=B^2-AC=0$时，函数$z=f(x,y)$在点$P_0(x_0,y_0)$处可能有极值，也可能没有极值.

由定理7.6.1和定理7.6.2，可得到以下求具有二阶连续偏导数的函数$z=f(x,y)$极值的一般方法.

(1) 求导数：$f_x(x,y), f_y(x,y), f_{xx}(x,y), f_{xy}(x,y), f_{yy}(x,y)$.

(2) 找驻点：联立方程组

$$\begin{cases} f_x(x,y)=0 \\ f_y(x,y)=0 \end{cases}$$

解之，得到所有的驻点.

(3) 判极值：将驻点代入二阶导数中，依次求出A、B、C，并计算出$\Delta=B^2-AC$，判定驻点是否为极值点，如果是极值点，则代入原函数中，求出极值.

例7.6.1　求函数$f(x,y)=x^3-4x^2+2xy-y^2+3$的极值.

解　(1) 求偏导，得

$$f_x(x,y)=3x^2-8x+2y, f_y(x,y)=2x-2y$$
$$f_{xx}(x,y)=6x-8, f_{xy}(x,y)=2, f_{yy}(x,y)=-2$$

(2) 联立方程组

$$\begin{cases} f_x(x,y)=3x^2-8x+2y=0 \\ f_y(x,y)=2x-2y=0 \end{cases}$$

解之,得

$$\begin{cases} x=0 \\ y=0 \end{cases}, \quad \begin{cases} x=2 \\ y=2 \end{cases}$$

因此,函数有两个驻点(0,0)及(2,2).

(3) 在点(0,0)处,$A=f_{xx}(0,0)=-8$,$B=f_{xy}(0,0)=2$,$C=f_{yy}(0,0)=-2$,于是

$$\Delta=B^2-AC=2^2-(-8)\times(-2)=-12<0$$

所以,函数在点(0,0)处有极值. 又 $A=-8<0$,所以函数在点(0,0)处有极大值,代入原函数,算得极大值为 $f(0,0)=3$.

在(2,2)处,$A=f_{xx}(2,2)=4$,$B=f_{xy}(2,2)=2$,$C=f_{yy}(2,2)=-2$,于是

$$\Delta=B^2-AC=2^2-4\times(-2)=12>0$$

所以,函数在点(2,2)处没有极值.

7.6.2 最大值与最小值

与一元函数类似,可以利用函数的极值来求函数的最大值和最小值. 如果函数 $z=f(x,y)$ 在有界闭区域上连续,则 $z=f(x,y)$ 在 D 上必有最大值和最小值.

求最大值和最小值的一般方法是:将函数 $f(x,y)$ 在 D 内的所有驻点处的函数值及在 D 的边界上的最大值和最小值相互比较,其中最大的就是最大值,最小的就是最小值,但这种做法由于需要求出 $f(x,y)$ 在 D 的边界上的最大值和最小值,所以往往相当复杂.

在实际问题中,根据问题的性质,常可知道函数 $f(x,y)$ 的最大值(最小值)一定在 D 的内部取得,而函数在 D 内只有一个驻点,则可肯定该驻点处的函数值就是函数 $f(x,y)$ 在 D 上的最大值(最小值).

例 7.6.2 要做一个容积为 32 cm^3 的无盖长方体箱子,长、宽、高各为多少时,才能使所用材料最省?

解 设长方体箱子的长、宽、高分别是 x (cm),y (cm),z (cm),表面积为 A,根据已知条件,得

$$A=xy+2xy+2yz$$

又它的体积为

$$v=xyz=32$$

由上述两式消去 z,得

$$\begin{aligned} A&=xy+2x\frac{32}{xy}+2y\frac{32}{xy} \\ &=xy+\frac{64}{y}+\frac{64}{x} \quad (x>0, y>0) \end{aligned}$$

所用的材料最省,也就是箱子的表面积最小,即求上述函数的最小值,求偏导数,得

$$A_x=y-\frac{64}{x^2}$$

$$A_y=x-\frac{64}{y^2}$$

令两个偏导数为 0,得方程组

$$\begin{cases} y-\dfrac{64}{x^2}=0 \\ x-\dfrac{64}{y^2}=0 \end{cases}$$

解之,得驻点为(4,4).

由问题的实际意义知,表面积 A 在区域 $D=\{(x,y)\mid x>0,y>0\}$ 内一定取得最小值,又因为在 D 内只有一个驻点(4,4),所以函数 A 必在该点取得最小值,即当 $x=4,y=4$ 时表面积最小.此时,箱子的高为 2.因此,箱子的长、宽、高分别为 4 cm、4 cm 和 2 cm 时,所用材料最省.

例 7.6.3 设某企业生产甲、乙两种产品,其销售单价分别为 10 元和 13 元,生产 x 万件甲产品与 y 万件乙产品的总成本是

$$C(x,y)=2x^2+xy+y^2$$

问当两种产品的产量各为多少时,利润最大?最大利润是多少?

解 利润函数为

$$\begin{aligned} L(x,y)&=10x+13y-(2x^2+xy+y^2) \\ &=10x+13y-2x^2-xy-y^2 \end{aligned}$$

对利润函数求一阶偏导数,并令其为 0,得方程组

$$\begin{cases} L_x(x,y)=10-4x-y=0 \\ L_y(x,y)=13-x-2y=0 \end{cases}$$

求得函数的驻点为(1,6),因为它是区域 $D=\{(x,y)\mid x>0,y>0\}$ 内的唯一驻点,所以函数在该点必取得最大值,即当甲产品产量为 1 万件,乙产品产量为 6 万件时,利润最大,最大利润为

$$L(1,6)=44 \text{ 万元}$$

7.6.3 条件极值、拉格朗日乘数法

上面讨论的极值问题,对于函数的自变量,除了限制在函数的定义域内以外,并无其他条件,所以称为无条件极值,但在实际问题中,会遇到对函数的自变量附加约束条件的极值问题,这类极值称为条件极值.

对于条件极值,可以仿照例 7.6.2 的消元法转化为无条件极值解决,但很多情况下,这种转化比较复杂.因此,需要寻求条件极值的一般解法.

求解条件极值的一种较好方法是拉格朗日乘数法.如果求函数 $z=f(x,y)$ 在约束条件 $\varphi(x,y)=0$ 下的极值,则用拉格朗日乘数法的求解步骤如下.

(1) 构造拉格朗日函数:将函数 $f(x,y)$ 和 $\varphi(x,y)$ 组合起来,得到下面的函数(称为拉格朗日函数).

$$L(x,y,\lambda)=f(x,y)+\lambda\varphi(x,y)$$

其中,λ 为待定常数,称为拉格朗日乘数.于是,将原条件极值问题化为求三元函数 $L(x,y,\lambda)$ 的无条件极值的问题.

(2) 求驻点:对函数 $L(x,y,\lambda)$ 求一阶偏导数,并令它们为 0,得到方程组

$$\begin{cases}\dfrac{\partial L}{\partial x}=f_x(x,y,\lambda)+\lambda\varphi_x(x,y)=0\\ \dfrac{\partial L}{\partial y}=f_y(x,y,\lambda)+\lambda\varphi_y(x,y)=0\\ \dfrac{\partial L}{\partial \lambda}=\varphi(x,y)=0\end{cases}$$

解之,即得原函数 $f(x,y)$ 满足约束条件的驻点 (x_0,y_0) 和乘数 λ 的值.

(3) 判极值:一般可根据问题的实际意义,判定 (x_0,y_0) 是否为极值点.

上述方法还可推广到多个自变量和多个约束条件的情形.例如,要求函数

$$u=f(x,y,z)$$

在约束条件

$$\varphi(x,y,z)=0,\psi(x,y,z)=0$$

下的极值,可以先构造辅助函数

$$L(x,y,z,\lambda,\mu)=f(x,y,z)+\lambda\varphi(x,y,z)+\mu\psi(x,y,z)$$

于是,原条件极值问题转化为求函数 $L(x,y,z,\lambda,\mu)$ 的无条件极值问题,按照上述步骤即可求解.

例 7.6.4 求表面积为 $2a^2(a>0)$ 而体积为最大的长方体的体积.

解 设此长方体的长、宽、高分别为 x,y,z,则问题化为在条件

$$xy+yz+xz=a^2$$

下求函数

$$u=xyz$$

的最大值,构造拉格朗日函数

$$L(x,y,z)=xyz+\lambda(xy+yz+xz-a^2)$$

对上式求偏导数,得方程组

$$\begin{cases}yz+\lambda(y+z)=0\\ xz+\lambda(x+z)=0\\ xy+\lambda(x+y)=0\\ xy+yz+xz-a^2=0\end{cases}$$

解之,得 $x=y=z=\dfrac{\sqrt{3}}{3}a$,因为问题本身一定存在最大值,而点 $\left(\dfrac{\sqrt{3}}{3}a,\dfrac{\sqrt{3}}{3}a,\dfrac{\sqrt{3}}{3}a\right)$ 是唯一可能的极值点,所以最大值必在此点取得,因此当长方体的长、宽、高均为 $\dfrac{\sqrt{3}}{3}a$ 时,长方体的体积最大,且最大体积为 $\dfrac{\sqrt{3}}{9}a^3$.

例 7.6.5 某工厂生产两种商品的日产量分别为 x 和 y(单位:件),总成本函数(单位:元)

$$C(x,y)=16x^2-xy+6y^2$$

如果商品的限额为 $2x+y=84$,试求最小成本.

解 原问题是求函数 $C(x,y)=16x^2-xy+6y^2$ 在约束条件 $2x+y=84$ 下的最小值,构造拉格朗日函数

$$L(x,y,\lambda)=16x^2-xy+6y^2+\lambda(2x+y-84)$$

对上述求偏导数,并令其为 0,得方程组

$$\begin{cases}32x-y+2\lambda=0\\-x+12y+\lambda=0\\2x+y-84=0\end{cases}$$

解之，得 $x=25,y=34$，因为函数只有唯一驻点$(25,34)$，所以它必须在该点取得最小值，即最小成本为

$$C(25,34)=16\times25^2-25\times34+6\times34^2=16\,086\text{ 元}$$

习题 7.6

7.6.1 求下列函数的极值.

(1) $z=(x-1)^2+(y+1)^2$

(2) $z=(6x+x^2)(4y-y^2)$

(3) $z=x^2+y^2-xy-2x-y+3$

(4) $z=e^{2x}(x+y^2+2y)$

7.6.2 求函数 $f(x,y)=x^2+y^2$ 在条件 $2x+y=2$ 下的极值.

7.6.3 求函数 $z=\sqrt{x^2+y^2}$ 在满足条件 $x^2+y^2+x+y-1=0$ 下的最大值和最小值.

7.6.4 求对角线长度为 $2\sqrt{3}$，体积为最大的长方体的体积.

7.6.5 求函数 $f(x,y)=x+2y$ 在条件 $x^2+y^2=5$ 下的极值.

7.6.6 设两个正数的积为 A，求这两个正数的和的最小值.

7.6.7 造一容积为 16 cm^3 的长方体无盖水池，如何选择尺寸，表面积最小？

7.6.8 在椭球面 $\dfrac{x^2}{a^2}+\dfrac{y^2}{b^2}+\dfrac{z^2}{c^2}=1$ 上求一点，使其三个坐标的乘积最大.

7.6.9 在直线 $\begin{cases}y+2=0\\x+2z=7\end{cases}$ 上找一点，使它到点$(0,-1,1)$的距离最短.

7.6.10 设某企业的总成本函数为

$$C(x,y)=5x^2+2xy+3y^2+800$$

每年的产品限额为 $x+y=39$，求最小成本.

7.6.11 某公司的两个工厂生产同样的产品，但所需成本不同，第 1 个工厂生产 x 单位产品和第 2 个工厂生产 y 单位产品时的总成本是

$$C(x,y)=x^2+2y^2+5xy+700$$

若公司的生产任务是 500 个单位，如何分配任务才能使总成本最小？

7.7 二重积分

在第 5 章中，讨论了被积函数是一元函数，积分范围是 x 轴上一个区间的积分，即定积分问题，现在来考虑被积函数是二元函数，积分范围是平面区域的积分，即二重积分问题.

7.7.1 二重积分的概念与性质

看下面的实例.

例 7.7.1 求曲顶柱体的体积.

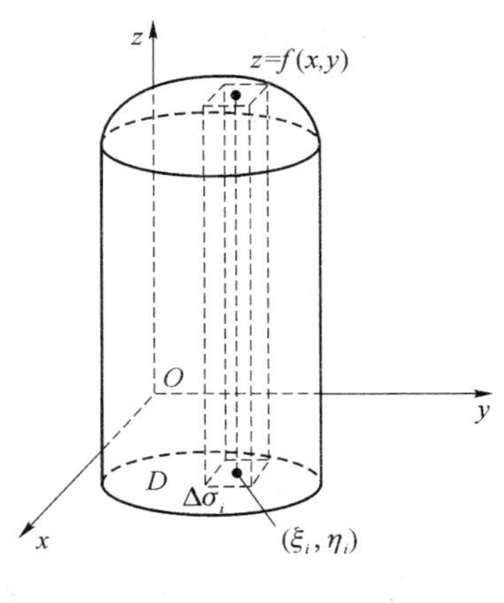

图 7.7.1

设有一个立体(如图 7.7.1 所示),它的底是 xOy 面上的有界闭区域 D,它的侧面是以区域 D 的边界曲线为准线,而母线平行于 z 轴的柱面,它的顶是定义在 D 上的二元连续函数 $z=f(x,y)$(这里假定 $f(x,y)\geqslant 0$)所表示的曲面,这样的立体称为曲顶柱体,现在来计算它的体积 V.

平顶柱体的体积公式为

$$\text{体积}=\text{底面积}\times\text{高}$$

对于曲顶柱体,当点(x,y)在区域 D 上变动时,高度 $f(x,y)$是个变量,因此它的体积不能直接用上式来计算,用与求曲边梯形面积类似的方法(即分割、近似代替、求和、取极限)来计算曲顶柱体的体积.

(1) 将区域 D 分成 n 个小闭区域

$$\Delta\sigma_1、\Delta\sigma_2、\cdots、\Delta\sigma_n$$

把大的曲顶柱体分成分别以 $\Delta\sigma_1、\Delta\sigma_2、\cdots、\Delta\sigma_n$ 为底的 n 个小曲顶柱体.

(2) 在每个小区域 $\Delta\sigma_i$($\Delta\sigma_i$ 也表示这个小区域的面积)上任取一点(ξ_i,η_i),做乘积 $f(\xi_i,\eta_i)\cdot\Delta\sigma_i(i=1,2,\cdots,n)$,用它近似代替第 i 个小曲顶柱体的体积.

(3) 对上述 n 个体积的近似值求和,得到整个曲顶柱体体积的近似值,即

$$V\approx\sum_{i=1}^{n}f(\xi_i,\eta_i)\cdot\Delta\sigma_i$$

(4) 为了求得 V 的精确值,令 n 个小区域直径(区域的直径是指这个区域中任意两点的距离最大值)中的最大者(记做 λ)趋于 0,则上述和式的极限就是曲顶柱体的体积,即

$$V=\lim_{\lambda\to 0}\sum_{i=1}^{n}f(\xi_i,\eta_i)\cdot\Delta\sigma_i$$

上面把求曲顶柱体的体积归结为求一个和式的极限.在物理、力学和工程技术等许多领域中,也会遇到这类和式的极限问题.有必要一般地研究它,从而抽象出下述二重积分的定义.

定义 7.7.1 设 $f(x,y)$是定义在有界闭区域 D 上的有界函数,将闭区域 D 任意地分割成 n 个小区域

$$\Delta\sigma_1、\Delta\sigma_2、\cdots、\Delta\sigma_i、\cdots、\Delta\sigma_n$$

其中,$\Delta\sigma_i(i=1,2,\cdots,n)$表示第 i 个小区域,也表示它的面积,在每个小区域 $\Delta\sigma_i$ 上任取一点$(\xi_i,\eta_i)(i=1,2,\cdots,n)$,做和式

$$\sum_{i=1}^{n}f(\xi_i,\eta_i)\cdot\Delta\sigma_i$$

如果当各小区域的直径中的最大值 λ 趋于 0 时,上述和式的极限存在,则称此极限为函数 $f(x,y)$在闭区域 D 上的二重积分,记做 $\iint\limits_D f(x,y)\mathrm{d}\sigma$,即

$$\iint\limits_D f(x,y)\mathrm{d}\sigma=\lim_{\lambda\to 0}\sum_{i=1}^{n}f(\xi_i,\eta_i)\cdot\Delta\sigma_i$$

其中,$f(x,y)$称为被积函数,$f(x,y)\mathrm{d}\sigma$ 称为被积表达式,$\mathrm{d}\sigma$ 称为面积元素,x 与 y 称为积分变

量，D 称为积分区域，$\sum_{i=1}^{n} f(\xi_i, \eta_i)\Delta\sigma_i$ 称为积分和式.

由二重积分的定义 7.7.1 可知，例 7.7.1 中曲顶柱体的体积 V 可表示为

$$V = \iint_D f(x,y)\mathrm{d}\sigma$$

类似于定积分，二重积分 $\iint_D f(x,y)\mathrm{d}\sigma$ 的几何意义是：当 $f(x,y) \geqslant 0$ 时，$\iint_D f(x,y)\mathrm{d}\sigma$ 表示曲顶柱体的体积；当 $f(x,y) \leqslant 0$ 时，$\iint_D f(x,y)\mathrm{d}\sigma$ 表示曲顶柱体体积的负值；当 $f(x,y)$ 在 D 的某些区域上为正，而在其他的区域上为负时，$\iint_D f(x,y)\mathrm{d}\sigma$ 就等于区域上的柱体体积的代数和.

二重积分与定积分有类似的性质，现叙述如下.

性质 7.7.1 有限个函数代数和的二重积分等于各函数二重积分的代数和，即

$$\iint_D [f(x,y) \pm g(x,y)]\mathrm{d}\sigma = \iint_D f(x,y)\mathrm{d}\sigma \pm \iint_D g(x,y)\mathrm{d}\sigma$$

性质 7.7.2 被积函数的常数因子可以提到二重积分号的外面，即

$$\iint_D kf(x,y)\mathrm{d}\sigma = k\iint_D f(x,y)\mathrm{d}\sigma \quad (k \text{ 为常数})$$

性质 7.7.3（可加性） 如果将闭区域分为两个闭区域 D_1 与 D_2，则在 D 上的二重积分等于 D_1 与 D_2 上的二重积分的和，即

$$\iint_D f(x,y)\mathrm{d}\sigma = \iint_{D_1} f(x,y)\mathrm{d}\sigma + \iint_{D_2} f(x,y)\mathrm{d}\sigma$$

性质 7.7.3 表明，二重积分对于积分区域具有可加性.

性质 7.7.4 如果在 D 上，$f(x,y) \equiv 1$，σ 为 D 的面积，则

$$\sigma = \iint_D 1\mathrm{d}\sigma = \iint_D \mathrm{d}\sigma$$

性质 7.7.4 的几何意义是高为 1 的平顶柱体的体积在数值上等于柱体的底面积.

性质 7.7.5（保号性） 如果在 D 上，$f(x,y) \leqslant g(x,y)$，则有不等式

$$\iint_D f(x,y)\mathrm{d}\sigma \leqslant \iint_D g(x,y)\mathrm{d}\sigma$$

性质 7.7.6（估值性质） 设 M，m 分别是 $f(x,y)$ 在闭区域 D 上的最大值和最小值，σ 是 D 的面积，则有

$$m\sigma \leqslant \iint_D f(x,y)\mathrm{d}\sigma \leqslant M\sigma$$

上述不等式称为二重积分的估值不等式，因为 $m \leqslant f(x,y) \leqslant M$，所以由性质 7.7.5，有

$$\iint_D m\,\mathrm{d}\sigma \leqslant \iint_D f(x,y)\mathrm{d}\sigma \leqslant \iint_D M\mathrm{d}\sigma$$

再应用性质 7.7.2 和性质 7.7.4，即得此估值不等式.

性质 7.7.7（中值定理） 设函数 $f(x,y)$ 在闭区域 D 上连续，σ 是 D 的面积，则在 D 上至少存在一点 (ξ,η)，使得

$$\iint_D f(x,y)\mathrm{d}\sigma = f(\xi,\eta) \cdot \sigma$$

7.7.2 在直角坐标系下二重积分的计算

如果二重积分

$$\iint_D f(x,y)\mathrm{d}\sigma=\lim_{\lambda\to 0}\sum_{i=1}^{n}f(\xi_i,\eta_i)\Delta\sigma_i$$

存在,则二重积分的值与对积分区域的划分无关.因此,在直角坐标系下,可以用平行于坐标轴的直线族将区域 D 分成若干个小区域,这些小区域中除去靠区域边界的一些不规则的小区域外,绝大部分都是小矩形(如图 7.7.2 所示),而小矩形 $\Delta\sigma_i$ 的面积为

$$\Delta\sigma_i=\Delta x_i\Delta y_i$$

所以,在直角坐标系下,面积元素为

$$\mathrm{d}\sigma=\mathrm{d}x\mathrm{d}y$$

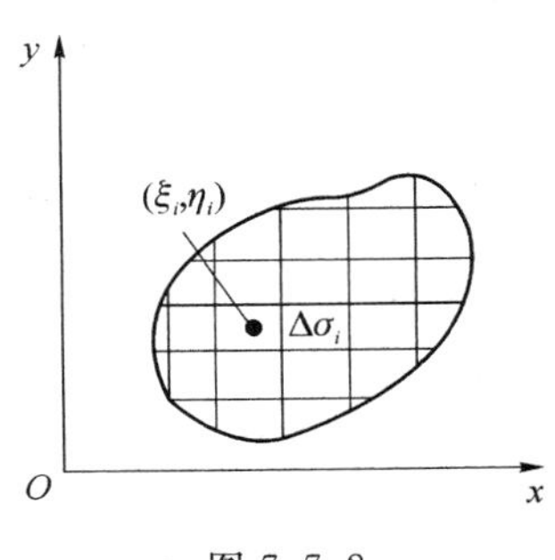

图 7.7.2

于是,二重积分可写成

$$\iint_D f(x,y)\mathrm{d}\sigma=\iint_D f(x,y)\mathrm{d}x\mathrm{d}y$$

下面用几何方法来讨论二重积分 $\iint_D f(x,y)\mathrm{d}x\mathrm{d}y$ 的计算问题,在讨论中假定 $f(x,y)\geqslant 0$.

设积分区域 D 由两条直线 $x=a,x=b$ 及两条曲线 $y=\varphi_1(x),y=\varphi_2(x)$ 所围成,这时区域 D 可用不等式

$$\varphi_1(x)\leqslant y\leqslant\varphi_2(x),a\leqslant x\leqslant b$$

来表示(如图 7.7.3 所示).

根据二重积分的几何意义,二重积分 $\iint_D f(x,y)\mathrm{d}x\mathrm{d}y$ 的值等于以 D 为底,以曲面 $z=f(x,y)$ 为顶的曲顶柱体的体积(如图 7.7.4 所示),即

$$V=\iint_D f(x,y)\mathrm{d}x\mathrm{d}y \tag{7.7.1}$$

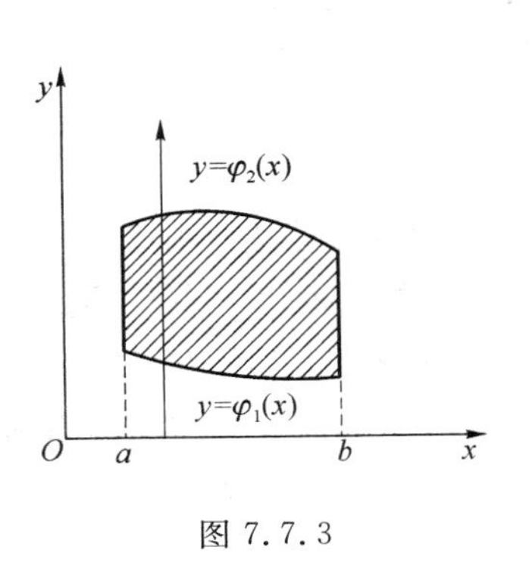

图 7.7.3

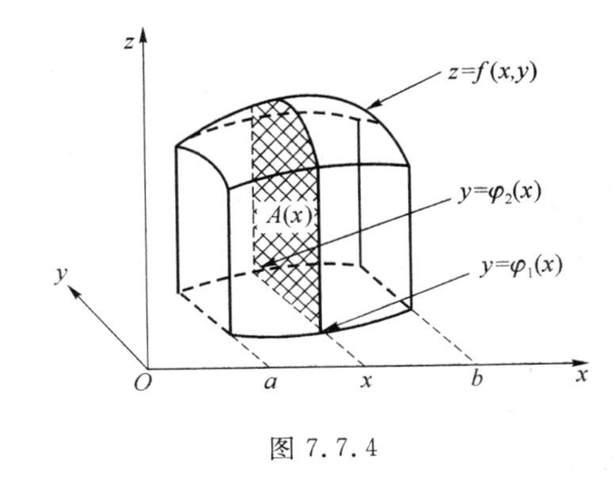

图 7.7.4

另外,根据第 5 章中用微元法求体积的方法,又可用下面的方法来求曲顶柱体的体积.

用过区间$[a,b]$上任意一点 x,且垂直于 x 轴的平面去截曲顶柱体的一截面,其面积是 x 的函数,记做 $A(x)$,根据定积分求面积的公式,可得

$$A(x)=\int_{\varphi_1(x)}^{\varphi_2(x)} f(x,y)\mathrm{d}y$$

给 x 一个微小的增量 $\mathrm{d}x$，再过 $x+\mathrm{d}x$ 作垂直于 x 轴的平面截曲顶柱体得另一截面，则夹在两个截面之间的“小薄片”可以近似地看做一个以 $A(x)$ 为底，以 $\mathrm{d}x$ 为高的柱体，其体积近似地为

$$\mathrm{d}V=A(x)\mathrm{d}x=\left[\int_{\varphi_1(x)}^{\varphi_2(x)} f(x,y)\mathrm{d}y\right]\mathrm{d}x$$

在区间 $[a,b]$ 上对上述体积微元求积分，得曲顶柱体的体积为

$$V=\int_a^b A(x)\mathrm{d}x=\int_a^b\left[\int_{\varphi_1(x)}^{\varphi_2(x)} f(x,y)\mathrm{d}y\right]\mathrm{d}x \tag{7.7.2}$$

由(7.7.1)式和(7.7.2)式，得

$$\iint_D f(x,y)\mathrm{d}x\mathrm{d}y=\int_a^b\left[\int_{\varphi_1(x)}^{\varphi_2(x)} f(x,y)\mathrm{d}y\right]\mathrm{d}x$$

上述右边的积分叫做先对 y，后对 x 的二次积分. 计算第 1 次积分时，把 x 看做常数，把 $f(x,y)$ 看做 y 的函数，对 y 计算从 $\varphi_1(x)$ 到 $\varphi_2(x)$ 的定积分；计算第 2 次积分时，把第 1 次算得的结果(是 x 的函数)对 x 计算在区间 $[a,b]$ 上的定积分，上式也可简记为

$$\iint_D f(x,y)\mathrm{d}x\mathrm{d}y=\int_a^b \mathrm{d}x\int_{\varphi_1(x)}^{\varphi_2(x)} f(x,y)\mathrm{d}y \tag{7.7.3}$$

这就是把二重积分化为先对 y，后对 x 的二次积分公式.

在上面的讨论中，假定 $f(x,y)\geqslant 0$，取消这个限制条件，公式仍然是成立的.

类似地，如果积分区域 D 可以用不等式

$$\psi_1(y)\leqslant x\leqslant \psi_2(y),\ c\leqslant y\leqslant d$$

来表示(如图 7.7.5 所示)，其中函数 $\psi_1(y)$，$\psi_2(y)$ 在区间 $[c,d]$ 上连续，则有

$$\iint_D f(x,y)\mathrm{d}x\mathrm{d}y=\int_c^d\left[\int_{\psi_1(y)}^{\psi_2(y)} f(x,y)\mathrm{d}x\right]\mathrm{d}y$$

上式右边的积分叫做先对 x，后对 y 的二次积分，上式也可简记为

$$\iint_D f(x,y)\mathrm{d}x\mathrm{d}y=\int_c^d \mathrm{d}y\int_{\psi_1(y)}^{\psi_2(y)} f(x,y)\mathrm{d}x \tag{7.7.4}$$

这就是把二重积分化为先对 x，后对 y 的二次积分的公式.

如图 7.7.3 所示的区域称为 X 型区域，如图 7.7.5 所示的区域称为 Y 型区域. X(或 Y)型区域的特点是穿过 D 内部且平行于 y(或 x)轴的直线与 D 的边界相交不多于两点. 使用公式(7.7.3)时，积分区域必须是 X 型区域；而使用公式(7.7.4)时，积分区域必须是 Y 型区域. 当积分区域既不是 X 型区域，又不是 Y 型区域(如图 7.7.6 所示)时，应将它分割成几部分，使每一部分是这两类区域之一. 例如，在图 7.7.6 中，把 D 分成 3 部分，它们都是 X 型区域，从而可对每个区域求二重积分，再求它们的和，即得整个区域上的二重积分.

如果积分区域 D 既是 X 型区域，又是 Y 型区域(如图 7.7.7 所示)，则

$$\iint_D f(x,y)\mathrm{d}x\mathrm{d}y=\int_a^b \mathrm{d}x\int_{\varphi_1(x)}^{\varphi_2(x)} f(x,y)\mathrm{d}y=\int_c^d \mathrm{d}y\int_{\psi_1(y)}^{\psi_2(y)} f(x,y)\mathrm{d}x$$

上式表明，两个不同次序的二次积分都等于同一个二重积分.

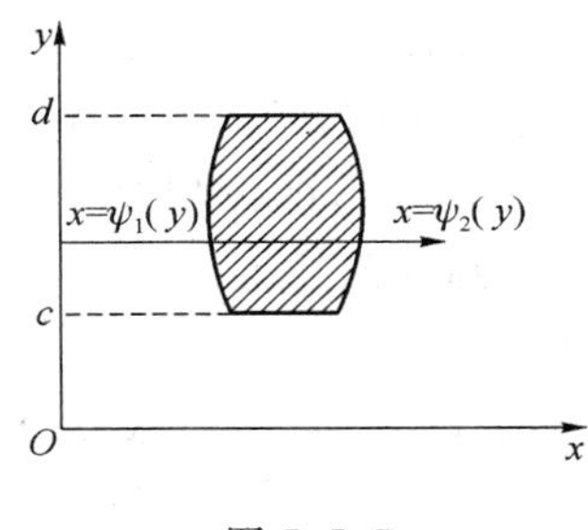

图 7.7.5

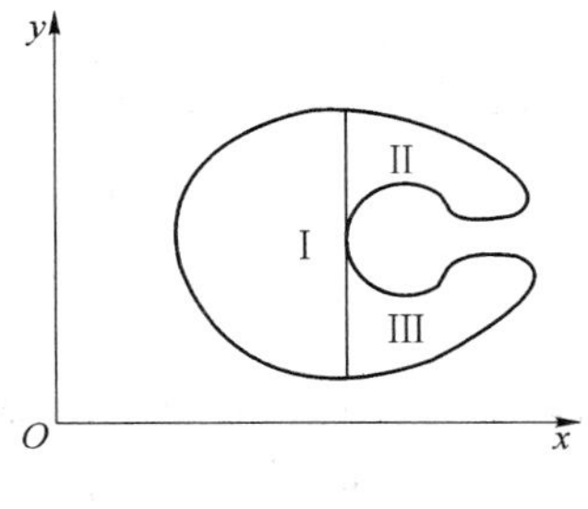

图 7.7.6

例 7.7.2 计算二重积分$\iint\limits_D (x^2+y^2)\mathrm{d}\sigma$，其中 D 是由 $y=x$ 和 $y=x^2$ 所围成的区域.

解法 1： 画出积分区域 D(如图 7.7.8 所示).由于 D 可用不等式表示为

$$x^2\leqslant y\leqslant x,\quad 0\leqslant x\leqslant 1$$

它是 X 型区域，因此有

$$\iint\limits_D (x^2+y^2)\mathrm{d}\sigma=\int_0^1 \mathrm{d}x\int_{x^2}^{x}(x^2+y^2)\mathrm{d}y=\int_0^1\left[x^2y+\frac{1}{3}y^3\right]_{x^2}^{x}\mathrm{d}x$$

$$=\int_0^1\left(\frac{4}{3}x^3-x^4-\frac{1}{3}x^6\right)\mathrm{d}x=\frac{3}{35}$$

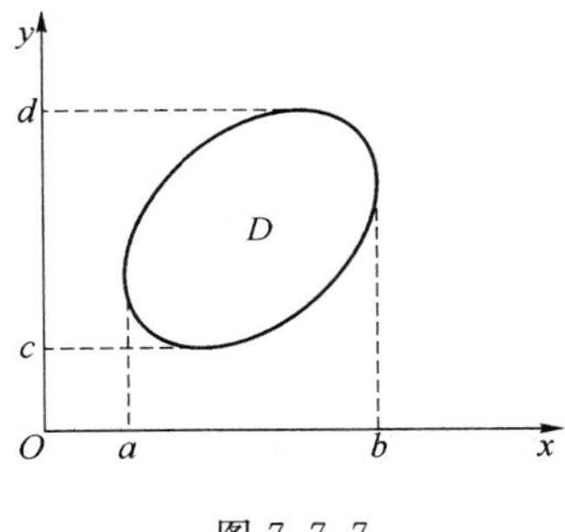

图 7.7.7

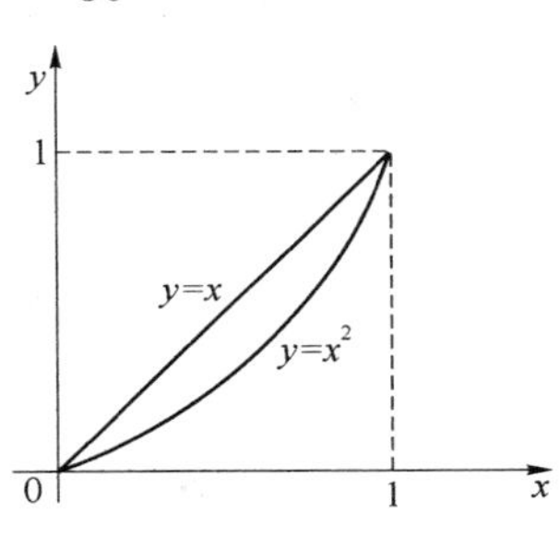

图 7.7.8

解法 2： 积分区域 D 也可用不等式表示为

$$y\leqslant x\leqslant\sqrt{y},0\leqslant y\leqslant 1$$

它是 Y 型区域，因此有

$$\iint\limits_D (x^2+y^2)\mathrm{d}\sigma=\int_0^1 \mathrm{d}y\int_{y}^{\sqrt{y}}(x^2+y^2)\mathrm{d}x=\frac{3}{35}$$

例 7.7.3 计算二重积分$\iint\limits_D \frac{y^2}{x^2}\mathrm{d}\sigma$，其中 D 是由 $y=x, y=2$ 及双曲线 $xy=1$ 所围成的区域.

解 画出积分区域 D(如图 7.7.9 所示)，由于 D 可用不等式表示为

$$\frac{1}{y}\leqslant x\leqslant y,\quad 1\leqslant y\leqslant 2$$

它是 Y 型区域，因此有

$$\iint\limits_D \frac{y^2}{x^2}\mathrm{d}\sigma=\int_1^2 \mathrm{d}y\int_{\frac{1}{y}}^{y}\frac{y^2}{x^2}\mathrm{d}x=\int_1^2\left[-\frac{y^2}{x}\right]_{\frac{1}{y}}^{y}\mathrm{d}y$$

$$=\int_1^2(y^3-y)\mathrm{d}y=\frac{9}{4}$$

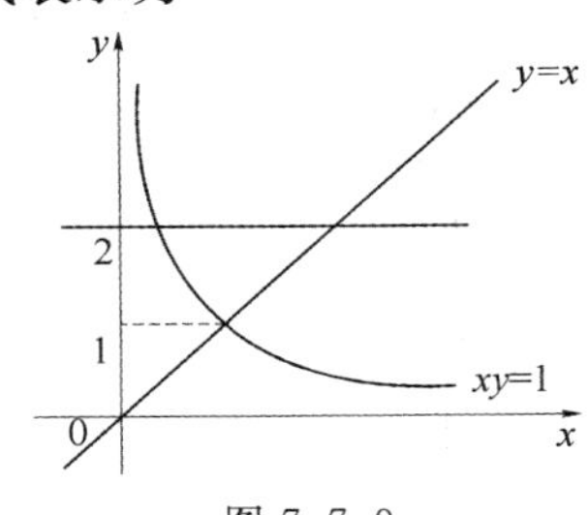

图 7.7.9

例 7.7.3 中,如果选择先对 y,后对 x 积分的积分次序,则需要将 D 分为两个区域进行积分,计算也相应复杂一些.因此,将二重积分化为二次积分时,正确选择积分次序很重要.

例 7.7.4 求两个底圆半径都是 R 的直交圆柱面所围成的立体的体积 V.

解 如图 7.7.10(a)所示,建立空间直角坐标系,则两个圆柱面的方程分别为

$$x^2+y^2=R^2,x^2+z^2=R^2$$

由对称性,只要计算它在第一象限部分的体积,然后再乘以 8 即可,所求立体上第一象限部分可以看成是一个曲顶柱体,它的底为不等式

$$D:0\leqslant x\leqslant R,\quad 0\leqslant y\leqslant \sqrt{R^2-x^2}$$

所表示的区域(如图 7.7.10(b)所示),它的顶是柱面.

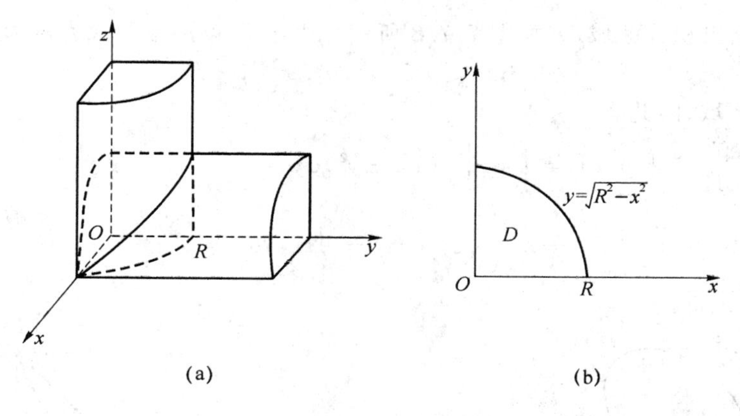

图 7.7.10

因此

$$V=8\iint\limits_D \sqrt{R^2-x^2}\mathrm{d}x\mathrm{d}y=8\int_0^R\mathrm{d}x\int_0^{\sqrt{R^2-x^2}}\sqrt{R^2-x^2}\mathrm{d}y=\frac{16}{3}R^3$$

习题 7.7

7.7.1 填空题

(1) 设 D 是矩形闭区域 $|x|\leqslant 1,|y|\leqslant 2$,则 $\iint\limits_D \mathrm{d}x\mathrm{d}y=$ ________;

(2) 设 D 是由 $\left\{(x,y)\left|\frac{x^2}{4}+y^2\leqslant 1\right.\right\}$ 所确定的闭区域,则 $\iint\limits_D \mathrm{d}x\mathrm{d}y=$ ________.

7.7.2 计算下列二重积分.

(1) $\iint\limits_D x\sin y\,\mathrm{d}\sigma$,其中 D 是矩形区域 $1\leqslant x\leqslant 2,0\leqslant y\leqslant \frac{\pi}{2}$.

(2) $\iint\limits_D x\sqrt{y}\mathrm{d}\sigma$,其中 D 是由 $y=\sqrt{x},y=x^2$ 所围成的区域.

(3) $\iint\limits_D (3x+2y)\mathrm{d}\sigma$,其中 D 是由 $x=0,y=0,x+y=2$ 所围成的区域.

(4) $\iint\limits_D 2xy\,\mathrm{d}x\mathrm{d}y$,其中 D 是由 $y=2,y=x,y=2x$ 所围成的区域.

(5) $\iint\limits_D 8xy\,\mathrm{d}x\mathrm{d}y$，其中 D 是由 $y^2=x, y=x-2$ 所围成的区域.

小　　结

本章是一元函数及其微分学和积分学的自然延伸和发展，基本的思想和方法还是无限逼近和极限的方法.本章的基本概念、基本计算如下.

一、空间直角坐标系、空间曲面与方程

了解空间直角坐标系，掌握空间二点间距离公式

$$P_1(x_1, y_1, z_1),\quad P_2(x_2, y_2, z_2)$$

$$|P_1P_2|=\sqrt{(x_2-x_1)^2+(y_2-y_1)^2+(z_2-z_1)^2}$$

掌握球面方程，了解常见的几种二次曲面方程、柱面方程和平面方程.

二、二元函数及其极限和连续性

掌握二元函数 $z=f(x,y)$ 及其几何意义，会求二元函数的定义域，了解当 $(x,y)\to(x_0,y_0)$ 时二元函数 $z=f(x,y)$ 的二重极限

$$\lim_{(x,y)\to(x_0,y_0)} f(x,y)$$

知道二元函数 $z=f(x,y)$ 的连续性.

$$z=f(x,y)\text{ 在 }P_0(x_0,y_0)\text{ 处连续}\Longleftrightarrow \lim_{(x,y)\to(x_0,y_0)} f(x,y)=f(x_0,y_0)$$

三、偏导数和全微分

掌握二元函数偏导数的概念及定义式

$$z=f(x,y)$$

$$\frac{\partial z}{\partial x}=\lim_{\Delta x\to 0}\frac{f(x+\Delta x,y)-f(x,y)}{\Delta x}$$

$$\frac{\partial z}{\partial y}=\lim_{\Delta y\to 0}\frac{f(x,y+\Delta y)-f(x,y)}{\Delta y}$$

熟练掌握多元函数偏导数的求法，能求二元函数的二阶偏导数.

掌握二元函数全微分的概念.

函数 $z=f(x,y)$ 的全微分

$$\mathrm{d}z=\frac{\partial z}{\partial x}\mathrm{d}x+\frac{\partial z}{\partial y}\mathrm{d}y$$

熟练掌握二元函数全微分的计算，理解函数的全微分和偏导数的关系.

四、多元复合函数的求导

熟练掌握多元复合函数求导的链式法则.

(1) $z=f(u(x,y),v(x,y))$

$$\frac{\partial z}{\partial x}=\frac{\partial z}{\partial u}\cdot\frac{\partial u}{\partial x}+\frac{\partial z}{\partial v}\cdot\frac{\partial v}{\partial x}$$

z u v x y

(1)

$$\frac{\partial z}{\partial y}=\frac{\partial z}{\partial u}\cdot\frac{\partial u}{\partial y}+\frac{\partial z}{\partial v}\cdot\frac{\partial v}{\partial y}$$

(2) $z=f(u(x,y),v(x,y),w(x,y))$

$$\frac{\partial z}{\partial x}=\frac{\partial z}{\partial u}\cdot\frac{\partial u}{\partial x}+\frac{\partial z}{\partial v}\cdot\frac{\partial v}{\partial x}+\frac{\partial z}{\partial w}\cdot\frac{\partial w}{\partial x}$$

$$\frac{\partial z}{\partial y}=\frac{\partial z}{\partial u}\cdot\frac{\partial u}{\partial y}+\frac{\partial z}{\partial v}\cdot\frac{\partial v}{\partial y}+\frac{\partial z}{\partial w}\cdot\frac{\partial w}{\partial y}$$

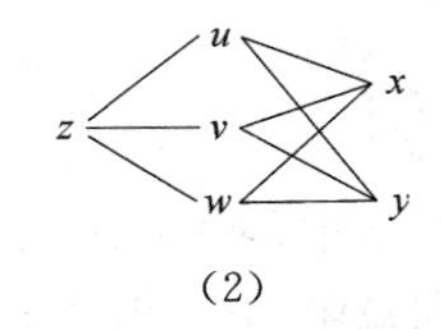

(2)

(3) $z=f(u(x),v(x),w(x))$

$$\frac{dz}{dx}=\frac{\partial z}{\partial u}\cdot\frac{du}{dx}+\frac{\partial z}{\partial v}\cdot\frac{dv}{dx}+\frac{\partial z}{\partial w}\cdot\frac{dw}{dx}$$

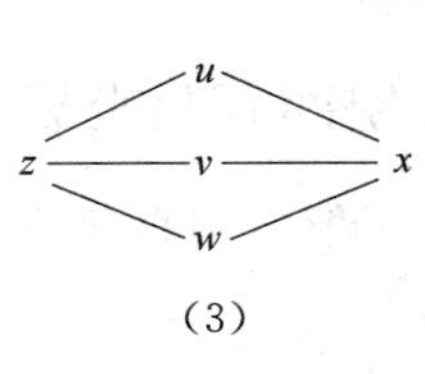

(3)

(4) 隐函数 $F(x,y,z(x,y))\equiv 0$

$$\frac{\partial z}{\partial x}=-\frac{F_x(x,y,z)}{F_z(x,y,z)}=-\frac{F_x}{F_z}$$

$$\frac{\partial z}{\partial y}=-\frac{F_y(x,y,z)}{F_z(x,y,z)}=-\frac{F_y}{F_z}$$

(4)

五、二元函数的极值与最值

会求二元函数的驻点.

$$z=f(x,y),\ \begin{cases}f_x(x,y)=0\\ f_y(x,y)=0\end{cases}$$

熟练掌握二元函数极值的必要条件、充分条件,会求二元函数的极值.

掌握二元函数的最大值、最小值的求法,能用拉格朗日乘数法求条件极值.

六、二重积分

理解二重积分的几何意义,掌握二重积分的性质,熟练掌握将二重积分化成二次积分进行计算.

$$\iint\limits_D f(x,y)\,dx\,dy=\int_a^b dx\int_{\varphi_1(x)}^{\varphi_2(x)}f(x,y)\,dy$$

$$\iint\limits_D f(x,y)\,dx\,dy=\int_c^d dy\int_{\psi_1(y)}^{\psi_2(y)}f(x,y)\,dx$$

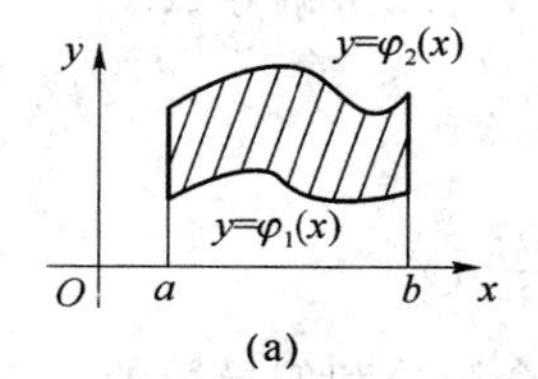

(a)

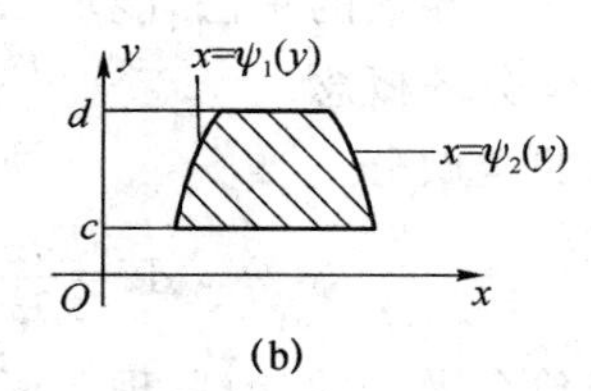

(b)

复习题七

1. 填空题

(1) 函数 $z=\ln(x^2+y^2)$ 的定义域为________;

(2) 已知 $f(x,y)=\arcsin(x^2+y^2)$，则 $f\left(\frac{1}{2},\frac{1}{2}\right)=$________；

(3) $\lim\limits_{\substack{x\to 2\\ y\to 2}}(x^2+xy-y^2)=$________；

(4) 设 $f(x,y)=xy$，则 $f_x(1,1)=$________；

(5) 设 $z=x^2+xy-y^2$，则在点(1,1)的全微分为________；

(6) $\iint\limits_D \mathrm{d}\sigma=$________.

2. 求下列函数的定义域.

(1) $z=\sqrt{4x^2+9y^2-36}$

(2) $u=\arcsin\dfrac{z}{\sqrt{x^2+y^2}}$

3. 求下列各极限.

(1) $\lim\limits_{\substack{x\to\infty\\ y\to\infty}}\dfrac{1}{x^2-xy+y^2}$

(2) $\lim\limits_{\substack{x\to 1\\ y\to 1}}\dfrac{2-\sqrt{xy+3}}{xy-1}$

4. 求下列函数的偏导数.

(1) $z=(x+y)\arctan xy$

(2) $z=\sqrt{\ln(x^2+y^2)}$

5. 设 $z=\sin^2(x-2y)$，求$\dfrac{\partial^2 z}{\partial x^2},\dfrac{\partial^2 z}{\partial x\partial y}$.

6. 求 $z=\ln\sqrt{1+x^2+y^2}$ 在点(1,1)的全微分.

7. 求 $\ln(\sqrt[3]{1.02}+\sqrt[4]{0.99}-1)$的近似值.

8. 设 $z=uv,u=\sin x,v=\mathrm{e}^x$，求$\dfrac{\mathrm{d}z}{\mathrm{d}x}$.

9. 求下列函数的极值.

(1) $z=x^3-y^3-3xy$

(2) $z=\sqrt{x^2+y^2+xy+x-y+4}$

10. 将长为 l 的线段分为三段，分别围成圆、正方形和正三角形，怎样分才能使它们的面积的和最小.

11. 设生产某种产品需 A，B 两种原料，其单价分别为 10 元、20 元，已知产品数量 Q 与两种原料数量 x,y 之间的函数关系为 $Q(x,y)=0.22x^2y$，现欲购料 3 000 元，两种原料各购多少时，可使生产数量最多？

12. 设某工厂的总利润函数为

$$L(x,y)=60x+120y+2x^2-2xy-y^2$$

设备的最大产出力为 $x+y=15$，求最大利润.

13. 求二重积分.

(1) $\iint\limits_D\left(\dfrac{x}{y}\right)^2\mathrm{d}\sigma$，$D$ 是由 $y=x,xy=1,x=2$ 所围成的区域.

(2) $\iint\limits_D\dfrac{\sin y}{y}\mathrm{d}\sigma$，$D$ 是由 $y=x,x=0,y=\dfrac{\pi}{2},y=\pi$ 所围成的区域.

第8章 无穷级数

无穷级数是高等数学的一个重要组成部分，是研究无限个离散变量之和的数学模型，又是表示函数、研究函数的性质及进行数值计算的一种工具.本章将在极限理论的基础上，首先介绍无穷级数的一些基本概念和性质，然后讨论数项级数和函数项级数.

8.1 无穷级数的概念与性质

初等数学中，有限实数 $u_1, u_2, u_3, \cdots, u_n$ 相加，其结果是一个实数，本章将讨论"无限个实数相加"可能出现的情况及其有关特性.

8.1.1 无穷级数的概念

《庄子・天下篇》中有"一尺之棰，日取其半，万世不竭"，把每天截下的那一部分长度"加"起来，即

$$\frac{1}{2}+\frac{1}{2^2}+\frac{1}{2^3}+\cdots+\frac{1}{2^n}+\cdots$$

这就是一个"无限个数相加"的例子，从直观上可以看出它的和是1.

再如，下面由"无限个数相加"的表达式

$$1+(-1)+1+(-1)+\cdots$$

中，如果将它写做 $(1-1)+(1-1)+(1-1)+\cdots=0+0+0+\cdots$ 其结果无疑是0，如果写做

$$1+[(-1)+1]+[(-1)+1]+\cdots=1+0+0+\cdots$$

其结果就是1.

由上例知，"无穷个数相加"不能简单地引用有限个数相加的概念，而必须建立它一定的理论.

下面给出无穷级数定义8.1.1.

定义 8.1.1 给定一个数列 $u_1, u_2, u_3, \cdots, u_n, \cdots$，由这个数列构成的表达式

$$u_1+u_2+u_3+\cdots+u_n+\cdots \tag{8.1.1}$$

叫做无穷级数，简称级数，记为 $\sum\limits_{n=1}^{\infty} u_n$，即

$$\sum_{n=1}^{\infty} u_n = u_1+u_2+u_3+\cdots+u_n+\cdots$$

其中，第 n 项称为级数的一般项或通项.

下面是一些无穷级数的例子.

等差级数：$\sum\limits_{n=1}^{\infty}[a+(n-1)d]=a+(a+d)+(a+2d)+\cdots+[a+(n-1)d]+\cdots$，又称为算术级数.

等比级数：$\sum_{n=1}^{\infty} aq^{n-1} = a + aq + aq^2 + \cdots + aq^{n-1} + \cdots$，又称为几何级数.

p 级数：$\sum_{n=1}^{\infty} \frac{1}{n^p} = 1 + \frac{1}{2^p} + \frac{1}{3^p} + \cdots + \frac{1}{n^p} + \cdots$，$p=1$ 时，即 $\sum_{n=1}^{\infty} \frac{1}{n}$，称为调和级数.

上述级数的定义只是一个形式上的定义，怎样理解无穷级数中无穷多个量相加呢？是否存在"和"，如果存在，那么"和"是多少呢？

取级数 $\sum_{n=1}^{\infty} u_n$ 的前 n 项和

$$S_n = u_1 + u_2 + u_3 + \cdots + u_n$$

S_n 称为级数 $\sum_{n=1}^{\infty} u_n$ 的部分和，当 n 依次取 1,2,3,… 时，它们构成新的数列

$$\begin{aligned} &S_1 = u_1 \\ &S_2 = u_1 + u_2 \\ &S_3 = u_1 + u_2 + u_3 \\ &\quad\vdots \\ &S_n = u_1 + u_2 + u_3 + \cdots + u_n \end{aligned}$$

根据这个数列有没有极限，引入无穷级数 $\sum_{n=1}^{\infty} u_n$ 的收敛与发散的概念.

定义 8.1.2 如果级数 $\sum_{n=1}^{\infty} u_n$ 部分和数列 $\{S_n\}$ 有极限，即 $\lim_{n\to\infty} S_n = S$，则称无穷级数 $\sum_{n=1}^{\infty} u_n$ 收敛，这时极限 S 叫做级数的和，并写成

$$S = \sum_{n=1}^{\infty} u_n = u_1 + u_2 + \cdots + u_n + \cdots$$

如果数列 $\{S_n\}$ 没有极限，则称无穷级数 $\sum_{n=1}^{\infty} u_n$ 发散.

数列 $\left\{\frac{1}{2^n}\right\}$ 所构成的无穷级数 $\frac{1}{2} + \frac{1}{2^2} + \frac{1}{2^3} + \cdots + \frac{1}{2^n} + \cdots$ 的部分和 $S_n = 1 - \frac{1}{2^n}$，由于

$$\lim_{n\to\infty} S_n = \lim_{n\to\infty}\left(1 - \frac{1}{2^n}\right) = 1$$

所以，此无穷级数收敛，而且它的和等于 1.

无穷级数 $1-1+1-1+\cdots+(-1)^{n-1}+\cdots$ 的部分和数列

$$S_n = \begin{cases} 1, & n = 2k-1 \\ 0, & n = 2k \end{cases} \quad (k = 1,2,3,\cdots)$$

显然，这个数列是发散的. 所以，无穷级数 $1-1+1-1+\cdots+(-1)^{n-1}+\cdots$ 是发散的.

再考查下面的例子.

例 8.1.1 判别无穷级数 $\frac{1}{1\times 2} + \frac{1}{2\times 3} + \frac{1}{3\times 4} + \cdots + \frac{1}{n(n-1)} + \cdots$ 的敛散性.

解 由于

$$u_n = \frac{1}{n(n+1)} = \frac{1}{n} - \frac{1}{n+1}$$

因此

$$\begin{aligned} S_n &= \frac{1}{1\times 2} + \frac{1}{2\times 3} + \frac{1}{3\times 4} + \cdots + \frac{1}{n(n+1)} \\ &= \left(1 - \frac{1}{2}\right) + \left(\frac{1}{2} - \frac{1}{3}\right) + \cdots + \left(\frac{1}{n} - \frac{1}{n+1}\right) \\ &= 1 - \frac{1}{n+1} \end{aligned}$$

从而 $\lim\limits_{n\to\infty} S_n=\lim\limits_{n\to\infty}\left(1-\dfrac{1}{n+1}\right)=1$，所以该级数收敛，其和为 1.

例 8.1.2 证明级数 $1+3+5+\cdots+(2n-1)+\cdots$ 是发散的.

证明 该级数的部分和为

$$S_n=1+3+5+\cdots+(2n-1)=\frac{n}{2}[1+(2n-1)]=n^2$$

显然，$\lim\limits_{n\to\infty} S_n=\lim\limits_{n\to\infty} n^2=\infty$，因此该级数是发散的.

例 8.1.3 判定级数 $\sum\limits_{n=1}^{\infty}\ln\left(1+\dfrac{1}{n}\right)$ 的敛散性.

解 该级数的部分和为

$$\begin{aligned}S_n&=\ln 2+\ln\frac{3}{2}+\ln\frac{4}{3}+\cdots+\ln\frac{n+1}{n}\\&=\ln\left(2\times\frac{3}{2}\times\frac{4}{3}\times\cdots\times\frac{n+1}{n}\right)\\&=\ln(n+1)\end{aligned}$$

显然，$\lim\limits_{n\to\infty} S_n=\lim\limits_{n\to\infty}\ln(n+1)=\infty$，因此该级数是发散的.

例 8.1.4 讨论等比级数 $\sum\limits_{n=1}^{\infty} aq^{n-1}=a+aq+\cdots+aq^{n-1}+\cdots$（其中 $a\neq 0$）的敛散性.

解 如果 $|q|\neq 1$，则部分和为

$$S_n=a+aq+aq^2+\cdots+aq^{n-1}=\frac{a(1-q^n)}{1-q}=\frac{a}{1-q}-\frac{aq^n}{1-q}$$

当 $|q|<1$ 时，由于 $\lim\limits_{n\to\infty} q^n=0$，从而 $\lim\limits_{n\to\infty} S_n=\dfrac{a}{1-q}$，此时级数收敛，其和为 $\dfrac{a}{1-q}$.

当 $|q|>1$ 时，由于 $\lim\limits_{n\to\infty} q^n=\infty$，从而 $\lim\limits_{n\to\infty} S_n=\infty$，此时级数发散.

当 $|q|=1$ 时，若 $q=1$，$S_n=na$，$\lim\limits_{n\to\infty} S_n=\infty$，因此级数发散；若 $q=-1$ 时，级数成为 $a-a+a-a+\cdots+(-a)^{n-1}+\cdots$，显然 n 为奇数时，$S_n=a$，n 为偶数时，$S_n=0$，从而 S_n 的极限不存在，这时级数也发散.

例 8.1.5 把循环小数 $0.\dot{1}\dot{2}$ 化为分数.

解 因为 $0.\dot{1}\dot{2}=\dfrac{12}{100}+\dfrac{12}{100^2}+\dfrac{12}{100^3}+\cdots+\dfrac{12}{100^n}+\cdots$ 是公比 $q=\dfrac{1}{100}$（$|q|<1$）的几何级数，所以此级数收敛，其和为 $S=\dfrac{\frac{12}{100}}{1-\frac{1}{100}}=\dfrac{12}{99}=\dfrac{4}{33}$，故 $0.\dot{1}\dot{2}=\dfrac{4}{33}$.

注意 (1)几何级数 $\sum\limits_{n=1}^{\infty} aq^{n-1}$ 的敛散性非常重要，无论是判定级数的收敛，还是进行幂级数展开，都要以几何级数的敛散性为基础.

(2) 如果无穷级数 $\sum\limits_{n=1}^{\infty} u_n$ 中，u_n 都是常数，此级数就是数项级数.

8.1.2 收敛级数的性质

性质 8.1.1 设 C 为非零常数，则级数 $\sum\limits_{n=1}^{\infty} u_n$ 与 $\sum\limits_{n=1}^{\infty} Cu_n$ 同时收敛或同时发散，且在收敛

时，有

$$\sum_{n=1}^{\infty} Cu_n = C\sum_{n=1}^{\infty} u_n$$

证明 设 $\sum\limits_{n=1}^{\infty} u_n$ 的部分和为 S_n，$\sum\limits_{n=1}^{\infty} Cu_n$ 的部分和为 σ_n，则

$$\sigma_n = Cu_1 + Cu_2 + Cu_3 + \cdots + Cu_n = C(u_1 + u_2 + u_3 + \cdots + u_n) = CS_n$$

由数列极限性质可知，若 $\lim\limits_{n\to\infty} S_n$ 存在，则 $\lim\limits_{n\to\infty} \sigma_n = \lim\limits_{n\to\infty} CS_n$ 存在；若 $\lim\limits_{n\to\infty} S_n$ 不存在，则 $\lim\limits_{n\to\infty} \sigma_n = \lim\limits_{n\to\infty} CS_n$ 不存在. 所以，级数 $\sum\limits_{n=1}^{\infty} u_n$ 与 $\sum\limits_{n=1}^{\infty} Cu_n$ 同时收敛或同时发散.

若收敛，设 $\sum\limits_{n=1}^{\infty} u_n = \lim\limits_{n\to\infty} S_n = S$，则

$$\sum_{n=1}^{\infty} Cu_n = \lim_{n\to\infty} CS_n = CS = C\sum_{n=1}^{\infty} u_n$$

性质 8.1.2 改变或去掉级数 $\sum\limits_{n=1}^{\infty} u_n$ 的前面有限项的值，不会改变级数的敛散性.

证明 设改变级数 $\sum\limits_{n=1}^{\infty} u_n$ 的前 k 项的值得到级数 $\sum\limits_{n=1}^{\infty} v_n$，并设它们的部分和依次为 S_n 和 σ_n，则

$$\begin{aligned}\sigma_n &= v_1 + v_2 + \cdots + v_k + v_{k+1} + \cdots + v_n \\ &= (u_1 + u_2 + \cdots + u_k + v_{k+1} + v_{k+2} + \cdots + v_n) + (v_1 + \cdots + v_k) - (u_1 + u_2 + \cdots + u_k) \\ &= S_n + \sigma_k - S_k\end{aligned}$$

由于 k 是有限数，所以 $\sigma_k - S_k$ 是常数，由极限运算法则可知，$\lim\limits_{n\to\infty} S_n$ 与 $\lim\limits_{n\to\infty}(S_n + \sigma_n - S_n)$ 同时存在或同时不存在，故级数 $\sum\limits_{n=1}^{\infty} u_n$ 与 $\sum\limits_{n=1}^{\infty} v_n$ 同敛散.

例 8.1.6 判断级数 $\sum\limits_{n=1}^{\infty}\left(\frac{1}{2}\right)^{n+9}$ 的敛散性.

解 由等比级数的敛散性可知，$\sum\limits_{n=1}^{\infty}\left(\frac{1}{2}\right)^{n-1}$ 是收敛的，而级数

$$\sum_{n=1}^{\infty}\left(\frac{1}{2}\right)^{n+9} = \left(\frac{1}{2}\right)^{10} + \left(\frac{1}{2}\right)^{11} + \left(\frac{1}{2}\right)^{12} + \cdots + \left(\frac{1}{2}\right)^{n+q} + \cdots$$

只是级数 $\sum\limits_{n=1}^{\infty}\left(\frac{1}{2}\right)^{n-1}$ 去掉前面 10 项后所得的级数，由性质 8.1.2 可知，应与 $\sum\limits_{n=1}^{\infty}\left(\frac{1}{2}\right)^{n-1}$ 有相同的敛散性，故级数 $\sum\limits_{n=1}^{\infty}\left(\frac{1}{2}\right)^{n+9}$ 收敛.

性质 8.1.3 如果级数 $\sum\limits_{n=1}^{\infty} u_n$，$\sum\limits_{n=1}^{\infty} v_n$ 均收敛，则级数 $\sum\limits_{n=1}^{\infty}(u_n \pm v_n)$ 也收敛，且有

$$\sum_{n=1}^{\infty}(u_n \pm v_n) = \sum_{n=1}^{\infty} u_n \pm \sum_{n=1}^{\infty} v_n$$

证明 设级数 $\sum\limits_{n=1}^{\infty} u_n$ 的前 n 项和为 S_n，$\lim\limits_{n\to\infty} S_n = S$，级数 $\lim\limits_{n\to\infty} \sigma_n$ 的前 n 项和为 σ_n，$\lim\limits_{n\to\infty} \sigma_n = \sigma$，级数 $(u_n \pm v_n)$ 的前 n 项和为 T_n，则

$$\begin{aligned}T_n &= (u_1 \pm v_1) + (u_2 \pm v_2) + \cdots + (u_n \pm v_n) \\ &= (u_1 + u_2 + \cdots + u_n) \pm (v_1 + v_2 + \cdots + v_n) \\ &= S_n \pm \sigma_n\end{aligned}$$

所以,有$\lim\limits_{n\to\infty} T_n = \lim\limits_{n\to\infty} S_n \pm \lim\limits_{n\to\infty} \sigma_n = S \pm \sigma$,故级数 $\sum\limits_{n=1}^{\infty}(u_n \pm v_n)$ 收敛,且

$$\sum_{n=1}^{\infty}(u_n \pm v_n) = S \pm \sigma = \sum_{n=1}^{\infty} u_n \pm \sum_{n=1}^{\infty} v_n$$

例 8.1.7 判定级数 $\sum\limits_{n=1}^{\infty}\left[\frac{(-1)^n}{2^{n+1}} + \frac{1}{3^n}\right]$的敛散性,若收敛,求此级数的和.

解 由于级数 $\sum\limits_{n=1}^{\infty}\frac{(-1)^n}{2^{n+1}} = \sum\limits_{n=1}^{\infty}\frac{1}{2}\left(-\frac{1}{2}\right)^n$,由等比数列的敛散性可知,$\sum\limits_{n=1}^{\infty}\frac{1}{2}\left(-\frac{1}{2}\right)^n$,$\sum\limits_{n=1}^{\infty}\left(\frac{1}{3}\right)^n$ 是收敛的,其和为

$$\begin{aligned}\sum_{n=1}^{\infty}\left[\frac{(-1)^n}{2^{n+1}} + \frac{1}{3^n}\right] &= \sum_{n=1}^{\infty}\frac{(-1)^n}{2^{n+1}} + \sum_{n=1}^{\infty}\frac{1}{3^n} = \frac{1}{2}\,\frac{-\frac{1}{2}}{1-\left(-\frac{1}{2}\right)} + \frac{\frac{1}{3}}{1-\frac{1}{3}} \\ &= -\frac{1}{6} + \frac{1}{2} = \frac{1}{3}\end{aligned}$$

性质 8.1.4 如果级数 $\sum\limits_{n=1}^{\infty} u_n$ 收敛,则对级数的项任意加括号所成的级数

$$(u_1 + u_2 + \cdots + u_{n_1}) + (u_{n_1+1} + u_{n_1+2} + \cdots + u_{n_2}) + \cdots + (u_{n_{k-1}} + \cdots + u_{n_k}) + \cdots$$

仍收敛,且其和不变.

证明 设在收敛级数

$$u_1 + u_2 + \cdots + u_n + \cdots \tag{8.1.2}$$

中,不改变各项顺序而插入括号,得到另一级数

$$(u_1 + u_2 + \cdots + u_k) + (u_{k+1} + u_{k+2} + \cdots + u_l) + (u_{l+1} + u_{l+2} + \cdots + u_m) + \cdots \tag{8.1.3}$$

并设级数(8.1.2),(8.1.3)的前 n 项部分和分别为 S_n 和 σ_n,于是

$$\sigma_1 = S_k, \sigma_2 = S_l, \sigma_3 = S_m, \cdots (k < l < m < \cdots)$$

这就表明,级数(8.1.3)的部分和数列 $\sigma_1, \sigma_2, \sigma_3, \cdots$ 是收敛级数(8.1.2)的部分和数列 S_1,$S_2, S_3, \cdots$ 的一个子数列,因为当 $n\to\infty$ 时,数列 S_n 收敛,设其和为 S,可以证明(从略)数列 S_n 的任一子数列必收敛于 S,于是

$$\lim_{n\to\infty} \sigma_n = S$$

即级数(8.1.3)收敛,且其和也为 S.

注意 如果加括号后所成级数收敛,则不能断定去括号后原来的级数也收敛,如级数 $(1-1)+(1-1)+\cdots$ 收敛于 0,但去括号后级数为 $1-1+1-1+\cdots$ 是发散的.

推论 如果加括号所成的级数发散,则原来的级数也发散,但同号的级数添括号、去括号不影响其敛散性.

性质 8.1.5 (级数收敛的必要条件) 如果级数 $\sum\limits_{n=1}^{\infty} u_n$ 收敛,则它的一般项 u_n 趋于 0,即

$$\lim_{n\to\infty} u_n = 0$$

证明 设级数

$$u_1 + u_2 + \cdots + u_n + \cdots$$

收敛于 S，记其部分和为 S_n，于是有

$$u_n = S_n - S_{n-1}$$

从而

$$\lim_{n\to\infty} u_n = \lim_{n\to\infty}(S_n - S_{n-1}) = \lim_{n\to\infty} S_n - \lim_{n\to\infty} S_{n-1} = S - S = 0$$

注意 级数的一般项趋于 0 并不是级数收敛的充分条件，有些级数虽然一般项趋于 0，但仍然是发散的，如调和级数

$$1 + \frac{1}{2} + \frac{1}{3} + \cdots + \frac{1}{n} + \cdots$$

虽然 $\lim\limits_{n\to\infty} \frac{1}{n} = 0$，但 $\sum\limits_{n=1}^{\infty} \frac{1}{n}$ 是发散的.

事实上，取前 $n = 2^m$ 项部分和

$$S_n = 1 + \frac{1}{2} + \frac{1}{3} + \frac{1}{4} + \cdots + \frac{1}{2^{m-1}} + \frac{1}{2^{m-1}+1} + \cdots + \frac{1}{2^m}$$

因为 $1 + \frac{1}{2} > \frac{1}{2}, \frac{1}{3} + \frac{1}{4} > \frac{1}{4} + \frac{1}{4} = \frac{1}{2}, \frac{1}{5} + \frac{1}{6} + \frac{1}{7} + \frac{1}{8} > \frac{1}{8} + \frac{1}{8} + \frac{1}{8} + \frac{1}{8} = \frac{1}{2}, \cdots,$

$$\frac{1}{2^{m-1}} + \frac{1}{2^{m-1}+1} + \frac{1}{2^{m-1}+2} + \cdots + \frac{1}{2^m} > \underbrace{\frac{1}{2^m} + \frac{1}{2^m} + \cdots + \frac{1}{2^m}}_{2^{m-1}\text{项}} = \frac{1}{2}$$

当 $n\to\infty$ 时，$m\to\infty$，而 $\lim\limits_{n\to\infty} S_n > \lim\limits_{n\to\infty} \frac{m}{2} = \infty$. 所以，$\lim\limits_{n\to\infty} S_n = \infty$，从而调和级数是发散的.

推论 对于级数 $\sum\limits_{n=1}^{\infty} u_n$，如果 $\lim\limits_{n\to\infty} u_n \neq 0$，则级数 $\sum\limits_{n=1}^{\infty} u_n$ 发散.

例 8.1.8 试判定级数 $\sum\limits_{n=1}^{\infty} \frac{1}{\left(1+\frac{1}{n}\right)^n}$ 的敛散性.

解 由于 $\lim\limits_{n\to\infty} \frac{1}{\left(1+\frac{1}{n}\right)^n} = \frac{1}{\mathrm{e}} \neq 0$，所以该级数发散.

例 8.1.9 试讨论级数 $\sum\limits_{n=1}^{\infty} \sin\frac{n}{2}\pi$ 的敛散性.

解 级数 $\sum\limits_{n=1}^{\infty} \sin\frac{n}{2}\pi = 1 + 0 - 1 + 0 + 1 + 0 - \cdots$，所以当 $n\to\infty$ 时，通项 $u_n = \sin\frac{n}{2}\pi$ 极限不存在，故此级数发散.

注意 性质 8.1.5 一般用来判断发散级数，那么在判断级数是否收敛时，往往先观察一下 $n\to\infty$ 时，通项 u_n 的极限是否为 0，仅当 $\lim\limits_{n\to\infty} u_n = 0$ 时，再用其他方法来判断级数收敛或发散.

习题 8.1

8.1.1 设级数 $\sum\limits_{n=1}^{\infty} u_n$ 收敛，试判定下列级数的敛散性.

(1) $\sum_{n=1}^{\infty} u_{n+1}$　　(2) $\sum_{n=1}^{\infty}(u_n+10)$

(3) $\sum_{n=1}^{\infty} 10u_n$　　(4) $\sum_{n=1}^{\infty}\frac{u_n}{10}$

8.1.2　利用级数收敛的定义判断下列级数的敛散性.

(1) $\sum_{n=1}^{\infty}\left(\frac{1}{\sqrt{n}}-\frac{1}{\sqrt{n+1}}\right)$　　(2) $\sum_{n=1}^{\infty}\frac{(-1)^{n-1}}{3^n}$

(3) $\sum_{n=1}^{\infty}\frac{1}{a^{2n-1}}$　　(4) $\sum_{n=1}^{\infty}\frac{1}{(n+1)(n+3)}$

(5) $\sum_{n=1}^{\infty}(-1)^n\cdot 2$

8.1.3　判断下列级数的敛散性.

(1) $\sum_{n=1}^{\infty}\frac{n}{(2n+3)}$　　(2) $\sum_{n=1}^{\infty}\frac{2+(-1)^n}{2^n}$

(3) $\sum_{n=1}^{\infty} n\ln\frac{n}{n+1}$　　(4) $\sum_{n=1}^{\infty}\frac{(-1)^{n-1}n}{2n+1}$

(5) $\sum_{n=1}^{\infty}(0.01)^{\frac{1}{n}}$　　(6) $\sum_{n=1}^{\infty}\left(\frac{1}{2^n}+\frac{2}{3^n}\right)$

8.2　数项级数的敛散性

8.2.1　正项级数及其敛散性

若数项级数各项的符号都相同,则称它为同号级数,对于同号级数只需研究一般项 $u_n\geqslant 0$ 的级数——正项级数.如果各项都是负数,则它乘以 -1 后得到一个正项级数,它们具有相同的敛散性.

定理 8.2.1　正项级数 $\sum_{n=1}^{\infty} u_n$ 收敛的充分必要条件是它的部分和数列 $\{S_n\}$ 有界.

证明　充分性

由于 $u_i>0(i=1,2,\cdots)$,所以 $\{S_n\}$ 是递增数列,又因为数列 $\{S_n\}$ 有界,故数列 $\{S_n\}$ 有极限,即 $\lim_{n\to\infty} S_n$ 存在,从而级数 $\sum_{n=1}^{\infty} u_n$ 收敛.

必要性

正项级数 $\sum_{n=1}^{\infty} u_n$ 收敛,由级数收敛的定义知,$\lim_{n\to\infty} S_n$ 存在,故数列 $\{S_n\}$ 有界.

由定理 8.2.1 可知,如果正项级数 $\sum_{n=1}^{\infty} u_n$ 发散,则它的部分和数列 $\{S_n\}$ 是无界的.由此,可得关于正项级数的一个收敛基本判别法.

定理 8.2.2(比较判别法)　设 $\sum_{n=1}^{\infty} u_n$ 和 $\sum_{n=1}^{\infty} v_n$ 均为正项级数,如果存在某正数 N,对于一切 $n\geqslant N$,都有 $u_n\leqslant v_n(n=N,N+1,\cdots)$,那么:

(1) 若级数$\sum_{n=1}^{\infty} v_n$收敛,则级数$\sum_{n=1}^{\infty} u_n$也收敛;

(2) 若级数$\sum_{n=1}^{\infty} u_n$发散,则级数$\sum_{n=1}^{\infty} v_n$也发散(证明从略).

比较判别法指出,判断一个正项级数的敛散性,可以把它和一个敛散性已知的正项级数作比较,从而得出结论.

例 8.2.1 考查级数$\sum_{n=1}^{\infty}\frac{1}{n^2-n+1}$的敛散性.

解 由于当$n\geqslant 2$时,有

$$\frac{1}{n^2-n+1}\leqslant\frac{1}{n^2-n}=\frac{1}{n(n-1)}$$

由例 8.1.1 可知,正项级数$\sum_{n=1}^{\infty}\frac{1}{n(n+1)}$是收敛的,且$\sum_{n=2}^{\infty}\frac{1}{n(n-1)}=\sum_{n=1}^{\infty}\frac{1}{n(n+1)}$,由比较判别法,正项级数$\sum_{n=1}^{\infty}\frac{1}{n^2-n+1}$也是收敛的.

例 8.2.2 证明级数$\sum_{n=1}^{\infty}\frac{1}{2n-1}$是发散的.

证明 因为级数一般项$u_n=\frac{1}{2n-1}>\frac{1}{2n}>0$,级数$\sum_{n=1}^{\infty}\frac{1}{2n}$与调和级数$\sum_{n=1}^{\infty}\frac{1}{n}$具有相同的敛散性,而$\sum_{n=1}^{\infty}\frac{1}{n}$是发散的,即$\sum_{n=1}^{\infty}\frac{1}{2n}$也发散,由比较判别法可得,$\sum_{n=1}^{\infty}\frac{1}{2n-1}$也发散.

例 8.2.3 讨论p级数$1+\frac{1}{2^p}+\frac{1}{3^p}+\cdots+\frac{1}{n^p}+\cdots,p>0$的敛散性.

解 分$p=1,0<p<1,p>1$时 3 种情况讨论.

(1) 当$p=1$时,p级数就是调和级数$\sum_{n=1}^{\infty}\frac{1}{n}$,它是发散的.

(2) 当$0<p<1$时,$n^p\leqslant n,\frac{1}{n^p}\geqslant\frac{1}{n}$,由调和级数$\sum_{n=1}^{\infty}\frac{1}{n}$发散及比较差别法知,$\sum_{n=1}^{\infty}\frac{1}{n^p}$是发散的.

(3) 当$p>1$时,依次把p级数的 1 项、2 项、4 项、8 项……括在一起,得到新的正项级数

$$\sum_{n=1}^{\infty} v_n=1+\left(\frac{1}{2^p}+\frac{1}{3^p}\right)+\left(\frac{1}{4^p}+\frac{1}{5^p}+\frac{1}{6^p}+\frac{1}{7^p}\right)+\cdots$$

它的每一项小于或等于下列正项级数对应的项

$$\sum_{n=1}^{\infty} u_n=1+\left(\frac{1}{2^p}+\frac{1}{2^p}\right)+\left(\frac{1}{4^p}+\frac{1}{4^p}+\frac{1}{4^p}+\frac{1}{4^p}\right)+\cdots$$

$$=1+\frac{1}{2^{p-1}}+\frac{1}{2^{2(p-1)}}+\cdots$$

而$\sum_{n=1}^{\infty} u_n$是一个以$\frac{1}{2^{p-1}}<1$为公比的等比级数,它是收敛的,由比较判别法知,$\sum_{n=1}^{\infty} v_n$也是收敛的,从而正项级数$\sum_{n=1}^{\infty} v_n$的部分和数列有上界. 这样,p级数的部分和数列就有上界,由定理 8.2.1,p级数是收敛的.

综上所述，当 $p>1$ 时，p 级数收敛；当 $0<p\leqslant 1$ 时，p 级数发散.

注意　p 级数是一个用处很广的级数，要牢牢记住它的敛散性.

在实际应用中，用比较判别法判别正项级数 $\sum_{n=1}^{\infty} u_n$ 的敛散性，一般需要找出不等式关系，对 u_n 进行放大或缩小，在 u_n 比较复杂的情况下，使用起来并不方便，如改用该判别法的极限形式就简单得多.

定理 8.2.3　设 $\sum_{n=1}^{\infty} u_n$ 和 $\sum_{n=1}^{\infty} v_n$ 都是正项级数，如果

$$\lim_{n\to\infty}\frac{u_n}{v_n}=l$$

则

(1) 当 $0<l<+\infty$ 时，级数 $\sum_{n=1}^{\infty} u_n$ 和 $\sum_{n=1}^{\infty} v_n$ 同时收敛或同时发散；

(2) 当 $l=0$ 时，如果级数 $\sum_{n=1}^{\infty} v_n$ 收敛，则级数 $\sum_{n=1}^{\infty} u_n$ 也收敛；

(3) 当 $l=+\infty$ 时，如果级数 $\sum_{n=1}^{\infty} v_n$ 发散，则级数 $\sum_{n=1}^{\infty} u_n$ 也发散(证明从略).

例 8.2.4　判断级数 $\sin\frac{\pi}{2}+\sin\frac{\pi}{2^2}+\sin\frac{\pi}{2^3}+\cdots+\sin\frac{\pi}{2^n}+\cdots$ 的敛散性.

解　由重要极限 $\lim_{n\to 0}\frac{\sin x}{x}=1$，知

$$\lim_{n\to\infty}\frac{\sin\frac{\pi}{2^n}}{\frac{\pi}{2^n}}=1$$

而等比级数 $\sum_{n=1}^{\infty}\frac{\pi}{2^n}$ 是收敛的，故由比较判别法的极限形式知，级数 $\sum_{n=1}^{\infty}\sin\frac{\pi}{2^n}$ 是收敛的.

例 8.2.5　判断级数 $\sum_{n=1}^{\infty}\frac{1}{\ln(1+n)}$ 的敛散性.

解

$$\lim_{n\to\infty}\frac{\frac{1}{\ln(n+1)}}{\frac{1}{n}}=\lim_{n\to\infty}\frac{n}{\ln(n+1)}=\lim_{x\to+\infty}\frac{x}{\ln(x+1)}$$

$$=\lim_{x\to+\infty}\frac{1}{\frac{1}{x+1}}=\lim_{x\to+\infty}(x+1)=+\infty$$

而调和级数 $\sum_{n=1}^{\infty}\frac{1}{n}$ 是发散的，由比较判别法的极限形式可知，级数 $\sum_{n=1}^{\infty}\frac{1}{\ln(1+n)}$ 是发散的.

将所给出的正项级数与等比级数比较，能得到在实用上很方便的比值判别法和根值判别法.

定理 8.2.4　(比值判别法或达朗贝尔(Dalember)判别法)　设 $\sum_{n=1}^{\infty} u_n$ 为正项级数，且

$$\lim_{n\to\infty}\frac{u_{n+1}}{u_n}=r$$

则当 $r<1$ 时，级数收敛；当 $r>1$ 时，级数发散；当 $r=1$ 时，级数可能收敛也可能发散(证明从略).

利用比值判别法，只需通过级数本身就可进行，无须像比较判别法那样找敛散性已知的级

数作比较.当然,当 $r=1$ 时,比值判别法失效,就得用其他判别法了.

例 8.2.6 判别级数 $\sum_{n=1}^{\infty}\frac{n+3}{3^n}$ 的敛散性.

解
$$\lim_{n\to\infty}\frac{u_{n+1}}{u_n}=\lim_{n\to\infty}\frac{\frac{n+1+3}{3^{n+1}}}{\frac{n+3}{3^n}}=\lim_{n\to\infty}\frac{n+4}{3(n+3)}=\frac{1}{3}<1$$

由比值判别法可知,级数 $\sum_{n=1}^{\infty}\frac{n+3}{3^n}$ 收敛.

例 8.2.7 判别级数 $\sum_{n=1}^{\infty}\frac{n^n}{n!}$ 的敛散性.

解
$$\lim_{n\to\infty}\frac{u_{n+1}}{u_n}=\lim_{n\to\infty}\frac{\frac{(n+1)^{n+1}}{(n+1)!}}{\frac{n^n}{n!}}=\lim_{n\to\infty}\frac{(n+1)^n}{n^n}=\lim_{n\to\infty}\left(1+\frac{1}{n}\right)^n=\mathrm{e}>1$$

由比值判别法可知,级数 $\sum_{n=1}^{\infty}\frac{n^n}{n!}$ 发散.

例 8.2.8 判别级数 $\sum_{n=1}^{\infty}\frac{n!}{10^n}$ 的敛散性.

解
$$\lim_{n\to\infty}\frac{u_{n+1}}{u_n}=\lim_{n\to\infty}\frac{\frac{(n+1)!}{10^{n+1}}}{\frac{n!}{10^n}}=\lim_{n\to\infty}\frac{n+1}{10}=\infty$$

由比值判别法可知,级数 $\sum_{n=1}^{\infty}\frac{n!}{10^n}$ 发散.

例 8.2.9 判别级数 $\sum_{n=1}^{\infty}\frac{x^n}{n}(x>0)$ 的敛散性.

解
$$\lim_{n\to\infty}\frac{u_{n+1}}{u_n}=\lim_{n\to\infty}\frac{\frac{x^{n+1}}{n+1}}{\frac{x^n}{n}}=\lim_{n\to\infty}\frac{n}{n+1}x=x$$

由比值判别法可知,当 $0<x<1$ 时,级数 $\sum_{n=1}^{\infty}\frac{x^n}{n}$ 收敛;当 $x>1$ 时,级数 $\sum_{n=1}^{\infty}\frac{x^n}{n}$ 发散;当 $n=1$ 时,级数 $\sum_{n=1}^{\infty}\frac{x^n}{n}$ 为调和级数,也发散.

例 8.2.10 判别级数 $\sum_{n=1}^{\infty}\frac{2}{n(n+1)}$ 的敛散性.

解
$$\lim_{n\to\infty}\frac{u_{n+1}}{u_n}=\lim_{n\to\infty}\frac{\frac{2}{(n+1)(n+2)}}{\frac{2}{n(n+1)}}=\lim_{n\to\infty}\frac{n}{n+2}=1$$

故比值判别法失效,需用其他法则判定.因为 $\frac{2}{n(n+1)}<\frac{2}{n^2}$,而 $\sum_{n=1}^{\infty}\frac{1}{n^2}$ 是 $p=2>1$ 的 p 级数,故它收敛,所以 $\sum_{n=1}^{\infty}\frac{2}{n^2}$ 收敛,由级数收敛的比较判别法知,级数 $\sum_{n=1}^{\infty}\frac{2}{n(n+1)}$ 收敛.

定理 8.2.5(柯西根值判别法) 对于正项级数 $\sum_{n=1}^{\infty} u_n$,若有

$$\lim_{n\to\infty} \sqrt[n]{u_n}=r$$

则当 $r<1$ 时,级数收敛;当 $r>1$ 时,级数发散;当 $r=1$ 时,级数可能收敛也可能发散(证明从略).

例 8.2.11 判别级数 $\sum_{n=1}^{\infty}\left(\frac{an}{2n+1}\right)^n (a>0)$ 的敛散性.

解 $$\lim_{n\to\infty} \sqrt[n]{u_n}=\lim_{n\to\infty}\sqrt[n]{\left(\frac{an}{2n+1}\right)^n}=\lim_{n\to\infty}\frac{an}{2n+1}=\frac{a}{2}$$

故当 $0<\frac{a}{2}<1$,即 $0<a<2$ 时,级数收敛;当 $\frac{a}{2}>1$,即 $a>2$ 时,级数发散;当 $a=2$ 时,$\lim_{n\to\infty} u_n=\lim_{n\to\infty}\left(\frac{2n}{2n+1}\right)^n=\mathrm{e}^{-\frac{1}{2}}\neq 0$,级数发散.

以上介绍了几种判别正项级数敛散性的判别方法.在实际判别时,可以先检查一般项是否趋于0.若不趋于0,则级数是发散的;若趋于0,再针对一般项的特点,选择适当的判别法.

8.2.2 任意项级数及其敛散性

1. 交错级数及其敛散性

定义 8.2.1 级数 $\sum_{n=1}^{\infty}(-1)^{n-1}u_n=u_1-u_2+u_3-\cdots+(-1)^{n-1}u_n+\cdots(u_n\geqslant 0)$ 称为交错级数.

对交错级数的敛散性,有如下判别法.

定理 8.2.6(莱布尼兹定理) 如果交错级数 $\sum_{n=1}^{\infty}(-1)^{n-1}u_n$ 满足条件:

(1) $u_n>u_{n+1}(n=1,2,3,\cdots)$

(2) $\lim_{n\to\infty} u_n=0$

则级数 $\sum_{n=1}^{\infty}(-1)^{n-1}u_n$ 收敛,且其和 $S\leqslant u_1$,若前 n 项和的余项为 r_n,它的绝对值 $|r_n|\leqslant u_{n+1}$(证明从略).

例 8.2.12 判断级数 $\sum_{n=1}^{\infty}(-1)^{n-1}\frac{1}{n}$ 的敛散性.

解 此级数 $\sum_{n=1}^{\infty}(-1)^{n-1}\frac{1}{n}$ 是交错级数,满足

(1) $u_n=\frac{1}{n}>\frac{1}{n+1}=u_{n+1}\quad(n=1,2,3,\cdots)$

(2) $\lim_{n\to\infty} u_n=\lim_{n\to\infty}\frac{1}{n}=0$

由莱布尼兹定理 8.2.6 可知,$\sum_{n=1}^{\infty}(-1)^{n-1}\frac{1}{n}$ 是收敛的,且其和 $S<1$,若取前 n 项的和 $S_n=1-\frac{1}{2}+\frac{1}{3}-\cdots+(-1)^{n-1}\frac{1}{n}$ 作为 S 的近似值,所产生的误差 $|r_n|\leqslant\frac{1}{n+1}=u_{n+1}$.

2. 绝对收敛和条件收敛

级数 $\sum\limits_{n=1}^{\infty} u_n = u_1 + u_2 + u_3 + \cdots + u_n + \cdots$，其中 $u_n(n=1,2,3,\cdots)$ 为任意实数，称为任意项级数.

定义 8.2.2 如果级数 $\sum\limits_{n=1}^{\infty} u_n$ 各项的绝对值所构成的正项级数 $\sum\limits_{n=1}^{\infty} |u_n|$ 收敛，则称级数 $\sum\limits_{n=1}^{\infty} u_n$ 绝对收敛；如果 $\sum\limits_{n=1}^{\infty} u_n$ 收敛而级数 $\sum\limits_{n=1}^{\infty} |u_n|$ 发散，则称级数 $\sum\limits_{n=1}^{\infty} u_n$ 条件收敛.

容易知道，级数 $\sum\limits_{n=1}^{\infty}(-1)^{n-1}\dfrac{1}{n^2}$ 是绝对收敛，而级数 $\sum\limits_{n=1}^{\infty}(-1)^{n-1}\dfrac{1}{n}$ 是条件收敛，级数绝对收敛和条件收敛有以下重要关系.

定理 8.2.7 如果级数 $\sum\limits_{n=1}^{\infty} u_n$ 绝对收敛，则级数 $\sum\limits_{n=1}^{\infty} u_n$ 必定收敛.

证明 令 $v_n = \dfrac{1}{2}(u_n + |u_n|) \quad (n=1,2,3,\cdots)$，显然 $v_n \geqslant 0$，且 $v_n \leqslant |u_n| \, (n=1,2,3,\cdots)$. 由比较判别法知，级数 $\sum\limits_{n=1}^{\infty} v_n$ 收敛，从而级数 $\sum\limits_{n=1}^{\infty} 2v_n$ 也收敛，又因为 $u_n = 2v_n - |u_n|$，由收敛的基本性质可得，级数 $\sum\limits_{n=1}^{\infty} u_n$ 收敛.

注意 (1) 当级数 $\sum\limits_{n=1}^{\infty} |u_n|$ 发散时，只能说明 $\sum\limits_{n=1}^{\infty} u_n$ 非绝对收敛，而不能说明 $\sum\limits_{n=1}^{\infty} u_n$ 发散.

(2) 如果用根值判别法或比值判别法判定出级数 $\sum\limits_{n=1}^{\infty} |u_n|$ 是发散的，则可以断定级数 $\sum\limits_{n=1}^{\infty} u_n$ 必定发散.

事实上，用这两种判别法判定级数 $\sum\limits_{n=1}^{\infty} |u_n|$ 发散的依据是 $|u_n|$ 不趋于 $0(n\to\infty)$，从而 u_n 不趋于 $0(n\to\infty)$，因此级数 $\sum\limits_{n=1}^{\infty} u_n$ 是发散的.

例 8.2.13 判断级数 $\sum\limits_{n=1}^{\infty}\dfrac{\sin n\alpha}{n^2}$ 的敛散性.

解 因为 $\left|\dfrac{\sin n\alpha}{n^2}\right| \leqslant \dfrac{1}{n^2}$，而级数 $\sum\limits_{n=1}^{\infty}\dfrac{1}{n^2}$ 收敛，所以级数 $\sum\limits_{n=1}^{\infty}\left|\dfrac{\sin n\alpha}{n^2}\right|$ 也收敛，由定理 8.2.7 知，级数 $\sum\limits_{n=1}^{\infty}\dfrac{\sin n\alpha}{n^2}$ 绝对收敛，从而 $\sum\limits_{n=1}^{\infty}\dfrac{\sin n\alpha}{n^2}$ 也收敛.

例 8.2.14 判断级数 $\sum\limits_{n=1}^{\infty}(-1)^n\left(1-\cos\dfrac{\alpha}{n}\right)$ (α 为任意常数) 是绝对收敛，还是条件收敛，还是发散.

解 因为 $\sum\limits_{n=1}^{\infty}\left|(-1)^n(1-\cos\dfrac{\alpha}{n})\right| = \sum\limits_{n=1}^{\infty}(1-\cos\dfrac{\alpha}{n})$ 是正项级数，且

$$\lim_{n\to\infty}\frac{u_n}{\frac{1}{n^2}} = \lim_{n\to\infty}\frac{1-\cos\frac{\alpha}{n}}{\frac{1}{n^2}} = \lim_{n\to\infty}\frac{2\sin^2\frac{\alpha}{2n}}{\frac{1}{n^2}} = \lim_{n\to\infty}\frac{2\left(\frac{\alpha}{2n}\right)^2}{\frac{1}{n^2}} = \frac{\alpha^2}{2}$$

所以,级数 $\sum_{n=1}^{\infty}\left|(-1)^n\left(1-\cos\frac{\alpha}{n}\right)\right|$ 与级数 $\sum_{n=1}^{\infty}\frac{1}{n^2}$ 具有相同的敛散性,而级数 $\sum_{n=1}^{\infty}\frac{1}{n^2}$ 收敛,故级数 $\sum_{n=1}^{\infty}\left|(-1)^n\left(1-\cos\frac{\alpha}{n}\right)\right|$ 收敛,即 $\sum_{n=1}^{\infty}(-1)^n\left(1-\cos\frac{\alpha}{n}\right)$ 绝对收敛.

例 8.2.15 判断级数 $\sum_{n=1}^{\infty}\frac{(-1)^n}{n-\ln n}$ 的敛散性.

解 因为

$$\sum_{n=1}^{\infty}\left|\frac{(-1)^n}{n-\ln n}\right|=\sum_{n=1}^{\infty}\frac{1}{n-\ln n}\qquad(n>\ln n)$$

由于 $\frac{1}{n-\ln n}>\frac{1}{n}$,而级数 $\sum_{n=1}^{\infty}\frac{1}{n}$ 发散,故级数 $\sum_{n=1}^{\infty}\frac{1}{n-\ln n}$ 发散,由于级数 $\sum_{n=1}^{\infty}\frac{(-1)^n}{n-\ln n}$ 为交错级数,且 $u_n=\frac{1}{n-\ln n}$,$u_n-u_{n+1}=\frac{1}{n-\ln n}-\frac{1}{n+1-\ln(n+1)}=\frac{1-\ln\left(1+\frac{1}{n}\right)}{(n-\ln n)[n+1-\ln(n+1)]}>0$,故 u_n 单调减少,又有 $\lim\limits_{n\to\infty}u_n=\lim\limits_{n\to\infty}\frac{1}{n-\ln n}=\lim\limits_{n\to\infty}\frac{1}{n}\cdot\frac{1}{1-\frac{\ln n}{n}}=0$,由莱布尼兹定理8.2.6知,级数 $\sum_{n=1}^{\infty}\frac{(-1)^n}{n-\ln n}$ 是条件收敛.

给定一个无穷级数,如何判别它的敛散性呢?一般地,可以按照如图 8.2.1 所示的方框图来判断给定级数的敛散性.

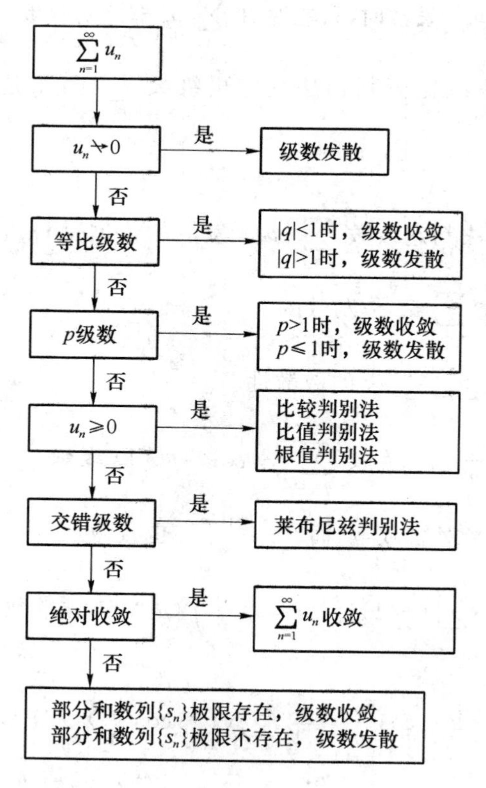

图 8.2.1

习题 8.2

8.2.1 判断下列正项级数的敛散性.

(1) $\sum_{n=1}^{\infty}\frac{1}{7^n+1}$　　(2) $\sum_{n=1}^{\infty}\frac{1}{0.9^n+1}$

(3) $\sum_{n=1}^{\infty}\frac{8}{n^2+5n+6}$　　(4) $\sum_{n=1}^{\infty}\frac{3}{2+5^n}$

8.2.2 用比较判别法或比较判别法的极限形式,判别下列级数的敛散性.

(1) $1+\frac{1}{3}+\frac{1}{5}+\cdots+\frac{1}{2n-1}+\cdots$

(2) $1+\frac{1+2}{1+2^2}+\frac{1+3}{1+3^2}+\cdots+\frac{1+n}{1+n^2}+\cdots$

(3) $\frac{1}{2\times5}+\frac{1}{3\times6}+\cdots+\frac{1}{(n+1)(n+4)}+\cdots$

(4) $\sin 1+\sin\frac{1}{2}+\sin\frac{1}{3}+\cdots+\sin\frac{1}{n}+\cdots$

(5) $\sum_{n=1}^{\infty}\frac{1}{1+a^n}\quad(a>0)$

8.2.3 用比值判别法,判别下列级数的敛散性.

(1) $\frac{3}{1\times2}+\frac{3^2}{2\times2^2}+\cdots+\frac{3^n}{n\times2^n}+\cdots$　　(2) $\sum_{n=1}^{\infty}\frac{n^2}{3^n}$

(3) $\sum_{n=1}^{\infty}\frac{2^n n!}{n^n}$　　(4) $\sum_{n=1}^{\infty} n\tan\frac{\pi}{2^{n+1}}$

8.2.4 用根值判别法,判别下列级数的敛散性.

(1) $\sum_{n=1}^{\infty}\left(\frac{n}{2n+1}\right)^n$

(2) $\sum_{n=1}^{\infty}\frac{1}{[\ln(n+1)]^n}$

(3) $\sum_{n=1}^{\infty}\left(\frac{n}{2n+1}\right)^n$

(4) $\sum_{n=1}^{\infty}\left(\frac{b}{a_n}\right)^n$,其中 $a_n\to a\ (n\to\infty)$,a_n,b,a 均为正数.

8.2.5 判别下列级数的敛散性,并指出是条件收敛还是绝对收敛.

(1) $\sum_{n=1}^{\infty}\frac{(-1)^{n-1}n}{6n-5}$　　(2) $\sum_{n=1}^{\infty}(-1)^{n-1}\frac{n}{\sqrt{n}}$

(3) $\sum_{n=1}^{\infty}\frac{(-1)^n}{2^n}n$　　(4) $\sum_{n=1}^{\infty}(-1)^{n-1}\frac{1}{\ln(n+1)}$

(5) $\sum_{n=1}^{\infty}(-1)^{n+1}\frac{2n^2}{n!}$　　(6) $\sum_{n=1}^{\infty}\left[\frac{\sin(n\alpha)}{n^2}-\frac{1}{\sqrt{n}}\right]$

8.3 幂级数

8.3.1 函数项级数的概念

定义 8.3.1 给定一个定义在区间 I 上的函数列 $u_1(x),u_2(x),\cdots,u_n(x),\cdots$,由此函数列构成的表达式

$$\sum_{n=1}^{\infty} u_n(x) = u_1(x) + u_2(x) + \cdots + u_n(x) + \cdots \tag{8.3.1}$$

称为定义在区间 I 上的函数项无穷级数,简称函数项级数,$u_n(x)$称为一般项或通项.

对于每一个确定的值 $x_0 \in I$,函数项级数(8.3.1)成为常数项级数

$$\sum_{n=1}^{\infty} u_n(x) = u_1(x_0) + u_2(x_0) + \cdots + u_n(x_0) + \cdots \tag{8.3.2}$$

级数(8.3.2)可能发散也可能收敛.如果(8.3.2)收敛,称点 x_0 是函数项级数(8.3.1)的收敛点;如果(8.3.2)发散,称点 x_0 是函数项级数(8.3.1)的发散点.函数项级数(8.3.1)的所有收敛点的全体称为它的收敛域,所有发散点的全体称为它的发散域.

对于收敛域内的任一个数 x,函数项级数成为一个收敛的常数项级数,因而有一个确定的和 S.这样,在收敛域上,函数项级数的和是 x 的函数 $S(x)$,通常称 $S(x)$为函数项级数的和函数,其定义域就是级数的收敛域,并写成

$$S(x)=u_1(x)+u_2(x)+\cdots+u_n(x)+\cdots$$

把级数(8.3.1)的前 n 项和记为 $S_n(x)$,则在收敛域上有 $\lim\limits_{n\to\infty} S_n(x) = S(x)$,把 $r_n(x)=S(x)-S_n(x)$叫做函数项级数的余项.显然,只有在收敛域上 $r_n(x)$才有意义,并且有 $\lim\limits_{n\to\infty} r_n(x)=0$.

例 8.3.1 求函数项级数 $\sum\limits_{n=1}^{\infty} x^{n-1}, x \in (-\infty, +\infty)$ 的收敛域及发散域.

解 级数 $\sum\limits_{n=1}^{\infty} x^{n-1}$ 是公比 $q=x$ 的等比级数.于是,当 $|x|<1$时,级数收敛;当 $|x|\geqslant 1$时,级数发散.所以,$\sum\limits_{n=1}^{\infty} x^{n-1}$ 的收敛域为$(-1,1)$,发散域为$(-\infty,-1]\cup[1,+\infty)$.

8.3.2 幂级数及其敛散性

1. 幂级数的概念

形如

$$\sum_{n=0}^{\infty} a_n(x-x_0)^n = a_0 + a_1(x-x_0) + a_2(x-x_0)^2 + \cdots + a_n(x-x_0)^n + \cdots \tag{8.3.3}$$

的函数项级数,称为 $x-x_0$ 的幂级数.其中,$a_n(n=0,1,2,\cdots)$为常数,称为幂级数的系数.

特别地,当 $x_0=0$ 时,级数(8.3.3)成为

$$\sum_{n=0}^{\infty} a_n x^n = a_0 + a_1 x + a_2 x^2 + \cdots + a_n x^n + \cdots \tag{8.3.4}$$

它称为 x 的幂级数.只要令 $t=x-x_0$,则级数(8.3.3)就可化成幂级数(8.3.4)的形式,所以着重讨论 x 的幂级数的敛散性.

关于幂级数,首先要解决收敛域的问题,在 $x=0$ 总是收敛的,除此之外,它还在哪些点收敛?有重要定理 8.3.1.

定理 8.3.1(阿尔贝尔(Abel)定理)　如果级数 $\sum_{n=0}^{\infty} a_n x^n$ 当 $x=x_0(x_0\neq 0)$ 时收敛,那么满足不等式 $|x|<|x_0|$ 的一切 x,幂级数都绝对收敛;反之,如果级数 $\sum_{n=0}^{\infty} a_n x^n$ 当 $x=x_0$ 时发散,那么满足不等式 $|x|>|x_0|$ 的一切 x,幂级数都发散.

证明从略.

2. 幂级数的收敛半径

定理 8.3.1 说明,如果幂级数在 $x=x_0$ 处收敛,则对于开区间 $(-|x_0|,|x_0|)$ 内的任何 x,幂级数都收敛;如果幂级数在 $x=x_0$ 处发散,则对于 $(-\infty,|x_0|)\cup(x_0,+\infty)$ 内的任何 x,幂级数都发散,由此得到以下结论.

如果幂级数 $\sum_{n=0}^{\infty} a_n x^n$,不是仅在 $x=0$ 一点收敛,也不是在整个数轴上都收敛,则必有一确定的正数 R 存在,使得 $|x|<R$ 时,幂级数绝对收敛;$|x|>R$ 时,幂级数发散;$x=R$ 或 $x=-R$ 时,幂级数可能收敛,也可能发散.正数 R 叫做幂级数(8.3.4)的收敛半径.

通过判断 $x=\pm R$ 处的敛散性,就能确定它的收敛区间是 $(-R,R)$,$[-R,R)$,$(-R,R]$ 或 $[-R,R]$.

如果幂级数(8.3.4)只在 $x=0$ 处收敛,这时级数的收敛域为 $\{0\}$,规定这时收敛半径 $R=0$;如果幂级数(8.3.4)对一切 x 都收敛,则规定收敛半径 $R=+\infty$,这时收敛区间是 $(-\infty,+\infty)$.

关于收敛半径的求法,有定理 8.3.2.

定理 8.3.2　对幂级数 $\sum_{n=0}^{\infty} a_n x^n$,若 $\lim_{n\to\infty}\left|\frac{a_{n+1}}{a_n}\right|=\rho$,则该幂级数的收敛半径为

$$R=\begin{cases}\dfrac{1}{\rho}, & \rho\neq 0\\ +\infty, & \rho=0\\ 0, & \rho=+\infty\end{cases}$$

例 8.3.2　求幂级数 $\sum_{n=1}^{\infty}\frac{x^p}{n^p}(p>0)$ 的收敛半径.

解　因为

$$\rho=\lim_{n\to\infty}\left|\frac{a_{n+1}}{a_n}\right|=\lim_{n\to\infty}\frac{\frac{1}{(n+1)^p}}{\frac{1}{n^p}}=\lim_{n\to\infty}\left(\frac{n}{n+1}\right)^p=1$$

所以,级数的收敛半径 $R=\frac{1}{\rho}=1$.

例 8.3.3　求幂级数 $\sum_{n=0}^{\infty} n!x^n$ 的收敛半径.

解　因为 $\rho=\lim_{n\to\infty}\left|\frac{a_{n+1}}{a_n}\right|=\lim_{n\to\infty}\frac{(n+1)!}{n!}=\lim_{n\to\infty}(n+1)=+\infty$,所以收敛半径 $R=0$,即级数仅在 $x=0$ 处收敛.

例 8.3.4　求幂级数 $\sum_{n=0}^{\infty}\frac{(2n)!}{(n!)^2}x^{2n}$ 的收敛半径.

解 此级数缺奇次幂的项，不能直接应用定理 8.3.2，先考查正项级数 $\sum_{n=0}^{\infty}\left|\frac{(2n)!}{(n!)^2}x^{2n}\right|$，根据比值判别法，有

$$\rho=\lim_{n\to\infty}\left|\frac{\frac{[2(n+1)]!}{[(n+1)!]^2}x^{2(n+1)}}{\frac{(2n)!}{(n!)^2}x^{2n}}\right|=\lim_{n\to\infty}\frac{2(n+1)(2n+1)}{(n+1)^2}|x^2|=4|x^2|$$

当 $\rho=4|x^2|<1$ 时，即 $|x|<\frac{1}{2}$时，原级数绝对收敛；

当 $\rho=4|x^2|>1$ 时，即 $|x|>\frac{1}{2}$时，原级数发散，由级数收敛半径的定义知，所求级数的收敛半径 $R=\frac{1}{2}$.

注意 (1) 对于不缺项的幂级数 $\sum_{n=0}^{\infty}a_nx^n$，求收敛半径，按定理 8.3.2 进行即可. 但对于缺项的幂级数，需要考查相应的正项级数，利用比值判别法求出收敛的区间.

(2) 在求收敛半径时，可以不考虑端点的敛散性，但在求收敛区间时，必须对区间端点 $x=\pm R$ 的敛散性进行判别. 当 $R=+\infty$时，收敛区间为$(-\infty,+\infty)$；当 $R=0$ 时，收敛区间为$\{0\}$.

例 8.3.5 求幂级数 $\sum_{n=1}^{\infty}(-1)^{n-1}\frac{x^n}{\sqrt{n}}$ 的收敛区间.

解 因为
$$\rho=\lim_{n\to\infty}\left|\frac{a_{n+1}}{a_n}\right|=\lim_{n\to\infty}\left|\frac{(-1)^n\frac{1}{\sqrt{n+1}}}{(-1)^{n-1}\frac{1}{\sqrt{n}}}\right|=\lim_{n\to\infty}\frac{\sqrt{n}}{\sqrt{n+1}}=1$$

所以，收敛半径 $R=\frac{1}{\rho}=1$.

当 $x=1$ 时，幂级数成为交错级数 $\sum_{n=1}^{\infty}(-1)^{n-1}\frac{1}{\sqrt{n}}$，由莱布尼兹判别法知，它是收敛的.

当 $x=-1$ 时，幂级数成为$\sum_{n=1}^{\infty}\left(-\frac{1}{\sqrt{n}}\right)$，由于$\sum_{n=1}^{\infty}\frac{1}{\sqrt{n}}$是 $p=\frac{1}{2}$ 的 p 级数，它是发散的，故$\sum_{n=1}^{\infty}\left(-\frac{1}{\sqrt{n}}\right)$也是发散的. 从而，幂级数$\sum_{n=1}^{\infty}(-1)^{n-1}\frac{x^n}{\sqrt{n}}$的收敛区间为$(-1,1]$.

例 8.3.6 求幂级数$\sum_{n=1}^{\infty}\frac{x^n}{n!}$的收敛区间.

解 因为
$$\rho=\lim_{n\to\infty}\left|\frac{a_{n+1}}{a_n}\right|=\lim_{n\to\infty}\left|\frac{\frac{1}{(n+1)!}}{\frac{1}{n!}}\right|=\lim_{n\to\infty}\frac{1}{n+1}=0$$

所以，幂级数$\sum_{n=0}^{\infty}\frac{x^n}{n!}$的收敛半径 $R=+\infty$，收敛区间为$(-\infty,+\infty)$.

例 8.3.7 求幂级数$\sum_{n=1}^{\infty}\frac{(x+1)^n}{n\cdot 3^n}$的收敛区间.

解 作变换 $t=x+1$，所给级数化成 t 的幂级数$\sum_{n=1}^{\infty}\frac{t^n}{n\cdot 3^n}$，因为

$$\rho=\lim_{n\to\infty}\left|\frac{a_{n+1}}{a_n}\right|=\lim_{n\to\infty}\frac{\dfrac{1}{(n+1)\cdot 3^{n+1}}}{\dfrac{1}{n\cdot 3^n}}=\lim_{n\to\infty}\frac{n}{3(n+1)}=\frac{1}{3}$$

所以，幂级数$\sum_{n=1}^{\infty}\frac{t^n}{n\cdot 3^n}$的收敛半径$R=\frac{1}{\rho}=3$.

当$t=3$时，幂级数成为调和级数$\sum_{n=1}^{\infty}\frac{1}{n}$，它是发散的；当$t=-3$时，幂级数成为交错级数$\sum_{n=1}^{\infty}\frac{(-1)^n}{n}$，它是收敛的，故幂级数的收敛区间是$[-3,3)$，以$t=x+1$回代，得$-3\leqslant x+1<3$，即$-4\leqslant x<2$，故幂级数$\sum_{n=1}^{\infty}\frac{(x+1)^n}{n\cdot 3^n}$的收敛区间为$[-4,2)$.

3. 幂级数的运算性质

设有两个幂级数

$$\sum_{n=0}^{\infty}a_nx^n=a_0+a_1x+a_2x^2+\cdots+a_nx^n+\cdots$$

$$\sum_{n=0}^{\infty}b_nx^n=b_0+b_1x+b_2x^2+\cdots+b_nx^n+\cdots$$

的和函数分别为$f(x)$，$g(x)$，收敛半径分别为R_1，R_2，记$R=\min\{R_1,R_2\}$，则在$(-R,R)$内有如下运算法则.

性质 8.3.1 加法运算

$$\sum_{n=0}^{\infty}a_nx^n\pm\sum_{n=0}^{\infty}b_nx^n=\sum_{n=0}^{\infty}(a_n\pm b_n)x^n=f(x)\pm g(x)$$

也就是说，两个收敛的幂级数在$(-R,R)$内可以求和（或差），其和（或差）也是幂级数，其和函数为原两幂级数的和（或差）.

例 8.3.8 求幂级数$\sum_{n=1}^{\infty}(2^n+\sqrt{n})(x+1)^n$的收敛域.

解 将原级数分别看成两个幂级数$\sum_{n=1}^{\infty}2^n(x+1)$与$\sum_{n=1}^{\infty}\sqrt{n}(x+1)^n$的和，设$t=x+1$.

级数$\sum_{n=1}^{\infty}2^nt^n$的$\rho_1=\lim_{n\to\infty}\left|\frac{a_{n+1}}{a_n}\right|=\lim_{n\to\infty}\left|\frac{2^{n+1}}{2^n}\right|=2$，收敛半径$R_1=\frac{1}{\rho_1}=\frac{1}{2}$.

级数$\sum_{n=1}^{\infty}\sqrt{n}\,t^n$的$\rho_2=\lim_{n\to\infty}\left|\frac{a_{n+1}}{a_n}\right|=\lim_{n\to\infty}\left|\frac{\sqrt{n+1}}{\sqrt{n}}\right|=1$，收敛半径$R_2=\frac{1}{\rho_2}=1$，故级数$\sum_{n=1}^{\infty}(2^n+\sqrt{n})t^n$的收敛半径$R=\lim_{n\to\infty}\{R_1,R_2\}=\frac{1}{2}$.

当$t=\frac{1}{2}$和$t=-\frac{1}{2}$时，对应级数依次为$\sum_{n=1}^{\infty}\frac{2^n+\sqrt{n}}{2^n}$和$\sum_{n=1}^{\infty}(-1)^n\frac{2^n+\sqrt{n}}{2^n}$，因为$\lim_{n\to\infty}\frac{2^n+\sqrt{n}}{2^n}=1\neq 0$，所以这两个级数都发散，所以$\sum_{n=1}^{\infty}(2^n+\sqrt{n})(x+1)^n$收敛域为$\left(-\frac{3}{2},-\frac{1}{2}\right)$.

性质 8.3.2 乘法运算

$$\left(\sum_{n=0}^{\infty} a_n x^n\right)\cdot\left(\sum_{n=0}^{\infty} b_n x^n\right)=(a_0+a_1x+a_2x^2+\cdots+a_nx^n+\cdots)\cdot(b_0+b_1x+b_2x^2+\cdots+b_nx^n+\cdots)$$

$$=a_0b_0+(a_0b_1+a_1b_0)x+\cdots+\sum_{i=0}^{n}(a_ib_{n-i})x^n+\cdots$$

因而，在区间$(-R,R)$内，两个收敛幂级数的乘积也是一个幂级数，其中x^n的系数是由$n+1$项形如$a_ib_j(i+j=n)$之和构成的.

性质 8.3.3 连续运算

设$\sum_{n=0}^{\infty} a_nx^n=f(x)$，则$f(x)$在其收敛区间$(-R_1,R_1)$内是连续的. 若幂级数在$x=R_1$(或$x=-R_1$)也收敛，则$f(x)$在$x=R_1$处左连续(或在$x=-R_1$处右连续).

性质 8.3.4 微分运算

设$\sum_{n=0}^{\infty} a_nx^n=f(x)$，在其收敛区间$(-R_1,R_1)$内，有

$$\left(\sum_{n=0}^{\infty} a_nx^n\right)'=\sum_{n=0}^{\infty}(a_nx^n)'=\sum_{n=0}^{\infty} n\,a_n\,x^{n-1}=f'(x)$$

也就是说，收敛的幂级数可以逐项微分，得到的新级数是幂级数，其收敛半径不变，其和函数为原幂级数的和函数的导数.

性质 8.3.5 积分运算

设$\sum_{n=0}^{\infty} a_nx^n=f(x)$，则对收敛区间$(-R_1,R_1)$内任一点$x$，有

$$\int_0^x\left(\sum_{n=0}^{\infty} a_nx^n\right)\mathrm{d}x=\sum_{n=0}^{\infty}\int_0^x a_nx^n\mathrm{d}x=\sum_{n=0}^{\infty}\frac{a_n}{n+1}x^{n+1}=\int_0^x f(x)\mathrm{d}x$$

也就是说，收敛的幂级数可以逐项积分，得到的仍是幂级数，且其收敛半径不变，和函数为原幂级数的和函数在相应区间上的积分.

上述运算性质的证明从略，利用这些性质可以求幂级数的和函数，可以从已知幂级数展开式导出其他函数的幂级数展开式.

例 8.3.9 求幂级数$\sum_{n=1}^{\infty}\frac{(-1)^{n-1}}{n}x^n$的和函数.

解 因为
$$\rho=\lim_{n\to\infty}\left|\frac{a_{n+1}}{a_n}\right|=\lim_{n\to\infty}\left|\frac{\frac{(-1)^n}{n+1}}{\frac{(-1)^{n-1}}{n}}\right|=\lim_{n\to\infty}\frac{n}{n+1}=1$$

所以，幂级数的收敛半径$R=\frac{1}{\rho}=1$. 当$x=1$时，所给级数成为交错级数$\sum_{n=1}^{\infty}(-1)^{n-1}\frac{1}{n}$，它是收敛的；当$n=-1$时，所给级数成为$\sum_{n=1}^{\infty}\left(-\frac{1}{n}\right)$，它是发散的. 于是，幂级数的收敛区间为$(-1,1]$.

在收敛区间内，设幂级数的和函数为$S(x)$，即

$$S(x)=\sum_{n=1}^{\infty}\frac{(-1)^{n-1}}{n}x^n=x-\frac{x^2}{2}+\frac{x^3}{3}+\cdots+(-1)^{n-1}\frac{x^n}{n}+\cdots$$

则在收敛区间$(-1,1]$内，由幂级数的微分运算性质，有

$$S'(x)=1-x+x^2+\cdots+(-1)^{n-1}x^{n-1}+\cdots$$
$$=\frac{1}{1+x}$$

要 $S(0)=0$,所以

$$S(x)=\int_0^x S'(x)\mathrm{d}x=\int_0^x \frac{\mathrm{d}x}{1+x}=\ln(1+x)\Big|_0^x=\ln(1+x)$$

即

$$S(x)=x-\frac{x^2}{2}+\frac{x^3}{3}+\cdots+(-1)^{n-1}\frac{x^n}{n}+\cdots$$
$$=\ln(1+x),x\in(-1,1]$$

例 8.3.10 求幂级数 $\sum_{n=0}^{\infty}\frac{x^n}{n+1}$ 的和函数.

解 因为

$$\rho=\lim_{n\to\infty}\left|\frac{a_{n+1}}{a_n}\right|=\lim_{n\to\infty}\left|\frac{\frac{1}{n+2}}{\frac{1}{n+1}}\right|=\lim_{n\to\infty}\frac{n+1}{n+2}=1$$

所以,此幂级数的收敛半径 $R=\frac{1}{\rho}=1$.

在 $x=1$ 时,级数化为 $\sum_{n=0}^{\infty}\frac{1}{n+1}$,是发散的;在 $x=-1$ 时,级数化为 $\sum_{n=0}^{\infty}\frac{(-1)^n}{n+1}$,是交错级数,满足莱布尼兹定理,级数收敛. 因此,幂级数 $\sum_{n=0}^{\infty}\frac{x^n}{n+1}$ 的收敛区间为$[-1,1)$.

在 $x\in[-1,1]$ 时,设 $S(x)=\sum_{n=0}^{\infty}\frac{x^n}{n+1}$,显然 $S(0)=1$,于是 $xS(x)=\sum_{n=0}^{\infty}\frac{x^{n+1}}{n+1}$,逐项求导,得

$$[xS(x)]'=\left(\sum_{n=0}^{\infty}\frac{x^{n+1}}{n+1}\right)'=\sum_{n=0}^{\infty}\left(\frac{x^{n+1}}{n+1}\right)'$$
$$=\sum_{n=0}^{\infty}x^n=\frac{1}{1-x}$$

对上式从 0 到 x 积分,得

$$\int_0^x[xS(x)]\mathrm{d}x=\int_0^x\frac{1}{1-x}$$
$$xS(x)\Big|_0^x=-\ln(1-x)\Big|_0^x$$
$$xS(x)=-\ln(1-x)$$

于是,$x\neq 0$ 时,$S(x)=-\frac{1}{x}\ln(1-x)$,从而

$$S(x)=\begin{cases}-\frac{1}{x}\ln(1-x), & x\in[-1,0)\cup(0,1)\\ 1, & x=0\end{cases}$$

由幂级数的和函数的连续性可知,这个函数 $S(x)$ 在 $x=0$ 处是连续的,不难验证

$$\lim_{x\to 0}S(x)=-\lim_{x\to 0}\frac{\ln(1-x)}{x}=1$$

习题 8.3

8.3.1 求下列不缺项幂级数的收敛区间.

(1) $\sum_{n=1}^{\infty}nx^n$ (2) $\sum_{n=1}^{\infty}\frac{x^n}{2^n n}$

(3) $\sum_{n=1}^{\infty}\frac{x^n}{2n-1}$ (4) $\sum_{n=1}^{\infty} n!x^n$

(5) $\sum_{n=1}^{\infty}\frac{(x+3)^n}{\sqrt{n}}$ (6) $\sum_{n=1}^{\infty}\frac{x^n}{n4^n}$

(7) $\sum_{n=1}^{\infty}\frac{(x-5)^n}{\sqrt{n}}$ (8) $\sum_{n=1}^{\infty}\frac{2^n}{n^2+1}x^n$

8.3.2 求下列缺项幂级数的收敛区间.

(1) $\sum_{n=0}^{\infty}\frac{(-1)^n x^{2n+1}}{2n+1}$ (2) $\sum_{n=1}^{\infty}\frac{1}{2^n}(x+1)^{2n}$

(3) $\sum_{n=1}^{\infty}(\sqrt{n+1}-\sqrt{n})2^n x^{2n}$ (4) $\sum_{n=1}^{\infty} 2^n(x+3)x^{2n}$

8.3.3 利用逐项求导或逐项积分,求下列和函数.

(1) $\sum_{n=1}^{\infty} nx^{n-1}$ (2) $\sum_{n=1}^{\infty}\frac{x^{4n+1}}{4n+1}$

(3) $\sum_{n=1}^{\infty}\frac{x^{2n-1}}{2n-1}$ (4) $\sum_{n=0}^{\infty}\frac{x^n}{n!}$

8.4 函数的幂级数展开式

8.3 节讨论了幂级数在收敛区间求和函数的问题,自然会想到了一个相反的问题,给出一个函数 $f(x)$,能否在一个区间上将其展开为 x 的幂级数? 如果把基本初等函数、复杂的初等函数、非初等函数都展开成幂级数,无论是认识性质还是进行代数运算都会变得容易,这也是幂级数发展的源泉之一.本节就来讨论函数的幂级数展开问题.

8.4.1 泰勒级数

利用一元函数的微分知识,可以证明(从略),若函数 $f(x)$ 在 $x=x_0$ 的某一邻域内具有直到 $n+1$ 阶连续导数,则在该邻域内有 n 阶泰勒公式

$$f(x)=f(x_0)+f'(x_0)(x-x_0)+\frac{f''(x_0)(x-x_0)^2}{2!}+\cdots+\frac{f^{(n)}(x_0)}{n!}(x-x_0)^n+R_n(x) \tag{8.4.1}$$

其中,$R_n(x)$为拉格朗日余项

$$R_n(x)=\frac{f^{(n+1)}(\xi)}{(n+1)!}(x-x_0)^{n+1}$$

ξ 是 x 与 x_0 之间的某个值,这时在该邻域内,$f(x)$可用公式

$$P_n(x)=f(x_0)+f'(x_0)(x-x_0)+\frac{f''(x_0)}{2}(x-x_0)^2+\cdots+\frac{f^{(n)}(x_0)}{n!}(x-x_0)^n \tag{8.4.2}$$

近似表示,其误差为余项的绝对值$|R_n(x)|$.显然,如果$|R_n(x)|$随着 n 的增大而减小,那么可以用增加多项式(8.4.2)的项数来提高精度.如果当 $n\to\infty$时,有 $R_n(x)\to 0$,则函数$f(x)$将展开成幂级数形式

$$f(x)=f(x_0)+f'(x_0)(x-x_0)+\frac{f''(x_0)}{2!}(x-x_0)^2+\cdots+\frac{f^{(n)}(x_0)}{n!}(x-x_0)^n+\cdots \tag{8.4.3}$$

形如(8.4.3)式的幂级数,右端称为函数 $f(x)$ 在 x_0 处的泰勒级数,其系数称为 $f(x)$ 在 x_0 点的泰勒系数,当 $x_0=0$ 时,有

$$f(x)=f(0)+f'(0)x+\frac{f''(0)}{2!}x^2+\cdots+\frac{f^{(n)}(0)}{n!}x^n+\cdots \tag{8.4.4}$$

的右端又称为函数 $f(x)$ 的麦克劳林级数.

综上讨论,有定理 8.4.1.

定理 8.4.1 设函数 $f(x)$ 在点 x_0 的某邻域内具有任意阶导数,则 $f(x)$ 在该邻域内能展开成泰勒级数的充分必要条件是 $f(x)$ 的泰勒公式中的余项 $R_n(x)$ 当 $n\to\infty$ 时极限为 0.

8.4.2 函数展开成幂级数

下面着重讨论把函数展开成麦克劳林级数,一般有两种方法:直接展开法和间接展开法.

1. 直接展开法

要把函数展开成麦克劳林级数,可以按照下列步骤进行.

第 1 步:求出 $f(x)$ 的各阶导数 $f'(x),f''(x),\cdots,f^{(n)}(x),\cdots$.

第 2 步:求出 $f(0),f'(0),f''(0),\cdots,f^{(n)}(0),\cdots$.

第 3 步:求出幂级数

$$f(0)+f'(0)x+\frac{f''(0)}{2!}x^2+\cdots+\frac{f^{(n)}(0)}{n!}x^n+\cdots$$

的收敛半径.

第 4 步:考查当 x 在收敛区间 $(-R,R)$ 内时,余项 $R_n(x)$ 的极限

$$\lim_{n\to\infty}R_n(x)=\lim_{n\to\infty}\frac{f^{(n+1)}(\xi)}{(n+1)!}x^{n+1}\text{(}\xi\text{ 在 0 与 }x\text{ 之间)}$$

是否为 0. 如果为 0,那么第 3 步求出的幂级数就是函数 $f(x)$ 的幂级数展开式;如果不为 0,则函数 $f(x)$ 不能展开成幂级数.

例 8.4.1 将 $f(x)=e^x$ 展开成 x 的幂级数.

解 由于 $f^{(n)}(x)=e^x(n=1,2,3,\cdots)$,因此 $f^{(n)}(0)=1(n=1,2,\cdots)$,于是得到级数

$$1+x+\frac{x^2}{2!}+\cdots+\frac{x^n}{n!}+\cdots$$

其收敛半径 $R=+\infty$.

对于 x 的任意值,余项的绝对值为

$$|R_n(x)|=\left|\frac{e^{\xi}}{(n+1)!}x^{n+1}\right|<e^{|x|}\frac{|x|^{n+1}}{(n+1)!}$$

其中,ξ 在 0 与 x 之间,因 $\frac{|x|^{n+1}}{(n+1)!}$ 是收敛级数 $\sum_{n=0}^{\infty}\frac{|x|^{n+1}}{(n+1)!}$ 的通项,故

$$\lim_{n\to\infty}\frac{|x|^{n+1}}{(n+1)!}=0$$

而 $e^{|x|}$ 是有限正实数,于是

$$\lim_{n\to\infty}e^{|x|}\frac{|x|^{n+1}}{(n+1)!}=0$$

即 $\lim\limits_{n\to\infty}|R_n(x)|=0$,从而 e^x 的幂级数展开式为

$$e^x=1+x+\frac{x^2}{2!}+\cdots+\frac{x^n}{n!}+\cdots,x\in(-\infty,+\infty)$$

例 8.4.2 将函数 $f(x)=\sin x$ 展开成 x 的幂级数.

解 由于

$$f^{(n)}(x)=\sin\left(x+n\frac{\pi}{2}\right)\quad(n=1,2,\cdots)$$

所以

$$f^{2k}(0)=0,f^{2k+1}(0)=(-1)^k\quad(k=0,1,2,\cdots)$$

于是,得到级数

$$x-\frac{x^3}{3!}+\frac{x^5}{5!}+\cdots+(-1)^{n-1}\frac{x^{2n-1}}{(2n-1)!}+\cdots$$

其收敛半径 $R=+\infty$.

对于 x 的任意取值,余项的绝对值为

$$|R_n(x)|=\left|\frac{\sin\left(\xi+\frac{n+1}{2}\pi\right)}{(n+1)!}x^{n+1}\right|\leqslant\frac{x^{n+1}}{(n-1)!}$$

其中,ξ 在 0 与 x 之间,由例 8.4.1 可知,$\lim\limits_{n\to\infty}|R_n(x)|=0$,从而得到 $\sin x$ 的幂级数展开式为

$$\sin x=x-\frac{x^3}{3!}+\frac{x^5}{5!}+\cdots+(-1)^{n-1}\frac{x^{2n-1}}{(2n-1)!}+\cdots,x\in(-\infty,+\infty)$$

类似地,还可以得到如下的幂级数展开式

$$(1+x)^\alpha=1+\alpha x+\frac{\alpha(\alpha-1)}{2!}+\cdots+\frac{\alpha(\alpha-1)(\alpha-2)\cdots(\alpha-n+1)}{n!}x^n+\cdots,x\in(-1,1)$$

例 8.4.1 和例 8.4.2 是直接按公式 $a_n=\frac{f^{(n)}(0)}{n!}$ 计算幂级数的系数,最后考查余项 $R_n(x)$ 是否趋于 0,这种直接展开的方法计算量大,而且研究余项的极限为 0,即便在初等函数中也不是一件容易的事,下面用另一种方法展开.

2. 间接展开法

所谓间接展开法就是利用一些已知的幂函数展开式,结合幂函数的运算(如四则运算、逐项求导和逐项积分)和变量代换等,将所给函数展开成幂级数.

这样做不但计算简单,而且可以避免研究余项,但需要牢记一些常用函数的幂级数展开式.

例 8.4.3 将函数 $\cos x$ 展开成 x 的幂级数.

解 也可应用直接方法,但如果应用间接方法,则比较方便.

事实上,由例 8.4.2,知

$$\sin x=x-\frac{x^3}{3!}+\frac{x^5}{5!}+\cdots+(-1)^{n-1}\frac{x^{2n-1}}{(2n-1)!}+\cdots,x\in(-\infty,+\infty)$$

上式两边求导,得

$$\cos x=1-\frac{x^2}{2!}+\frac{x^4}{4!}+\cdots+(-1)^n\frac{x^{2n}}{(2n)!}+\cdots,x\in(-\infty,+\infty)$$

以下是几个重要函数的幂级数展开式,一定要牢记.

$$\frac{1}{1-x}=\sum_{n=0}^{\infty}x^n=1+x+x^2+\cdots+x^n+\cdots,\quad x\in(-1,1)$$

$$e^x=\sum_{n=0}^{\infty}\frac{x^n}{n!}=1+x+\frac{x^2}{2!}+\cdots+\frac{x^n}{n!}+\cdots,\quad x\in(-\infty,+\infty)$$

$$\sin x=\sum_{n=0}^{\infty}(-1)^n\frac{x^{2n+1}}{(2n+1)!}=x-\frac{x^3}{3!}+\frac{x^5}{5!}+\cdots+(-1)^n\frac{x^{2n+1}}{(2n+1)!}+\cdots,\quad x\in(-\infty,+\infty)$$

$$\cos x = \sum_{n=0}^{\infty}(-1)^n \frac{x^{2n}}{(2n)!} = 1-\frac{x^2}{2!}+\frac{x^4}{4!}+\cdots+(-1)^n \frac{x^{2n}}{(2n)!}+\cdots, \quad x\in(-\infty,+\infty)$$

$$\ln(1+x) = \sum_{n=0}^{\infty}(-1)^n \frac{x^{n+1}}{n+1} = x-\frac{x^2}{2}+\frac{x^3}{3}+\cdots+(-1)^n \frac{x^{n+1}}{n+1}+\cdots, \quad x\in(-1,1)$$

$$\begin{aligned}(1+x)^{\alpha} &= 1+\sum_{n=1}^{\infty}\frac{\alpha(\alpha-1)(\alpha-2)\cdots(\alpha-n+1)}{n!}x^n \\ &= 1+\alpha x+\frac{\alpha(\alpha-1)}{2!}x^2+\cdots+\frac{\alpha(\alpha-1)\cdots(\alpha-n+1)}{n!}x^n+\cdots, \quad x\in(-1,1)\end{aligned}$$

下面可以利用已知函数的展开式和幂级数的运算(如四则运算、逐项求导和函数求积分运算),求出一些函数的幂级数展开式.

例 8.4.4 将函数 $f(x)=\mathrm{e}^{-x^2}$ 展开成 x 的幂级数.

解 由于

$$\mathrm{e}^x = \sum_{n=0}^{\infty}\frac{x^n}{n!}, x\in(-\infty,+\infty)$$

将 $-x^2$ 代 x,得函数 $f(x)=\mathrm{e}^{-x^2}$ 的幂级数展开式为

$$\mathrm{e}^{-x^2} = \sum_{n=0}^{\infty}\frac{(-x^2)^n}{n!} = \sum_{n=0}^{\infty}(-1)^n\frac{x^{2n}}{n!}, x\in(-\infty,+\infty)$$

例 8.4.5 将函数 $f(x)=\dfrac{3}{(1-x)(1+2x)}$ 在 $x=0$ 处展开成幂级数.

解

$$f(x)=\frac{3}{(1-x)(1+2x)}=\frac{1}{1-x}+\frac{2}{1+2x}$$

因为

$$\frac{1}{1-x}=1+x+x^2+\cdots+x^n+\cdots, x\in(-1,1)$$

以 $-2x$ 代 x,得

$$\begin{aligned}\frac{1}{1+2x} &= 1+(-2x)+(-2x)^2+\cdots+(-2x)^n+\cdots, |-2x|<1 \\ &= 1-2x+2^2x^2+\cdots+(-1)^n 2^2 x^n+\cdots, x\in\left(-\frac{1}{2},\frac{1}{2}\right)\end{aligned}$$

故

$$\begin{aligned}f(x) &= \sum_{n=0}^{\infty}x^n+\sum_{n=0}^{\infty}2(-1)^n 2^n x^n \\ &= \sum_{n=0}^{\infty}[1+(-1)^n 2^{n+1}]x^n, x\in\left(-\frac{1}{2},\frac{1}{2}\right)\end{aligned}$$

例 8.4.6 将函数 $y=\sin x$ 展开成 $x-\dfrac{\pi}{4}$ 的幂级数.

解

$$\begin{aligned}\sin x &= \sin\left[\frac{\pi}{4}+\left(x-\frac{\pi}{4}\right)\right]=\sin\frac{\pi}{4}\cos\left(x-\frac{\pi}{4}\right)+\cos\frac{\pi}{4}\sin\left(x-\frac{\pi}{4}\right) \\ &= \frac{\sqrt{2}}{2}\left[\cos\left(x-\frac{\pi}{4}\right)+\sin\left(x-\frac{\pi}{4}\right)\right]\end{aligned}$$

利用 $\sin x,\cos x$ 的展开公式,以 $x-\dfrac{\pi}{4}$ 代入,得

$$\sin\left(x-\frac{\pi}{4}\right)=\left(x-\frac{\pi}{4}\right)-\frac{1}{3!}\left(x-\frac{\pi}{4}\right)^3+\cdots+(-1)^n\frac{\left(x-\frac{\pi}{4}\right)^{2n+1}}{(2n+1)!}+\cdots, x\in(-\infty,+\infty)$$

$$\cos\left(x-\frac{\pi}{4}\right)=1-\frac{\left(x-\frac{\pi}{4}\right)^2}{2!}+\cdots+(-1)^n\frac{\left(x-\frac{\pi}{4}\right)^{2n}}{(2n)!}+\cdots,\ x\in(-\infty,+\infty)$$

$$\sin x=\frac{\sqrt{2}}{2}\left[\sum_{n=0}^{\infty}(-1)^n\frac{\left(x-\frac{\pi}{4}\right)^{2n+1}}{(2n+1)!}+\sum_{n=0}^{\infty}(-1)^n\frac{\left(x-\frac{\pi}{4}\right)^{2n}}{(2n)!}\right],\ x\in(-\infty,+\infty)$$

例 8.4.7 将函数 $f(x)=x\sin^2 x$ 展开成 x 的幂级数.

解
$$f(x)=x\sin^2 x=\frac{x}{2}(1-\cos 2x)=\frac{x}{2}-\frac{x}{2}\cos 2x$$

$$=\frac{x}{2}-\frac{x}{2}\sum_{n=0}^{\infty}(-1)^n\frac{(2x)^{2n}}{(2n)!}=\frac{x}{2}-\sum_{n=0}^{\infty}(-1)^n\frac{2^{2n-1}}{(2n)!}x^{2n+1}$$

$$=\frac{x}{2}-\left[\frac{x}{2}-\frac{2}{2!}x^3+\frac{2^3}{4!}x^5+\cdots+(-1)^n\frac{2^{2n-1}}{(2n)!}x^{2n+1}+\cdots\right]$$

$$=\frac{2}{2!}x^3-\frac{2^3}{4!}x^5+\cdots+(-1)^{n+1}\frac{2^{2n-1}}{(2n)!}x^{2n+1}+\cdots$$

$$=\sum_{n=1}^{\infty}(-1)^{n+1}\frac{2^{2n+1}}{(2n)!}x^{2n+1},\ x\in(-\infty,+\infty)$$

例 8.4.8 将 $f(x)=\dfrac{1}{3-x}$ 在 $x=1$ 处展开成幂级数.

解 先将$\dfrac{1}{3-x}$变换成$\dfrac{1}{1-t}$的形式为

$$\frac{1}{3-x}=\frac{1}{2-(x-1)}=\frac{1}{2}\frac{1}{1-\frac{x-1}{2}}$$

令$\dfrac{x-1}{2}=t$,则

$$\frac{1}{3-x}=\frac{1}{2}\frac{1}{1-t}=\frac{1}{2}\sum_{n=0}^{\infty}t^n,\ t\in(-1,1)$$

变换回代,有

$$\frac{1}{3-x}=\frac{1}{2}\sum_{n=0}^{\infty}\left(\frac{x-1}{2}\right)^n=\sum_{n=0}^{\infty}\frac{(x-1)^n}{2^{n+1}},\ x\in(-1,3)$$

例 8.4.9 求 $\arctan x$ 在 $x_0=0$ 处的展开式.

解
$$(\arctan x)'=\frac{1}{1+x^2}=1-x^2+x^4+\cdots+(-1)^n x^{2n}+\cdots,\ x\in(-1,1)$$

$$\int_0^x(\arctan x)'\mathrm{d}x=\int_0^x(1-x^2+x^4+\cdots+(-1)^n x^{2n}+\cdots)\mathrm{d}x$$

$$\arctan x=x-\frac{x^3}{3}+\frac{x^5}{5}+\cdots+(-1)^n\frac{x^{2n+1}}{2n+1}+\cdots,\ x\in(-1,1)$$

例 8.4.10 将函数 $f(x)=\ln\sqrt{\dfrac{1+x}{1-x}}$ 展开成 x 的幂级数.

解 因为
$$f(x)=\ln\sqrt{\frac{1+x}{1-x}}=\frac{1}{2}[\ln(1+x)-\ln(1-x)]$$

$$\ln(1+x)=x-\frac{x^2}{2}+\frac{x^3}{3}+\cdots+(-1)^{n-1}\frac{x^n}{n}+\cdots,\ x\in(-1,1)$$

从而 $$\ln(1-x)=-x-\frac{x^2}{2}-\frac{x^3}{3}+\cdots+\left(-\frac{x^n}{n}\right)+\cdots,\ x\in(-1,1)$$

所以 $$\begin{aligned}f(x)&=\frac{1}{2}[\ln(1+x)-\ln(1-x)]\\&=x+\frac{x^3}{3}+\frac{x^5}{5}+\cdots+\frac{x^{2n-1}}{2n-1}+\cdots,\ x\in(-1,1)\end{aligned}$$

习题 8.4

8.4.1 将下列函数展开成 x 的幂级数,并指出展开式成立的区间.

(1) $\ln(a+x)$ $(a>0)$ (2) a^x $(a>0$ 且 $a\neq 1)$

(3) $\cos^2 x$ (4) $\dfrac{x}{4-x}$

8.4.2 将下列函数展开成 $x-1$ 的幂级数,并指出展开式成立的区间.

(1) $\dfrac{1}{5-x}$ (2) $\lg x$

8.4.3 将 $\dfrac{1}{x}$ 展开成 $x-3$ 的幂级数.

8.4.4 将函数 $f(x)=\cos x$ 展开成 $x+\dfrac{\pi}{3}$ 的幂级数.

8.4.5 将函数 $f(x)=\dfrac{1}{x^2+3x+2}$ 展开成 $x+4$ 的幂级数.

小　　结

本章主要介绍了无穷级数的一些概念和性质,讨论了几类特殊的级数的敛散性及函数的展开.

一、级数的敛散性

(1) 几何级数和 p 级数的敛散性.

(2) 掌握正项级数的比较判别法、比值判别法和根值判别法.

(3) 交错级数的莱布尼兹判别法,知道级数绝对收敛和条件收敛的概念及其相互关系.

(4) 判断任意项级数的敛散性.

对任意级数先取绝对值,判断绝对值级数的敛散性,因为绝对值级数是正项级数,所以可以用只适用于正项级数的比较判别法、比值判别法和根值判别法来判断,若收敛即为绝对收敛,若发散再看是否为交错级数,若是交错级数再用莱布尼兹判别法判断其敛散性.

当然,不论判断何类级数,都先用收敛的必要条件来判断是否发散. 当判断不出时,再考虑用其他方法.

二、幂级数

1. 幂级数的收敛区间或收敛域

如果幂级数属于 $\sum\limits_{n=0}^{\infty} a_n x^n$ 或 $\sum\limits_{n=0}^{\infty} a_n(x-x_0)^n$ 的形式,其收敛半径按公式 $\dfrac{1}{R}=\lim\limits_{n\to\infty}\left|\dfrac{a_{n+1}}{a_n}\right|$ 求得,

再研究 $x=\pm R$ 时的两个数项级数的敛散性，进而确定收敛区间. 若不属于标准形式，缺奇次（或缺偶次）项，应按正项级数的达朗贝尔比值判别法来研究各项绝对值后的幂级数，从而确定它的绝对收敛域和发散域.

2. 求幂级数的和函数

掌握幂级数在其收敛区间内和函数的求法，首先要熟悉几个常用的初等函数的幂级数展开式，其次还必须分析所给幂级数的特点，找出它与和函数已知的幂级数之间的联系，从而确定出用逐项求导法还是用逐项积分法求所给幂级数的和函数.

三、函数展开成幂级数

把函数 $f(x)$ 展开为 $x-x_0$ 的幂级数，先进行换元转化，展开为 x 的幂级数，然后可按直接展开法或间接展开法进行.

(1) 直接展开法（泰勒展开）：计算量大，$f^{(n)}(x)$ 的一般表达式不易求出，并且讨论余项 $R_n(x)$ 当 $n\to\infty$ 时是否趋于 0 也困难，为了避免这些缺点，常用间接展开法.

(2) 间接展开法：利用已知的函数展开式，通过恒等变换、变量代换、幂级数的代数运算、逐项求导或逐项积分，把 $f(x)$ 展开成幂级数，但需要牢固掌握几个常用函数的幂级数展开式.

复习题八

1. 选择题

(1) 级数 $\sum\limits_{n=1}^{\infty}(\sqrt[2n+1]{3}-\sqrt[2n-1]{3})$（　　）.

A. 发散　　B. 收敛且和为 1

C. 收敛且和为 0　　D. 收敛且和为 -2

(2) 设级数 $\sum\limits_{n=1}^{\infty}u_n$ 收敛，则必收敛的级数为（　　）.

A. $\sum\limits_{n=1}^{\infty}(-1)^n\dfrac{u_n}{n}$　　B. $\sum\limits_{n=1}^{\infty}u_n^2$

C. $\sum\limits_{n=1}^{\infty}(u_{2n-1}-u_{2n})$　　D. $\sum\limits_{n=1}^{\infty}(u_n+u_{n+1})$

(3) 正项级数 $\sum\limits_{n=1}^{\infty}u_n$ 收敛的充分必要条件是（　　）.

A. $\lim\limits_{n\to\infty}u_n=0$　　B. $\lim\limits_{n\to\infty}u_n=0$ 且 $u_{n+1}=u_n$，$n=1,2,\cdots$

C. $\lim\limits_{n\to\infty}\dfrac{u_{n+1}}{u_n}=\rho<1$　　D. 部分和数列有界

(4) 级数 $\sum\limits_{n=2}^{\infty}(-1)^n\dfrac{1}{\pi^n}\sin\dfrac{\pi}{n}$（　　）.

A. 发散　　B. 条件收敛

C. 绝对收敛　　D. 不能判断敛散性

(5) 设 $k>0$，则级数 $\sum\limits_{n=1}^{\infty}(-1)^n\dfrac{k+n}{n^2}$（　　）.

A. 发散　　B. 条件收敛

C. 绝对收敛　　　　D. 敛散性与 k 值有关

(6) 下列级数中条件收敛的是(　　).

A. $\sum_{n=1}^{\infty} \sin \frac{1}{n^2}$　　　　B. $\sum_{n=1}^{\infty} (-1)^n \frac{1}{n^2}$

C. $\sum_{n=1}^{\infty} (-1)^n \frac{1}{\sqrt{n}}$　　　　D. $\sum_{n=1}^{\infty} (-1)^n \frac{1}{2^n}$

(7) 若级数 $\sum_{n=1}^{\infty} a_n(x-1)^n$ 在 $x=-1$ 处收敛,则其在 $x=2$ 处(　　).

A. 条件收敛　　　　B. 绝对收敛

C. 发散　　　　D. 不能确定

(8) 已知级数 $\sum_{n=1}^{\infty} (-1)^{n-1} a_n = 2$,$\sum_{n=1}^{\infty} a_{2n-1} = 5$,则级数 $\sum_{n=1}^{\infty} a_n$ 等于(　　).

A. 3　　　　B. 7

C. 8　　　　D. 9

(9) 已知级数 $x+\frac{x^3}{3}+\frac{x^5}{5}+\frac{x^7}{7}+\cdots$ 在收敛域$(-1,1)$内的和函数 $S(x)=\frac{1}{2}\ln\frac{1+x}{1-x}$,则级数 $\sum_{n=1}^{\infty}\frac{1}{2^n(2n-1)}$ 的和是(　　).

A. $\frac{1}{2}\ln(\sqrt{2}+1)$　　　　B. $\frac{1}{\sqrt{2}}\ln(\sqrt{2}+1)$

C. $\frac{1}{2}\ln(\sqrt{2}-1)$　　　　D. $\frac{1}{\sqrt{2}}\ln(\sqrt{2}-1)$

2. 填空题

(1) 幂级数 $\sum_{n=1}^{\infty}\frac{(x-5)^n}{\sqrt{n}}$ 的收敛区间为____________;

(2) 幂级数 $\sum_{n=1}^{\infty}\frac{2^{n-1}}{n!}x^n$ 的和函数 $S(x)$ 为____________;

(3) $f(x)=\frac{1}{x}$ 展开成 $x-1$ 的幂级数为____________;

(4) 设 $\sum_{n=1}^{\infty} a_n x^n$ 的收敛半径为 R,则 $\sum_{n=1}^{\infty} a_n x^{2n+1}$ 的收敛半径为______;

(5) 使级数 $\sum_{n=1}^{\infty}\frac{(-1)^{n-1}}{n^p}$ 发散的 p 值范围是______.

3. 判断下列级数的敛散性.

(1) $\sum_{n=1}^{\infty}\frac{1}{(2n-1)(2n+1)}$　　　　(2) $\sum_{n=1}^{\infty}\frac{1}{\sqrt{n+1}+\sqrt{n}}$

4. 用比较判别法判断下列级数的敛散性.

(1) $\sum_{n=1}^{\infty}\sin\frac{1}{n}$　　　　(2) $\sum_{n=1}^{\infty}\frac{1}{n\sqrt[n]{n}}$

5. 用比值判别法判断下列级数的敛散性.

(1) $\sum_{n=1}^{\infty}\frac{n^4}{2^n}$　　(2) $\sum_{n=1}^{\infty}\frac{n^n}{(n!)^2}$

6. 判别下列交错级数的敛散性.

(1) $\sum_{n=1}^{\infty}(-1)^{n-1}\frac{1}{\ln(n+1)}$　　(2) $\sum_{n=1}^{\infty}(-1)^{n-1}\sqrt{\frac{n}{n+1}}$

7. 下列级数中哪些是绝对收敛的？哪些是条件收敛的？哪些是发散的？

(1) $\sum_{n=1}^{\infty}(-1)^{n+1}\frac{1}{\sqrt[3]{n}}$　　(2) $\sum_{n=1}^{\infty}(-1)^{n-1}\frac{n^3}{2^n}$

(3) $\sum_{n=1}^{\infty}\frac{\sin 2^n}{3^n}$　　(4) $\sum_{n=1}^{\infty}(-1)^{n-1}\ln\frac{n+1}{n}$

8. 将函数 $f(x)=\frac{x}{(1+x)(1-2x)}$ 展开成 x 的幂级数，并指出它的收敛区间.

9. 将 $f(x)=3^x$ 展开成 x 的幂级数，并指出它的收敛区间.

10. 求幂级数 $\sum_{n=1}^{\infty}\frac{1}{n\,2^n}x^{n-1}$ 的和函数 $S(x)$.

11. 求证幂级数 $y=\sum_{n=1}^{\infty}\frac{x^n}{(n!)^2}$ 满足方程 $xy''+y'=y$.

12. 求下列函数的收敛域.

(1) $\sum_{n=1}^{\infty}\frac{2^{n+1}}{\sqrt{n^2+1}}(x-1)^n$　　(2) $\sum_{n=1}^{\infty}(-1)^{n-1}\frac{(2x-3)^n}{2n-1}$

13. 求下列幂级数的收敛区间.

(1) $\sum_{n=1}^{\infty}10^n x^n$　　(2) $\sum_{n=1}^{\infty}\frac{(-1)^{n-1}}{n^2}x^n$

(3) $\sum_{n=1}^{\infty}\frac{2n+1}{n!}x^n$　　(4) $\sum_{n=1}^{\infty}\frac{1}{2^n n^2}x^n$

(5) $\sum_{n=1}^{\infty}\frac{n}{(-3)^2+2^n}x^{2n-1}$　　(6) $\sum_{n=1}^{\infty}\frac{2n-1}{2^n}x^{2n}$

附录Ⅰ　常用数学公式

一、乘法与因式分解公式

1. $a^2-b^2=(a-b)(a+b)$
2. $a^3\pm b^3=(a\pm b)(a^2\mp ab+b^2)$
3. $(a\pm b)^2=a^2\pm 2ab+b^2$
4. $(a\pm b)^3=a^3\pm 3a^2b+3ab^2\pm b^3$

二、一元二次方程 $ax^2+bx+c=0(a\neq 0)$ 的解

1. 根的判别式：$\Delta=b^2-4ac$，当 $\Delta\geqslant 0$ 时，方程的实根为 $x_{1,2}=\dfrac{-b\pm\sqrt{b^2-4ac}}{2a}$.

2. 根与系数的关系：$x_1+x_2=-\dfrac{b}{a}$，$x_1x_2=\dfrac{c}{a}$.

三、二项式展开公式

$$(a+b)^n=a^n+na^{n-1}b+\frac{n(n-1)}{2!}a^{n-2}b^2+\frac{n(n-1)(n-2)}{3!}a^{n-3}b^3+\cdots+\frac{n(n-1)\cdots(n-k+1)}{k!}a^{n-k}b^k+\cdots+b^n$$

四、三角公式

1. 基本关系式

$\sin^2\alpha+\cos^2\alpha=1$；$1+\tan^2\alpha=\sec^2\alpha$；$1+\cot^2\alpha=\csc^2\alpha$；$\dfrac{\sin\alpha}{\cos\alpha}=\tan\alpha$；$\dfrac{\cos\alpha}{\sin\alpha}=\cot\alpha$；

$\csc\alpha=\dfrac{1}{\sin\alpha}$；$\sec\alpha=\dfrac{1}{\cos\alpha}$.

2. 两角和公式

$\sin(\alpha\pm\beta)=\sin\alpha\cos\beta\pm\cos\alpha\sin\beta$；　$\cos(\alpha\pm\beta)=\cos\alpha\cos\beta\mp\sin\alpha\sin\beta$；

$\tan(\alpha\pm\beta)=\dfrac{\tan\alpha\pm\tan\beta}{1\mp\tan\alpha\tan\beta}$.

3. 倍角公式

$\sin 2\alpha=2\sin\alpha\cos\alpha$；　$\cos 2\alpha=\cos^2\alpha-\sin^2\alpha=2\cos^2\alpha-1=1-2\sin^2\alpha$；

$\tan 2\alpha=\dfrac{2\tan\alpha}{1-\tan^2\alpha}$.

4. 半角公式

$\sin\dfrac{\alpha}{2}=\pm\sqrt{\dfrac{1-\cos\alpha}{2}}$；$\cos\dfrac{\alpha}{2}=\pm\sqrt{\dfrac{1+\cos\alpha}{2}}$；

$\tan\dfrac{\alpha}{2}=\pm\sqrt{\dfrac{1-\cos\alpha}{1+\cos\alpha}}=\dfrac{1-\cos\alpha}{\sin\alpha}=\dfrac{\sin\alpha}{1+\cos\alpha}$.

5. 和差化积与积化和差

$\sin\alpha+\sin\beta=2\sin\dfrac{\alpha+\beta}{2}\cos\dfrac{\alpha-\beta}{2}$；

$\cos\alpha+\cos\beta=2\cos\frac{\alpha+\beta}{2}\cos\frac{\alpha-\beta}{2}$;

$\cos\alpha-\cos\beta=-2\sin\frac{\alpha+\beta}{2}\sin\frac{\alpha-\beta}{2}$;

$\sin\alpha\sin\beta=-\frac{1}{2}[\cos(\alpha+\beta)-\cos(\alpha-\beta)]$;

$\cos\alpha\cos\beta=\frac{1}{2}[\cos(\alpha+\beta)+\cos(\alpha-\beta)]$;

$\sin\alpha\cos\beta=\frac{1}{2}[\sin(\alpha+\beta)+\sin(\alpha-\beta)]$.

五、初等几何

在下列公式中，r 表示半径，h 表示高，l 表示母线.

1. 圆：周长$=2\pi r$，面积$=\pi r^2$.

2. 圆扇形：面积$=\frac{1}{2}r^2\theta$，弧长$=r\theta$（θ 为扇形的圆心角，以弧度计，$1^\circ=\frac{\pi}{180}$ rad）.

3. 球：体积$=\frac{4}{3}\pi r^3$，表面积$=4\pi r^2$.

4. 正圆锥：体积$=\frac{1}{3}\pi r^2 h$，侧面积$=\pi rl$，全面积$=\pi r(r+l)$.

六、平面解析几何

1. 距离与斜率

两点 $P_1(x_1,y_1)$ 与 $P_2(x_2,y_2)$ 之间的距离 $d=\sqrt{(x_2-x_1)^2+(y_2-y_1)^2}$.

线段 P_1P_2 的斜率 $k=\frac{y_2-y_1}{x_2-x_1}(x_2\neq x_1)$.

2. 直线的方程

点斜式：$y-y_1=k(x-x_1)$.　　斜截式：$y=kx+b$.

两点式：$\frac{y-y_1}{y_2-y_1}=\frac{x-x_1}{x_2-x_1}$.　　截距式：$\frac{x}{a}+\frac{y}{b}=1$.

3. 两直线的夹角

设两直线的斜率分别为 k_1 和 k_2，夹角为 θ，则 $\tan\theta=\left|\frac{k_2-k_1}{1+k_2k_1}\right|$.

4. 点到直线的距离

点 $P(x_1,y_1)$ 到直线 $Ax+By+C=0$ 的距离 $d=\frac{|Ax_1+By_1+C|}{\sqrt{A^2+B^2}}$.

5. 两条直线的位置关系

设两条直线的方程为

l_1：$y=k_1x+b_1$ 或 $A_1x+B_1y+C_1=0$.

l_2：$y=k_2x+b_2$ 或 $A_2x+B_2y+C_2=0$.

两直线平行的充要条件：$k_1=k_2$，且 $b_1\neq b_2$ 或 $\frac{A_1}{A_2}=\frac{B_1}{B_2}\neq\frac{C_1}{C_2}$.

两直线垂直的充要条件：$k_1k_2=-1$ 或 $A_1A_2+B_1B_2=0$.

6. 直角坐标(x,y)与极坐标(ρ,θ)之间的关系$\begin{cases}x=\rho\cos\theta\\y=\rho\sin\theta\end{cases}$和$\begin{cases}\rho=\sqrt{x^2+y^2}\\\tan\theta=\frac{y}{x}\end{cases}$.

7. 圆

圆心在点 $P_0(x_0,y_0)$，半径为 R 的圆的标准方程：$(x-x_0)^2+(y-y_0)^2=R^2$.

圆心在原点，半径为 R 的圆的方程：$x^2+y^2=R^2$.

圆的一般方程：$x^2+y^2+Dx+Ey+F=0$，圆心坐标为 $\left(-\frac{D}{2},-\frac{E}{2}\right)$，半径为 $\frac{\sqrt{D^2+E^2-4F}}{2}$，其中 $D^2+E^2-4F>0$.

8. 抛物线

方程：$y^2=2px$，焦点 $\left(\frac{p}{2},0\right)$，准线 $x=-\frac{p}{2}$.

方程：$x^2=2py$，焦点 $\left(0,\frac{p}{2}\right)$，准线 $y=-\frac{p}{2}$.

方程：$y=ax^2+bx+c$，顶点坐标 $\left(-\frac{b}{2a},\frac{4ac-b^2}{4a}\right)$，对称轴方程 $x=-\frac{b}{2a}$.

9. 椭圆

方程：$\frac{x^2}{a^2}+\frac{y^2}{b^2}=1$，焦点在 x 轴上，半焦距 $c=\sqrt{a^2-b^2}$.

10. 双曲线

(1) 方程：$\frac{x^2}{a^2}-\frac{y^2}{b^2}=1$，焦点在 x 轴上，半焦距 $c=\sqrt{a^2+b^2}$.

(2) 等轴双曲线的方程：$xy=k$.

11. 一般二元二次方程

$$Ax^2+2Bxy+Cy^2+2Dx+2Ey+F=0,\Delta=B^2-AC$$

(1) 若 $\Delta<0$，方程为椭圆.

(2) 若 $\Delta>0$，方程为双曲线.

(3) 若 $\Delta=0$，方程为抛物线.

七、某些数列的前 n 项和

1. $1+2+3+\cdots+n=\frac{n(n+1)}{2}$

2. $1^2+2^2+3^2+\cdots+n^2=\frac{n(n+1)(2n+1)}{6}$

3. $a+aq+aq^2+\cdots+aq^{n-1}=\frac{a(1-q^n)}{1-q}(q\neq1)$

附录Ⅱ　简单积分表

说明:公式中的 $a,b,\cdots$ 均为实数,n 为正整数.

一、含有 $a+bx$ 的积分

1. $$\int (a+bx)^{a}\mathrm{d}x=\frac{(a+bx)^{a+1}}{b(a+1)}+C,\text{当 } a\neq -1$$
$$=\frac{1}{b}\ln|a+bx|+C,\text{当 } a=-1$$

2. $$\int \frac{x\mathrm{d}x}{a+bx}=\frac{x}{b}-\frac{a}{b^2}\ln|a+bx|+C$$

3. $$\int \frac{x^2\mathrm{d}x}{a+bx}=\frac{1}{b^3}\left[\frac{1}{2}(a+bx)^2-2a(a+bx)+a^2\ln|a+bx|\right]+C$$

4. $$\int \frac{x\mathrm{d}x}{(a+bx)^2}=\frac{1}{b^2}\left(\frac{a}{a+bx}+\ln|a+bx|\right)+C$$

5. $$\int \frac{x^2\mathrm{d}x}{(a+bx)^2}=\frac{x}{b^2}-\frac{a^2}{b^3(a+bx)}-\frac{2a}{b^3}\ln|a+bx|+C$$

6. $$\int \frac{\mathrm{d}x}{x(a+bx)}=\frac{1}{a}\ln\left|\frac{x}{a+bx}\right|+C$$

7. $$\int \frac{\mathrm{d}x}{x^2(a+bx)}=-\frac{1}{ax}+\frac{b}{a^2}\ln\left|\frac{a+bx}{x}\right|+C$$

8. $$\int \frac{\mathrm{d}x}{x(a+bx)^2}=\frac{1}{a(a+bx)}-\frac{1}{a^2}\ln\left|\frac{a+bx}{x}\right|+C$$

二、含有 $\sqrt{a+bx}$ 的积分

9. $$\int x\sqrt{a+bx}\,\mathrm{d}x=\frac{2(3bx-2a)(a+bx)^{3/2}}{15b^2}+C$$

10. $$\int x^2\sqrt{a+bx}\,\mathrm{d}x=\frac{2(15b^2x^2-12abx+8a^2)(a+bx)^{3/2}}{105b^3}+C$$

11. $$\int \frac{x\mathrm{d}x}{\sqrt{a+bx}}=\frac{2(bx-2a)\sqrt{a+bx}}{3b^2}+C$$

12. $$\int \frac{x^2\mathrm{d}x}{\sqrt{a+bx}}=\frac{2(3b^2x^2-4abx+8a^2)\sqrt{a+bx}}{15b^3}+C$$

13. $$\int \frac{\mathrm{d}x}{x\sqrt{a+bx}}=\frac{1}{\sqrt{a}}\ln\frac{|\sqrt{a+bx}-\sqrt{a}|}{\sqrt{a+bx}+\sqrt{a}}+C,\text{当 } a>0$$
$$=\frac{2}{\sqrt{-a}}\arctan\sqrt{\frac{a+bx}{-a}}+C,\text{当 } a<0$$

14. $$\int \frac{\mathrm{d}x}{x^2\sqrt{a+bx}}=-\frac{\sqrt{a+bx}}{ax}-\frac{b}{2a}\int\frac{\mathrm{d}x}{\sqrt{a+bx}}$$

15. $$\int \frac{\sqrt{a+bx}}{x}\mathrm{d}x=2\sqrt{a+bx}+a\int\frac{\mathrm{d}x}{x\sqrt{a+bx}}$$

16. $\int \frac{\sqrt{a+bx}}{x^2}dx = -\frac{\sqrt{a+bx}}{x} + \frac{b}{2}\int \frac{dx}{x\sqrt{a+bx}}$

三、含有 $a^2 \pm x^2$ 的积分

17. $\int \frac{dx}{(a^2+x^2)^n} = \frac{1}{a}\arctan\frac{x}{a} + C$，当 $n=1$

$$= \frac{x}{2(n-1)a^2(a^2+x^2)^{n-1}} + \frac{2n-3}{2(n-1)a^2}\int \frac{dx}{(a^2+x^2)^{n-1}}，当 n>1$$

18. $\int \frac{x dx}{(a^2+x^2)^n} = \frac{1}{2}\ln(a^2+x^2) + C$，当 $n=1$

$$= -\frac{1}{(2n-1)(a^2+x^2)^{n-1}} + C，当 n>1$$

19. $\int \frac{dx}{a^2-x^2} = \frac{1}{2a}\ln\left|\frac{a+x}{a-x}\right| + C$

四、含有 $\sqrt{a^2-x^2}$ 的积分($a>0$)

20. $\int \sqrt{a^2-x^2}dx = \frac{x}{2}\sqrt{a^2-x^2} + \frac{a^2}{2}\arcsin\frac{x}{a} + C$

21. $\int x\sqrt{a^2-x^2}dx = -\frac{1}{3}(a^2-x^2)^{3/2} + C$

22. $\int x^2\sqrt{a^2-x^2}dx = \frac{x}{8}(2x^2-a^2)\sqrt{a^2-x^2} + \frac{a^4}{8}\arcsin\frac{x}{a} + C$

23. $\int \frac{dx}{\sqrt{a^2-x^2}} = \arcsin\frac{x}{a} + C$

24. $\int \frac{x dx}{\sqrt{a^2-x^2}} = -\sqrt{a^2-x^2} + C$

25. $\int \frac{x^2 dx}{\sqrt{a^2-x^2}} = -\frac{x}{2}\sqrt{a^2-x^2} + \frac{a^2}{2}\arcsin\frac{x}{a} + C$

26. $\int (a^2-x^2)^{\frac{3}{2}}dx = \frac{x}{8}(5a^2-2x^2)\sqrt{a^2-x^2} + \frac{3a^4}{8}\arcsin\frac{x}{a} + C$

27. $\int \frac{dx}{(a^2-x^2)^{3/2}} = \frac{x}{a^2\sqrt{a^2-x^2}} + C$

28. $\int \frac{x dx}{(a^2-x^2)^{3/2}} = \frac{1}{\sqrt{a^2-x^2}} + C$

29. $\int \frac{x^2 dx}{(a^2-x^2)^{3/2}} = \frac{x}{\sqrt{a^2-x^2}} - \arcsin\frac{x}{a} + C$

30. $\int \frac{dx}{x\sqrt{a^2-x^2}} = \frac{1}{a}\ln\left|\frac{a-\sqrt{a^2-x^2}}{x}\right| + C$

31. $\int \frac{dx}{x^2\sqrt{a^2-x^2}} = -\frac{\sqrt{a^2-x^2}}{a^2 x} + C$

32. $\int \frac{dx}{x^3\sqrt{a^2-x^2}} = -\frac{\sqrt{a^2-x^2}}{2a^2x^2} - \frac{1}{2a^3}\ln\left|\frac{a+\sqrt{a^2-x^2}}{x}\right| + C$

33. $\int \frac{\sqrt{a^2-x^2}}{x}dx = \sqrt{a^2-x^2} - a\ln\left|\frac{a+\sqrt{a^2-x^2}}{x}\right| + C$

34. $\int \frac{\sqrt{a^2-x^2}}{x^2}dx = -\frac{\sqrt{a^2-x^2}}{x} - \arcsin\frac{x}{a} + C$

五、含有 $\sqrt{x^2 \pm a^2}$ 的积分($a > 0$)

35. $\int \sqrt{x^2 \pm a^2}dx = \frac{x}{2}\sqrt{x^2 \pm a^2} \pm \frac{a^2}{2}\ln\left|x + \sqrt{x^2 \pm a^2}\right| + C$

36. $\int x\sqrt{x^2 \pm a^2}dx = \frac{1}{3}(x^2 \pm a^2)^{3/2} + C$

37. $\int x^2\sqrt{x^2 \pm a^2}dx = \frac{x}{8}(2x^2 \pm a^2)\sqrt{x^2 \pm a^2} - \frac{a^4}{8}\ln\left|x + \sqrt{x^2 \pm a^2}\right| + C$

38. $\int \frac{dx}{\sqrt{x^2 \pm a^2}} = \ln\left|x + \sqrt{x^2 \pm a^2}\right| + C$

39. $\int \frac{xdx}{\sqrt{x^2 \pm a^2}} = \sqrt{x^2 \pm a^2} + C$

40. $\int \frac{x^2dx}{\sqrt{x^2 \pm a^2}} = \frac{x}{2}\sqrt{x^2 \pm a^2} \mp \frac{a^2}{2}\ln\left|x + \sqrt{x^2 \pm a^2}\right| + C$

41. $\int (x^2 \pm a^2)^{3/2}dx = \frac{x}{8}(2x^2 \pm 5a^2)\sqrt{x^2 \pm a^2} + \frac{3a^4}{8}\ln\left|x + \sqrt{x^2 \pm a^2}\right| + C$

42. $\int \frac{dx}{(x^2 \pm a^2)^{3/2}} = \pm\frac{1}{a^2\sqrt{x^2 \pm a^2}} + C$

43. $\int \frac{xdx}{(x^2 \pm a^2)^{3/2}} = -\frac{1}{\sqrt{x^2 \pm a^2}} + C$

44. $\int \frac{x^2dx}{(x^2 \pm a^2)^{3/2}} = -\frac{x}{\sqrt{x^2 \pm a^2}} + \ln\left|x + \sqrt{x^2 \pm a^2}\right| + C$

45. $\int \frac{dx}{x^2\sqrt{x^2 \pm a^2}} = \mp\frac{\sqrt{x^2 \pm a^2}}{a^2x} + C$

46. $\int \frac{dx}{x^3\sqrt{x^2 + a^2}} = -\frac{\sqrt{x^2 + a^2}}{2a^2x^2} + \frac{1}{2a^3}\ln\frac{a + \sqrt{x^2 + a^2}}{|x|} + C$

47. $\int \frac{dx}{x^3\sqrt{x^2 - a^2}} = \frac{\sqrt{x^2 - a^2}}{2a^2x^2} + \frac{1}{2a^3}\arccos\frac{a}{x} + C$

48. $\int \frac{\sqrt{x^2 + a^2}}{x}dx = \sqrt{x^2 + a^2} - a\ln\frac{a + \sqrt{x^2 + a^2}}{|x|} + C$

49. $\int \frac{\sqrt{x^2 - a^2}}{x}dx = \sqrt{x^2 - a^2} - a\arccos\frac{a}{x} + C$

50. $\int \frac{\sqrt{x^2 \pm a^2}}{x^2}dx = -\frac{\sqrt{x^2 \pm a^2}}{x} + \ln\left|x + \sqrt{x^2 \pm a^2}\right| + C$

51. $\int \frac{dx}{x\sqrt{x^2 + a^2}} = \frac{1}{a}\ln\frac{|x|}{a + \sqrt{x^2 + a^2}} + C$

52. $\int \frac{dx}{x\sqrt{x^2 - a^2}} = \frac{1}{a}\arccos\frac{a}{x} + C, x > a$

$$= -\frac{1}{a}\arccos\frac{a}{x} + C, x < -a$$

六、含有 $a+bx+cx^2$ 的积分($c>0$)

53. $$\int \frac{\mathrm{d}x}{a+bx+cx^2}=\frac{2}{\sqrt{4ac-b^2}}\arctan\frac{2cx+b}{\sqrt{4ac-b^2}}+C,\text{当 } b^2<4ac$$
$$=\frac{1}{\sqrt{b^2-4ac}}\ln\left|\frac{\sqrt{b^2-4ac}-b-2cx}{\sqrt{b^2-4ac}+b+2cx}\right|+C,\text{当 } b^2>4ac$$

七、含有 $\sqrt{a+bx+cx^2}$ 的积分

54. $$\int \frac{\mathrm{d}x}{\sqrt{a+bx+cx^2}}=\frac{1}{\sqrt{c}}\ln\left|2cx+b+2\sqrt{c(a+bx+cx^2)}\right|+C,\text{当 } c>0$$
$$=-\frac{1}{\sqrt{-c}}\arcsin\frac{2cx+b}{\sqrt{b^2-4ac}}+C,\text{当 } b^2>4ac,c<0$$

55. $$\int \sqrt{a+bx+cx^2}\,\mathrm{d}x=\frac{2cx+b}{4c}\sqrt{a+bx+cx^2}+\frac{4ac-b^2}{8c}\int\frac{\mathrm{d}x}{\sqrt{a+bx+cx^2}}$$

56. $$\int \frac{x\mathrm{d}x}{\sqrt{a+bx+cx^2}}=\frac{1}{c}\sqrt{a+bx+cx^2}-\frac{b}{2c}\int\frac{\mathrm{d}x}{\sqrt{a+bx+cx^2}}$$

八、含有三角函数的积分

57. $$\int \sin ax\,\mathrm{d}x=-\frac{1}{a}\cos ax+C$$

58. $$\int \cos ax\,\mathrm{d}x=\frac{1}{a}\sin ax+C$$

59. $$\int \tan ax\,\mathrm{d}x=-\frac{1}{a}\ln|\cos ax|+C$$

60. $$\int \cot ax\,\mathrm{d}x=\frac{1}{a}\ln|\sin ax|+C$$

61. $$\int \sin^2 ax\,\mathrm{d}x=\frac{1}{2a}(ax-\sin ax\cos ax)+C$$

62. $$\int \cos^2 ax\,\mathrm{d}x=\frac{1}{2a}(ax+\sin ax\cos ax)+C$$

63. $$\int \sec ax\,\mathrm{d}x=\frac{1}{a}\ln|\sec ax+\tan ax|+C$$

64. $$\int \csc ax\,\mathrm{d}x=-\frac{1}{a}\ln|\csc ax+\cot ax|+C$$

65. $$\int \sec x\tan x\,\mathrm{d}x=\sec x+C$$

66. $$\int \csc x\cot x\,\mathrm{d}x=-\csc x+C$$

67. $$\int \sin ax\sin bx\,\mathrm{d}x=-\frac{\sin(a+b)x}{2(a+b)}+\frac{\sin(a-b)x}{2(a-b)}+C,\text{当 } a\neq b$$

68. $$\int \sin ax\cos bx\,\mathrm{d}x=-\frac{\cos(a+b)x}{2(a+b)}-\frac{\cos(a-b)x}{2(a-b)}+C,\text{当 } a\neq b$$

69. $$\int \cos ax\cos bx\,\mathrm{d}x=\frac{\sin(a+b)x}{2(a+b)}+\frac{\sin(a-b)x}{2(a-b)}+C,\text{当 } a\neq b$$

70. $$\int \sin^n x\,\mathrm{d}x=-\frac{1}{n}\sin^{n-1}x\cos x+\frac{n-1}{n}\int\sin^{n-2}x\,\mathrm{d}x$$

71. $\int \cos^n x\mathrm{d}x = \frac{1}{n}\cos^{n-1}x\sin x + \frac{n-1}{n}\int \cos^{n-2}x\mathrm{d}x$

72. $\int \tan^n x\mathrm{d}x = \frac{1}{n-1}\tan^{n-1}x - \int \tan^{n-2}x\mathrm{d}x, n > 1$

73. $\int \cot^n x\mathrm{d}x = -\frac{1}{n-1}\cot^{n-1}x - \int \cot^{n-2}x\mathrm{d}x, n > 1$

74. $\int \sec^n x\mathrm{d}x = \frac{1}{n-1}\tan x\sec^{n-2}x + \frac{n-2}{n-1}\int \sec^{n-2}x\mathrm{d}x, n > 1$

75. $\int \csc^n x\mathrm{d}x = -\frac{1}{n-1}\cot x\csc^{n-2}x + \frac{n-2}{n-1}\int \csc^{n-2}x\mathrm{d}x, n > 1$

76. $\int \sin^m x\cos^n x\mathrm{d}x = \frac{\sin^{m+1}x\cos^{n-1}x}{m+n} + \frac{n-1}{m+n}\int \sin^m x\cos^{n-2}x\mathrm{d}x$

$$= -\frac{\sin^{m-1}x\cos^{n+1}x}{m+n} + \frac{m-1}{m+n}\int \sin^{m-2}x\cos^n x\mathrm{d}x$$

77. $\int \frac{\mathrm{d}x}{a+b\cos x} = \frac{2}{\sqrt{a^2-b^2}}\arctan\left(\sqrt{\frac{a-b}{a+b}}\tan\frac{x}{2}\right) + C$，当 $a^2 > b^2$

$$= \frac{1}{\sqrt{b^2-a^2}}\ln\left|\frac{b+a\cos x+\sqrt{b^2-a^2}\sin x}{a+b\cos x}\right| + C，当\ a^2 < b^2$$

九、其他形式的积分

78. $\int x^n \mathrm{e}^{ax}\mathrm{d}x = \frac{1}{a}x^n\mathrm{e}^{ax} - \frac{n}{a}\int x^{n-1}\mathrm{e}^{ax}\mathrm{d}x$

79. $\int x^\alpha \ln x\mathrm{d}x = \frac{x^{\alpha+1}}{(\alpha+1)^2}[(\alpha+1)\ln x - 1] + C$，当 $\alpha \neq -1$

80. $\int x^n\sin x\mathrm{d}x = -x^n\cos x + n\int x^{n-1}\cos x\mathrm{d}x$

81. $\int x^n\cos x\mathrm{d}x = x^n\sin x - n\int x^{n-1}\sin x\mathrm{d}x$

82. $\int \mathrm{e}^{ax}\sin bx\mathrm{d}x = \frac{\mathrm{e}^{ax}(a\sin bx - b\cos bx)}{a^2+b^2} + C$

83. $\int \mathrm{e}^{ax}\cos bx\mathrm{d}x = \frac{\mathrm{e}^{ax}(a\cos bx + b\sin bx)}{a^2+b^2} + C$

84. $\int \arcsin\frac{x}{a}\mathrm{d}x = x\arcsin\frac{x}{a} + \sqrt{a^2-x^2} + C, a > 0$

85. $\int \arccos\frac{x}{a}\mathrm{d}x = x\arccos\frac{x}{a} - \sqrt{a^2-x^2} + C, a > 0$

86. $\int \arctan\frac{x}{a}\mathrm{d}x = x\arctan\frac{x}{a} - \frac{a}{2}\ln(a^2+x^2) + C$

87. $\int x^n\arcsin x\mathrm{d}x = \frac{1}{n+1}\left(x^{n+1}\arcsin x - \int \frac{x^{n+1}}{\sqrt{1-x^2}}\mathrm{d}x\right)$

88. $\int x^n\arctan x\mathrm{d}x = \frac{1}{n+1}\left(x^{n+1}\arctan x - \int \frac{x^{n+1}}{\sqrt{1+x^2}}\mathrm{d}x\right)$

十、几个常用的定积分

89. $\int_{-\pi}^{\pi}\cos nx\mathrm{d}x = \int_{-\pi}^{\pi}\sin nx\mathrm{d}x = 0$

90. $\int_{-\pi}^{\pi} \cos mx \sin nx \, dx = 0$

91. $\int_{-\pi}^{\pi} \cos mx \cos nx \, dx = \begin{cases} 0, m \neq n \\ \pi, m = n \end{cases}$

92. $\int_{-\pi}^{\pi} \sin mx \sin nx \, dx = \begin{cases} 0, m \neq n \\ \pi, m = n \end{cases}$

93. $\int_{0}^{\pi} \sin mx \sin nx \, dx = \int_{0}^{\pi} \cos mx \cos nx \, dx = \begin{cases} 0, m \neq n \\ \dfrac{\pi}{2}, m = n \end{cases}$

94. $\int_{0}^{\frac{\pi}{2}} \sin^n x \, dx = \int_{0}^{\frac{\pi}{2}} \cos^n x \, dx = \begin{cases} \dfrac{n-1}{n} \times \dfrac{n-3}{n-2} \times \cdots \times \dfrac{4}{5} \times \dfrac{2}{3} (n \text{ 为奇数}) \\ \dfrac{n-1}{n} \times \dfrac{n-3}{n-2} \times \cdots \times \dfrac{3}{4} \times \dfrac{1}{2} \times \dfrac{\pi}{2} (n \text{ 为偶数}) \end{cases}$

95. $\int_{0}^{\frac{\pi}{2}} \sin^{2m+1} x \cos^n x \, dx = \dfrac{2 \times 4 \times 6 \times \cdots \times 2m}{(n+1)(n+3)\cdots(n+2m+1)}$

96. $\int_{0}^{\frac{\pi}{2}} \sin^{2m} x \cos^{2n} x \, dx = \dfrac{1 \times 3 \times 5 \times \cdots \times (2n-1) \times 1 \times 3 \times 5 \times \cdots \times (2m-1)}{2 \times 4 \times 6 \times \cdots \times (2m+2n)} \times \dfrac{\pi}{2}$

附录Ⅲ 数学实验

数学实验1 MATLAB软件简介及极限运算实验

一、MATLAB基础知识

1. MATLAB概况

MATLAB名字是Matrix Laboratory(矩阵实验室)的缩写,它是美国Mathworks公司于1982年推出的一套高性能的数值计算和可视化数学软件,它具有数学计算、仿真和函数绘图等优点,同时又非常容易学习和掌握.使用它可以容易地实现和验证高等数学、线性代数、数理统计等数学课程所讲述的内容.MATLAB语言简单,程序流程控制语句同C语言差别很小,MATLAB扩充能力强,编程容易且效率较高.它还针对各个专业领域的需要,开发了很多工具箱.

目前MATLAB语言的最高版本为MATLAB 7.0版本.从本实验开始,将介绍MATLAB的一些简单用法(不针对某一版本).

2. MATLAB的安装与启动(Windows操作平台)

(1) 将源光盘插入光驱;

(2) 在光盘的根目录下找到MATLAB的安装文件setup.exe;

(3) 双击该安装文件后,按提示逐步安装;

(4) 安装完成后,在程序栏里便有了MATLAB选项,桌面上出现MATLAB的快捷方式;

(5) 双击桌面上MATLAB的快捷方式或程序里MATLAB选项,即可启动MATLAB.

3. MATLAB的工作环境

运行MATLAB以后,MATLAB的界面如图1.1所示,它大致包括以下几个部分.

(1) 菜单项;

(2) 工具栏;

(3) 【Command Window】命令窗口;

(4) 【Workspace】工作区窗口;

(5) 【Command History】历史记录窗口;

(6) 【Current Directory】当前目录选择窗口.

下面逐一介绍MATLAB的常用窗口.

(1) 命令窗口(Command Window)

在命令窗口中可以直接输入命令行,以实现计算或绘图功能.

(2) 工作区窗口(Workspace)

该窗口中显示当前MATLAB的内存中使用变量信息,包括变量名、变量数组大小、变量类型等.

(3) 历史记录窗口(Command History)

该窗口记录着用户每一次开启 MATLAB 的时间,以及每一次开启后在 MATLAB 命令窗口中运行区的所有命令行,这些命令记录可以被复制到命令窗口中再运行,以减少重新输入的麻烦.

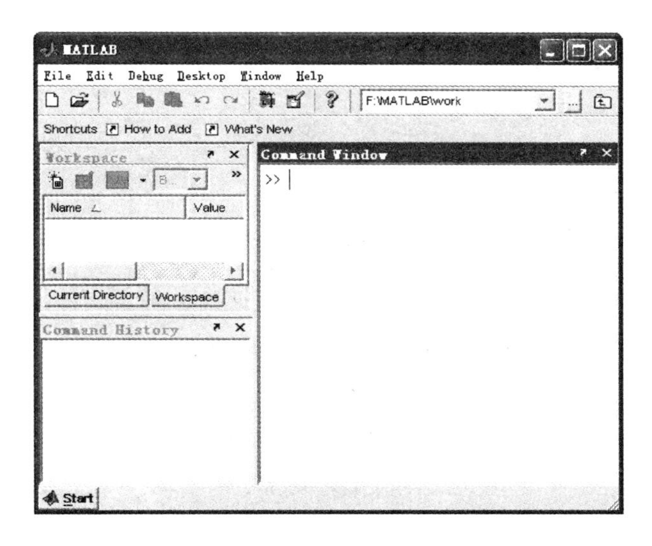

图 1.1 MATLAB 界面

4. MATLAB 的帮助系统

MATLAB 的帮助系统提供帮助命令、帮助窗口、MATLAB 帮助台、在线帮助以及直接链接到 Mathworks 公司等几种帮助方法.

(1) 直接在命令窗口输入>>help 函数名,如 help sqrt,会得到相应函数的有关帮助信息.

(2) 在帮助窗口中查找相应信息.

5. 命令窗口(Command Window)的使用

(1) 简单运算

例 1.1 求$[10+2\times(5-3)]\div4^2$ 的算术运算结果.

① 在命令窗口(Command Window) 中输入以下内容:

```
>>(10 + 2 * (5 - 3)) /4^2
```

② 按【Enter】键.

③ 显示以下结果:

```
ans =
    0. 8750
```

(2) MATLAB 表达式的输入

MATLAB 语句由表达式和变量组成,有两种常见的形式:

表达式

变量=表达式

表达式由变量名、运算符、数字和函数组成,“=”为赋值符号,将其右边表达式运算的结果赋给左边.

例 1.2 建立变量 $y=2$,并计算 $x=y^4\ \sqrt{y+2}$ 时 x 的值.

① 在命令窗口(Command Window)中输入以下内容:

```
>>y = 2;
>>x = y^4 - sqrt(y + 2)
```

② 按【Enter】键.

③ 显示以下结果:

```
x =
    14
```

(3)指令的续行输入

若一个表达式在一行写不下,可换行,但必须在行尾加上 4 个英文句号.

例 1.3 求 $s=1-\frac{1}{2}+\frac{1}{3}-\frac{1}{4}+\frac{1}{5}-\frac{1}{6}+\frac{1}{7}-\frac{1}{8}$的值.

① 在命令窗口(Command Window)中输入以下内容:

```
>> = 1 - 1/2 + 1/3 - 1/4 + 1/5 - 1/6 ....
+ 1/7 - 1/8
```

② 按【Enter】键.

③ 显示以下结果:

```
s =
    0. 6345
```

注意

- 同一行中若有多个表达式,则必须用分号或逗号隔开,若表达式后面跟分号,将不显示结果;
- 当不指定输出变量时,MATLAB 将计算值赋给默认变量 ans(ans wer);
- 在 MATLAB 里,有很多控制键和方向键用于命令行的编辑,具体如表 1.1 所示;
- 当命令行有错误,MATLAB 会用红色字体提示.

表 1.1 MATLAB 命令窗口的控制键功能

键	相应快捷键	功　能
↑	Ctrl+P	重调前一行
↓	Ctrl+N	重调下一行
←	Ctrl+B	向左移一个字符
→	Ctrl+F	向右移一个字符
Ctrl→	Ctrl+R	向右移一个字符
Ctrl←	Ctrl+L	向左移一个字符
Home 键	Ctrl+A	移动到行首
End 键	Ctrl+E	移动到行尾
Esc 键	Ctrl+U	清除一行

6. MATLAB 的变量名的命令规则

(1) 以字母开头,后面可跟字母、数字和下短线;

(2) 大、小写字母有区别;

(3) 不超过 31 个字符.

MATLAB 的预定义变量(如表 1.2 所示),这些变量在使用时不要再定义.

表 1.2　MATLAB 的预定义变量

函　数　名	含　　义
ans	用于结果的默认变量名
pi	π
inf	无穷大
NaN	不充值
i 或 j	$i=j=-1$ 的开方

7. 函数

MATLAB 提供了很多内部函数,如 abs,sqrt 等.

下面(如表 1.3 所示)列出了部分常用的函数.

表 1.3　MATLAB 提供的部分常用函数

函　　数	含　　义	函　　数	含　　义
$\sin(x)$	正弦函数	$\arcsin(x)$	反正弦函数
$\cos(x)$	余弦函数	$\arccos(x)$	反余弦函数
$\tan(x)$	正切函数	$\arctan(x)$	反正切函数
$\sec(x)$	正割函数	$\mathrm{arcsec}(x)$	反正割函数
$\csc(x)$	余割函数	$\mathrm{arccsc}(x)$	反余割函数
$\exp(x)$	以 e 为底的指数	$\mathrm{sqrt}(x)$	开平方
x^a	x 的 a 次幂	a^x	a 的 x 次幂
$\log(x)$	以 e 为底的对数	$\log_{10}(x)$	以 10 为底的对数
$\mathrm{abs}(x)$	绝对值函数	$\mathrm{sum}(x)$	求和
$\min(x)$	最小值	$\max(x)$	最大值

二、实验:函数极限运算

1. 实验内容

函数极限的运算.

2. 实验目的

掌握求函数极限的特征与命令及方法.

3. 实验的基本方法与范例

(1) MATLAB 软件的符号变量在使用前必须声明,如 syms x y a.

(2) 极限运算.

MATLAB 极限运算求解命令(如表 1.4 所示).

表 1.4　MATLAB 极限运算求解命令

语 法 格 式	含　　义	语 法 格 式	含　　义
limit(f)	$\lim\limits_{x\to 0} f(x)$	limit (f,x,a,'left')	$\lim\limits_{x\to a^-} f(x)$
limit(f,x,a) 或 limit(f,a)	$\lim\limits_{x\to a} f(x)$	limit(f,x,a,'right')	$\lim\limits_{x\to a^+} f(x)$

例 1.4 求下列函数极限.

(1) $\lim\limits_{x\to 0}\dfrac{e^x-1}{x}$　　(2) $\lim\limits_{x\to 0}\dfrac{\sin x}{3x}$

(3) $\lim\limits_{x\to\infty}\left(1+\dfrac{1}{x}\right)^{2x}$　　(4) $\lim\limits_{x\to 0^+}\left(\dfrac{1}{x}\right)^{\tan x}$

解 (1) 输入命令

```
>>clear  %清除前面的命令,以免前面命令对后面操作造成影响
>>syms  x;
>limit((exp(x) - 1)/x,x,0)
ans =
1
```

(2) 输入命令

```
>>syms  x
>>limit(sin(x)/(3 * x),x,0)
ans =
1/3
```

(3) 输入命令

```
>>syms  x
>>limit((1 + 1/x)^(2 * x),x,inf)
ans =
exp(2)
```

(4) 输入命令

```
>>syms  x
>>limit((1/x)^tan(x),x,0,'right')
ans =
1
```

4. 实训练习

(1) 用 help 命令查询函数 limit, inf 的用法.

(2) 求下列极限.

① $\lim\limits_{x\to -1}\left(\dfrac{1}{x+1}-\dfrac{1}{x^3+1}\right)$　　② $\lim\limits_{x\to 0^+}\dfrac{1}{x}$

③ $\lim\limits_{x\to 0}\dfrac{1}{\sin x}$　　④ $\lim\limits_{x\to\frac{\pi}{2}+0}\arctan x$

⑤ $\lim\limits_{x\to 8}\dfrac{\sqrt[3]{x}-2}{x-8}$　　⑥ $\lim\limits_{x\to\infty}\dfrac{(2x-1)^{30}(3x-2)^{20}}{(2x+1)^{50}}$

数学实验 2　求一元函数的导数实验

一、实验内容

用 MATLAB 求一元函数的导数.

二、实验目的

掌握求一元函数导数的操作与命令及方法.

三、实验的基本方法与范例

MATLAB 提供的 diff 命令可以求解一元函数的导数,如表 2.1 所示.

表 2.1 求解一元函数的导数命令

语法格式	含义
diff(y)	求函数 y 的导数
diff(y,'x')	对函数 y 关于自变量 x 求导数
diff(y,N)	求函数 y 的 N 阶导数

例 2.1 已知函数 $y=x\sin x+5$,求$\frac{\mathrm{d}y}{\mathrm{d}x},\left.\frac{\mathrm{d}y}{\mathrm{d}x}\right|_{x=\frac{\pi}{4}}$.

解

```
>>syms x
>>y = x * sin(x) + 5;
>>diff(y)
  ans =
       sin(x) + x * cos(x)
>>x = pi/4
>>eval(ans)
    ans =
      1. 2625
```

程序说明:用函数 eval 可将符号表达式转换成数值表达式.

反之,用函数 sym 可将数值表达式转换成符号表达式.

例如

```
>>p = 2. 303
  p =
         2. 3030
>>sym(p)
ans =
  2303/1000
```

例 2.2 设 $y=t^8$,求 $y^{(8)}$.

解

```
>>syms t
>>y = t^8;
>>diff(y,8)
ans =
  40320
```

例 2.3 已知参数方程 $x=a\cos^3 t,y=a\sin^3 t$,求$\frac{\mathrm{d}y}{\mathrm{d}x}$.

解

```
>>syms a t
>>x = a * cos(t)^3;
>>y = a * (sin(t))^3;
>>xl = diff(x)
xl =
      - 3 * a * cos(t)^2 * sin(t)
>>yl = diff(y)
  yl =
  3 * a * sin(t)^2 * cos(t)
>>yx = y1/x1
  yx =
     - sin(t)/cos(t)
```

例 2.4 求隐函数 $x-y+\frac{1}{2}\sin y=0$ 的导数$\frac{dy}{dx}$.

解

```
>>sym x y
>>diff('x - y(x) + 1/2 * sin(y(x)) = 0','x')
ans =
1 - diff(y(x),x) + 1/2 * as(y(x)) * diff(y(x),x) = 0
```

四、实训练习

(1) 用 help 命令查询 diff,eval 的用法.

(2) 求解下列问题.

① 求函数 $y = x\ln^2 x$ 的 y' 和 y'''.

② 求函数 $y = (\sin x)^{\tan x}$ 的 y'.

③ 求函数 $y = \sin^2 x$ 在 $x = \frac{\pi}{4}$ 处的一阶导数和二阶导数.

④ 求函数 $x = t^2, y = 4t$ 的导数$\frac{dy}{dx}$.

⑤ 求隐函数 $\cos(xy) = x$ 的导数$\frac{dy}{dx}$.

数学实验 3 用 MATLAB 作函数的图像实验

一、实验内容

(1) 用 MATLAB 作一元函数图像.

(2) 导数的应用(求极值).

二、实验目的

(1) 掌握一元函数作图的操作命令与方法.

(2) 会用 MATLAB 求一元函数的极值.

三、基本方法与范例

MATLAB 提供的命令 plot,fplot,ezplot 可以作函数的图像.

1. 绘线性图命令

表 3.1 为绘线性图命令.

表 3.1 绘线性图命令

语法格式	含义
plot(x,y,s)	x 是函数的横坐标向量 y 是函数的纵坐标向量 s 是用来定义函数曲线的颜色和线型

表示颜色的参数字符如表 3.2 所示.

表 3.2 表示颜色的参数字符

红色	蓝色	黑色	白色	绿色	深红色	青绿色
r	b	k	w	g	m	c

例 3.1 绘出下面的函数及其反函数的图像,观察它们的关系.

$$y=\sin x, x\in[-\pi,\pi]$$

```
>>x = - pi:0.1:pi;
>>y = sin(x);
>>plot(x,y,'r+',y,x,'b*')
```

运行结果如图 3.1 所示.

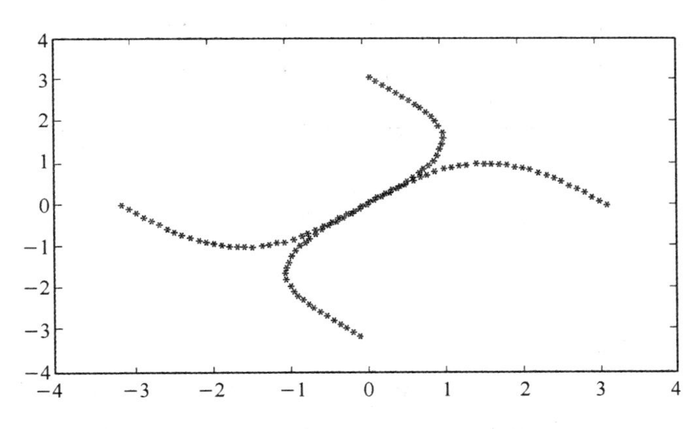

图 3.1 正弦函数的图像及其反函数的图像

程序说明:

(1) x = - pi:0.1:pi 是构造行向量的赋值命令,其一般形式为

first:increment:last

first 是首项,last 是数列的上(下)界,increment 是公差,若公差为 1,则可默认.

(2) 正弦函数 $\sin x$ 的图像:颜色为红色,线型是"+".

其反函数的图像:颜色为蓝色,线型是"*".

(3) 可以看到,使用 MATLAB 绘制函数的反函数图像非常方便.

2. 一元显函数绘图命令

表 3.3 为一元显函数绘图命令.

表 3.3　一元显函数绘图命令

语法格式	含　义
fplot('fun',lim s,str,tol)	直接绘制 $y=\mathrm{fun}(x)$的图像 lim s 为一个向量,若 lim s 只包含两个元素,则表示 x 轴的范围[x min,x max]. 若 lim s 包含 4 个元素,则前两个元素表示 x 的范围[x min,x max],后两个元素代表 y 轴的范围[y min,y max]. str 可以指定图像的线型和颜色,tol 的值小于 1,代表相对误差,默认值为 0.002
fplot(fun,lim s,n)	用最少为 $n+1$ 个点来绘制函数 fun 的图像,其中 $n\geqslant 1$,默认情况下,$n=1$. 最大的步长为$(1/n)*(x\ \max-x\ \min)$

例 3.2　试在区间 $x\in[-2\pi,2\pi]$,$y\in[-2\pi,2\pi]$上绘制 tan (x)的图像.

解法 1:

```
>>x = - 2 * pi : 0. 02 : 2 * pi;
>>y = tan(x);
>>plot(x,y)
```

执行结果如图 3.2 所示.

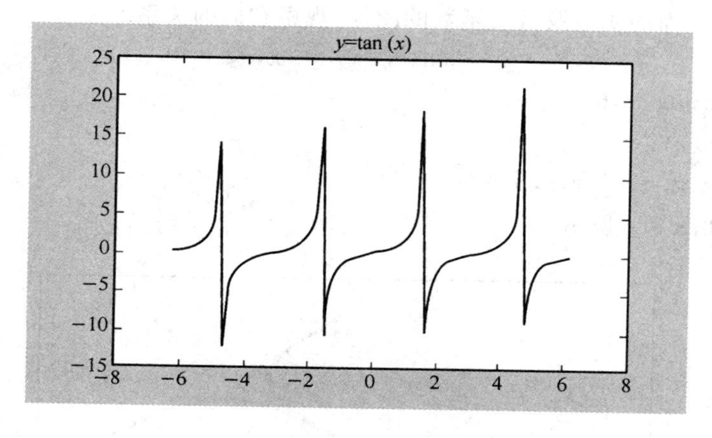

图 3.2　绘制 tan (x)的图像解法 1

解法 2:

```
>>fplot('tan(x)',2 * pi * [ - 1,1, - 1,1])
```

执行结果如图 3.3 所示.

从图 3.2 和图 3.3 可以看出,用 fplot 命令绘制的图像比用 plot 命令绘制出的图像要光滑些,要想使 plot 命令绘制的图像更为光滑,可以缩小自变量 x 的步长.

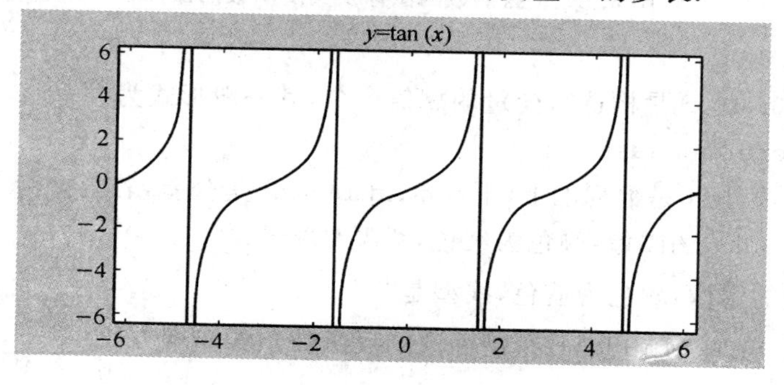

图 3.3　绘制 tan (x)的图像解法 2

3. 绘图命令

这个函数命令常用来绘制符号函数的简易图像,命令格式如表 3.4 所示.

表 3.4　绘图命令

语法格式	含　义
ezplot(fun)	绘制函数 fun 的图像
ezplot(f,[x min,x max, y min,y max]	绘制函数 f 的图像、参数[x min,x max,y min,y max]声明绘图区间可以默认

例 3.3　绘制 $f(x) = x^2\sin x - 1$ 在区间$(0,2\pi)$上的图像.

解　>>ezplot(′x^2 * sin(x) - 1′,[0,2 * pi])

以上命令的执行结果如图 3.4 所示.

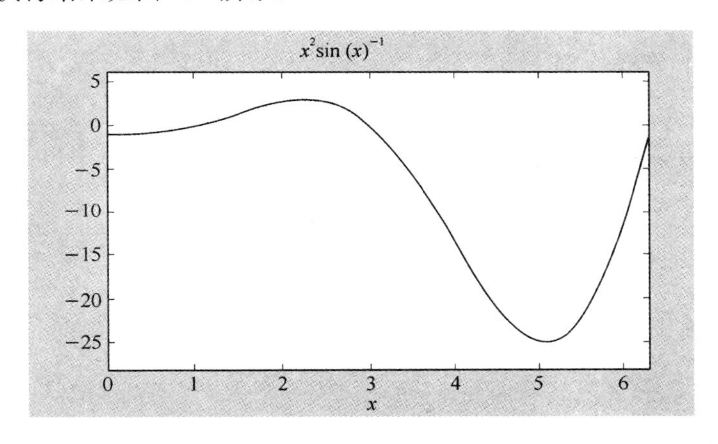

图 3.4　函数 $f(x) = x^2\sin x - 1$ 的图像

四、实训练习

(1) 用 help 命令查询 plot,fplot,ezplot 的用法.

(2) 解答以下问题.

① 绘制 $y = e^{-x^2}$ 在 $x \in [-2,2], y \in [0,1.5]$ 的图像.

② 绘制$\dfrac{x^2}{9} - \dfrac{y^2}{4} = 1$ 在$[-16,16]$上的图像.

数学实验 4　一元函数积分运算实验

一、实验内容

一元函数的不定积分和定积分的运算.

二、实验目的

掌握一元函数不定积分、定积分的有关操作命令、运算方法.

三、基本方法与范例

1. 求函数不定积分和数值积分的运算命令

表 4.1 为求函数不定积分和数值积分的运算命令.

表 4.1 求函数不定积分和数值积分的运算命令

语法格式	含义
int(f)或 int(f,x)	$\int f(x)\mathrm{d}x$
int(f,a,b)或 int(f,x,a,b)	$\int_a^b f(x)\mathrm{d}x$

例 4.1 计算 $\int x\mathrm{e}^{x^2}\mathrm{d}x$.

解

```
>>syms x
>>int(x * exp(x^2),x)
ans =
  1/2 * exp(x^2)
```

例 4.2 计算 $\int_0^{\frac{\pi}{2}}\mathrm{e}^x\sin x\mathrm{d}x$.

解法 1:

```
>>syms x
>>y = exp(x) * sin(x);
>>int(y,0,pi/2)
ans =
        1/2 * exp(1/2 * pi) + 1
>>eval(ans)
ans =
  2. 9052
```

解法 2: 先建立 M 文件为

```
function y = f(x)
y = exp(x) * sin(x);
```

在 MATLAB 的命令窗口输入

```
>>quad('f',0,pi/2)
ans =
  2. 9052
```

说明:MATLAB 提供了两种函数用于变步长数值积分,分别为 quad 和 quadl,调用格式为

```
z = quad('fun',a,b,tol),z = quadl('fun',a,b,tol)
```

其中,fun 表示被积函数的 M 函数名,a,b 为积分的上、下限,tol 表示精度,默认值为 le-3.

2. M 文件编程简介

MATLAB 输入命令的常用方式有两种:一是直接在 MATLAB 的命令窗口中逐条输入 MATLAB 命令;二是 M 文件工作方式. 当命令行很简单时,使用逐条输入方式还是比较方便的. 但当命令行很多时,再使用这种方式输入 MATLAB 命令,就会显得杂乱无章,给程序的修改和维护带来麻烦,这时可用第二种输入形式 M 文件工作方式.

具体操作是在"File"菜单中打开"New"的命令菜单,"M-file"表示新建一个 M 文件,或在命令窗口用"edit"命令打开,这时会出现 MATLAB 软件的编辑器 MATLAB Editor Debuger,

所有 M 文件都是以“M”作为扩展名. 编辑 M 文件要注意以下几点.

(1) M 文件的第 1 行必须包含“function”字符;

(2) M 文件的第 1 行必须指定函数名、输入参数及输出参数;

(3) “%”后面的语句为注释,是对程序的解释,并不被执行.

例 4.3 求广义积分$\int_{-\infty}^{+\infty}\frac{1}{x^2+2x+2}dx$.

解
```
>>syms x y
>>y = int(1/(x^2 + 2 * x + 2),x, - inf, + inf)
y =
    pi
```

四、实训练习

(1) 求下列函数的不定积分.

① $\int\frac{1}{1+\sqrt{x}}dx$　　② $\int\frac{\sqrt{x-1}}{x}dx$

③ $\int e^{3x}\cos 2x dx$　　④ $\int\sec^4 x dx$

(2) 求定积分$\int_0^{\pi}x^2\cos x dx$.

(3) 求广义积分$\int_{-\infty}^{0}xe^x dx$.

数学实验 5　微分方程实验

一、实验内容

微分方程的运算及应用.

二、实验目的

(1) 掌握求解微分方程的有关操作命令.

(2) 熟悉 MATLAB 软件求解微分方程的运算方法.

三、基本方法与范例

在求解微分方程中,用 Dy 表示 y',D2y 表示 y''. 解微分方程的基本操作命令如表 5.1 所示.

表 5.1　解微分方程的基本操作命令

命　令	含　义
dsolve('Dy=f(x,y)','x')	求一阶微分方程 $y'=f(x,y)$的通解
dsolve('Dy=f(x,y)','y(0)=a','x')	求一阶微分方程 $y'=f(x,y)$, $y(0)=a$ 的特解
dsolve('D2y=f(x,y,Dy)','y(0)=a',' Dy(0)=b','x')	求二阶微分方程$\begin{cases}y''=f(x,y,y')\\y(0)=a,y'(0)=b\end{cases}$的特解

例 5.1 求微分方程 $y'-4y=e^{3x}$的通解.

解
```
>>syms x y
```

```
>>y = dslove('Dy - 4 * y = exp(3 * x)','x')
y =
  - exp( - 3 * x) + exp(4 * x) * C1
```

例 5.2 求微分方程 $xy'-y=1+x^3$ 满足 $y(1)=0$ 的特解.

解

```
>>syms x y
>>dslove('x * Dy - y = 1 + x^3','y(1) = 0','x')
y =
  1/2 * x^3 - 1 - 3/2 * x
```

例 5.3 求微分方程 $y''+2y'+y=0$ 满足 $y(0)=4, y'(0)=-2$ 的特解.

解

```
>>syms x y
>>y = dsolve('D2y + 2 * Dy + y = 0','y(0) = 4','Dy(0) = - 2','x')
y =
  4 * exp( - x) + 2 * exp( - x) * x
```

四、实训练习

1. 求下列微分方程的通解

(1) $y' + y = \cos x$

(2) $y'' + 4y' + 3y = 5\sin x$

(3) $(x^2 - 1)y' + 2xy - \cos x = 0$

2. 求下列微分方程的特解

(1) $y' + 2xy = xe^{-x^2}$, $y(0) = 1$

(2) $y' - \dfrac{2y}{1-x} - 1 - x = 0$, $y(0) = 0$

(3) $y^3 y'' + 1 = 0$, $y(1) = 1$, $y'(1) = 0$

数学实验 6　多元函数的微积分实验

一、实验内容

(1) 二元函数的极限、二元函数偏导数及隐函数求导.

(2) 二重积分.

二、实验目的

(1) 掌握二元函数极限、偏导数、隐函数求导的操作命令.

(2) 了解二重积分的操作命令格式.

三、基本命名法与范例

1. 二元函数的极限

MATLAB 没有提供专门的命令来计算多元函数的极限,这一功能仍然由命令函数 limit( ) 来完成.

例 6.1 已知 $f(x,y) = \dfrac{2x^2 + y}{x + y}(x + y \neq 0)$,计算 $\lim\limits_{\substack{x\to 0\\ y\to 1}} f(x,y)$.

解

```
>>syms x y
```

```
>>f = (2 * x^2 + y)/(x + y)
f =
  (2 * x^2 + y)/(x + y)
>>fx = limit(f,'x',0)       % 先对变量 x 求极限，y 视为常量
fx =
    1
>>fxy = limit(fx,'y',1)   % 再对变量 y 求极限
```

程序说明:多元函数的极限是使用命令 limit( )根据不同的变量分步计算的.

2. 求偏导数和隐函数求导

仍然使用前面介绍过的命令函数 diff( ).

例 6.2 已知 $\arctan\frac{y}{x}=\ln\sqrt{x^2+y^2}$, 求$\frac{\partial F}{\partial x},\frac{\partial F}{\partial y}$.

解

```
>>syms x y
>>F = atan(y/x) - log(sqrt(x^2 + y^2));
>>pretty(diff(F,x))
```

$$-\frac{y}{x^2\left(1+\frac{y^2}{x^2}\right)}-\frac{x}{x^2+y^2}$$

```
>>pretty(diff(F,y))
```

$$\frac{1}{x\left(1+\frac{y^2}{x^2}\right)}-\frac{y}{x^2+y^2}$$

程序说明:

(1) 求偏导很简单,只需在参数里说明相应的独立变量即可.

(2) 命令函数 pretty( ) 的功能是把表达式用数学上习惯的方式显示出来.

例 6.3 已知方程 $x^2+y^2+z^2-3=0$,计算$\frac{\partial z}{\partial x}$.

分析 令 $F=x^2+y^2+z^2-3$,根据隐函数求导定理,有

$$\frac{\partial z}{\partial x}=-\frac{\frac{\partial F}{\partial x}}{\frac{\partial F}{\partial z}}$$

即

$$\frac{\partial z}{\partial x}=-\frac{F_x}{F_z}$$

解

```
>>syms x y z
>>F = x^2 + y^2 + z^2 - 3
F =
  x^2 + y^2 + z^2 - 3
>>fx = diff(F,'x')
  fx =
    2 * x
>>fz = diff(F,'z')
```

```
Fz =
  2 * z
>>G = - fx/fz
G =
   - xz^( - 1)
```

3. 复合函数求导

多元复合函数的求导和一元复合函数的求导非常类似,使用的命令函数仍是 diff( ).

例 6.4 已知 $z = u^2 \ln v$,而 $u = \dfrac{x}{y}$, $v = 3y - 2x$, 求$\dfrac{\partial z}{\partial x}$,$\dfrac{\partial z}{\partial y}$.

解
```
>>syms x y z u v
>>u = x/y;v = 3 * y - 2 * x;z = u^2 * log(v);
>>dzx = diff(z,'x')
dzx =
  2 * x/y^2 * log(3 * y - 2 * x) - 2 * x^2/y^2/(3 * y - 2 * x)
>>dzy = diff(z,'y')
dzy =
     - z * x^2/y^3 * log(3 * y - 2 * x) + 3 * x^2/y^2/(3 * y - 2 * x)
>>pretty(dzx),pretty(dzy)
```

4. 二重积分

前面介绍的实验求积分的函数 int,用它也可以求二重积分的值.

例 6.5 计算二重积分$\iint\limits_D \dfrac{y^2}{x^2} \mathrm{d}x$, D 是由 $y = x, y = 2$ 及双曲线 $xy = 1$ 所围成的区域(如图 6.1 所示).

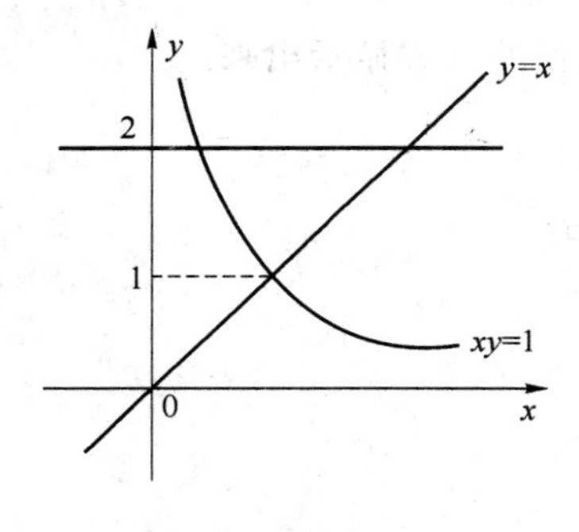

图 6.1 D 的区域图

解 原积分可化为二次积分

$$\iint\limits_D \frac{y^2}{x^2} \mathrm{d}\sigma = \int_1^2 \mathrm{d}y \int_{\frac{1}{y}}^{y} \frac{y^2}{x^2} \mathrm{d}x$$

```
>>int(int('y^2/x^2','x',1/y,y),'y',1,2)
ans =
  9/4
```

四、实训练习

(1) 求极限 $\lim\limits_{\substack{x \to 2 \\ y \to 0}} \dfrac{\sin(xy)}{y}$.

(2) 设 $z = x \ln(x + y)$,求$\dfrac{\partial z}{\partial x}$,$\dfrac{\partial z}{\partial y}$.

(3) 设 $z = \mathrm{e}^u \cos v$,而 $u = x + 2y, v = x^2 - y^2$,求$\dfrac{\partial z}{\partial x}$,$\dfrac{\partial z}{\partial y}$.

(4) 计算$\iint\limits_D (x^2 + y^2) \mathrm{d}\sigma$,其中 D 是由 $y = x$ 和 $y = x^2$ 所围成的区域.

数学实验 7　求级数的和及函数的幂级数

一、实验内容

(1) 级数的求和.

(2) 函数展开成幂级数.

二、实验目的

(1) 掌握利用 MATLAB 计算数项级数的和.

(2) 掌握利用 MATLAB 求函数的泰勒展开式.

三、基本方法与范例

1. 级数求和

表 7.1 为级数求和命令.

表 7.1　级数求和命令

命令格式	含　义
symsum(u,n,a,b)	求 $\sum_{n=a}^{b} U_n$ 的值

例 7.1　求幂级数的和 $\sum_{k=0}^{n} k^2$.

解

```
>>syms k n
>>symsum(k^2,k,0,n)
  ans =
     1/3 * (n + 1)^3 - 1/2 * (n + 1)^2 + 1/6 * n + 1/6
```

例 7.2　求幂级数的和 $\sum_{n=1}^{\infty} \frac{x^n}{2^n n}$.

解

```
>>syms n x
>>symsum(x^n/(n * 2^n),n,1,inf)
ans
     = - log(1 - 1/2) * x
```

即
$$-\ln\left(1-\frac{x}{2}\right)$$

2. 函数展开成幂级数的命令

MATLAB 提供的 taylor 命令可实现一元函数的泰勒级数展开,其调用格式如表 7.2 所示.

表 7.2　函数展开成幂级数的命令

命令格式	含　义
taylor(f)	求 f 关于默认变量的 5 阶近似麦克劳林多项式
taylor(f,n)	求 f 关于默认变量的 $n-1$ 阶近似麦克劳林多项式
taylor(f,v)	求 f 关于自变量为 v 的 $n-1$ 阶近似麦克劳林多项式
taylor(f,a)	求 f 关于默认变量在 a 处的泰勒展开式

例 7.3　求 $f(x) = e^x$ 的泰勒展开式.

解

```
>>syms x
```

```
>>s = taylor(exp(x))
s =
   1 + x + 1/2 * x^2 + 1/6 * x^3 + 1/24 * x^4 + 1/120 * x^5
```

例 7.4 求 $f(x)=\cos x$ 的泰勒展开式的前 8 项.

解

```
>>syms x
>>s = taylor(cos(x),8)
s =
   1 - 1/2 * x^2 + 1/24 * x^4 - 1/720 * x^6
```

通过图像,可以比较泰勒展开式与函数 $y=\cos x$ 拟合的情况.

```
>>syms x y;
>>y = cos(x);
>>ezplot(y)       % 画出 y = cos(x)的图像
>>hold on         % 将后面的图像叠加在前面的图像窗口中
>>ezplot(s)       % 画出泰勒展开式 s 的图像
```

图 7.1 为泰勒展开式与函数 $y=\cos x$ 在区间$[-2\pi,2\pi]$内的拟合图.

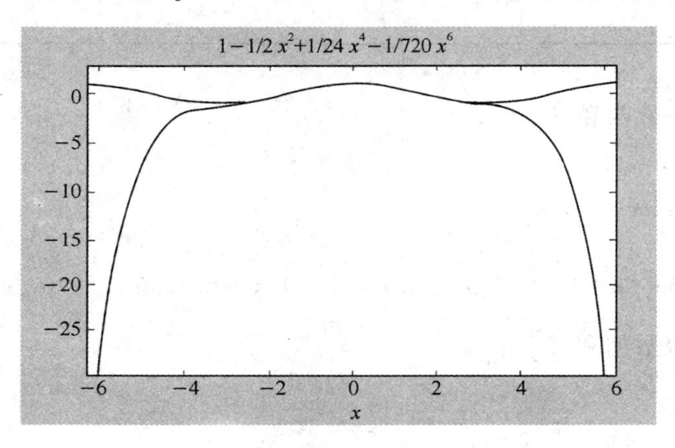

图 7.1　泰勒展开式与函数 $y=\cos x$ 的拟合图

四、实训练习

(1) 查询函数 taylor,sym,sum 的用法.

(2) 求下列级数的和.

① $\sum_{n=1}^{\infty}\frac{n}{2^{n-1}}$　　② $\sum_{n=1}^{\infty}\frac{1}{(n+2)(n+3)}$

③ $\sum_{n=1}^{\infty}\frac{2+(-1)^n}{2^n}$

(3) 求下列函数的泰勒展开式.

① $f(x)=\frac{1}{x-2}$　　② $f(x)=e^{-x^2}$

附录Ⅳ　希腊字母表

大　写	小　写	读　　音		
		汉语拼音	中　文	英　文
Α	α	arfa	阿耳法	alpha
Β	β	beita	贝　塔	beta
Γ	γ	gama	伽　马	gamma
Δ	δ	deirta	德耳塔	delta
Ε	ε	eipsilong	厄普西隆	epsilon
Ζ	ζ	zeita	截　塔	zeta
Η	η	eita	爱　塔	eta
Θ	θ	sita	西　塔	theta
Ι	ι	youta	育　塔	iota
Κ	κ	kapa	卡　帕	kappa
Λ	λ	lembda	兰姆达	lambda
Μ	μ	miou	缪(密尤)	mu
Ν	ν	niou	纽	nu
Ξ	ξ	ksi	克　西	xi
Ο	ο	omikrong	奥米克隆	omicrom
Π	π	paei	珀(派爱)	pi
Ρ	ρ	rou	柔	rho
Σ	σ	sigma	西格马	sigma
Τ	τ	tao	陶	tau
r	ν	ipsilng	宇普西隆	upsilon
Φ	φ	fi	斐	phi
Χ	χ	hi	克里(喜)	chi
Ψ	ψ	psi	泼　西	psi
Ω	ω	omiga	奥米伽	omega

参考答案

第1章

习题 1.1

1.1.1 (1) 不是,当 $x<0$ 时,$f(x)$有定义,而 $g(x)$无定义.

(2) 不是,当 $x<0$ 时,对应法则不相同.

(3) 是.

(4) 是.

1.1.2 (1) $\left[-\frac{2}{3},\infty\right)$ (2) $(-\infty,-)\cup(-1,1)\cup(1,+\infty)$

(3) $[-1,0)\cup(0,1]$ (4) $(-2,2)\cup(2,+\infty)$

(5) $(-1,0)\cup(0,+\infty)$ (6) $(-\infty,1)\cup(1,+\infty)$

1.1.3 $\varphi\left(\frac{\pi}{6}\right)=\frac{1}{2};\varphi\left(\frac{\pi}{4}\right)=\frac{\sqrt{2}}{2};\varphi\left(-\frac{\pi}{4}\right)=\frac{\sqrt{2}}{2};\varphi(-2)=0$

1.1.4 定义域$(-2,2]$,$f(-1)=0$,$f(0)=0$,$f\left(\frac{\sqrt{2}}{2}\right)=\frac{1}{2}$,$f(\sqrt{2})=2-\sqrt{2}$

1.1.5 定义域$(-\infty,+\infty)$,值域$[-1,1]$

1.1.6 $y=\begin{cases}75x, & x\leqslant 120\\ 9\,000+150(x-120), & x>120\end{cases}$,应交 9 750 元.

习题 1.2

1.2.1 (1) $|y|\leqslant 2$,有界. (2) $0<y<+\infty$,无界.

(3) $|y|\leqslant\frac{\pi}{2}$,有界. (4) $\frac{1}{2}<y<1$,有界.

(5) $|y|\leqslant 5$,有界.

1.2.2 (1) 在$(\infty,+\infty)$内单调增加.

(2) 在$(-\infty,0)$内单调减少.

(3) 在$[0,+\infty)$内单调增加.

(4) 在$(-\infty,1)$内单调减少,在$(1,+\infty)$内单调增加.

(5) 在$(-\infty,0)$内单调减少,在$(0,+\infty)$内单调增加.

1.2.3 (1) 奇函数. (2) 奇函数.

(3) 奇函数. (4) 偶函数.

(5) 偶函数. (6) 非奇非偶函数.

1.2.4 (1) 是, $T=\pi$.　　(2) 是, $T=\pi$.

(3) 是, $T=2\pi$.　　(4) 是, $T=2\pi$.

(5) 是, $T=\frac{8\pi}{3}$.　　(6) 不是.

1.2.5 略.

习题 1.3

1.3.1 (1) $y=\frac{1}{2}(1-e^x)$, $[0,+\infty)$　　(2) $y=x^3-2$, $(-\infty,+\infty)$

(3) $y=\frac{1-2x}{1+x}$, $x\neq-1$　　(4) $y=3^x+2$, $(-\infty,+\infty)$

1.3.2 $g(x)=\frac{1+2x}{3+x}$, $(x\neq-3)$

1.3.3 反函数 $g(x)=\begin{cases} x, & -\infty<x<1 \\ \sqrt{x}, & 1\leqslant x\leqslant 4, \\ \log_2 x, & 4<x<+\infty \end{cases}$ 定义域 $(-\infty,+\infty)$.

1.3.4 (1) 能.　(2) 不能.　(3) 能.

1.3.5 (1) $y=\ln^2 x$, $(0,+\infty)$　　(2) $y=\sin 2x$, $(-\infty,+\infty)$

(3) $y=\arcsin e^x$, $(-\infty,0]$　　(4) $y=\ln 3^{\frac{1}{x}}$, $(-\infty,0)\cup(0,+\infty)$

1.3.6 (1) $y=\arccos u$, $u=\sqrt{x}$　　(2) $y=u^5$, $u=2x+1$

(3) $y=\ln u$, $u=x^2-4$　　(4) $y=\cos u$, $u=3x+1$

(5) $y=u^2$, $u=\cos v$, $v=1+2x$　　(6) $y=3\operatorname{arccot} u$, $u=1-2x$

1.3.7 (1) $x>0$　　(2) $x\leqslant 0$ 或 $x\geqslant\frac{1}{2}$

(3) $x<-2$ 或 $x\geqslant 2$　　(4) $-\sqrt{2}\leqslant x\leqslant\sqrt{2}$

1.3.8 (1) $-1\leqslant x\leqslant 1$　(2) $1\leqslant x\leqslant e$　(3) $0\leqslant x\leqslant\ln 2$

(4) 当 $a>\frac{1}{2}$ 时,定义域为 $\varnothing$;当 $a\leqslant\frac{1}{2}$ 时,定义域为 $[a,1-a]$.

1.3.9 $(-\infty,-2]\cup[2,+\infty)$

习题 1.4

1.4.1 (1) $[0,+\infty)$　　(2) $[0,+\infty)$

(3) $(-\infty,0)$　　(4) $(0,+\infty)$

(5) $(0,+\infty)$　　(6) $(-\infty,+\infty)$

1.4.2 略.

1.4.3 (1) $x<-1$ 或 $x>2$　　(2) $-1<x<4$

(3) $x>\frac{3}{2}$

1.4.4 略.

习题 1.5

1.5.1 略.

1.5.2 (1) $-2,2$ (2) $2,4$ (3) $0,2$ (4) $-1,1$

1.5.3 (1) 8π (2) π (3) $\frac{\pi}{2}$

1.5.4 (1) $<$ (2) $<$ (3) $<$ (4) $>$

1.5.5 (1) $-\frac{1}{2}\leqslant x\leqslant\frac{1}{2},-\frac{\pi}{2}\leqslant y\leqslant\frac{\pi}{2}$ (2) $0\leqslant x\leqslant 2,-\frac{\pi}{4}\leqslant y\leqslant\frac{\pi}{4}$

(3) $-4\leqslant x\leqslant 4,0\leqslant y\leqslant 2\pi$ (4) $\frac{1}{3}\leqslant x\leqslant 1,0\leqslant y\leqslant\frac{\pi}{3}$

(5) $-\infty<x<\infty,-\frac{\pi}{2}<y<\frac{\pi}{2}$ (6) $-\infty<x<+\infty,0<y<\pi$

1.5.6 (1) $-\sqrt{3}$ (2) $-\frac{\sqrt{3}}{2}$ (3) $-\frac{\sqrt{2}}{2}$

1.5.7 (1) $-\frac{3}{4}$ (2) $\frac{4}{5}$ (3) $\frac{3}{5}$ (4) $\frac{2\sqrt{5}}{5}$

习题 1.6

1.6.1 $S=\frac{2V}{r}+2\pi r^2(0<r<+\infty)$

1.6.2 $L=\frac{S_0}{h}+\frac{2-\cos 40^\circ}{\sin 40^\circ}h(0<h<+\infty)$

1.6.3 $S=\begin{cases}\frac{1}{2}x^2, & 0\leqslant x\leqslant 2\\ 2x-2, & 2<x\leqslant 4\\ -\frac{1}{2}x^2+6x-10, & 4<x\leqslant 6\end{cases}$，$\frac{1}{2}$，4，6，8

1.6.4 $P=a\left(5\pi r^2+\frac{80\pi}{r}\right)$ （元）

习题 1.7

1.7.1 $P=42$

1.7.2 $Q(P)=10+5\times 2^P$

1.7.3 $L(x)=5x-0.1x^2-200$

1.7.4 $L(Q)=-\frac{Q^2}{2}+15Q-100,L(10)=0,L(15)=12.5$

1.7.5 $L(x)=\begin{cases}150x, & 0<x\leqslant 800\\ 24\,000+120x, & 800<x\leqslant 1\,600\end{cases}$

习题 1.8

1.8.1 (1) 0 (2) 0 (3) 3 (4) 1 (5) ∞

1.8.2 (1) 0 (2) 5 (3) 1 (4) $\frac{1}{2}$

1.8.3 (1) B (2) A (3) D

习题 1.9

1.9.1 (1) 4 (2) $\sqrt{2}$ (3) 2 (4) $\frac{\pi}{2}$

1.9.2 $f(0-0)=-1, f(0+0)=1, \lim\limits_{x\to 0} f(x)$不存在.

1.9.3 存在, $\lim\limits_{x\to\frac{\pi}{2}} f(x)=1$.

1.9.4 $f(0-0)=-1, f(0+0)=1, \lim\limits_{x\to 0} f(x)$不存在.

1.9.5 $f(0-0)=1, f(0+0)=1, \lim\limits_{x\to 0} f(x)=1$.

1.9.6 $\lim\limits_{x\to\infty} f(x)=0$, $\lim\limits_{x\to+\infty} f(x)=\pi$, $\lim\limits_{x\to\infty} f(x)$不存在.

习题 1.10

1.10.1 (1) 无穷小.

(2) 因为 $\lim\limits_{x\to 0} e^x=1$,所以 e^x 当 $x\to 0$ 时不是无穷小也不是无穷大.

(3) 无穷小.

(4) $f(0-0)=0, f(0+0)=+\infty, \lim\limits_{x\to 0} e^{\frac{1}{x}}$不存在,当 $x\to 0$ 时,$e^{\frac{1}{x}}$既不是无穷大也不是无穷小.

(5) 无穷小. (6) 无穷大. (7) 无穷小.

(8) 无穷大. (9) 无穷大. (10) 无穷小.

1.10.2 (1) 当 $x\to\infty$时,y 是无穷小;当 $x\to 2$ 或 $x\to -2$ 时,y 是无穷大.

(2) 当 $x\to 0$ 时,y 是无穷小;当 $x\to 3$ 时,y 是无穷大.

(3) 当 $x\to 0$ 时,y 是无穷小;当 $x\to -\frac{\pi}{2}$或$\frac{\pi}{2}$时,y 是无穷大.

(4) 当 $x\to 0^+$时,y 是负无穷大;当 $x\to +\infty$时,y 是正无穷大;当 $x\to 1$ 时,y 是无穷小.

1.10.3 (1) 无穷小量之和是无穷小量.

(2),(3),(4)无穷小量与有界函数乘积是无穷小.

习题 1.11

1.11.1 (1) 6 (2) 4/3 (3) 0 (4) $\frac{7}{3}$ (5) $\frac{2}{5}$

(6) 0 (7) ∞ (8) $\frac{5}{4}$ (9) $\frac{1}{5}$ (10) 2

1.11.2 (1) ∞ (2) ∞

1.11.3 (1) 0 (2) 0 (3) 0 (4) 0 (5) 0

1.11.4 (1) $-\frac{1}{3}$ (2) $\left(\frac{3}{2}\right)^{20}$ (3) $\frac{1}{4}$ (4) -1 (5) $\frac{1}{2}$

1.11.5 $\lim\limits_{x\to 0} f(x)=-1$, $\lim\limits_{x\to-\infty} f(x)=-\infty$, $\lim\limits_{x\to+\infty} f(x)=0$

1.11.6 $K=-3$

习题 1.12

1.12.1 (1) 5 (2) $\frac{3}{2}$ (3) $\frac{3}{4}$ (4) 3

(5) $\frac{1}{2}$ (6) 1 (7) x (8) 1

1.12.2 (1) e (2) e^{-9} (3) e^{5} (4) e^{4} (5) e^{-6} (6) e^{4} (7) $e^{\frac{5}{3}}$

习题 1.13

1.13.1 (1) 高阶. (2) 同阶. (3) 等价. (4) 同阶. (5) 高阶.

1.13.2 x^3-x^2

1.13.3 (1) 当 $x\to 1$ 时, $1-x$ 与 $1-x^3$ 不等价.

(2) 当 $x\to 1$ 时, $1-x$ 与 $\frac{1}{2}(1-x^2)$ 等价.

1.13.4 证明略.

1.13.5 (1) 5/2 (2) 3/2 (3) 1 (4) $\frac{1}{2}$ (5) $\frac{3}{5}$

习题 1.14

1.14.1 (1) -8 (2) -10

(3) $-\Delta x+(\Delta x)^2$ (4) $(2x_0-3)+(\Delta x)^2$

1.14.2 (1) 在 $x=1$ 连续. (2) 在 $x=1$ 不连续.

1.14.3 $K=2$

1.14.4 $K=4$

1.14.5 (1) 点 $x=-1$, $x=2$ 均为第 2 类无穷型间断点.

(2) 点 $x=1$ 为第 1 类可去型间断点, 点 $x=2$ 为第 2 类无穷型间断点.

(3) 点 $x=0$ 为第 1 类跳跃型间断点.

(4) 点 $x=0$ 为第 1 类可去型间断点.

(5) 点 $x=0$ 为第 1 类可去型间断点.

(6) 点 $x=0$ 为第 1 类跳跃型间断点, 点 $x=-1$ 为第 2 类无穷型间断点.

1.14.6 (1) $\sqrt{2}$ (2) 0 (3) e^{-1} (4) 1 (5) e^2 (6) e^3

(7) 1/2 (8) $\sqrt{2}$

1.14.7 (1) $(-\infty,1)\cup(1,2)\cup(2,+\infty)$

(2) $(2,+\infty)$

(3) $[4,6]$

(4) $(0,1]$

1.14.8 $a=1$

1.14.9 证明略.

1.14.10 证明略.

1.14.11 证明略.

复习题一

1. (1) $\left(-\frac{1}{2},1\right)\cup(1,+\infty)$　　(2) 直线 $y=x$,轴对称.

   (3) 等价无穷小.　　(4) $\left(\frac{2}{3}\right)^{15}$

   (5) $\frac{1}{2}$　　(6) $K=\ln 2$

2. (1) A　(2) A　(3) C　(4) C　(5) D

3. (1) ∞　(2) 0　(3) $\frac{1}{2}$　(4) $\frac{1}{2}$　(5) 1　(6) 1

   (7) e^{10}　(8) $\sin e^{-1}$　(9) e　(10) 3　(11) $\frac{1}{3}$　(12) $\frac{1}{12}$

4. 当 $a=0$ 时,$f(x)$在$(-\infty,+\infty)$连续.
5. $f(x)$在$(-\infty,1]\cup(1,+\infty)$连续.
   $x=1$ 为第 2 类型间断点.
6. 略.
7. $a=-4$, $b=10$

第 2 章

习题 2.1

2.1.1　(1) $2ax+b$　(2) $\frac{1}{3\sqrt[3]{x^2}}$　(3) 3　(4) $-2\sin 2x$

2.1.2　(1) $\frac{2}{3\sqrt[3]{x}}$　(2) $8x^7$　(3) $\frac{3}{4\sqrt[4]{x}}$　(4) $\frac{1}{x\ln 2}$

(5) $(3e)^x\ln 3e$　(6) $-\cos x$

2.1.3　(1) $\frac{13}{6}$　(2) $\ln 2$　(3) 12　(4) $-\frac{\sqrt{3}}{2}$

2.1.4　$k=1$

2.1.5　切线方程为 $x+y-\pi=0$.
法线方程为 $x-y-\pi=0$.

2.1.6　切线方程为 $y-1=\frac{1}{e}(x-e)$.
法线方程为 $y-1=-e(x-e)$.

2.1.7　$a=1,b=1$

2.1.8　略.

习题 2.2

2.2.1　(1) $y'=12x^2+\frac{4}{x^3}$　(2) $y'=4x+\frac{5}{2}x^{\frac{3}{2}}$

(3) $y'=2x-\frac{5}{2}x^{-\frac{7}{2}}-3x^{-4}$ (4) $y'=8x-4$

(5) $y'=\tan x+x\sec^2 x+\csc^2 x$ (6) $y'=\frac{1}{1+\cos x}$

(7) $y'=\frac{3-3x^2}{(x^2+1)^2}$ (8) $y'=-\frac{2}{x(1+\ln x)^2}$

(9) $y'=\sin x\tan x+x\cos x\tan x+x\sin x\sec^2 x$

(10) $y'=a^x\ln a+2\mathrm{e}^x$

2.2.2 (1) $f'(0)=-3, f'(1)=2$ (2) $f'\left(\frac{\pi}{2}\right)=\frac{2}{\pi}-5, f'(\pi)=\frac{1}{\pi}-8$

(3) $f'(0)=0, f'\left(\frac{\pi}{2}\right)=\pi$ (4) $f'(-\pi)=2, f'(\pi)=2$

2.2.3 略.

2.2.4 略.

2.2.5 略.

2.2.6 $(1,0)$和$(-1,4)$.

2.2.7 切线方程为 $2x-y=0$,法线方程为 $x+2y=0$.

习题 2.3

2.3.1 (1) $2x\ln x+x$ (2) $20(4x+1)^4$

(3) $3^x\ln 3\cos 3^x$ (4) $-10\mathrm{e}^{-2x}$

(5) $\ln 5\cdot 5^{\sin x}\cdot\cos x$ (6) $2\sec^2 x\tan x$

(7) $\frac{1}{x^2}\csc^2\frac{1}{x}$ (8) $\frac{1}{x\ln x\ln(\ln x)}$

(9) $2^{\frac{x}{\ln x}}\cdot\ln 2\cdot\frac{\ln x-1}{\ln^2 x}$ (10) $\sec^2 x(1-\tan^2 x+\tan^4 x)$

2.3.2 (1) $-\frac{2x}{\sqrt{1-x^4}}$ (2) $-\frac{1}{1+x^2}$

(3) $\frac{1}{x\sqrt{1-\ln^2 x}}$ (4) $\frac{\mathrm{e}^{\arctan\sqrt{x}}}{2\sqrt{x}(1+x)}$

2.3.3 略.

习题 2.4

2.4.1 (1) $\frac{y-2x}{2y-x}$ (2) $\frac{y}{y-1}$ (3) $\frac{y-xy}{xy-x}$ (4) $\frac{1+y^2}{2+y^2}$

(5) $\frac{\cos(x+y)}{1-\cos(x+y)}$ (6) $-\frac{y^2}{xy+1}$ (7) $\frac{x+y}{x-y}$ (8) $-\sqrt{\frac{y}{x}}$

2.4.2 (1) $(\ln x)^x\left[\ln(\ln x)+\frac{1}{\ln x}\right]$

(2) $(\cos x)^{\sin x}(\cos x\ln\cos x-\sin x\tan x)$

(3) $x^{x^2}x(2\ln x+1)$

(4) $x^{\sqrt{x}}\frac{\ln x+2}{2\sqrt{x}}$

(5) $\frac{1}{2}\sqrt{\frac{(x+1)(2x-1)}{(x+3)(5x+2)}}\left(\frac{1}{x+1}+\frac{2}{2x-1}-\frac{1}{x+3}-\frac{5}{5x+2}\right)$

(6) $\frac{1}{2}\left(\frac{1}{x}+\frac{1}{x+1}-\frac{2x}{1+x^2}-2\right)\sqrt{\frac{x(x+1)}{(1+x^2)\mathrm{e}^{2x}}}$

2.4.3 (1) $\frac{3t^2+1}{2t}$ (2) $-2\cot\theta$ (3) $(3t+2)(1+t)$ (4) -1

2.4.4 $y=2x$

2.4.5 $y'\Big|_{(2,0)}=-\frac{1}{2}, y'\Big|_{(2,4)}=\frac{5}{2}$

习题 2.5

2.5.1 (1) $36x^2+8$ (2) $-\frac{1}{x^2}$

(3) $\frac{-4}{(1-2x)^2}$ (4) $-\sec^2 x$

(5) $9\mathrm{e}^{3x-1}$ (6) $2\csc^2 x\cot x$

(7) $-(2\sin x+x\cos x)$ (8) $\mathrm{e}^{x^2}(6x+4x^3)$

(9) $4^x\ln^2 4-12x^2$ (10) $-\frac{1}{(x^2-1)^{3/2}}$

2.5.2 (1) $\frac{\sin(x+y)}{[\cos(x+y)-1]^3}$ (2) $\frac{\mathrm{e}^{2y}(3-y)}{(2-y)^3}$

(3) $-2\csc^2(x+y)\cot^3(x+y)$ (4) $-\frac{1}{y^3}$

2.5.3 (1) 192 (2) 4 (3) $\frac{1}{\mathrm{e}^2}$ (4) $\frac{1}{4\pi^2}$

2.5.4 (1) $\frac{1}{t^3}$ (2) $-\frac{b}{a^2}\csc^3 t$ (3) $\frac{3t^2+1}{4t^3}$ (4) $\frac{1+t^2}{4t}$

2.5.5 (1) $y^{(n)}=\mathrm{e}^x(x+n)$

(2) $y^{(n)}=2^{n-1}\sin\left[2x+\frac{(n-1)\pi}{2}\right]$ $(n\in\mathbf{N})$

(3) $y^{(n)}=\frac{(-1)^n\cdot 2\cdot n!}{(1+x)^{n+1}}$ (4) $f^{(n)}(0)=(n-1)!$

习题 2.6

2.6.1 $\Delta y=0.110\,601, \mathrm{d}y=0.11$

2.6.2 (1) 0.02 (2) $-0.031\,4$ (3) $-0.018\,6$

2.6.3 (1) $2^{\sin x}\cos x\ln 2\mathrm{d}x$ (2) $\left(\frac{1}{2\sqrt{x}}+\frac{1}{x}\right)\mathrm{d}x$

(3) $\mathrm{e}^{\sqrt{x}}\left(\frac{\sin x}{2\sqrt{x}}+\cos x\right)\mathrm{d}x$ (4) $\frac{-x}{|x|\sqrt{1-x^2}}\mathrm{d}x$

(5) $(\ln^2 x+2\ln x)\mathrm{d}x$ (6) $(\tan x-\cot x)\mathrm{d}x$

(7) $2(\mathrm{e}^{2x}-\mathrm{e}^{-2x})\mathrm{d}x$ (8) $2x\sin(2x^2)\mathrm{d}x$

2.6.4 (1) $2x+C$ (2) $\frac{3}{2}x^2+C$

(3) $\sin t+C$ (4) $-\frac{1}{\omega}\cos\omega t+C$

(5) $\ln(1+x)+C$ (6) $-\frac{1}{2}e^{-2x}+C$

(7) $2\sqrt{x}+C$ (8) $\frac{1}{3}\tan 3x+C$

2.6.5 (1) 1.05 (2) 0.083 33 (3) −0.1 (4) 0.790 4

2.6.6 $2\pi R_0 d$

2.6.7 565.5 cm^3

复习题二

1. (1) $2\tan x\cdot\sec^2 x$ (2) $-2e^{-x}\sin x$

(3) $\frac{4+2x^3}{(4-x^3)^2}$ (4) $(x\cos x-\sin x)\left(\frac{1}{x^2}-\frac{1}{\sin^2 x}\right)$

(5) $\frac{2x}{(1+x^2)\ln a}$ (6) $-\csc x(1+2\cot^2 x)+\frac{1+2x}{(1+x+x^2)^2}$

(7) $\frac{\cos t-\sin t-1}{(1-\cos t)^2}$ (8) $-\frac{\sqrt{2x(1+x)}}{2x(1-x^2)}$

2. (1) $-\frac{2\ln x}{x^2}$ (2) $4x\cos x+\sin x-x^2\sin x$

(3) $\frac{-x\sqrt{x}\cos\sqrt{x}+3x\sin\sqrt{x}+3\sqrt{x}\cos\sqrt{x}}{8x}$

(4) $\frac{\cos^4 x+9\cos^2 x-15}{16\cos^3 x\sqrt{\cos x}}$

3. (1) $-\frac{9x}{4y}$ (2) $\frac{1}{1-e^y}$ (3) $\frac{2x-y}{2y+x}$ (4) $\frac{a}{y}$

4. (1) $(\sin x)^{\tan x}[\sec^2 x\ln(\sin x)+1]$

(2) $x\sqrt{\frac{1-x}{1+x}}\left[\frac{1}{x}-\frac{1}{2(1-x)}-\frac{1}{2(1+x)}\right]$

(3) $(x-1)(x-2)^2(x-3)^3\cdots(x-n)^n\left(\frac{1}{x-1}+\frac{2}{x-2}+\frac{3}{x-3}+\cdots+\frac{n}{x-n}\right)$

5. $\Delta y=-0.049\,9$, $dy=-0.05$

6. (1) $(9x^3\sqrt{x}-8x^2-\frac{5}{2}x\sqrt{x}+1+\frac{3}{2\sqrt{x}}+\frac{3}{x^2})dx$

(2) $\frac{8x}{(x^2+2)^2}dx$ (3) $\frac{5^{\ln x}\cdot\ln 5}{x}$ (4) $\frac{1}{\sqrt{x^2+a^2}}dx$

7. (1) $\frac{3}{2}x^2+C$ (2) x^2+x+C (3) $\frac{1}{3}\sin 3x+C$

(4) x^3+x^2+C (5) $\frac{3^{2x}}{2\ln 3}+C$ (6) $\ln|x|+C$

8. $2x-y-1=0$ 或 $2x-y+1=0$.

9. $a=b=0$

10. $2\mathrm{d}x$

11. (1) 0.002 5　　(2) 0.01

12. (1) $[3(1+x-x^2)(1-2x)+2\tan x\cdot\sec^2 x]\mathrm{d}x$

(2) $\left(-\frac{1}{3}\tan\frac{x}{3}\right)\mathrm{d}x$

(3) $-\frac{2^{\arccos x}\cdot\ln 2}{\sqrt{1-x^2}}\mathrm{d}x$

(4) $-\frac{16}{x^2}\mathrm{d}x$

13. (1) 0.083 33　　(2) 2.636 7　　(3) 0.01　　(4) 0.02

14. 切线方程：$y=-\frac{1}{2}x+2$.

法线方程：$y=2x-3$.

第3章

习题 3.1

3.1.1 (1) $\xi=1$ (2) $\xi=\frac{\pi}{2}$ (3) $\xi=0$ (4) 不满足.

3.1.2 (1) $\xi=1$ (2) $\xi=\sqrt{\frac{4-\pi}{\pi}}$ (3) $\xi=\frac{1}{\ln 2}$ (4) 不满足.

3.1.3 (1) $\xi=\ln(\mathrm{e}-1)$ (2) $\xi=\frac{14}{9}$

习题 3.2

3.2.1 (1) $\frac{1}{2}$ (2) 1 (3) $-\frac{3}{5}$ (4) $\cos a$ (5) 1 (6) 2

3.2.2 (1) 0 (2) $\frac{1}{3}$ (3) $+\infty$ (4) 0 (5) 1 (6) $-\frac{1}{2}$

3.2.3 (1) 1 (2) 1

习题 3.3

3.3.1 (1) ↗ (2) ↗ (3) ↘ (4) ↘

3.3.2 (1) $(-\infty,0)$ ↘ $(0,+\infty)$ ↗

(2) $(-\infty,+\infty)$ ↗

(3) $(-1,0)$ ↘ $(0,+\infty)$ ↗

(4) $(-\infty,0)$ ↗ $(0,+\infty)$ ↘

(5) $(-\infty,2)$ ↗ $\left(-2,-\frac{4}{5}\right)$ ↘ $\left(-\frac{4}{5},1\right)$ ↗ $(1,+\infty)$ ↗

(6) $(-\infty,-1)$ ↘ $(-1,1)$ ↗ $(1,+\infty)$ ↘

习题 3.4

3.4.1 (1) 极大值点 $x=0$，极大值 $f(0)=0$.

极小值点 $x=1$，极小值 $f(1)=-1$.

(2) 极大值点 $x=-2$，极大值 $f(-2)=21$.

极小值点 $x=1$，极小值 $f(1)=-6$.

(3) 无极值.

(4) 极小值点 $x=\mathrm{e}^{-\frac{1}{2}}$，极小值 $f(\mathrm{e}^{-\frac{1}{2}})=-\frac{1}{2\mathrm{e}}$.

(5) 无极值.

(6) 极大值点 $x=0$，极大值 $f(0)=1$.

3.4.2 (1) 极大值 $f\left(\frac{3}{4}\right)=\frac{5}{4}$.

(2) 无极值.

3.4.3 (1) 极大值 $y(-5)=2$.

(2) 极大值 $y(-1)=3$，极小值 $y(1)=-1$.

习题 3.5

3.5.1 (1) $y_{\max}=22, y_{\min}=\frac{7}{4}$

(2) $y_{\max}=5, y_{\min}=-1$

(3) $y_{\max}=10, y_{\min}=-15$

(4) $y_{\max}=f(-2)\approx 2.88, y_{\min}=f\left(\frac{3}{4}\right)\approx -0.47$

3.5.2 $\frac{A^2}{4}$

3.5.3 $h=2\sqrt[3]{\frac{50}{2\pi}}\approx 4, r=\sqrt[3]{\frac{50}{2\pi}}\approx 2$

3.5.4 长 10 m，宽 5 m.

3.5.5 $V=10\sqrt[3]{20}\approx 27.14$

3.5.6 $h=\frac{2\sqrt{3}}{3}k$

3.5.7 在距渔站 3 km 处登岸.

3.5.8 $x=30$ 时，平均费用最低，最低费用 80.

3.5.9 每批生产 250 单位利润最大.

习题 3.6

3.6.1 (1) 凹. (2) 凸. (3) $(-\infty,0)$ 凸，$(0,+\infty)$ 凹.

(4) $(-\infty,0)$ 凹，$(0,+\infty)$ 凹.

3.6.2 (1) 拐点 $\left(-\frac{\sqrt{3}}{3},\frac{3}{4}\right)$，$\left(\frac{\sqrt{3}}{3},\frac{3}{4}\right)$.

凹区间$\left(-\infty,-\frac{\sqrt{3}}{3}\right)$,$\left(\frac{\sqrt{3}}{3},+\infty\right)$,凸区间$\left(-\frac{\sqrt{3}}{3},\frac{\sqrt{3}}{3}\right)$.

(2) 无拐点,凹区间$(-\infty,+\infty)$.

(3) 拐点$(1,3)$,凹区间$(-\infty,1)$,凸区间$(1,+\infty)$.

(4) 拐点$(-1,\ln 2)$,$(1,\ln 2)$.

凹区间$(-1,1)$,凸区间$(-\infty,-1)$,$(1,+\infty)$.

3.6.3 $a=-\frac{3}{2}$,$b=\frac{9}{2}$

习题 3.7

3.7.1 (1) 水平渐近线 $y=0$,铅直渐近线 $x=\pm 1$.

(2) 水平渐近线 $y=0$,无铅直渐近线.

(3) 水平渐近线 $y=1$,铅直渐近线 $x=0$.

(4) 水平渐近线 $y=0$,铅直渐近线 $x=0$.

习题 3.8

3.8.1 (1) $\sqrt{36x^2-24x+5}\,\mathrm{d}x$　(2) $\sqrt{1+36x^4}\,\mathrm{d}x$

(3) $\frac{\sqrt{1+x^2}}{x}\mathrm{d}x$　(4) $\sqrt{1+\cos^2 x}\,\mathrm{d}x$

(5) $a\sqrt{2-2\cos t}\,\mathrm{d}t$

3.8.2 (1) $\frac{3\sqrt{10}}{50}$　(2) $\frac{12}{4\,225}\sqrt{65}$　(3) $\frac{4\sqrt{3}}{9}$　(4) $\frac{\sqrt{2}}{4}$

3.8.3 (1) $K=\frac{2\sqrt{5}}{25}$,$R=\frac{5\sqrt{5}}{2}$　(2) $K=0$,$R=\infty$

(3) $K=4$,$R=\frac{1}{4}$　(4) $K=4$,$R=\frac{1}{4}$

习题 3.9

3.9.1 (1) 2 300,23　(2) 9.37　(3) 10,9.5

3.9.2 480,12,4

3.9.3 (1) $360+6Q$,$240-6Q$　(2) 60,0,-30

3.9.4 -0.25

3.9.5 (1) $-0.2P$

(2) $\eta(4)=-0.8$,应适当提价;$\eta(6)=1.2$,应适当降价.

(3) 5,183.94

3.9.6 (1) 2 000,32 000　(2) 20,20

复习题三

1. (1) $\frac{1}{2}$　(2) 0　(3) $\frac{1}{2}$　(4) -2　(5) $\mathrm{e}^{-\frac{1}{2}}$　(6) 1

2. 略.

3. (1) 极大值 $f\left(\frac{\pi}{4}\right)=\sqrt{2}$,极小值 $f\left(\frac{5\pi}{4}\right)=-\sqrt{2}$.

(2) 极小值 $g\left(\frac{\sqrt{2}}{2}\right)=\frac{3}{2}+\frac{\ln 2}{2}$,无极大值.

(3) 极小值 $y(0)=0$,极大值 $y(2)=4\mathrm{e}^{-2}$.

(4) 极大值 $y(1)=2$.

4. (1) $y_{\max}=244, y_{\min}=-31$

(2) $y_{\max}=3, y_{\min}=-1$

(3) $y_{\max}=\frac{1}{2}, y_{\min}=0$

(4) $y_{\max}=1, y_{\min}=0$

5. (1) 拐点 $\left(0,\frac{1}{4}\right),\left(2,\frac{1}{4}\right)$.

凹区间 $(-\infty,0),(2,+\infty)$,凸区间 $(0,2)$.

(2) 拐点 $\left(-2,-\frac{2}{\mathrm{e}^2}\right)$.

凹区间 $(-2,+\infty)$,凸区间 $(-\infty,-2)$.

6. 略.

7. $S\approx 0.77$

8. $Q=20\,000$,最大利润 $L(20\,000)=340\,000$ 元.

第 4 章

习题 4.1

4.1.1 (1) $\frac{1}{3}\mathrm{e}^{3x}$　(2) $\frac{5^x}{\ln 5}$

(3) $\frac{1}{7}x^7$　(4) $-\cos x+\sin x$

4.1.2 (1) $-\cot x+C$　(2) e^x+C

(3) $\frac{3^x}{\ln 3}+C$　(4) $3x+\sin x+C$

(5) $-\frac{1}{5}x^{-5}+C$　(6) $3x^2+C$

4.1.3 (1) $\frac{\sqrt[3]{1+\ln x}}{x}$　(2) $x^3\mathrm{e}^x(\sin x+\cos 3x)+C$

(3) $\mathrm{e}^{2x}\sin x^2+C$　(4) $\frac{\sin 3x}{1+\cos 2x}\mathrm{d}x$

习题 4.2

4.2.1 (1) $-\frac{1}{2x^2}+C$　(2) $\frac{2}{5}x^{\frac{5}{2}}+C$

(3) $\frac{3}{2}x^{\frac{2}{3}}-\frac{6}{5}x^{\frac{5}{3}}+\frac{3}{8}x^{\frac{8}{3}}+C$　(4) $\frac{1}{2}x^2-\sqrt{2}x+C$

(5) $\arcsin x+C$　(6) $3x-3\arctan x+C$

(7) $\frac{9.6^x}{\ln 6}+C$　(8) $\frac{1}{3}x^3+\frac{3}{2}x^2+9x+C$

(9) $\frac{2\left(\frac{3}{2}\right)^x}{\ln 3-\ln 2}-5x+C$　(10) $\sin x-\cos x+C$

(11) $-\cot x+\tan x+C$　(12) $\frac{1}{2}\tan x+\frac{1}{2}x+C$

4.2.2　$y=\frac{5}{3}x^3$

4.2.3　$S=\frac{2}{3}t^3+\frac{3}{2}t^2-\frac{16}{3}$

习题 4.3

4.3.1　(1) -1　(2) 2　(3) $\frac{1}{6}$　(4) -3　(5) $\frac{1}{4}$　(6) $\frac{1}{5}$

4.3.2　(1) $\frac{1}{2}\ln(1+e^{2x})+C$　(2) $\frac{1}{3}\tan^3 x+\tan x+C$

(3) $\frac{1}{6}\ln^6 x+C$　(4) $\frac{1}{\sqrt{2}}\arctan\frac{x+1}{\sqrt{2}}+C$

(5) $-\frac{1}{3}e^{-3x}+C$　(6) $\frac{1}{24}(4x-1)^6+C$

(7) $\ln\left|\cos\frac{1}{x}\right|+C$　(8) $2\sqrt{\tan x-1}+C$

4.3.3　(1) $\frac{1}{3}\ln\left|x+\sqrt{x^2+\frac{1}{9}}\right|+C$　(2) $\frac{x}{\sqrt{1-x^2}}+C$

(3) $2\sqrt{x}-3\sqrt[3]{x}+6\sqrt[6]{x}-6\ln(1+\sqrt[6]{x})+C$

(4) $\frac{1}{2}\ln(1+e^{2x})+C$

(5) $\frac{3}{20}(2x+1)^{\frac{5}{3}}-\frac{3}{8}(2x+1)^{\frac{2}{3}}+C$

(6) $\ln\left|x+\sqrt{x^2-9}\right|+C$

习题 4.4

4.4.1　(1) $-\frac{1}{2}xe^{-2x}-\frac{1}{4}e^{-2x}+C$

(2) $x\arccos x-\sqrt{1-x^2}+C$

(3) $x\ln^2 x-2x\ln x+2x+C$

(4) $\frac{1}{3}(x^3+1)\ln(1+x)-\frac{1}{9}x^3+\frac{1}{6}x^2-\frac{1}{3}x+C$

(5) $\frac{1}{5}e^{2x}(2\sin x-\cos x)+C$

(6) $\sqrt{1+x^2}\arctan x-\ln\left|x+\sqrt{1+x^2}\right|+C$

(7) $x^2\sin x+2x\cos x-2\sin x+C$

(8) $-\frac{1}{2}x\cos 2x+\frac{1}{4}\sin 2x+C$

4.4.2 (1) $\frac{1}{3}\tan^3 x+C$

(2) $-\frac{1}{1+\tan x}+C$

(3) $\tan x\ln(\cos x)+\tan x-x+C$

(4) $\frac{1}{2}x\sin(\ln x)-\frac{1}{2}x\cos(\ln x)+C$

(5) $-\frac{1}{4}\left(x\cos 2x-\frac{1}{2}\sin 2x\right)+C$

(6) $\frac{1}{2}x^2\sin 2x+\frac{1}{2}x\cos 2x+\frac{1}{4}\sin 2x+C$

(7) $\frac{1}{2}(\sec x\tan x+\ln|\sec x+\tan x|)+C$

(8) $\frac{1}{2}(\tan x+\ln|\tan x|)+C$

习题 4.5

4.5.1 (1) $3x^3+6x^2+4x+C$

(2) $\frac{x}{2}-\frac{3}{4}\ln|3+2x|+C$

(3) $\frac{(480x^2-288x+144)(3+4x)^{\frac{3}{2}}}{6\,720}$

(4) $-\frac{\sqrt{5+6x}}{x}+\frac{3\sqrt{5}}{5}\ln\frac{\left|\sqrt{5+6x}-\sqrt{5}\right|}{\sqrt{5+6x}+\sqrt{5}}+C$

(5) $-\frac{1}{2(x^2+9)}+C$

(6) $\frac{\sqrt{x^2-4}}{8x^2}+\frac{1}{16}\arccos\frac{2}{x}+C$

(7) $\frac{1}{8}(4x-\sin 4x\cos 4x)+C$

(8) $\frac{\sin 4x}{8}+\frac{\sin 2x}{4}+C$

(9) $\frac{e^x(\cos 2x+2\sin 2x)}{5}+C$

(10) $x\arccos\frac{x}{2}-\sqrt{4-x^2}+C$

(11) $\frac{1}{4}\cos^3 x\sin x+\frac{3}{16}\sin 2x+\frac{3}{8}x+C$

(12) $\ln|x-1|+C$

习题 4.6

4.6.1 $C(x)=\frac{1}{3}x^3-3x^2+80x+1\,200$

4.6.2 $P=10$ 元时(此时 $x=50$ 件),总利润最大为 240 元.

4.6.3 $q(x)=\frac{7}{3}x^3-\frac{3}{2}x^2+x-\frac{11}{6}$

4.6.4 $R(x)=100x-0.65x^2, x=\frac{2\,000}{13}-\frac{20}{13}P$

4.6.5 日产量为 30 件时,可获最大利润为 120 元.

复习题四

1. (1) $f(2x)+C$　　(2) $4e^{-2x}$

(3) $\frac{5^x}{\ln 5}+\frac{1}{6}x^6+C$　　(4) $\sin[f(x)]+C$

2. (1) $\sqrt{\frac{2h}{g}}+C$　　(2) $\frac{m}{n+m}x^{\frac{n+m}{m}}+C$

(3) $\arcsin x+C$　　(4) $\frac{1}{2}e^{x^2}+C$

(5) $-\cos(e^x)+C$　　(6) $\frac{9}{2}\arcsin\frac{x}{3}-\frac{x}{2}\sqrt{9-x^2}+C$

(7) $\frac{1}{9}(3x^2+4)^{\frac{3}{2}}+C$　　(8) $\sqrt{2x-3}+\ln\left|1+\sqrt{2x-3}\right|+C$

(9) $-\frac{\sqrt{(81-x^2)^3}}{243x^3}+C$　　(10) $2(\sin\sqrt{x}-\sqrt{x}\cos\sqrt{x})+C$

(11) $\frac{1}{w}\left(x^2\sin wx+\frac{2}{w}x\cos wx-\frac{2}{w^2}\sin wx\right)+C$

(12) $x\arctan x-\frac{1}{2}\ln(1+x^2)+C$

3. (1) $y=\arctan x+\frac{1}{x}-\frac{\pi}{4}$　　(2) $f(x)=2x^2-5x+8$

(3) 54,5

第 5 章

习题 5.1

5.1.1 (1) $\int_1^2 x^2\,dx$　　(2) $\int_{-1}^5 |x^2-5x-4|\,dx$

5.1.2 (1) $-\int_{-\pi}^{-\frac{\pi}{2}}\cos x\,dx+\int_{-\frac{\pi}{2}}^{\frac{\pi}{2}}\cos x\,dx$　　(2) $\int_0^1 dx-\int_0^1 x^2\,dx$

(3) $\int_{-1}^1 \sqrt{2-x^2}\,dx-\int_{-1}^1 x^2\,dx$

5.1.3 (1) $>$　　(2) $>$　　(3) $<$

5.1.4 (1) $6\leqslant\int_1^4(x^2+1)\,dx\leqslant 51$　　(2) $\pi\leqslant\int_{\frac{\pi}{4}}^{\frac{5}{4}\pi}(1+\sin^2 x)\,dx\leqslant 2\pi$

5.1.5 $\frac{1}{3}$

习题 5.2

5.2.1 (1) $-\sqrt{1+x^2}$　　(2) $2x\sqrt{1+x^4}$　　(3) $-\sin 2x$

5.2.2　(1) $45\frac{1}{6}$　(2) $\frac{\pi}{6}$　(3) $\arctan e-\frac{\pi}{4}$

(4) 16　(5) $1-\frac{\pi}{4}$　(6) 2

5.2.3　(1) 1　(2) 0

5.2.4　$\frac{19}{3}$

习题 5.3

5.3.1　(1) $7+2\ln 2$　(2) $2+\ln\frac{3}{2}$　(3) $+\frac{\pi}{3}$

(4) $\ln\frac{2e}{1+e}$　(5) $\frac{\pi}{2}$　(6) $\frac{5}{3}$

5.3.2　(1) $1-\frac{2}{e}$　(2) $2-\frac{2}{e}$　(3) $\frac{2}{5}(e^{\frac{\pi}{2}}+1)$

(4) 4　(5) $\frac{1}{2\ln 10}\left(4\ln 2-\frac{3}{2}\right)$　(6) $-\frac{\sqrt{3}}{9}\pi+\frac{\pi}{4}+\frac{1}{2}\ln\frac{3}{2}$

5.3.3　(1) 0　(2) $\frac{3\pi}{2}$　(3) $\frac{\pi^3}{324}$　(4) 0

5.3.4　提示:令 $x=-t$.

5.3.5　提示:令 $x=1-t$.

习题 5.4

5.4.1　(1) $\frac{1}{3}$　(2) $+\infty$　(3) $\frac{1}{2}$　(4) 1

5.4.2　(1) 1　(2) 发散.　(3) 2　(4) 发散

5.4.3　当 $p\geqslant 1$ 时,发散;当 $0<p<1$ 时,收敛.

习题 5.5

5.5.1　(1) $\frac{1}{6}$　(2) 1　(3) $2\sqrt{2}-2$　(4) $b-a$

5.5.2　$\frac{9}{4}$

5.5.3　(1) 12π　(2) $\frac{3}{10}\pi$　(3) $\frac{256}{5}\pi$　(4) $\frac{2}{15}\pi$

5.5.4　$\frac{8}{27}(10\sqrt{10}-1)$

5.5.5　(1) $\frac{1}{2}+\ln 2$　(2) $\frac{37}{24}\pi$

5.5.6　2.5

5.5.7　1.76×10^5

5.5.8　4

5.5.9　7.69×10^7

5.5.10　2

复习题五

1. (1) $\times$　(2) $\surd$　(3) $\surd$　(4) $\times$　(5) $\times$

2. (1) C　(2) C　(3) C　(4) A

3. (1) $\int_0^l \rho(x)\mathrm{d}x$　(2) $\frac{\pi}{4}$　(3) 0　(4) $-\sin x^2$　(5) 0　(6) π　(7) $\frac{1}{2}$

4. (1) $\frac{1}{2}\ln 5$　(2) $\frac{\pi}{6}$　(3) $10+\frac{9}{2}\ln 3$　(4) 0

   (5) $\frac{\pi}{2}$　(6) $\frac{1}{6}$　(7) $2\left(1+\ln\frac{2}{3}\right)$　(8) $1-2\ln 2$

   (9) $1-\mathrm{e}^{-\frac{1}{2}}$　(10) $2(\sqrt{3}-1)$　(11) $\frac{\pi}{2}$　(12) $2\sqrt{2}$

5. (1) $\frac{\pi}{4}$,收敛.　(2) 发散.　(3) $\frac{\pi^2}{8}$,收敛.　(4) 2,收敛.

6. $2\sqrt{2}$

7. $\frac{32}{3}$

8. $\frac{\pi}{7},\frac{2\pi}{5}$

9. $2\sqrt{3}-\frac{4}{3}$

10. $0.18k$ (J)

11. 205.8

12. 20

第 6 章

习题 6.1

6.1.1　(1) 是,一阶.　(2) 是,一阶.　(3) 不是.　(4) 是,一阶.
　　(5) 是,五阶.　(6) 是,四阶.

6.1.2　(1) 是.　(2) 不是.　(3) 是.　(4) 是.

6.1.3　$\mathrm{e}^y-\frac{15}{16}=\left(x+\frac{1}{4}\right)^2$　或　$y=\ln\left[\left(x+\frac{1}{4}\right)^2+\frac{15}{16}\right]$.

习题 6.2

6.2.1　(1) $y=\frac{1}{2}(\arctan x)^2+C$　(2) $2\mathrm{e}^{3x}+3\mathrm{e}^{-y^2}=C$

　　(3) $y=C\sin^2 x$　(4) $(2-\mathrm{e}^y)(1+x)=C$

6.2.2　(1) $\sin\frac{y}{x}=Cx$　(2) $y=C\mathrm{e}^{\frac{y}{x}}$

(3) $y=\tan(x+C)-x$　提示：令 $x+y=u$.

6.2.3　(1) $y=e^{x^2}(\sin x+C)$　(2) $y=x(\ln|\ln x|+C)$

(3) $y=\frac{1}{x}(e^x+C)$　(4) $y=(1+x^2)(x+C)$

(5) $x=\frac{1}{2}y^3+Cy$

6.2.4　(1) $y=7e^{-\frac{x}{2}}+3$　(2) $x=\frac{2}{t+1}(e^{-1}-e^{-t})$

(3) $i=\frac{E_0}{R}(1-e^{-\frac{R}{L}t})$

习题 6.3

6.3.1　(1) $y=\frac{1}{9}e^{3x}+x\ln x-x+C_1x+C_2$

(2) $y=\frac{1}{24}x^4-\frac{1}{6}x^3+\frac{C_1}{2}x^2+C_2x+C_3$

(3) $y=-\sin x+\frac{4}{27}e^{3x}+\frac{C_1}{2}x^2+C_2x+C_3$

(4) $y=\frac{1}{120}x^5+\sin x+\frac{C_1}{6}x^3+\frac{C_2}{2}x^2+C_3x+C_4$

6.3.2　(1) $y=C_1[x-\ln(e^x+1)]+C_2$　(2) $y=\frac{x^2}{4}+C_1\ln x+C_2$

(3) $y=x\ln x-x+2$　(4) $4(Cy-1)=C^2(x+C_1)^2$

(5) $y=\left(\frac{1}{2}x+1\right)^4$

习题 6.4

6.4.1　(1) 无关.　(2) 相关.　(3) 无关.

(4) 无关.　(5) 无关.　(6) 相关.

6.4.2　通解 $y=C_1\cos\omega x+C_2\sin\omega x$.

6.4.3　通解 $y=C_1e^{x^2}+C_2xe^{x^2}$.

习题 6.5

6.5.1　(1) $y=C_1e^{2x}+C_2e^{-x}$　(2) $y=(C_1+C_2x)e^{2x}$

(3) $y=e^{-x}(C_1\cos x+C_2\sin x)$

6.5.2　(1) $y=C_1e^x+C_2e^{-2x}$　(2) $y=C_1e^{3x}+C_2e^{-3x}$

(3) $y=C_1+C_2e^{4x}$　(4) $y=C_1\cos x+C_2\sin x$

(5) $y=e^{2x}(C_1\cos x+C_2\sin x)$

6.5.3　(1) $y=9e^x-3e^{3x}$　(2) $y=e^{-\frac{1}{2}x}(2+x)$

(3) $s=2e^{-t}(3t+2)$　(4) $I=e^{-t}(\sin 2t+2\cos 2t)$

习题 6.6

6.6.1　(1) $y^*=Ax^2+Bx+C$

(2) $y^*=Ax^3+Bx^2+Cx+D$

(3) $y^*=x(Ax^2+Bx+C)e^{-3x}$

(4) $y^*=Ax^2e^{-\frac{3}{2}x}$

6.6.2 (1) $y=C_1+C_2e^{-\frac{3}{2}x}+\frac{1}{3}x^3-\frac{3}{5}x^2+\frac{7}{25}x$

(2) $y=C_1e^{-x}+C_2e^{-2x}+\left(\frac{3}{2}x^2-3x\right)e^{-x}$

(3) $y=C_1\cos 2x+C_2\sin 2x+\frac{2}{9}\sin x+\frac{x}{3}\cos x$

(4) $y=e^x(C_1\cos 2x+C_2\sin 2x)-\frac{x}{4}e^x\cos 2x$

复习题六

1. (1) 3　　(2) $y=C_1y_1+C_2y_2+y^*$　　(3) $a=m^2,b=-2m,c=m^2$

(4) $r^2-8r+16=0$　　(5) $y^*=A\cos x+B\sin x$

2. (1) B　(2) C　(3) C　(4) A　(5) D　(6) B　(7) A

3. (1) $y=\sin x+C\cos x$　　(2) $\ln(e^y+C_1)=x+C_2$

(3) $y=x^3+3x+1$　　(4) $y=C_1e^x+C_2e^{-2x}+\left(\frac{x^3}{2}-\frac{x}{3}\right)e^x$

(5) $y=C_1\cos x+C_2\sin x+x^2-2+\frac{x}{2}\sin x$

4. $xy=6$

5. $s=\frac{mv_0}{k}(1-e^{-\frac{k}{m}t})$

第 7 章

习题 7.1

7.1.1 略.

7.1.2 $\sqrt{14},\sqrt{13},\sqrt{10},\sqrt{5}$

7.1.3 $\left(0,\frac{1}{2},0\right)$

7.1.4 略.

7.1.5 $y=2$

7.1.6 $(1,-2,3),\sqrt{14}$

习题 7.2

7.2.1 (1) $-\frac{1}{2},\frac{2}{5}$　　(2) $\frac{5}{2},2x$　　(3) -2

7.2.2 $8-\pi,t^2f(x,y)$

7.2.3 (1) $\{(x,y)\mid y\geqslant 0\}$　　(2) $\{(x,y)\mid x^2+y^2<1\}$

(3) $\{(x,y)\mid -1\leqslant x\leqslant 1,-1<y<1\}$ (4) $\{(x,y)\mid y>x,x^2+y^2\leqslant 1\}$

(5) $\{(x,y)\mid y<x,y\neq 0\}$ (6) $\{(x,y)\mid x^2+y^2<1,|x|\leqslant|y|,y\neq 0\}$

7.2.4 (1) -3 (2) 1 (3) $\ln 2$ (4) $\frac{1}{4}$ (5) 0 (6) 4

7.2.5 (1) $y^2=x$ (2) $x+y+1=0$

习题 7.3

7.3.1 (1) $\frac{\partial z}{\partial x}=5x^4+12x^2y+3y,\frac{\partial x}{\partial y}=4x^3-6y^2+3x+1$

(2) $\frac{\partial z}{\partial x}=\frac{y^3-x^2y}{(x^2+y^2)^2},\frac{\partial z}{\partial y}=\frac{x^3-xy^2}{(x^2+y^2)^2}$

(3) $\frac{\partial z}{\partial x}=y^2,\frac{\partial z}{\partial y}=2xy+2y\sin y+y^2\cos y$

(4) $\frac{\partial z}{\partial x}=(1+xy+y^2)\mathrm{e}^{xy},\frac{\partial z}{\partial y}=(1+xy+x^2)\mathrm{e}^{xy}$

(5) $\frac{\partial z}{\partial x}=\frac{y(\mathrm{e}^x+\mathrm{e}^y)\mathrm{e}^{xy}-\mathrm{e}^{x+xy}}{(\mathrm{e}^x+\mathrm{e}^y)^2},\frac{\partial z}{\partial y}=\frac{x(\mathrm{e}^x+\mathrm{e}^y)\mathrm{e}^{xy}-\mathrm{e}^{y+xy}}{(\mathrm{e}^x+\mathrm{e}^y)^2}$

(6) $\frac{\partial z}{\partial x}=2y^2-\frac{x}{\sqrt{x^2+y^2}},\frac{\partial z}{\partial y}=4xy-\frac{y}{\sqrt{x^2+y^2}}$

(7) $\frac{\partial z}{\partial x}=y^2(1+\cos x)(x+\sin x)^{y^2-1},\frac{\partial z}{\partial y}=2y(x+\sin x)^{y^2}\ln(x+\sin x)$

(8) $\frac{\partial z}{\partial x}=\frac{1}{2x\sqrt{\ln(xy)}},\frac{\partial z}{\partial y}=\frac{1}{2y\sqrt{\ln(xy)}}$

7.3.2 (1) $10,-1$ (2) $-\frac{1}{2},\frac{1}{2}$

7.3.3 (1) $\frac{\partial^2 z}{\partial x^2}=2-6xy,\frac{\partial^2 z}{\partial y^2}=12y,\frac{\partial^2 z}{\partial x\partial y}=\frac{\partial^2 z}{\partial y\partial x}=-3x^2$

(2) $\frac{\partial^2 z}{\partial x^2}=\frac{\partial xy}{(x^2+y^2)^2},\frac{\partial^2 z}{\partial y^2}=-\frac{2xy}{(x^2+y^2)^2},\frac{\partial^2 z}{\partial x\partial y}=\frac{\partial^2 z}{\partial y\partial x}=\frac{y^2-x^2}{(x^2+y^2)^2}$

(3) $\frac{\partial^2 z}{\partial x^2}=-y^2\cos(xy),\frac{\partial^2 z}{\partial y^2}=-x^2\cos(xy),\frac{\partial^2 z}{\partial x\partial y}=\frac{\partial^2 z}{\partial y\partial x}=-\sin(xy)-xy\cos(xy)$

(4) $\frac{\partial^2 z}{\partial x^2}=y(y-1)x^{y-2},\frac{\partial^2 z}{\partial y^2}=x^y\ln^2 x,\frac{\partial^2 z}{\partial x\partial y}=\frac{\partial^2 z}{\partial y\partial x}=x^{y-1}(1+y\ln x)$

(5) $\frac{\partial^2 z}{\partial x^2}=\frac{x+2y}{(x+y)^2},\frac{\partial^2 z}{\partial y^2}=-\frac{x}{(x+y)^2},\frac{\partial^2 z}{\partial x\partial y}=\frac{\partial^2 z}{\partial y\partial x}=\frac{y}{(x+y)^2}$

(6) $\frac{\partial^2 z}{\partial x^2}=2a^2\cos[2(ax+by)],\frac{\partial^2 z}{\partial y^2}=2b^2\cos[2(ax+by)],$

$\frac{\partial^2 z}{\partial x\partial y}=\frac{\partial^2 z}{\partial y\partial x}=2ab\cos[2(ax+by)]$

(7) $\frac{\partial^2 z}{\partial x^2}=\frac{\mathrm{e}^{x+3y}-\mathrm{e}^{2x+2y}}{(\mathrm{e}^x+\mathrm{e}^y)^3},\frac{\partial^2 z}{\partial y^2}=\frac{\mathrm{e}^{3x+y}-\mathrm{e}^{2x+2y}}{(\mathrm{e}^x+\mathrm{e}^y)^3},\frac{\partial^2 z}{\partial x\partial y}=\frac{\partial^2 z}{\partial y\partial x}=\frac{2\mathrm{e}^{2x+2y}}{(\mathrm{e}^x+\mathrm{e}^y)^3}$

(8) $\frac{\partial^2 z}{\partial x^2}=\frac{xy^3}{[1-(xy)^2]^{\frac{3}{2}}},\frac{\partial^2 z}{\partial y^2}=\frac{x^3y}{[1-(xy)^2]^{\frac{3}{2}}},\frac{\partial^2 z}{\partial x\partial y}=\frac{\partial^2 z}{\partial y\partial x}=\frac{1}{[1-(xy)^2]^{\frac{3}{2}}}$

7.3.4 1,0

7.3.5　1，−1

7.3.6　略.

7.3.7　$\frac{\partial^3 z}{\partial x^2 \partial y}=\frac{12x^2y-4y^3}{(x^2+y^2)^3}$，$\frac{\partial^3 z}{\partial x \partial y^2}=\frac{12xy^2-4x^3}{(x^2+y^2)^3}$

*7.3.8　(1) $\frac{\partial c}{\partial x}=6x+8y+7$，$\frac{\partial c}{\partial y}=8x+4y+6$　　(2) 61

*7.3.9　$\eta_{11}=-2$，$\eta_{22}=-\frac{2}{3}$，$\eta_{21}=\frac{1}{2}$，$\eta_{12}=1$

习题 7.4

7.4.1　(1) $\mathrm{d}z=\frac{1}{x}\mathrm{d}x+\frac{1}{y}\mathrm{d}y$　　(2) 0.42，0.4

7.4.2　$\mathrm{d}z=22.4$，$\Delta z=22.75$

7.4.3　−0.04

7.4.4　(1) $(3x^2y-y^3)\mathrm{d}x+(x^3-3y^2x)\mathrm{d}y$

(2) $\frac{-2y}{(x+y)(x-y)}\mathrm{d}x+\frac{2x}{(x+y)(x-y)}\mathrm{d}y$

(3) $[\cos(x+y)-x\sin(x+y)]\mathrm{d}x-x\sin(x+y)\mathrm{d}y$

(4) $\frac{1}{2y}\sqrt{\frac{y}{x}}\mathrm{d}x-\frac{1}{2y^2}\sqrt{xy}\mathrm{d}y$

(5) $\frac{-2y}{(x-y)^2+(x+y)^2}\mathrm{d}x+\frac{2x}{(x-y)^2+(x+y)^2}\mathrm{d}y$

(6) $\cos(x^2+y^2+z^2)(2x\mathrm{d}x+2y\mathrm{d}y+2z\mathrm{d}z)$

(7) $[-\sin(x+y)+x\cos(x+y)]\mathrm{d}x+x\cos(x+y)\mathrm{d}y$

7.4.5　0.6 cm^2

7.4.6　1.05

7.4.7　2.95

习题 7.5

7.5.1　$\frac{\mathrm{d}z}{\mathrm{d}x}=\cos^3 x-2\sin^2 x\cos x$

7.5.2　$\frac{\partial z}{\partial x}=8xy^2\ln(2x-y)+\frac{8x^2y^2}{2x-y}$，$\frac{\partial z}{\partial y}=8x^2y\ln(2x-y)-\frac{4x^2y^2}{2x-y}$

7.5.3　$\frac{\partial z}{\partial x}=\frac{3}{\sqrt{1-(3x-2y)^2}}$，$\frac{\partial z}{\partial y}=-\frac{2}{\sqrt{1-(3x-2y)^2}}$

7.5.4　$\frac{\mathrm{d}z}{\mathrm{d}t}=(8t-9t^2)\mathrm{e}^{4t^2-3t^3}$

7.5.5　$\frac{\mathrm{d}z}{\mathrm{d}t}=\mathrm{e}^t\cos t-\mathrm{e}^{t\sin t}+\cos t$

7.5.6　$\frac{\partial z}{\partial x}=\sin(x^2+y^2)+6x+2x^2\cos(x^2+y^2)+2x\mathrm{e}^{x^2+y^2}$，

$\frac{\partial z}{\partial y}=2xy\cos(x^2+y^2)+2y\mathrm{e}^{x^2+y^2}$

7.5.7　略.

7.5.8　$\frac{\partial z}{\partial x}=2xf_1+ye^{xy}f_2$，$\frac{\partial z}{\partial y}=2yf_1+xe^{xy}f_2$

7.5.9　$\frac{dy}{dx}=\frac{y^2-ye^{xy}}{xe^{xy}-2xy-\cos y}$

7.5.10　$\frac{dy}{dx}=\frac{2x+y}{x-2y}$

7.5.11　$\frac{\partial z}{\partial x}=-\frac{3x^2-2yz}{3z^2-2xy}$，$\frac{\partial z}{\partial y}=-\frac{3y^2-2xz}{3z^2-2xy}$

7.5.12　$\frac{\partial z}{\partial x}=\frac{z}{z+x}$，$\frac{\partial x}{\partial y}=\frac{z^2}{y(z+x)}$

习题 7.6

7.6.1　(1) 极小值 $z(1,-1)=0$.　　(2) 极小值 $z(-3,2)=-36$.

(3) 极小值 $z\left(\frac{5}{3},\frac{4}{3}\right)=\frac{2}{3}$.　　(4) 极小值 $z\left(\frac{1}{2},-1\right)=-\frac{e}{2}$.

7.6.2　极小值 $z\left(\frac{4}{5},\frac{2}{5}\right)=\frac{4}{5}$.

7.6.3　最大值 $\frac{\sqrt{6}+\sqrt{2}}{2}$，最小值 $\frac{\sqrt{6}-\sqrt{2}}{2}$.

7.6.4　$V_{\max}=8$

7.6.5　极小值 $f(-1,-2)=-5$，极大值 $f(1,2)=5$.

7.6.6　最小值 $2\sqrt{A}$.

7.6.7　当长、宽都是 $2\sqrt[3]{4}$，而高为 $\sqrt[3]{4}$ 时，表面积最小.

7.6.8　$x=\frac{a}{\sqrt{3}},y=\frac{b}{\sqrt{3}},z=\frac{c}{\sqrt{3}}$

7.6.9　$(1,-2,3)$，$d_{\min}=\sqrt{6}$

7.6.10　4 349

7.6.11　第一个工厂生产 125 单位产品，第二个工厂生产 375 单位产品.

习题 7.7

7.7.1　(1) 8　　(2) 2π

7.7.2　(1) $\frac{3}{2}$　　(2) $\frac{6}{55}$　　(3) $\frac{20}{3}$　　(4) 3　　(5) 45

复习题七

1. (1) $\{(x,y)\mid x^2+y^2>0\}$　　(2) $\frac{\pi}{6}$　　(3) 4　　(4) 1

(5) $dz=3dx-dy$　　(6) D 的面积.

2. (1) $\{(x,y)\mid 4x^2+9y^2-36\geqslant 0\}$

(2) $\{(x,y)\mid -\sqrt{x^2+y^2}<z<\sqrt{x^2+y^2},x\neq 0,y\neq 0\}$

3. (1) 0　　(2) $-\frac{1}{4}$

4. (1) $\frac{\partial z}{\partial x}=\arctan xy+\frac{xy+y^2}{1+x^2y^2}$, $\frac{\partial z}{\partial y}=\arctan xy+\frac{x^2+xy}{1+x^2y^2}$

(2) $\frac{\partial z}{\partial x}=\frac{x}{(x^2+y^2)\sqrt{\ln(x^2+y^2)}}$, $\frac{\partial z}{\partial y}=\frac{y}{(x^2+y^2)\sqrt{\ln(x^2+y^2)}}$

5. $\frac{\partial^2 z}{\partial x^2}=2\cos(2x-4y)$, $\frac{\partial^2 z}{\partial x\partial y}=-4\cos(2x-4y)$

6. $dz=\frac{1}{3}dx+\frac{1}{3}dy$

7. 0.009

8. $\frac{dz}{dx}=e^x(\cos x+\sin x)$

9. (1) 极大值 $z(-1,1)=1$.　　(2) 极小值 $z(-1,1)=\sqrt{3}$.

10. 圆的周长为$\frac{\pi l}{4+\pi+3\sqrt{3}}$，正方形的周长为$\frac{4l}{4+\pi+3\sqrt{3}}$，正三角形的周长为$\frac{3\sqrt{3}l}{4+\pi+3\sqrt{3}}$.

11. $x=200, y=50$

12. 1 275

13. (1) $\frac{9}{4}$　　(2) 1

第 8 章

习题 8.1

8.1.1　(1) 收敛.　(2) 发散.　(3) 收敛.　(4) 收敛.

8.1.2　(1) 收敛，$S=1$.　(2) 收敛，$S=\frac{1}{4}$.

(3) $|a|\leqslant 1$ 时，发散；$|a|\geqslant 1$ 时，收敛，$S=\frac{a}{a^2-1}$.

(4) 收敛，$S=\frac{5}{12}$.

(5) 发散.

8.1.3　(1) 发散.　(2) 收敛.　(3) 发散.

(4) 发散.　(5) 发散.　(6) 收敛.

习题 8.2

8.2.1　(1) 收敛.　(2) 发散.　(3) 收敛.　(4) 收敛.

8.2.2　(1) 发散.　(2) 发散.　(3) 收敛.　(4) 收敛.

(5) $a>1$ 时，收敛；$a\leqslant 1$ 时，发散.

8.2.3　(1) 发散.　(2) 收敛.　(3) 收敛.　(4) 收敛.

8.2.4　(1) 收敛.　(2) 收敛.　(3) 收敛.

(4) 当 $b < a$ 时,收敛;

当 $b > a$ 时,发散;

当 $b = a$ 时,不能确定.

8.2.5 (1) 发散. (2) 发散. (3) 绝对收敛. (4) 条件收敛.

(5) 绝对收敛. (6) 发散.

8.2.6 提示:因为 $\left|\dfrac{\sin n\alpha}{n^2}\right| < \dfrac{1}{n^2}$,所以级数 $\sum\limits_{n=1}^{\infty}\dfrac{\sin n\alpha}{n^2}$ 绝对收敛.级数 $\sum\limits_{n=1}^{\infty}\dfrac{1}{\sqrt{n}}$ 中,$p=\dfrac{1}{2}$ 的 p 级数是发散的.由级数的基本性质知,$\sum\limits_{n=1}^{\infty}\left(\dfrac{\sin n\alpha}{n^2}-\dfrac{1}{\sqrt{n}}\right)$ 发散.

习题 8.3

8.3.1 (1) $(-1,1)$ (2) $[-2,2)$ (3) $[-1,1)$ (4) $\{0\}$

(5) $[-4,-2]$ (6) $[-4,4]$ (7) $[4,6)$ (8) $\left[-\dfrac{1}{2},\dfrac{1}{2}\right]$

8.3.2 (1) $[-1,1]$ (2) $(-1,1)$

(3) $\left(-\dfrac{\sqrt{2}}{2},\dfrac{\sqrt{2}}{2}\right)$ (4) $\left(-3-\dfrac{\sqrt{2}}{2},-3+\dfrac{\sqrt{2}}{2}\right)$

8.3.3 (1) $S(x)=\dfrac{1}{(1-x)^2}\ (-1<x<1)$

(2) $S(x)=\dfrac{1}{4}\ln\left|\dfrac{1+x}{1-x}\right|+\dfrac{1}{2}\arctan x-x\ (-1<x<1)$

提示:求出收敛区间$(-1,1)$,令

$$S(x)=\sum_{n=1}^{\infty}\frac{x^{4n+1}}{4n+1}=\sum_{n=1}^{\infty}\int_0^x\left(\frac{x^{4n+1}}{4n+1}\right)'\mathrm{d}x=\int_0^x\sum_{n=1}^{\infty}x^{4n}\mathrm{d}x$$
$$=\int_0^x\frac{x^4}{1-x^4}\mathrm{d}x=\int_0^x\left(\frac{1}{1-x^4}-1\right)\mathrm{d}x$$

(3) $S(x)=\dfrac{1}{2}\ln\left|\dfrac{1+x}{1-x}\right|\quad(-1<x<1)$

(4) $S(x)=\mathrm{e}^x\quad(-\infty<x<+\infty)$

提示:求出收敛区间$(-\infty,+\infty)$.

令 $S(x)=\sum\limits_{n=0}^{\infty}\dfrac{x^n}{n!}$,虽然有 $S(0)=1$,两边对 x 求导,得

$$S'(x)=\sum_{n=0}^{\infty}\frac{nx^{n-1}}{n!}=\sum_{n=1}^{\infty}\frac{x^{n-1}}{(n-1)!}$$
$$=\sum_{n=0}^{\infty}\frac{x^n}{n!}=S(x)$$

从而有$\dfrac{\mathrm{d}S}{S}=\mathrm{d}x$,两边积分,得 $\ln S(x)=x+C$,故 $S(x)=\mathrm{e}^{x+C}$.

把 $S(0)=1$ 代入,得 $C=0$,所以 $S(x)=\mathrm{e}^x$.

习题 8.4

8.4.1 (1) $\ln(a+x)=\ln a+\sum\limits_{n=0}^{\infty}(-1)^{n-1}\dfrac{x^n}{na^n},x\in(-a,a)$

(2) $a^x = e^{x\ln a} = \sum_{n=0}^{\infty} \frac{(\ln a)^n}{n!} x^n, x \in (-\infty, +\infty)$

(3) $\cos^2 x = \frac{1}{2} + \sum_{n=0}^{\infty} (-1)^n \frac{2^{2n-1}}{(2n)!} x^{2n}, x \in (-\infty, +\infty)$

(4) $\frac{x}{4-x} = \sum_{n=0}^{\infty} \frac{x^{n+1}}{4^{n+1}}, x \in (-4, 4)$

8.4.2 (1) $\frac{1}{5-x} = \sum_{n=0}^{\infty} \frac{(x-1)^n}{4^{n+1}}, x \in (-3, 5)$

(2) $\lg x = \frac{1}{\ln 10} \sum_{n=0}^{\infty} (-1)^{n-1} \frac{(x-1)^n}{n}, x \in (0, 2]$

8.4.3 $\frac{1}{x} = \sum_{n=0}^{\infty} (-1)^n \frac{(x-3)^n}{3^{n+1}}, x \in (0, 6)$

8.4.4 $\cos x = \frac{1}{2} \sum_{n=0}^{\infty} (-1)^n \left[\frac{\left(x + \frac{\pi}{3}\right)^{2n}}{(2n)!} + \sqrt{3} \frac{\left(x + \frac{\pi}{3}\right)^{2n+1}}{(2n+1)!} \right], x \in (-\infty, +\infty)$

8.4.5 $\frac{1}{x^2 + 3x + 2} = \sum_{n=0}^{\infty} \left(\frac{1}{2^{n+1}} - \frac{1}{3^{n+1}} \right) (x+4)^n, x \in (-6, -2)$

复习题八

1. (1) D　(2) D　(3) D　(4) C　(5) B
   (6) C　(7) B　(8) C　(9) B

2. (1) $[4, 6)$　(2) $\frac{1}{2} e^{2x}$　(3) $\sum_{n=0}^{\infty} (-1)^n (x-1)^n, (0 < x < 2)$

   (4) $\sqrt{R}$　(5) $p \leqslant 0$

3. (1) 收敛.　(2) 发散(利用收敛定义考查部分和极限).

4. (1) 发散. 提示:$\lim_{n \to \infty} \frac{\sin \frac{1}{n}}{\frac{1}{n}} = 1$.

   (2) 发散. 提示:因为 $n < 2^n$,所以 $\sqrt[n]{n} < 2$,有 $\frac{1}{2n} < \frac{1}{n\sqrt[n]{n}}$.

5. (1) 收敛.　(2) 收敛.

6. (1) 收敛.　(2) 发散.

7. (1) 条件收敛.　(2) 绝对收敛.
   (3) 绝对收敛.　(4) 条件收敛.

8. $f(x) = \frac{1}{1-2x} - \frac{1}{1-x} = \sum_{n=0}^{\infty} (2^n - 1) x^n, x \in \left(-\frac{1}{2}, \frac{1}{2}\right)$

9. $f(x) = \sum_{n=0}^{\infty} \frac{(\ln 3)^n}{n!} x^n, x \in (-\infty, +\infty)$

10. $S(x) = -\frac{\ln(2-x)}{x}, x \in [-2, 2)$

11. 略.

12. (1) $\left[\frac{1}{2},\frac{3}{2}\right)$ (2) $(1,2]$

13. (1) $\left(-\frac{1}{10},\frac{1}{10}\right)$ (2) $[-1,1]$

(3) $(-\infty,+\infty)$ (4) $(-2,2)$

(5) $(-\sqrt{3},\sqrt{3})$ (6) $(-\sqrt{2},\sqrt{2})$

提示:(5)、(6)两个小题,利用比值判别法研究相应的正项级数,在端点处考查级数一般项不趋向于0.